"十三五"高等教育电子类规划教材

电路分析基础

主　编　邵雅斌　胡晓阳　陈　晨
主　审　田崇瑞

北京邮电大学出版社
www. buptpress. com

内容简介

本书对电路的基本理论、基本定律、基本概念及基本分析方法做了系统、详尽的阐述，力求内容完整、重点突出、通俗易懂。内容侧重于从工程应用角度介绍电路基本理论、分析方法。以电压、电流响应为线索，依次讲解直流电路、动态电路和交流电路相关内容。全书可读性强，每章最后均以工程应用示例结束。

本书可作为高等学校电子、通信、自动控制、计算机、信息类相关专业的本科“电路”或“电路分析基础”课程的教材，也可供从事上述专业的科研和工程技术人员参考。

图书在版编目(CIP)数据

电路分析基础 / 邵雅斌，胡晓阳，陈晨主编 . -- 北京 ：北京邮电大学出版社，2018. 7（2021. 1重印）

ISBN 978-7-5635-5493-5

Ⅰ. ①电… Ⅱ. ①邵… ②胡… ③陈… Ⅲ. ①电路分析 Ⅳ. ①TM133

中国版本图书馆 CIP 数据核字（2018）第 145990 号

书　　名：电路分析基础
著作责任者：邵雅斌　胡晓阳　陈　晨　主　编
责 任 编 辑：满志文　穆菁菁
出 版 发 行：北京邮电大学出版社
社　　址：北京市海淀区西土城路 10 号（邮编：100876）
发　行　部：电话：010-62282185　传真：010-62283578
E-mail：publish@bupt. edu. cn
经　　销：各地新华书店
印　　刷：保定市中画美凯印刷有限公司
开　　本：787 mm×1 092 mm　1/16
印　　张：16. 75
字　　数：427 千字
版　　次：2018 年 8 月第 1 版　2021 年 1 月第 3 次印刷

ISBN 978-7-5635-5493-5　　定　价：44. 00 元

·如有印装质量问题，请与北京邮电大学出版社发行部联系·

前　言

电路理论是电工和电子技术的重要理论基础。本书主要介绍电路的基本理论(电路的基本概念、基本性质、基本定律和定理)和电路的常用分析方法,是电气信息类专业学生的专业基础课。通过对本书的学习,要求学生掌握电路的基本理论和基本分析方法,培养科学思维能力、分析计算能力和理论联系实际的工程观念,为后续课程学习打好必要的基础。

编者在多年从事“电路”课程的教学改革和教学实践的基础上,总结了理论和实践教学的经验,结合新技术的发展,纵观国内外相关课程教材,针对学生在学习中经常遇到的困难问题,尝试采用理论与实践相结合的教学模式,本着理论够用,着眼应用的原则,编写了这本以应用为主线,结合学科新技术发展的教材。

电路分析主要研究电路的基本概念和基本定律、电阻电路的等效变换、电阻电路的一般分析方法、电路定理、动态元件和动态电路、动态电路的时域分析、正弦稳态电路分析、三相电路等内容。全书共分 12 章,由邵雅斌、胡晓阳和陈晨担任主编,田崇瑞担任主审。

其中第 1～第 3 章由邵雅斌编写,第 4 章和第 5 章由陈晨编写,第 6 章由胡晓阳编写,第 7 章由田崇瑞编写,第 8 章由赵龙编写,第 9 章由尹文佳编写,第 10 章由魏洪玲编写,第 11 章由林春编写,第 12 章由刘芳和吴和静共同编写。全书由邵雅斌负责组织和定稿,陈晨负责校对,田崇瑞负责审稿工作。

在本书编写的过程中,编者借鉴了许多优秀教材和技术专家的宝贵经验和技术资料,得到了北京邮电大学出版社的大力支持与帮助,在此深表谢意。同时诚挚地感谢王培东教授、沈永良教授,他们多年来与作者一起开展的理论和实践教学改革工作,为本书内容的编写奠定了基础。

限于编者水平,书中疏漏之处在所难免,敬请业界同人和读者批评指正。

编　者

目　录

第 1 章

电路的基本概念和基本定律

教学提示：电路理论主要研究电路中发生的电磁现象，用电流 i、电压 u 和功率 p 等物理量来描述其中的过程。因为电路是由电路元件构成的，因而整个电路的表现如何既要看元件的连接方式，又要看每个元件的特性，这就决定了电路中各支路电流、电压要受到两种基本规律的约束，即：①电路元件性质的约束，也称电路元件的伏安关系（VCR），它仅与元件性质有关，而与元件在电路中的连接方式无关；②电路连接方式的约束，这种约束关系与构成电路的元件性质无关。基尔霍夫定律是概括这种约束关系的基本定律。

本章主要介绍电路的基本概念和基本定律。如电路和电路模型、电压和电流参考方向等概念，电路功率的讨论，电阻、独立电源和受控电源等电路元件。最后讨论集总参数电路的基本定律——基尔霍夫定律。这些内容都是分析和计算电路的基础。

1.1 电路和电路模型

1.1.1 电路

电流流经的路径称为电路，它是为了某种需要由电工设备或电路元件按一定方式相互连接而成。

电路的结构形式是多种多样的，一般由三部分组成：电源、负载和中间环节。

电源：是供应电能的设备。它把其他形式的能量转换成电能，如发电机把机械能或热能转换为电能，电池把化学能转换为电能。

负载：是取用电能的设备。它是将电能转换成其他形式能量的装置，如电灯、电动机、电炉分别将电能转换为光能、机械能、热能等。

中间环节：连接电源和负载的部分。最简单的中间环节就是导线和开关，起到传输和分配电能或对电信号进行传递和处理的作用。

按电路所能完成的工作任务划分，电路的作用有两种：一种是实现电能的传输和转换，如图 1-1(a)所示。该系统用发电机将其他形式的能量转换成电能，再通过变压器和输电线输送到负载，将电能转换成其他形式的能量，如电动机、电炉、电灯等；另一种是实现信号的传递与处理。常见的例子如图 1-1(b)所示的扩音机电路。先由话筒把语言或音乐转换为相应的电压和电流，它们就是电信号。再经过放大器将电信号进行放大，而后通过电路传递到扬声器，把电信号还原为语言或音乐。信号的这种转换和放大，称为信号处理。

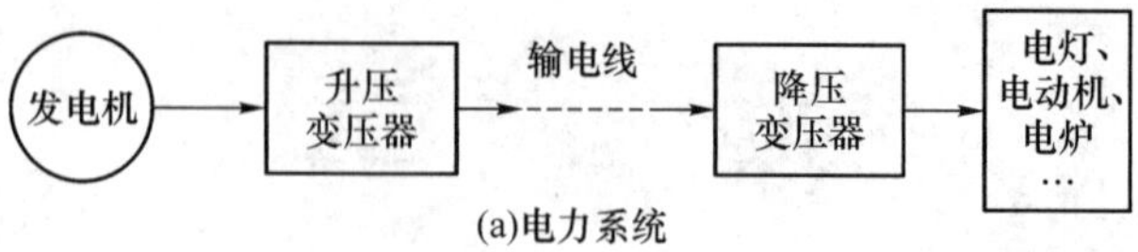

(a)电力系统

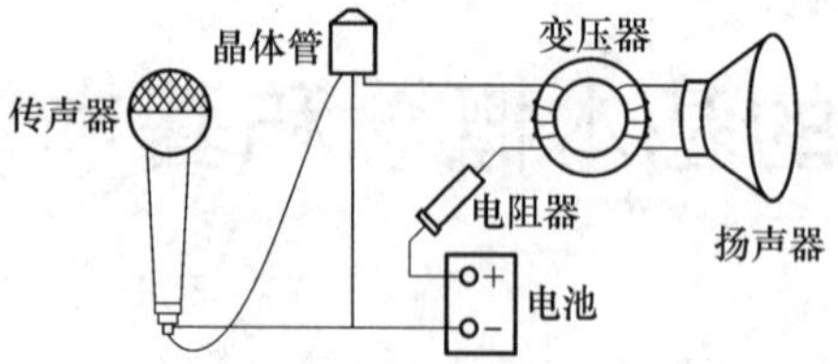

(b)扩音机电路

图 1-1　电路示意图

不论电能的传输和转换，或者信号的传递与处理，其中电源或信号源的电压或电流统称为激励。它推动电路的工作，而激励在电路中所产生的电压和电流的效应称为响应。所谓电路分析，就是在已知电路的结构和元件参数的条件下，讨论电路的激励与响应的各种运算关系和表示方法。

1.1.2　电路模型

在图 1-1 所示电路中，由发电机、变压器、输电线、电灯、电动机、电阻器、晶体管、电池和扬声器等电气器件和设备连接而成的电路，称为实际电路。根据实际电路的几何尺寸（d）与其工作信号波长（λ）的关系，可以将它们分为两大类：满足 $d \ll \lambda$ 条件的电路称为集总参数电路。其特点是电路中任意两个端点间的电压和流入任一器件端钮的电流是完全确定的，与器件的几何尺寸和空间位置无关。不满足 $d \ll \lambda$ 条件的另一类电路称为分布参数电路，其特点是电路中的电压和电流不仅是时间的函数，也与器件的几何尺寸和空间位置有关，由波导和高频传输线组成的电路是分布参数电路的典型例子。本书只讨论集总参数电路，为叙述方便起见，今后常简称为电路。

研究集总参数电路特性的方法有两种：一种是用电器仪表对实际电路直接进行测量；另一种更重要的方法是将实际电路抽象为电路模型，用电路理论的方法分析计算出电路的电气特性。实际电路中发生的物理过程是十分复杂的，电磁现象发生在各器件和导线之中，相互交织在一起。对于集总参数电路，当不关心器件内部的情况，只关心器件端钮上的电压和电流时，可以定义一些理想化的电路元件来模拟器件端钮上的电气特性。例如，定义电阻元件是一种只吸收电能（它可以转换为热能或其他形式的能量）的元件，电容元件是一种只存储电场能量的元件，电感是一种只存储磁场能量的元件。用这些电阻、电容和电感等理想化的电路元件，近似模拟实际电路中每个电气器件和设备，再根据这些器件的连接方式，用理想导线将这些电路元件连接起来，就得到该电路的电路模型。例如，图 1-2(b)所示就是图 1-2(a)所示电路的电路模型。这些电路模型是用电路元件的图形符号表示的，常称为电路图。

本书中所使用的电路元件，若不加特别说明，均视为理想元件。各理想元件的图示符号如表 1-1 所示。

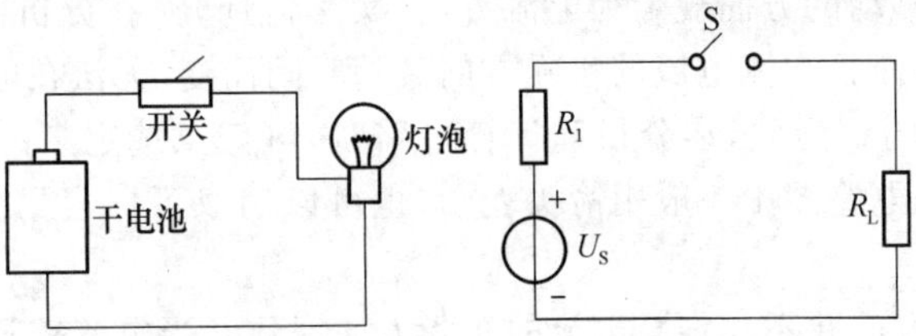

(a)实际电路　　(b)电路模型

图 1-2　手电筒电路

表 1-1　常见电路元件的图示符号

名称	符号	名称	符号	名称	符号
开关	S	电阻	R	电压源	+ U_S -
导线		电感	L	电流源	I_S
连接导线		电容	C	电池	E + -

1.2　电路的基本物理量

电路的特性是由电流、电压和功率等物理量来描述的。电路分析的基本任务是计算电路中的电流、电压和功率。

1.2.1　电流和电流的参考方向

带电粒子的定向移动形成电流。电流既是一种物理现象，同时又是一个表征电流强弱的物理量，是电流强度的简称。

电流在数值上等于单位时间内通过导体横截面的电荷量，一般用符号 i 表示，即

$$i=\frac{\mathrm{d}q}{\mathrm{d}t} \tag{1-1}$$

式中，$\mathrm{d}q$ 是 $\mathrm{d}t$ 时间内通过导体横截面的电荷量。在 SI 制(国际单位制)中，电荷量的单位为库仑 (C)，时间的单位为秒 (s)，则电流 i 的单位为安培 (A)。

当 $\frac{\mathrm{d}q}{\mathrm{d}t}$ 为常量时，这种电流称为恒定电流，简称直流电流，通常用大写字母 I 来表示，即

$$I=\frac{q}{t} \tag{1-2}$$

式中，q 是在时间 t 内通过导体横截面的电量。也就是说直流电流是用平均值来表示的，而随时间按周期性规律变动且平均值为零的电流称为交流电流，一般用小写字母 i 来表示。

习惯上把正电荷移动的方向规定为电流方向(实际方向)。在分析电路时,往往难以事先确定电流的实际方向,而且交流电流的实际方向又随时间而变,无法在电路图上标出适合于任何时间的电流实际方向。为此,在分析和计算电路时,可任意选定某一方向为电流的参考方向,或称为正方向。在电路图中一般用箭头表示,也可以用双下标表示。例如,i_{ab}表示参考方向是由 a 到 b。

所选的电流参考方向并不一定与电流的实际方向一致。当电流实际方向与参考方向相同时,电流取正值;当电流实际方向与参考方向相反时,电流取负值。根据电流的参考方向以及电流量值的正负,就能确定电流的实际方向。

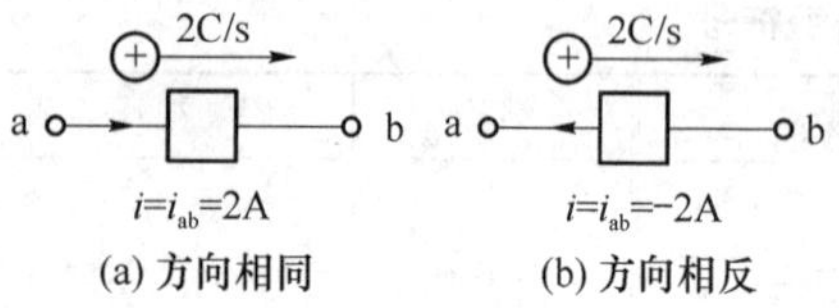

图 1-3 电流的参考方向

例如,在图 1-3 所示的二端元件中,每秒有 2C 正电荷由 a 点移动到 b 点。当规定电流参考方向由 a 点指向 b 点时,该电流 $i = 2$ A,如图 1-3 (a)所示;若规定电流参考方向由 b 点指向 a 点时,则电流 $i = -2$ A,如图 1-3 (b)所示,若采用双下标表示电流参考方向,则写为 $i_{ba} = 2$ A 或 $i_{ab} = -2$ A。电路中任一电流有两种可能的参考方向,当对同一电流规定相反的参考方向时,相应的电流表达式相差一个负号,即

$$i_{ab} = -i_{ba} \tag{1-3}$$

1.2.2 电压和电压的参考方向

电荷在电路中移动,就会有能量的交换发生。单位正电荷由电路中 a 点移动到 b 点所获得或失去的能量,称为 ab 两点间的电压,即

$$u = \frac{\mathrm{d}W}{\mathrm{d}q} \tag{1-4}$$

式中,$\mathrm{d}q$ 为由 a 点移动到 b 点的电荷量,单位为库仑(C);$\mathrm{d}W$ 为电荷移动过程中所获得或失去的能量,其单位为焦耳(J);电压的单位为伏特(V)。

电场力将单位正电荷从电场内的 a 点移动至无限远处所做的功,被称为 a 点的电位 V_a。由于无限远处的电场为零,所以电位也为零。因此,电场内两点间的电位差,也就是 a、b 两点间的电压,即

$$u_{ab} = V_a - V_b \tag{1-5}$$

为分析电路方便起见,一般在电路中任选一点为参考点,令参考点电位为零,则电路中某点相对于参考点的电压就是该点的电位。

量值和方向均不随时间变化的电压,称为恒定电压或直流电压,一般用符号 U 表示。量值和方向随时间变化的电压,称为时变电压,一般用符号 u 表示。

习惯上认为电压的实际方向是从高电位指向低电位。将高电位称为正极,低电位称为负极。与电流类似,电路中各电压的实际方向或极性往往不能事先确定,在分析电路时,必须选定电压的参考方向或参考极性,用"+"号和"−"号分别标注在电路图的 a 点和 b 点附近,或者用双下标 u_{ab} 表示,或者电压的参考方向用箭头表示,即设定沿箭头方向电位是降低的。电压参考方向的表示方法如图 1-4 所示。

所选的电压参考方向并不一定与电压的实际方向一致。若计算出的电压 $u_{ab}>0$，则表明电压参考方向或参考极性与电压的实际方向或实际极性一致，即该时刻 a 点的电位比 b 点电位高；若电压 $u_{ab}<0$，则表明电压参考方向或参考极性与电压的实际方向或实际极性相反，即该时刻 a 点的电位比 b 点电位低。

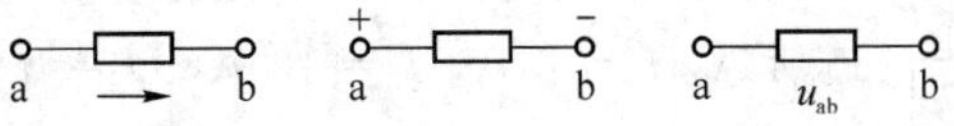

图 1-4　电压参考方向的表示方法

对于二端元件而言，电压的参考极性和电流参考方向的选择有四种可能的方式，如图 1-5 所示。

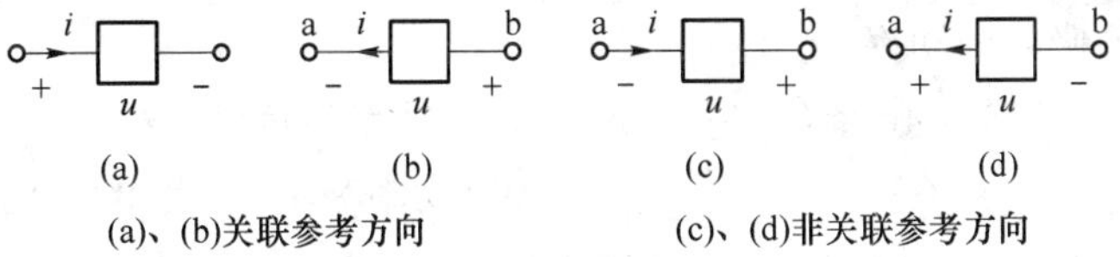

图 1-5　二端元件电流、电压参考方向

为了电路分析和计算的方便，常采用电压电流的关联参考方向，即当电压的参考极性已经规定时，电流参考方向从"＋"极性指向"－"极性；当电流参考方向已经规定时，电压参考极性的"＋"号标在电流参考方向的进入端，"－"号标在电流参考方向的流出端。

1.2.3　电功率

下面讨论图 1-6 所示二端元件或二端网络的功率。电功率与电压和电流密切相关。当正电荷从元件上电压的"＋"极经元件运动到电压的"－"极时，与此电压相应的电场力对电荷做功，这时元件吸收能量；反之，当正电荷从元件上电压的"－"极经元件运动到电压的"＋"极时，与此电压相应的电场力对电荷做负功，这时元件向外释放电能。

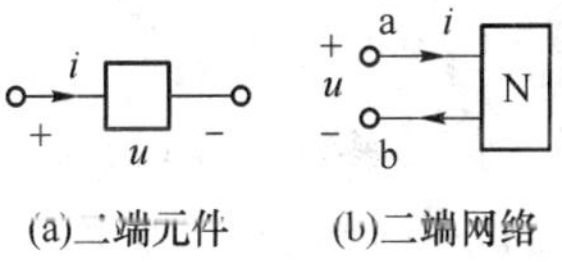

图 1-6　二端元件和二端网络

当电压电流采用关联参考方向时，二端元件或二端网络吸收的功率为

$$p=\frac{\mathrm{d}W}{\mathrm{d}t}=\frac{\mathrm{d}W}{\mathrm{d}q}\frac{\mathrm{d}q}{\mathrm{d}t}=ui \tag{1-6}$$

当电压电流采用非关联参考方向时，二端元件或二端网络吸收的功率为

$$p=-ui \tag{1-7}$$

功率的 SI 单位是瓦特(W)。

与电压电流是代数量一样，功率也是一个代数量。不论是用式(1-6)还是用式(1-7)进行计算，当 $p>0$ 时，表明该时刻二端元件实际吸收(消耗)功率，二端元件为负载；当 $p<0$ 时，表明该时刻二端元件实际发出(产生)功率，二端元件为电源。

由于能量必须守恒，对于一个完整的电路来说，在任一时刻，所有元件吸收功率的总和必须为零。若电路由 b 个二端元件组成，且全部采用关联参考方向，则

$$\sum_{k=1}^{b}u_k i_k=0 \tag{1-8}$$

二端元件或二端网络从 t_0 到 t 时间内吸收的电能为

$$W(t_0,t)=\int_{t_0}^{t}p(\xi)\mathrm{d}\xi=\int_{t_0}^{t}u(\xi)i(\xi)\mathrm{d}\xi=pt \tag{1-9}$$

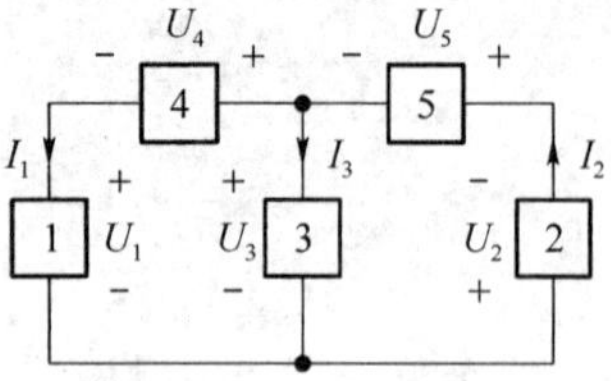

图 1-7　例 1-1 图

例 1-1　在图 1-7 中，五个元件代表电源或负载。电流和电压的参考方向如图 1-7 所示，今通过实验测量得知：$I_1=-4$ A，$I_2=6$ A，$I_3=10$ A，$U_1=140$ V，$U_2=-90$ V，$U_3=60$ V，$U_4=-80$ V，$U_5=30$ V。

试求：(1)计算各元件的功率，判断哪些元件是电源？哪些是负载？(2)电源发出的功率和负载吸收的功率是否平衡？

解：(1) 由图 1-7 所示中电压的参考极性和电流的参考方向，计算各二端元件吸收的功率。

元件 1：$P_1=U_1I_1=140\times(-4)=-560$ W（功率为负值，发出功率，元件为电源）。

元件 2：$P_2=U_2I_2=(-90)\times6=-540$ W（功率为负值，发出功率，元件为电源）。

元件 3：$P_3=U_3I_3=60\times10=600$ W（功率为正值，吸收功率，元件为负载）。

元件 4：$P_4=U_4I_1=(-80)\times(-4)=320$ W（功率为正值，吸收功率，元件为负载）。

元件 5：$P_5=U_5I_2=30\times6=180$ W（功率为正值，吸收功率，元件为负载）。

(2) 电源发出功率：$P_E=560+540=1\,100$ W

负载吸收功率：$P=600+320+180=1\,100$ W

两者平衡。

1.3　电阻元件

集总参数电路(模型)由电路元件连接而成，电路元件是为建立实际电气器件的模型而提出的一种理想元件。对电路进行分析和计算，首先必须掌握理想模型元件的性质。

1.3.1　线性电阻

自由电子在金属导体中运动时，导体会对电子运动呈现一定的阻碍作用，这种阻碍作用被称为电阻，其电路符号如图 1-8(a)所示，电阻是二端元件。

当电阻的伏安特性曲线是通过 $u-i$ 平面(或 $i-u$ 平面)原点的一条不随时间变化的直线，该电阻称为线性电阻，如图 1-8(b)所示。当电阻的伏安特性曲线如图 1-8(c)所示，则该电阻称为非线性电阻。

1.3.2　电阻元件的电压与电流的关系

电路元件的电压与电流之间关系简写为 VCR(Voltage Current Relationship)。线性电阻的电压和电流之间的关系服从欧姆定律，就是流过线性电阻的电流与电阻两端的电压成正比，它是分析电路的基本定律之一。根据在电路图上所选电压和电流参考方向的不同，欧姆定律的数学表达式中可带有正号和负号。

在电压和电流取关联参考方向下，其数学表达式为

$$u = Ri \tag{1-10}$$

或

$$i = Gu \tag{1-11}$$

式中，R 和 G 是与 u 和 i 无关的常数；R 称为电阻，其 SI 单位为欧姆(Ω)；G 称为电导，其 SI 单位为西门子(S)，且 $G = 1/R$。

在电压和电流取非关联参考方向下，其数学表达式为

$$u = -Ri \tag{1-12}$$

或

$$i = -Gu \tag{1-13}$$

电阻的电压和电流通常采用关联参考方向标示。

线性电阻有两种特殊现象——开路和短路。当一个电阻元件两端的电压无论为何值，流过它的电流恒为零值时，称此电阻为开路。开路时的特性曲线与 u 轴重合，是 $R = \infty$ 或 $G = 0$ 的特殊情况，如图 1-9(a)所示；当流过一个电阻元件的电流无论为何值，电阻两端的电压恒为零值时，称此电阻为短路。短路时的特性曲线与 i 轴重合，是 $R = 0$ 或 $G = \infty$ 的特殊情况，如图 1-9(b)所示。

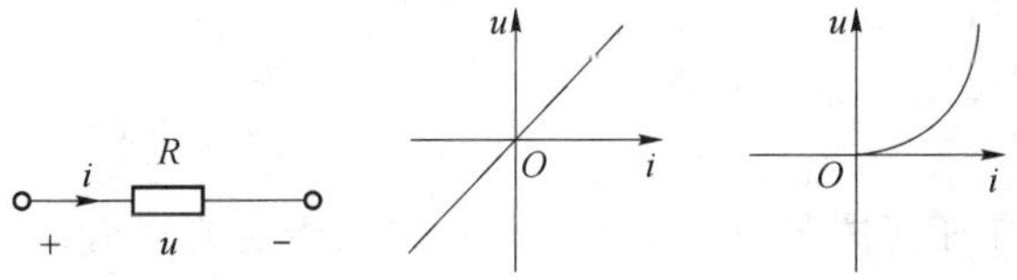

(a)线性电阻符号　(b)线性电阻　(c)非线性电阻

图 1-8　电阻的符号和伏安特性曲线

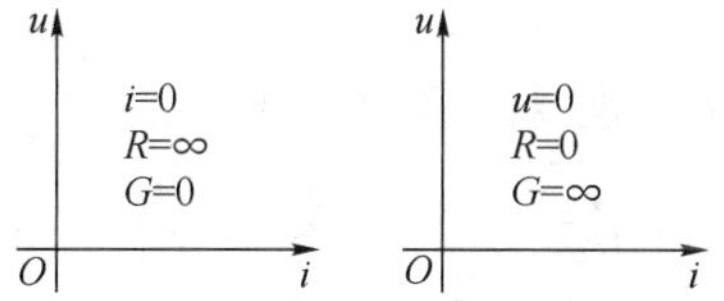

(a)开路的特性曲线　(b)短路的特性曲线

图 1-9　开路和短路的特性曲线

1.3.3　电阻元件的功率与能量

当电阻元件的电压 u 和电流 i 取关联参考方向时，电阻元件在任一瞬间吸收的功率为

$$p = ui = Ri^2 = Gu^2 \tag{1-14}$$

式中，R 和 G 都是正实数，所以功率 $p \geqslant 0$，这表明电阻总是吸收功率，电阻元件是一种无源元件。

电阻元件从 t_0 到 t 的时间内吸收的能量为

$$W = \int_{t_0}^{t} p(\xi)\mathrm{d}\xi = \int_{t_0}^{t} Ri^2(\xi)\mathrm{d}\xi \tag{1-15}$$

电阻元件一般把吸收的电能转换成热能消耗掉，所以电阻元件也称为耗能元件。

例 1-2　各线性电阻如图 1-10 所示，已知电阻的电压、电流、电阻和吸收功率四个量中的任两个量，求另外两个量。

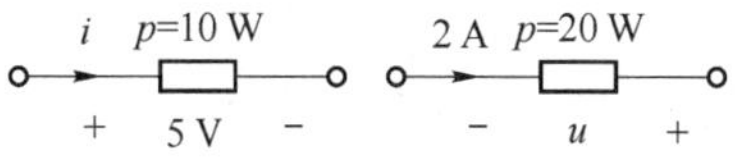

(a)　(b)

图 1-10　例 1-2 图

解：根据线性电阻的欧姆定律和功率公式，可以从电阻的电压、电流、电阻和吸收功率四个量中的任两个量，求得另外两个量。

(a) $i = \dfrac{p}{u} = \dfrac{10}{5} = 2\ \text{A}$　　　$R = \dfrac{u^2}{p} = \dfrac{5^2}{10} = 2.5\ \Omega$

(b) $u = -\frac{p}{i} = -\frac{20}{2} = -10\ \text{V}$ $\qquad R = \frac{p}{i^2} = \frac{20}{2^2} = 5\ \Omega$

例 1-3 已知一个电阻器的阻值为 10 kΩ、功率 9 W,试问当该电阻用于直流电路时,它所能承受的最大电压和允许通过的最大电流各是多少?

解: 根据 $P = \frac{U^2}{R}$,则有 $U = \sqrt{PR} = \sqrt{9 \times 10 \times 10^3} = 300\ \text{V}$

又由 $P = I^2R$,则有 $I = \sqrt{\frac{P}{R}} = \sqrt{\frac{9}{10 \times 10^3}} = 3 \times 10^{-2}\ \text{A} = 30\ \text{mA}$

通过计算可知,该电阻器能承受的最大电压为 300 V,最大电流为 30 mA。

1.4 电压源和电流源

任何一种实际电路必须有电源提供能量才能工作。实际电路有各种各样的电源,如干电池、蓄电池、光电池、发电机及电子电路中的信号源等。根据实际电源的不同特性,经科学抽象可以得到两种电路模型:电压源和电流源。

1.4.1 电压源

电压源是一种二端的理想电路元件,在任何情况下都能够对外提供按给定规律变化的确定电压。电压源的 VCR 为

$$\begin{cases} u = u_S(t) \\ i = \text{任意值} \end{cases}$$

式中,$u_S(t)$ 为给定的时间函数。当 $u_S(t)$ 随时间变化时,这种电压源称为时变电压源,例如交流电压源按正弦规律,随时间做周期性变化就是时变电压源;当 $u_S(t)$ 为恒定值时,这种电压源称为恒定电压源或直流电压源,用 U_S 表示。电压源的符号如图 1-11 所示。其中图 1-11(a)是电压源的一般符号(含直流电压源),图 1-11(b)尤指直流电压源,其中长划表示电源的"+"极性端,短划表示电源的"−"极性端。

电压源具有两个基本性质:(1)它的端电压是定值 U_S 或是给定的时间函数 $u_S(t)$,与流过它的电流无关。即使当电流等于零,其两端仍有电压 U_S 或 $u_S(t)$。(2)流过它的电流则是任意的,即流过它的电流是由与之相连接的外电路来决定的,电流随与它连接的外电路的不同而不同。

图 1-12(a)所示为电压源接外电路的情况;图 1-12(b)所示的是电压源的伏安特性,它不随时间改变,是一条不通过原点且与电流轴平行的直线。

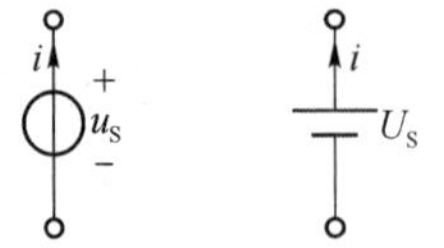

(a) 一般符号 (b) 直流电压源

图 1-11 电压源

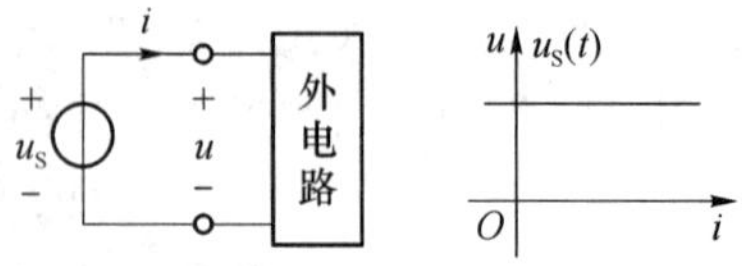

(a) 接外电路示意 (b) 伏安特性

图 1-12 电压源接外电路示意及其伏安特性

电压源不接外电路时,电流 i 总为零值,这时电压源处于开路状态。当电压源的电压 $u_S(t) = 0$ 时,其伏安特性曲线将与 $u-i$ 平面上的 i 轴重合,此时电压源相当于短路。

电压源的电压和流过电压源的电流的参考方向通常取为非关联参考方向，如图 1-12(a)所示，此时，电压源的功率为

$$p=-u_{S}i$$

它也是外电路吸收的功率。

1.4.2　电流源

电流源也是一种二端的理想电路元件，在任何情况下都能够对外提供按给定规律变化的确定电流。电流源的 VCR 为

$$\begin{cases} i=i_{S}(t) \\ u=\text{任意值} \end{cases}$$

式中，$i_S(t)$ 为给定的时间函数。当 $i_S(t)$ 随时间变化时，这种电流源称为时变电流源；当 $i_S(t)$ 为恒定值时，这种电流源称为恒定电流源或直流电流源，用 I_S 表示。电流源的符号如图 1-13(a)所示。

电流源具有两个基本性质：(1)它发出的电流是定值 I_S 或是给定的时间函数 $i_S(t)$，与它两端的电压无关。即使当电压等于零，它发出的电流仍为 I_S 或 $i_S(t)$；(2)电流源两端的电压则是任意的，即它两端的电压是由与之相连接的外电路来决定的，随与它所连接的外电路的不同而不同。

图 1-13(b)所示的是电流源接外电路的情况。图 1-13(c)所示的是电流源的伏安特性，它不随时间改变，是一条不通过原点且与电压轴平行的直线。

电流源两端用短路线连接时，其端电压 $u=0$，而 $i=i_S$，电流源的电流即为短路电流。当电流源的电流 $i_S(t)=0$ 时，其伏安特性曲线将与 $u-i$ 平面上的 u 轴重合，此时电流源相当于开路。

电流源的电压和流过它的电流的参考方向通常取为非关联参考方向，如图 1-13(a)所示，此时，电流源的功率为

$$p=-ui_{S}$$

它也是外电路吸收的功率。

上述电压源的电压 u_S 和电流源的电流 i_S 都是由电源本身的结构决定的，与外电路无关，是独立的，所以称这类电源为独立电源。这里的“独立”二字是为了与 1.5 节要介绍的“受控”电源，即非独立电源相区别。

例 1-4　求图 1-14 所示电路中各元件的功率，并说明是发出功率还是吸收功率。

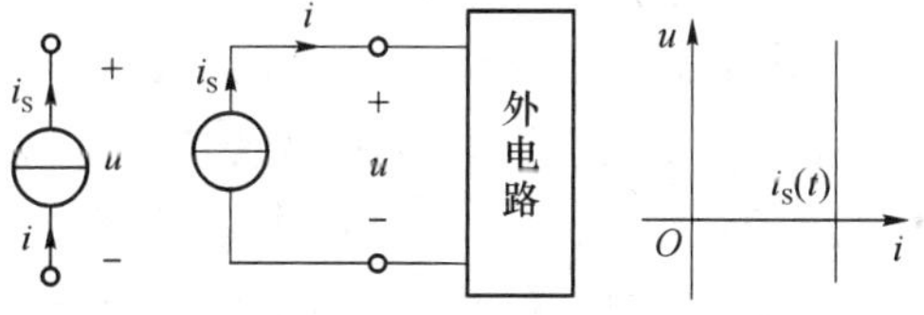

(a)　(b)　(c)

图 1-13　电流源的符号、接外电路的示意图及其伏安特性

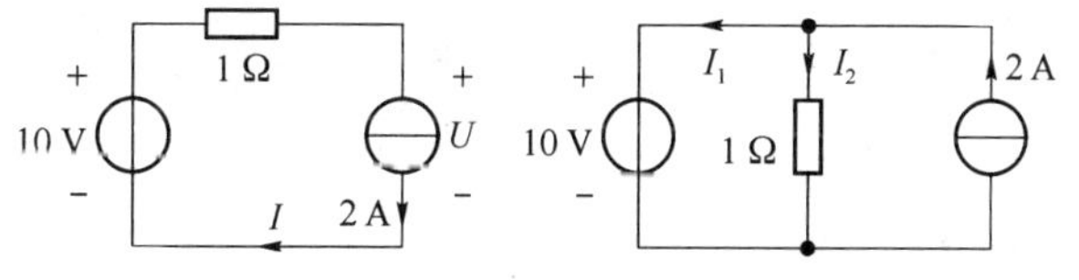

(a)　(b)

图 1-14　例 1-4 图

解：在图 1-14(a)所示电路中，流经电阻、电压源的电流为 $I=2$ A

电流源两端的电压：　　　　$U = 10 - 1 \times 2 = 8\ \text{V}$

电阻吸收的功率：　　　　$P_1 = RI^2 = 1 \times 2^2 = 4\ \text{W}$

电压源的功率：　　　　$P_2 = -10I = -10 \times 2 = -20\ \text{W}$

电压源功率小于零，故电压源发出功率为 20 W。

电流源的功率：　　　　$P_3 = UI = 8 \times 2 = 16\ \text{W}$

电流源功率大于零，故电流源吸收功率为 16 W。

显然发出总功率为 20 W，吸收总功率为 20 W，即整个电路满足功率平衡。

在图 1-14(b)所示电路中，由欧姆定律及电流关系，得电压源上的电流：

$$I_1 = 2 - I_2 = 2 - \frac{10}{1} = -8\ \text{A}$$

电阻吸收的功率：　　　　$P_1 = \dfrac{U^2}{R} = \dfrac{10^2}{1} = 100\ \text{W}$

电压源的功率：　　　　$P_2 = 10I_1 = 10 \times (-8) = -80\ \text{W}$

电压源功率小于零，故电压源发出功率为 80 W。

电流源的功率　　　　$P_3 = -10 \times 2 = -20\ \text{W}$

电流源功率小于零，故电流源发出功率为 20 W。

显然发出总功率为 100 W，吸收总功率为 100 W，即整个电路满足功率平衡。

1.5 受控电源

在一些电气设备或电子器件中，经常有一条支路的电流或电压直接受另一条支路的电流或电压控制的现象。例如，直流发电机的电压受激磁线圈电流的控制，晶体管的集电极电流受基极电流的控制，运算放大器的输出电压受输入电压的控制。受控电源就是由此类实际器件抽象而来的一种理想化模型。

前述各种电路元件均属二端元件或称单口元件，如电阻、电压源、电流源等，它们对外只有两个端钮。受控源则是一种双口元件，它含有两条支路，一条是控制支路，这条支路或为开路或为短路，控制支路的电压或电流称为控制量；另一条是受控支路，这条支路或用一个受控“电压源”表明该支路的电压受控制的性质，或用一个受控“电流源”表明该支路的电流受控制的性质。受控支路的电压或电流称为受控量。由于控制量可以是电压或电流，受控量也可以是电压或电流，因此受控电源可以分为四种类型。

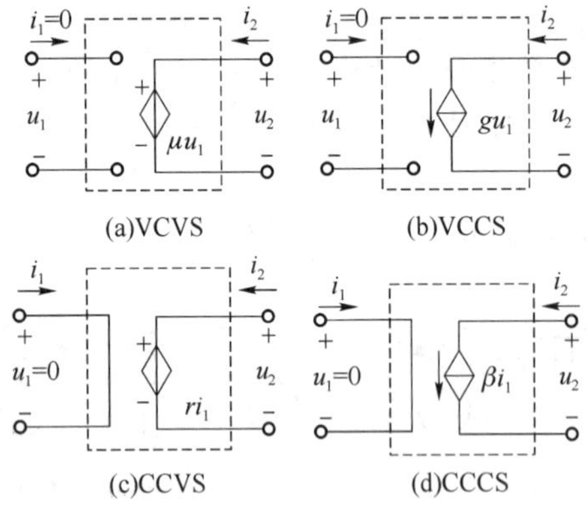

图 1-15　四种受控电源的图形符号

(1) 电压控制的电压源(VCVS)，如图 1-15(a)所示。其中 u_1 为输入控制量，u_2 为电路中的受控电压源，控制关系为

$$u_2 = \mu u_1$$

式中，μ 为控制系数，是量纲为 1 的常数，称为转移电压比或电压放大倍数。

（2）电压控制的电流源（VCCS），如图 1-15(b) 所示。其中 u_1 为输入控制量，i_2 为电路中的受控电流源，控制关系为

$$i_2 = gu_1$$

式中，g 为控制系数，是具有电导量纲的常数，称为转移电导。

（3）电流控制的电压源（CCVS），如图 1-15(c)所示。其中 i_1 为输入控制量，u_2 为电路中的受控电压源，控制关系为

$$u_2 = ri_1$$

式中，r 为控制系数，是具有电阻量纲的常数，称为转移电阻。

（4）电流控制的电流源（CCCS），如图 1-15(d)所示。其中 i_1 为输入控制量，i_2 为电路中的受控电流源，控制关系为

$$i_2 = \beta i_1$$

式中，β 为控制系数，无量纲常数，称为转移电流比或电流放大倍数。

受控源与独立电源在电路中的作用完全不同。独立电源是电路的输入（激励），它为电路提供按给定时间函数变化的电压和电流。受控源常用来描述电路中两条支路电压和电流间的一种约束关系，它的存在可以改变电路中的电压和电流，这种约束控制关系从信号能量传递的角度来讲是一种电耦合关系。如果电路中无独立电源激励，那么各处都没有电压和电流，于是控制量为零，受控源的电压或电流也为零。

例 1-5　求图 1-16 所示电路中的电流 i，具中 VCVS 的电压 $u_2 = 0.5u_1$，电流源 $i_S = 2$ A。

解： 先求出控制电压 u_1，从左方电路可得 $u_1 = 2 \times 5 = 10$ V，故有

$$i = \frac{u_2}{2} = \frac{0.5 \times 10}{2} = 2.5 \text{ A}$$

例 1-6　求图 1-17(a)所示电路中的电流 I 及各元件功率。

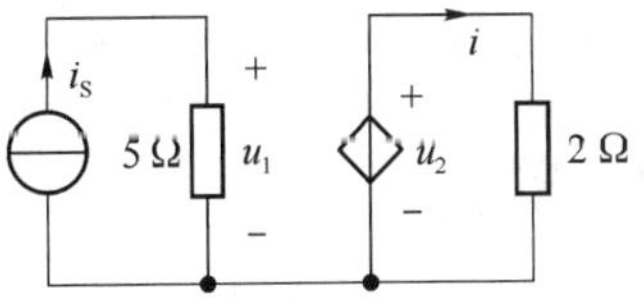

图 1-16　例 1-5 图

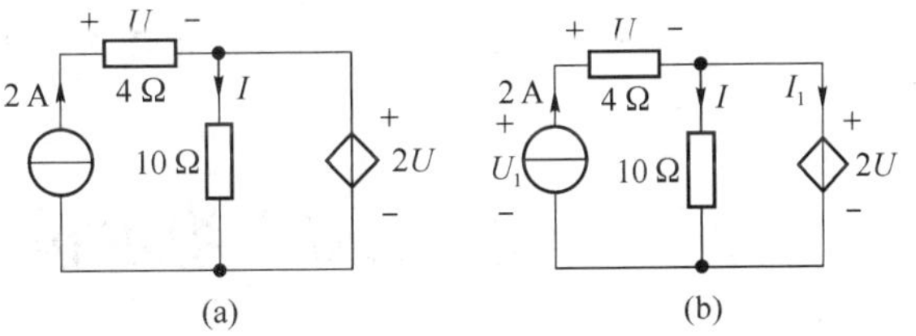

图 1-17　例 1-6 图

解： 求 10 Ω 电阻中的电流，必须知道电阻两端电压，而电阻两端电压就是受控电压源的电压。受控电压源的控制量是 4 Ω 电阻上电压 U，电压 U 等于电阻乘以流过它的电流。

$$U = 4 \times 2 = 8 \text{ V}$$

受控电压源电压为

$$2U = 2 \times 8 = 16 \text{ V}$$

电流 I 为

$$I = \frac{2U}{R} = \frac{16}{10} = 1.6 \text{ A}$$

电流源电压、受控电压源电流的参考方向如图 1-17(b)所示，则受控电压源电流为

$$I_1 = 2 - I = 2 - 1.6 = 0.4 \text{ A}$$

电流源两端电压为

$$U_1 = U + 2U = 3U = 3 \times 8 = 24\ \text{V}$$

电流源两端电压、电流为非关联参考方向，功率为

$$P = -2 \times U_1 = -2 \times 24 = -48\ \text{W}$$

受控电压源两端电压、电流为关联参考方向，功率为

$$P = 2U \times I_1 = 16 \times 0.4 = 6.4\ \text{W}$$

4 Ω 电阻的功率为

$$P = 2^2 \times 4 = 16\ \text{W}$$

10 Ω 电阻的功率

$$P = I^2 \times 10 = 1.6^2 \times 10 = 25.6\ \text{W}$$

电路中总功率

$$P = -48 + 6.4 + 16 + 25.6 = 0$$

总功率为零，功率平衡。

例 1-7 求图 1-18 电路中的电流 I。

解：电路中左右两部分电路是断开的，如果没有受控源，右边部分电路没有独立源就无响应。此电路中因为有受控电源，只要控制量不为零，就有响应。受控源是电压控制电流源，控制量是左边部分 4 Ω 电阻上电压，只要求出控制量 U 就可求得电流 I。

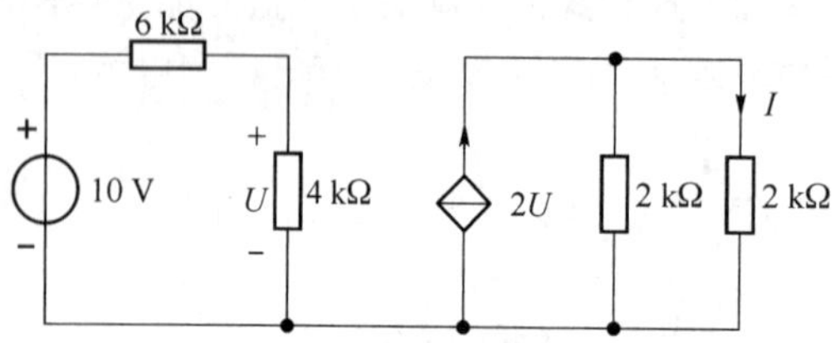

图 1-18 例 1-7 图

$$U = \frac{4 \times 10^3}{6 \times 10^3 + 4 \times 10^3} \times 10 = 4\ \text{V}$$

受控电流源电流为

$$2U = 2 \times 4 = 8\ \text{A}$$

两条支路分流，因两电阻相等，每条支路上电流都等于总电流的一半，所以

$$I = \frac{1}{2} \times 8 = 4\ \text{A}$$

1.6 基尔霍夫定律

集总电路由集总参数元件相互连接而成，各元件的电压和电流要受到两个方面的约束：一种约束称为元件约束，这种约束取决于元件本身的特性，即每个元件都要满足自己的伏安特性(VCR)。例如，电阻元件的电压和电流必须满足 $u = Ri$ 的关系；另一种约束称为拓扑约束或称电路结构约束，这种约束取决于电路元件相互之间的连接方式(拓扑结构)，表示这种拓扑约束关系的是基尔霍夫定律，它包括基尔霍夫电流定律和基尔霍夫电压定律。元件约束和拓扑约束是电路的基本定律，它们是电路分析中解决集总电路问题的基本依据。

在叙述基尔霍夫定律之前，先介绍几个表述电路结构的常用名词。

(1) 支路：电路中流过同一电流的每个分支。图 1-19 所示电路中有 3 条支路：acb、ab、adb。

(2) 节点：3 条或 3 条以上支路的连接点。图 1-19 所示电路中有两个节点：a 点和 b 点。

(3) 回路：由电路中的一条或多条支路组成的闭合路径。图 1-19 所示电路中有 3 个回路：abca、abda、acbda。

(4) 网孔：在回路内部不另含有支路的回路，即“空心回路”。图 1-19 所示电路中有两个网孔：abca、abda。

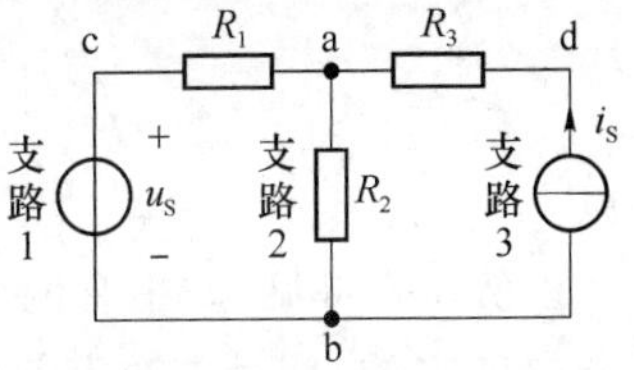

图 1-19　支路、节点和回路

1.6.1　基尔霍夫电流定律(KCL)

基尔霍夫电流定律描述电路中与节点相连接的各支路电流之间的约束关系，具体表述为：对于任一集总电路中的任一节点，在任一时刻，流出该节点的所有支路电流的代数和等于零。其数学表达式为

$$\sum i = 0 \tag{1-16}$$

式(1-16)称为节点电流方程，简称 KCL 方程。对电路某节点列写 KCL 方程时，规定参考方向是背向(流出)节点的支路电流取“＋”号，参考方向是指向(流入)节点的支路电流取“－”号。

例如，对于图 1-20 所示电路，其 KCL 方程为

$$i_1 + i_2 - i_3 + i_4 - i_5 = 0$$

将上式中的负项移至等式右端，得

$$i_1 + i_2 + i_4 = i_3 + i_5$$

上式的左端是流出节点的电流之和，右端是流入节点的电流之和。因此基尔霍夫电流定律也可以表述为：对于任一集总电路中的任一节点，在任一时刻，流出该节点的所有支路电流之和等于流入该节点的所有支路电流之和。其表示式为

$$\sum i_{流出} = \sum i_{流入} \tag{1-17}$$

基尔霍夫电流定律不仅适用于电路中的任一节点，也可推广至包围部分电路的任一闭合面，这个闭合面又称为广义节点。例如，图 1-21 所示的闭合面包围的是一个三角形电路，在任一时刻，通过该闭合面的电流的代数和等于零，即

$$I_A + I_B + I_C = 0$$

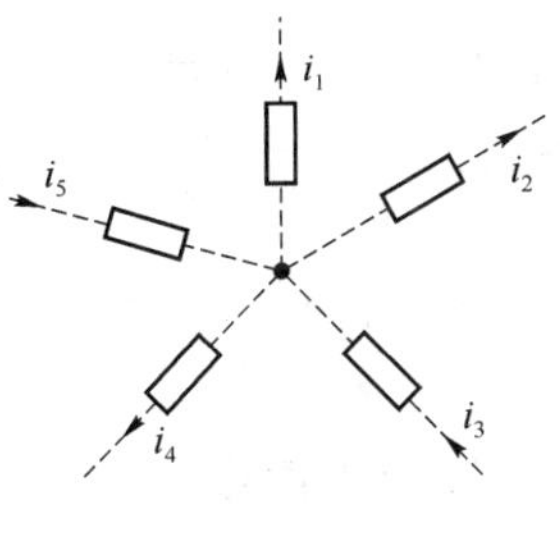

图 1-20　KCL 方程图例

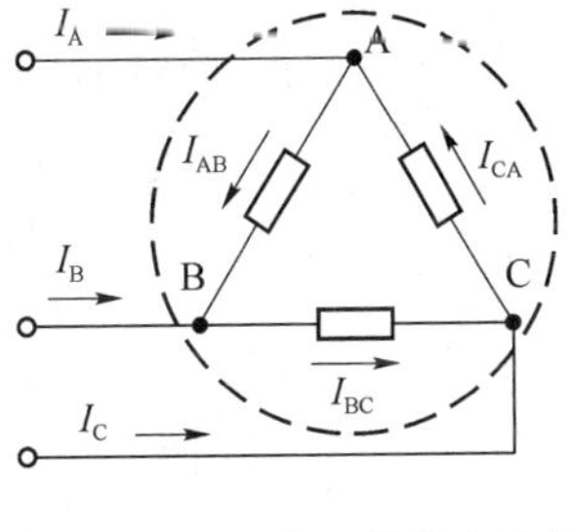

图 1-21　KCL 方程的推广应用

基尔霍夫电流定律反映了电流连续性，是电荷守恒的体现，它表示了连接于同一节点的各支路电流之间的拓扑约束关系，而与各支路元件的性质无关。

例 1-8　在图 1-22 所示中，$I_1 = 2$ A，$I_2 = -3$ A，$I_3 = -2$ A，试求 I_4。

解： 由基尔霍夫电流定律可列出

$$I_1 - I_2 + I_3 - I_4 = 0$$

$$2 - (-3) + (-2) - I_4 = 0$$

所以

$$I_4 = 3\ \text{A}$$

由例 1-8 可见，式中有两套正、负号，I 前的正、负号是由基尔霍夫电流定律根据电流的参考方向确定的，括号内数字前的则是表示电流本身数值的正、负。

例 1-9 在图 1-23 所示中，已知 $I_2 = 6\ \text{A}$，$I_3 = 4\ \text{A}$，$R_7 = 5\ \Omega$，试计算 R_7 上的电压 U_7。

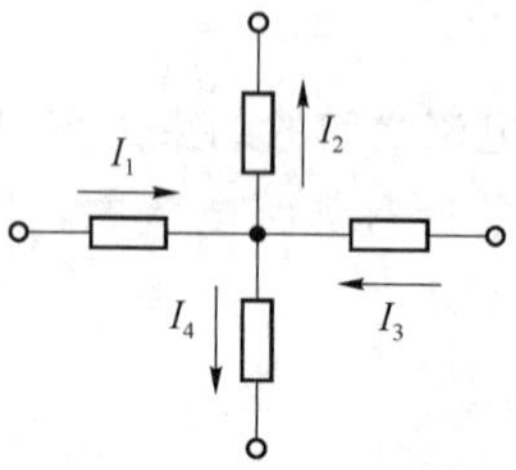

图 1-22 例 1-8 图

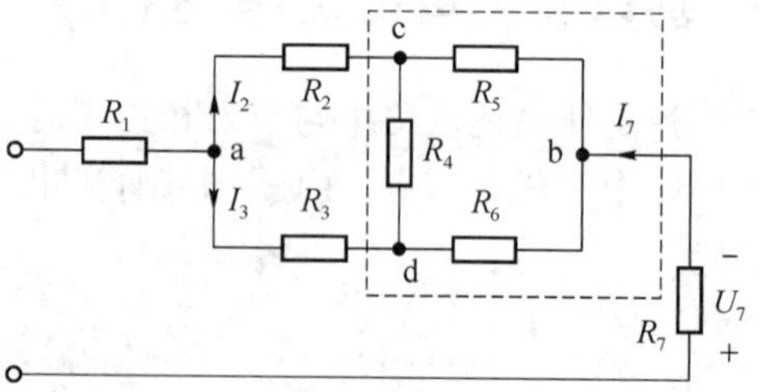

图 1-23 例 1-9 图

解：由于 $U_7 = R_7 I_7$，因此欲求 U_7，关键在于求 I_7，而 I_7 和未知大小的 R_5、R_6 支路电流有约束关系，所以用节点 b 的 KCL 不行。选取包围节点 b、c、d 在内的封闭曲面，如图 1-13 虚线所示，对这个广义节点，列出 KCL 方程为

$$I_2 + I_3 + I_7 = 0$$

所以

$$I_7 = -I_2 - I_3 = -6 - 4 = -10\ \text{A}$$

$$U_7 = R_7 I_7 = 5 \times (-10) = -50\ \text{V}$$

1.6.2 基尔霍夫电压定律(KVL)

基尔霍夫电压定律描述回路中各支路电压之间的约束关系，它可表述为：

对于任一集总电路中的任一回路，在任一时刻，沿该回路全部支路电压的代数和等于零。其数学表达式为

$$\sum u = 0 \tag{1-18}$$

式(1-18)称为回路电压方程，简称 KVL 方程。对电路某回路列写 KVL 方程时，首先应对给定的回路选取一个回路绕行方向。若支路电压的参考方向与回路绕行方向一致，则该支路电压在 KVL 方程中取“＋”号；若支路电压的参考方向与回路绕行方向相反，则取“－”号。

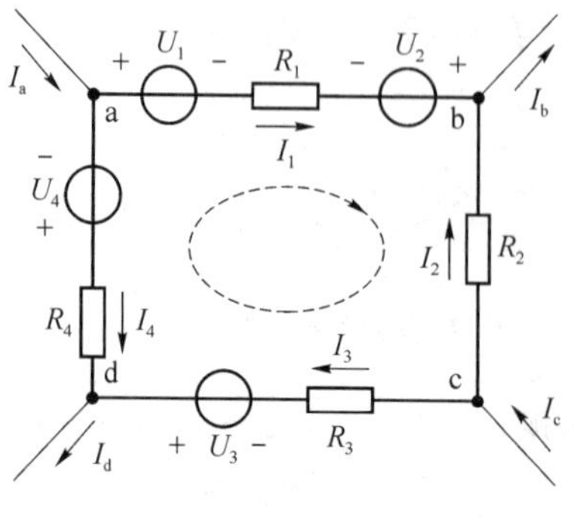

图 1-24 KVL 方程示图例

以图 1-24 所示的回路为例，图中电流和各段电压的参考方向均已标出。按照虚线所示方向绕行一周，根据电压的参考方向可列出 KVL 方程，得

$$U_1 - U_2 - U_3 + U_4 + R_1 I_1 - R_2 I_2 + R_3 I_3 - R_4 I_4 = 0$$

即

$$\sum U = 0$$

上式也可改写为

$$U_1 - U_2 - U_3 + U_4 = -R_1 I_1 + R_2 I_2 - R_3 I_3 + R_4 I_4$$

即

$$\sum U_S = \sum (RI) \tag{1-19}$$

此为基尔霍夫电压定律在电阻电路中的另一种表达式，就是在任一回路绕行方向上，回路中电源电压的代数和等于电阻上电压降的代数和。在这里，凡是电源电压的参考方向与所选回路绕行方向一致者，取“＋”号，相反者，则取“－”号；凡是电流的参考方向与回路绕行方向一致者，该电流在电阻上所产生的电压降均取“－”号，相反者，则取“＋”号。

基尔霍夫电压定律反映了电路中组成回路的各支路电压之间的拓扑约束关系，它是能量守恒定律在电路中的体现，而与各支路元件的性质无关。

例 1-10　电路如图 1-25 所示，求电压 U。

解： 由电路可知

$$U = U_{ab} = U_{ac} + U_{cb} = -5 + 5 \times 2 = 5\ \text{V}$$

也可以把该电路假想成一回路，利用 KVL 求电压 U。

回路的绕行方向如图 1-25 所示。利用 KVL 得

$$U + U_{bc} + U_{ca} = 0$$

由于 $U_{bc} = -RI = -5 \times 2 = -10\ \text{V}$　　$U_{ca} = 5\ \text{V}$

由以上两式，解得　　$U = 5\ \text{V}$

可见，基尔霍夫电压定律不仅应用于闭合回路，也可以把它推广应用于一段不闭合的电路（或称路径）。

例 1-11　图 1-26 所示电路中，电阻 $R_1 = 2\ \Omega$，$R_2 = 4\ \Omega$，$R_3 = 6\ \Omega$，$U_{S1} = 6\ \text{V}$，$U_{S2} = 2\ \text{V}$。求电阻 R_1 两端的电压 U_1。

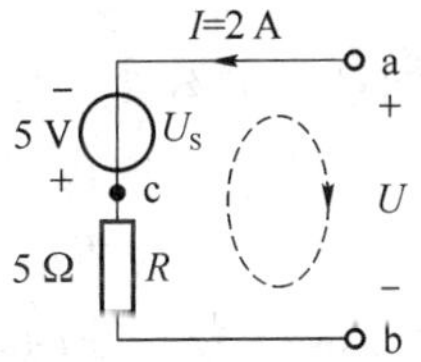

图 1-25　例 1-10 图

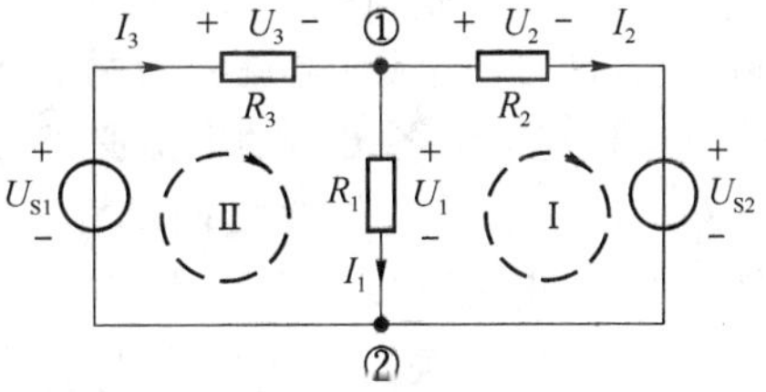

图 1-26　例 1-11 图

解： 各支路电流和电压的参考方向如图 1-26 所示。求解本题时，除了应用 KCL 和 KVL，还需要应用元件的 VCR。对回路Ⅰ（绕行方向见图示）列出 KVL 方程，有

$$-U_1 + U_{S2} + U_2 = 0$$

得

$$U_2 = U_1 - U_{S2} = U_1 - 2$$

对回路Ⅱ列出 KVL 方程，有

$$U_1 + U_3 - U_{S1} = 0$$

得

$$U_3 = U_{S1} - U_1 = 6 - U_1$$

对节点①列出 KCL 方程，有

$$I_1 + I_2 - I_3 = 0$$

代入 VCR 得

$$\frac{U_1}{R_1} + \frac{U_2}{R_2} - \frac{U_3}{R_3} = 0$$

代入 U_2 和 U_3 的表达式及各电阻值，有

$$\frac{U_1}{2}+\frac{U_1-2}{4}-\frac{6-U_1}{6}=0$$

解得
$$U_1=\frac{18}{11}=1.64\ \text{V}$$

例 1-12 在图 1-27 所示电路中，已知 $R_1=2\ \text{k}\Omega$，$R_2=1\ \text{k}\Omega$，$R_3=3\ \text{k}\Omega$，$u_S=8\ \text{V}$，电流控制电流源的电流 $i_c=5i_1$。求电阻 R_3 两端的电压 u_3。

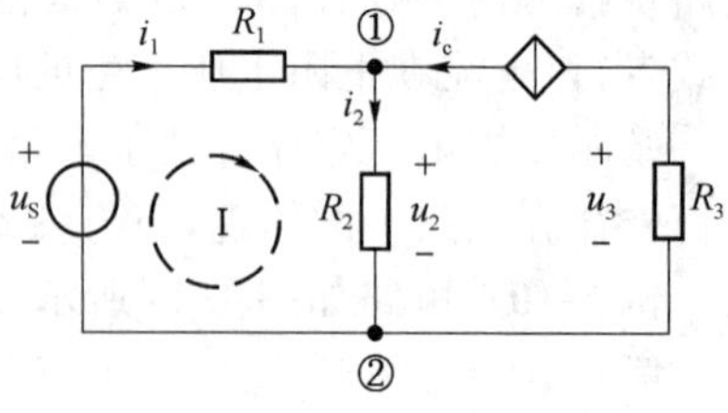

图 1-27 例 1-12 图

解： 这是一个有受控源的电路，宜选择控制量 i_1 作为未知量，求得 i_1 后再求 u_3。可分以下步骤进行：

(1) 对节点①按 KCL 得流过 R_2 的电流 i_2 为
$$i_2=i_1+i_c=6i_1$$

(2) 对回路Ⅰ(绕行方向见图示)列出 KVL 方程，有
$$-u_S+R_1i_1+R_2i_2=0$$
代入 u_S、R_1、R_2 的数值及 i_2 表达式，有
$$i_1=1\ \text{mA}$$

(3) R_3 两端的电压 u_3 为
$$u_3=-R_3i_c=-2\times10^3\times5i_1=-10\ \text{V}$$

应该指出，上述例题所举的是直流电阻电路，但是基尔霍夫两个定律具有普遍性，它们适用于由各种不同元件所构成的电路，也适用于任一瞬时任何变化的电流和电压。

本章讨论了 KCL、KVL 以及电阻元件、电源元件、受控源元件的 VCR，并运用它们计算了一些较简单的电阻电路。基尔霍夫定律(KCL、KVL)和元件的 VCR 是对电路中各电压变量、电流变量施加的全部约束。当元件相互连接组成具有一定几何结构形式的电路后，电路中出现了节点和回路，其各部分的电压、电流将为两类约束所支配。一类约束，来自元件的相互连接方式。与一个节点相连接的各支路的电流必然受到彼此之间的相互约束(KCL)；与一个回路相联系的各支路电压必然受到彼此之间的相互约束(KVL)。另一类约束，来至元件的性质。每一种元件的电压、电流形成一个约束，例如，一个线性电阻将迫使其两端的电压和流过的电流，服从欧姆定律的约束关系。这种取决于元件性质的约束，称为元件约束(VCR)。不论是当前讨论的电阻电路，还是以后讨论的动态电路、交流电路，一切集总电路中的电压、电流无不为这两类约束所支配，它就是处理集总电路问题的基本依据。根据这两类约束关系，可以列出联系电路中所有电压变量和电流变量的足够的独立方程组。

本章小结

1. 实际电路的几何尺寸远小于电路工作信号的波长时，可用电路元件连接而成的集总参数电路(模型)来模拟。基尔霍夫定律适用于任何集总参数电路。

2. 若计算出的电流(或电压)>0，表明电流(或电压)的实际方向与电流(或电压)的参考方向相同；若计算出的电流(或电压)<0，表明电流(或电压)的实际方向与电流(或电压)的参考方向相反。

3. 基尔霍夫电流定律(KCL)表述为：对于任一集总电路中的任一节点，在任一时刻，流出该节点的所有支路电流的代数和等于零。其数学表达式为 $\sum i=0$。

4. 基尔霍夫电压定律（KVL）表述为：对于任一集总电路中的任一回路，在任一时刻，沿该回路全部支路电压的代数和等于零。其数学表达式为 $\sum u = 0$。

5. 线性电阻满足欧姆定律（$u = Ri$），其特性曲线是 $u-i$ 平面上通过坐标原点的直线。

6. 电压源的特性曲线是 $u-i$ 平面上平行于 i 轴的直线。电压源的电压按给定时间函数 $u_S(t)$ 变化，其电流由 $u_S(t)$ 和外电路共同决定。

7. 电流源的特性曲线是 $u-i$ 平面上平行于 u 轴的直线。电流源的电流按给定时间函数 $i_S(t)$ 变化，其电压由 $i_S(t)$ 和外电路共同决定。

本章内容延展与工程应用实例

电压、电流与电击

电以及各种用电设备给人们的日常生产和生活带来了极大的便利，是现代社会不可或缺的重要资源和内容。但是，用电设备使用不当对人身和财产所造成的危险和损害也时有发生，比如触电事故造成的电烧伤、肢体残疾甚至死亡，电器设备存在安全隐患或使用不当造成的火灾等。因此，对电的危险性要有正确的认识。

用电设备附近或标签上常用如图 1-28 所示的警示标志来提醒电的潜在危险性，但也容易使人对触电或电击的危险造成片面的理解。觉得高压危险性大，而低压危险性小或没有危险。

实际上，在干燥环境下，常遇到衣服因起静电，穿脱时会"噼啪"地发出响声的静电电压的大小常高达上千伏，但我们并没有觉得受到什么伤害。电击能否造成实际的伤害取决于通过人体的电流的大小、频率、通电时间和通过人体的路径等因素。一般地说，电流越大，通电时间越长，其损伤越严重；如果电压相同，则工频(50 Hz)交流电要比直流电的危害大。电流通过人体的路径如图 1-29 所示，其中从手到脚的路径是最危险的，其次是从手到手，危险最小的是从脚到脚。

图 1-28　警示标志

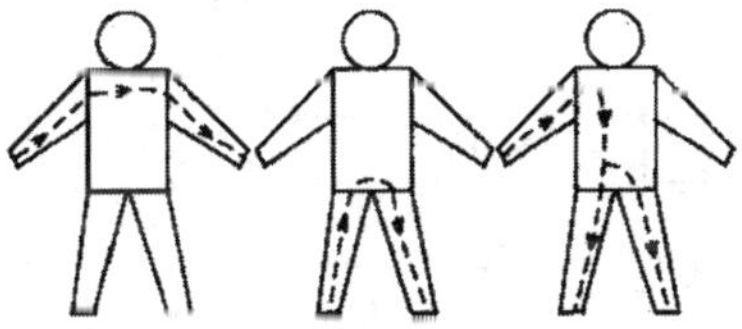

图 1-29　电击时人体电流路径

人体对不同电流的生理反应情况如表 1-2 所示(以工频电流为例)。因受到电击时实际流过人体的电流情况是难以确定的，所以实际中一般采用容易确定的电压值来警示危险性。

表 1-2　人体对电流的生理反应

电流/mA	生理反应
0.5～1	有手指、手腕麻或痛的感觉
8～10	针刺感、疼痛感增强发生痉挛而抓紧带电体，但终能摆脱带电体
20～30	会使人迅速麻痹不能摆脱带电体，而且血压升高，呼吸困难
50	会使人呼吸麻痹，心脏开始颤动，数秒后就可致命

习 题 1

1-1 在题 1-1(a)、(b)图所示中,试求:(1) u、i 的参考方向是否关联?(2)如果在图(a)中 $u>0,i<0$;图(b)中 $u<0,i>0$,确定 u、i 的实际方向,并说明各元件实际上是吸收功率还是发出功率?

1-2 如题 1-2 图所示电路中,各方框均代表某一电路元件,在所示参考方向条件下求得各元件电流、电压分别为 $i_1=5$ A,$i_2=3$ A,$i_3=-2$ A,$u_1=6$ V,$u_2=1$ V,$u_3=5$ V,$u_4=-8$ V,$u_5=-3$ V,试计算各元件吸收的功率,并判断是否满足功率平衡。

1-3 各线性电阻的电压、电流如题 1-3 图所示。试求图中的未知量。

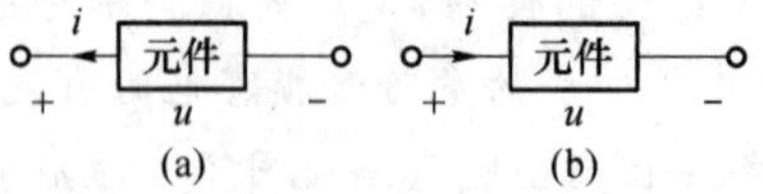

题 1-1 图

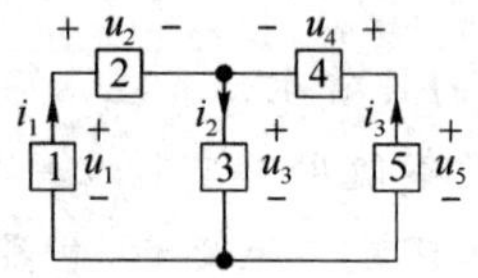

题 1-2 图

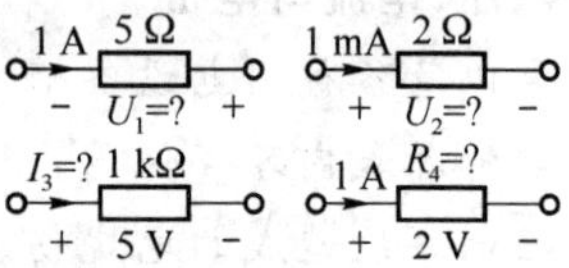

题 1-3 图

1-4 试求题 1-4 图所示中各电路的电压 U,并讨论其功率平衡。

1-5 如题 1-5 图所示电路,已知 $i_1=4$ A,$i_3=-6$ A,$u_1=20$ V,$u_4=10$ V。试求各二端元件的功率。

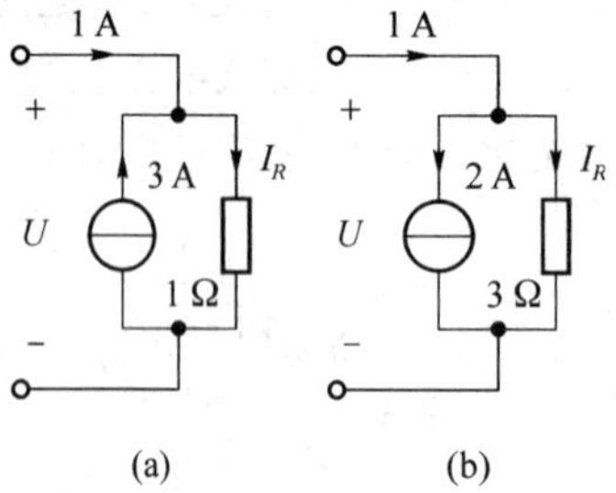

题 1-4 图

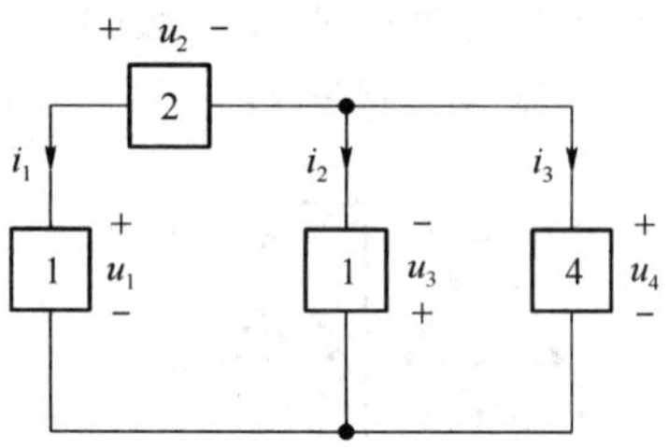

题 1-5 图

1-6 试求如题 1-6 图所示电路中各元件的功率,并判断是吸收还是发出功率。

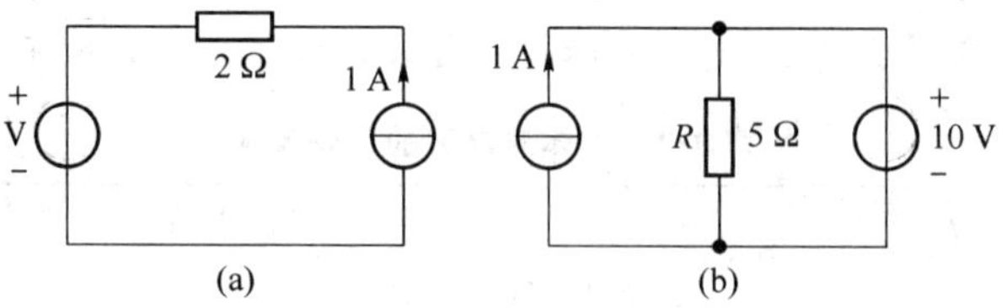

题 1-6 图

1-7 题 1-7 图所示电路中,$I_1=1$ A,$I_3=-2$ A,$I_5=-1$ A,求各未知电流。

1-8 如题 1-8 图所示电路,求电流 i_1 和 i_2。

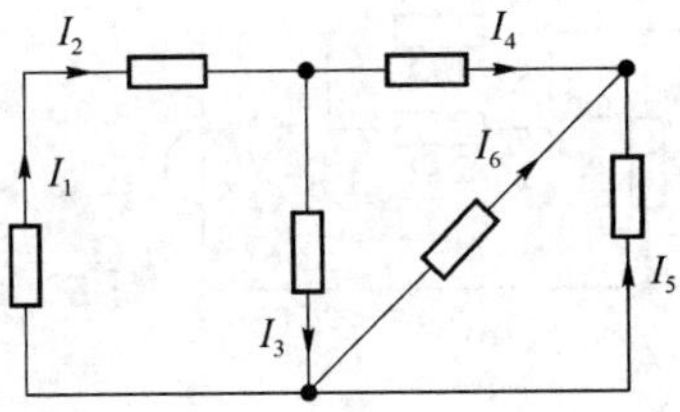

题 1-7 图

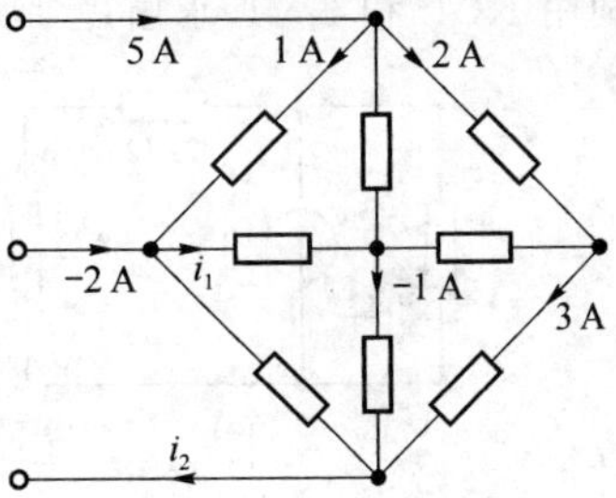

题 1-8 图

1-9　如题 1-9 图所示电路，求电压 u_1 和 u_{ab}。

1-10　如题 1-10 图所示电路中，$U_1=1$ V，$U_2=3$ V，$U_3=-2$ V，$U_7=5$ V，求各未知电压。

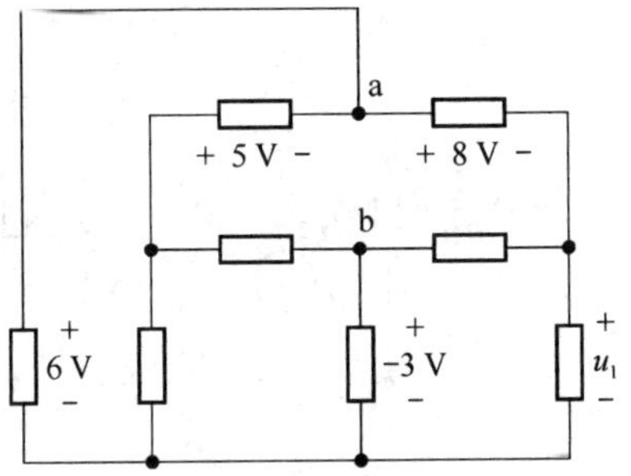

题 1-9 图

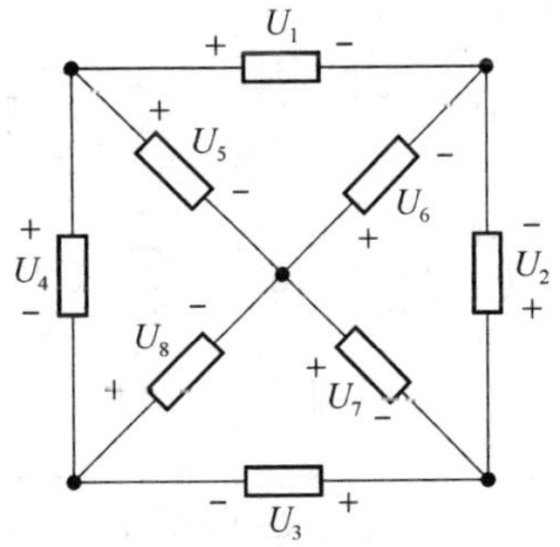

题 1-10 图

1-11　如题 1-11 图所示电路，试求：(1)图(a)中电流 i_1 和电压 u_{ab}；(2)图(b)中电压 u_{cb}。

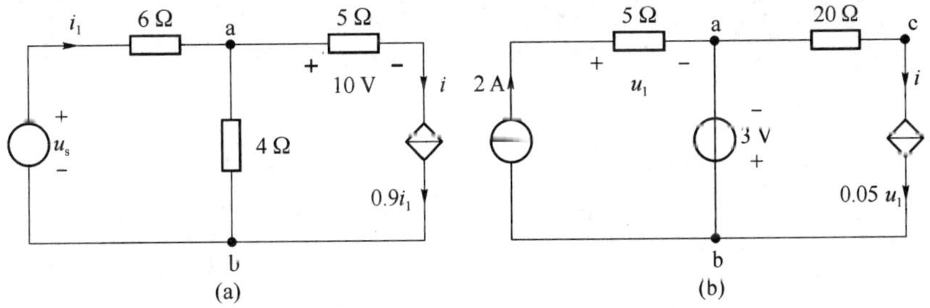

题 1-11 图

1-12　题 1-12 图所示电路中，已知 $U_R=2$ V，求电阻 R。

1-13　求题 1-13 图所示电路中电压 U。

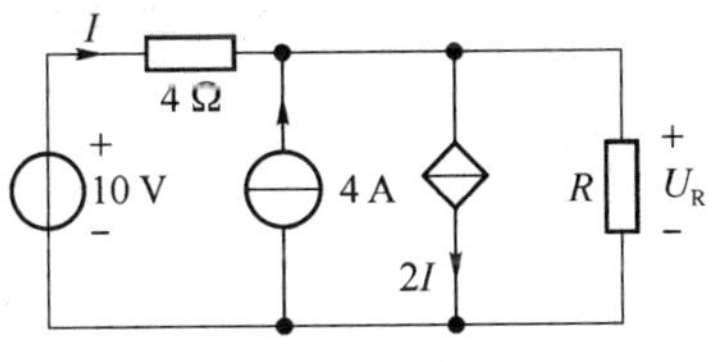

题 1-12 图

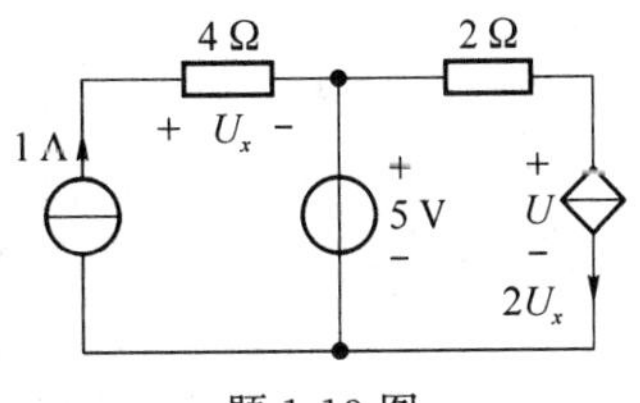

题 1-13 图

1-14　利用 KCL 和 KVL 求解题 1-14 图示电路中的电压 u。

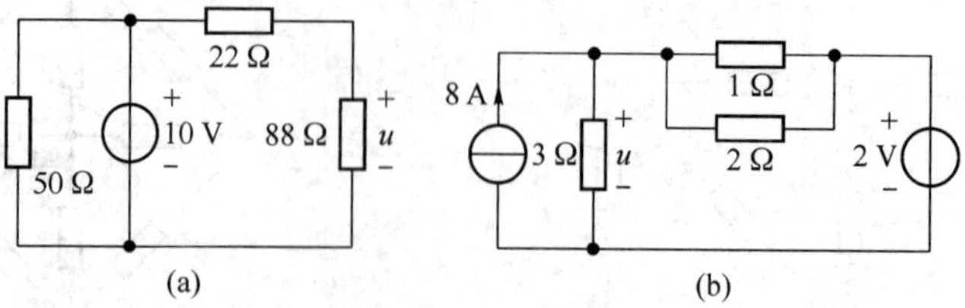

题 1-14 图

1-15　求题 1-15 图所示电路中电压 U_1、U_2 和电流 I。

1-16　电路如题 1-16 图所示，求图示电压、电流。

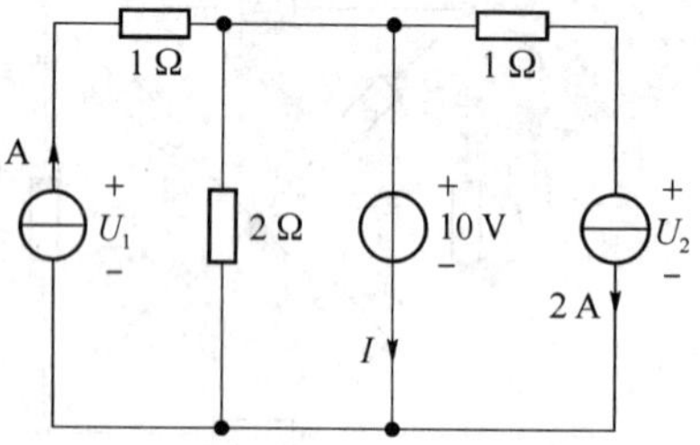

题 1-15 图

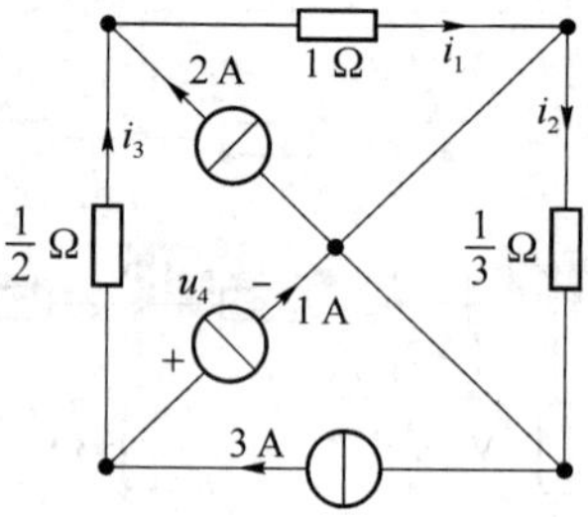

题 1-16 图

第 2 章

电阻电路的等效变换

教学提示：本章主要介绍电路的等效变换分析法。这种方法在求解电路过程中通过对原电路的结构进行等效化简，然后再作分析计算。等效变换分析法可使原电路得到简化，易于方便、快捷地求解电路中某一部分的响应问题。

本章内容包括电路的等效变换概念，电阻的串、并联及等效电阻，电源的串、并联及等效电源，电压源与电流源的等效变换，一端口输入电阻的计算。

2.1 电路的等效变换

本书分析研究的对象均为线性电路，即由时不变线性无源元件、线性受控源和独立电源构成的电路，而完全由线性电阻和电源元件(包括线性受控源)构成的电路，称为线性电阻电路，简称电阻电路。从本章开始到第 4 章，将重点对电阻电路进行分析。电路中的电源可以是直流的(不随时间变化)，也可以是交流的(随时间按一定规律变化)。若所有的独立电源都是直流电源时，则称这类电路为直流电路。

2.1.1 二端网络的概念

在对复杂电路进行分析时，如果只是要对其中某一支路的电压、电流或其中某些支路的电压、电流进行分析、计算时，可以用分解的方法把原来的复杂电路分解成由两个通过两根导线相连的子电路 N_A 和 N_B 所组成的电路，如图 2-1 所示。N_B 中有要求解的电压和电流，而对 N_A 中的电压、电流，则不感兴趣。

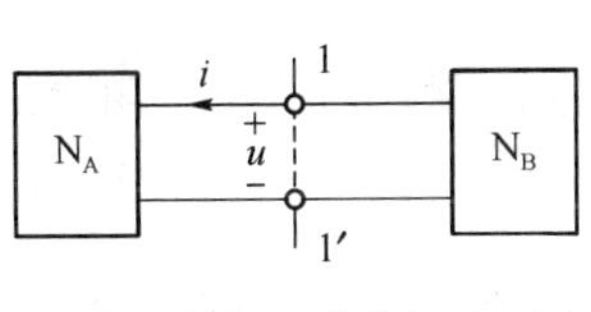

图 2-1 复杂电路分解为两个子电路的示意图

像 N_A、N_B 这种由一个或多个元件相连接组成且对外只有两个端子的子电路，称为二端网络或一端口网络。1 和 1′是二端网络的两个端子，1—1′构成了一个端口。二端网络的两个端钮之间的电压 u，称为端口电压。流经端钮的电流 i，称为端口电流。从二端网络的一个端钮流入的电流，等于从另一端钮流出该电路的电流。如果二端网络内部含有独立电源、电阻、受控源，则称为含源二端网络；如果一端口网络内部仅含有电阻、受控源，没有独立电源，则称为无源二端网络。

2.1.2 等效电路与等效变换

在分析计算电路的过程中，常常用到等效的概念。电路的等效变换是分析电路的一种重要方法。

设有图 2-2 所示两个二端网络 N_1 和 N_2，两个二端网络的内部结构、元件参数可能完全不同，但只要在两个二端网络的端口施加相同电压时，这两个二端网络获得的端口电流也是相同的，即 $u_1=u_2$，$i_1=i_2$，则称它们是彼此等效的。这就是等效电路的一般定义。

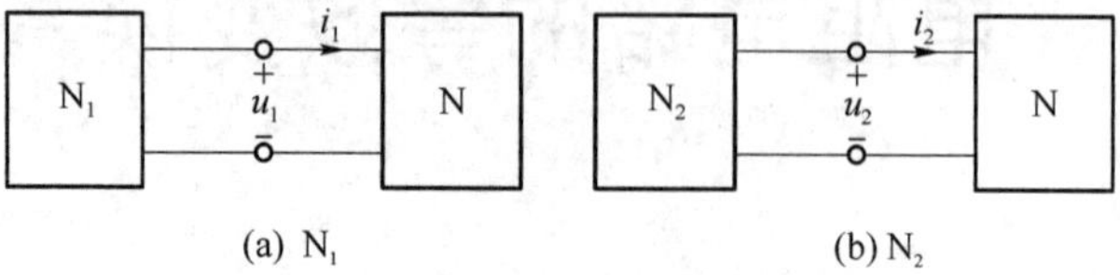

图 2-2　二端电路等效的概念

所谓"等效"，是指 N_1 和 N_2 两个二端网络对于外接的任意相同电路 N 的作用效果完全相同，即用二端网络 N_1 替换 N_2 或用 N_2 替换 N_1 后，对外电路 N 的端口电压和端口电流并无影响。

在相互等效的两个二端网络 N_1 和 N_2 中，用其中结构简单的电路去等效代替另一个结构复杂的电路，使电路的分析得以简化，这种计算电路的方法称为电路的等效变换。

需要明确的是：当用等效变换的方法求解电路时，电压、电流和功率保持不变的部分仅限于等效电路以外的部分（电路 N），所以这种等效只是"对外电路等效"。至于等效电路内部（电路 N_1 或 N_2），则是不等效的。因为两者结构显然不同，各处的电流和电压自然就没有相互对应的关系。

2.2 电阻的串联和并联

电路元件的互相连接组成了电路。在电路中，电路元件的连接形式是多种多样的，其中最简单和最常用的是串联和并联。

2.2.1 电阻的串联

若电路中有 n 个电阻按顺序首尾依次相连，中间没有分支，当接通电源后，每个电阻上通过的是同一个电流，则称这种连接方式为电阻的串联，如图 2-3(a)所示。

设电压和电流的参考方向如图 2-3(a)中所示，根据 KVL，有

$$u=u_1+u_2+u_3+\cdots+u_n$$

由电阻 VCR 可得

$$\begin{aligned}u&=R_1i+R_2i+R_3i+\cdots+R_ni\\&=(R_1+R_2+R_3+\cdots+R_n)i\end{aligned}$$

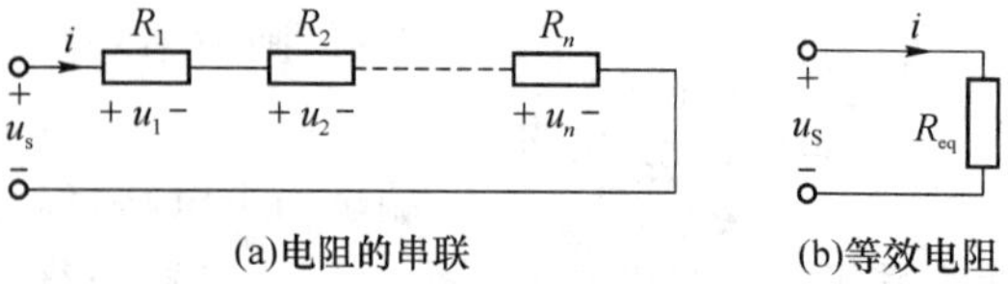

图 2-3　电阻的串联及其等效电阻

若用一个电阻 R_{eq} 代替这 n 个串联的电阻，如图 2-3(b)中所示，并定义

$$R_{eq} = R_1 + R_2 + R_3 + \cdots + R_n = \sum_{k=1}^{n} R_k \tag{2-1}$$

即有
$$R_{eq} = \frac{u}{i}$$

显然电阻两端的电压和电流关系不会改变。根据等效的概念，称电阻 R_{eq} 是这些串联电阻的等效电阻，其值等于各串联电阻元件的阻值之和。

电阻元件串联具有分压性质：串联的各电阻元件上的电压与各电阻阻值 R_k 的大小成正比。分压公式为

$$u_k = R_k i = \frac{R_k}{R_{eq}} u,\ k = 1,2,\cdots,n \tag{2-2}$$

两个串联电阻 R_1、R_2 上的电压分别为

$$u_1 = R_1 i = \frac{R_1}{R_1 + R_2} u, \qquad u_2 = R_2 i = \frac{R_2}{R_1 + R_2} u$$

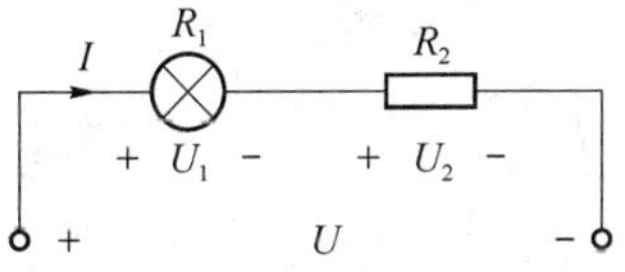

图 2-4　例 2-1 图

例 2-1　有一盏额定电压 $U_1 = 40$ V、额定电流 $I = 5$ A 的电灯，应该怎样把它接入电压 $U = 220$ V 的照明电路中？

解：将电灯（设电阻为 R_1）与一个分压电阻 R_2 串联后，接到 $U = 220$ V 的电源上，如图 2-4所示。

解法 1：分压电阻 R_2上的电压为

$$U_2 = U - U_1 = 220 - 40 = 180\ \text{V}$$

且 $U_2 = R_2 I$，则有

$$R_2 = \frac{U_2}{I} = \frac{180}{5} = 36\ \Omega$$

解法 2：利用两个电阻串联的分压公式 $U_1 = \frac{R_1}{R_1 + R_2} U$，且 $R_1 = \frac{U_1}{I} = \frac{40}{5} = 8\ \Omega$，可得

$$R_2 = R_1 \frac{U - U_1}{U_1} = 8 \times \frac{220 - 40}{40} = 36\ \Omega$$

即将电灯与一个 36 Ω 分压电阻串联后，接到 $U = 220$ V 的电源上即可。

2.2.2　电阻的并联

若电路中有 n 个电阻，其首尾两端分别连接于两个节点之间，每个电阻两端的电压都相同，则称这种连接方式为电阻的并联，如图 2-5(a)所示。

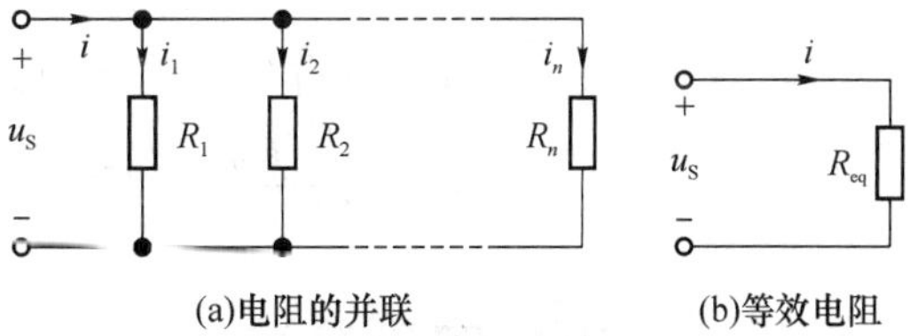

图 2-5　电阻的并联及其等效电阻

设电压和电流的参考方向如图 2-5(a)中所示，根据 KCL，有

$$i = i_1 + i_2 + i_3 + \cdots + i_n$$

由电阻 VCR 可得

$$\begin{aligned} i &= \frac{u}{R_1} + \frac{u}{R_2} + \frac{u}{R_3} + \cdots + \frac{u}{R_n} \\ &= \left(\frac{1}{R_1} + \frac{1}{R_2} + \frac{1}{R_3} + \cdots + \frac{1}{R_n}\right) u \end{aligned}$$

若用一个电阻 R_{eq} 代替这 n 个并联的电阻，如图 2-5(b)中所示，并定义

$$\frac{1}{R_{eq}}=\frac{1}{R_1}+\frac{1}{R_2}+\frac{1}{R_3}+\cdots+\frac{1}{R_n}=\sum_{k=1}^{n}\frac{1}{R_k} \tag{2-3}$$

用电导表示有
$$G_{eq}=G_1+G_2+G_3+\cdots+G_n=\sum_{k=1}^{n}G_k \tag{2-4}$$

即有
$$R_{eq}=\frac{u}{i} \qquad 或 \qquad G_{eq}=\frac{i}{u}$$

显然电阻两端的电压和电流关系不会改变。根据等效的概念，称电阻 R_{eq} 是这些并联电阻的等效电阻，其阻值的倒数等于各并联电阻阻值的倒数之和；称电阻 G_{eq} 是这些并联电导的等效电导，其数值等于各并联电导的数值之和。

特别地，两个并联电阻 R_1、R_2 的等效电阻可用下式求出

$$R=R_1//R_2=\frac{R_1R_2}{R_1+R_2} \tag{2-5}$$

电阻元件并联具有分流性质：流过并联的各电阻上的电流与其阻值 R_k 的大小成反比。分流公式为

$$i_k=G_ku=\frac{G_k}{G_{eq}}i\ ,\ k=1,2,\cdots,n \tag{2-6}$$

两个并联电阻 R_1、R_2 上的电流分别为

$$i_1=\frac{u}{R_1}=\frac{R_2}{R_1+R_2}i, \qquad i_2=\frac{u}{R_2}=\frac{R_1}{R_1+R_2}i$$

例 2-2 如图 2-6 所示，电源供电电压 $U=220$ V，每根输电导线的电阻均为 $R_1=1\ \Omega$，电路中一共并联 100 盏额定电压 220 V、功率 40 W 的电灯。假设电灯在工作(发光)时电阻值为常数。试求：(1)当只有 10 盏电灯工作时，每盏电灯的电压 U_L 和功率 P_L。(2)当 100 盏电灯全部工作时，每盏电灯的电压 U_L 和功率 P_L。

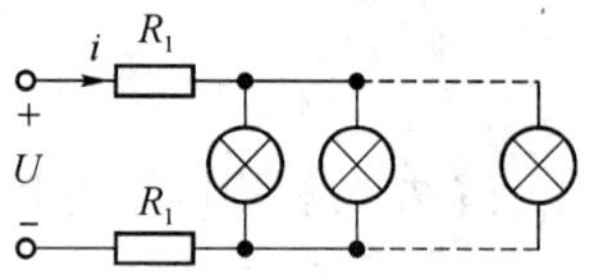

图 2-6 例 2-2 图

解：每盏电灯的电阻为 $R=U^2/P=1\ 210\ \Omega$，n 盏电灯并联后的等效电阻为 $R_n=R/n$。

根据分压公式，可得每盏电灯的电压、功率分别为

$$U_L=\frac{R_n}{2R_1+R_n}U \qquad P_L=\frac{U_L^2}{R}$$

(1) 当只有 10 盏电灯工作时，即 $n=10$，则 $R_{10}=R/10=121\ \Omega$，因此有

$$U_L=\frac{R_{10}}{2R_1+R_{10}}U=216\ \text{V}\ ,\ P_L=\frac{U_L^2}{R}\approx 39\ \text{W}$$

(2) 当只有 100 盏电灯工作时，即 $n=100$，则 $R_{100}=R/100=12.1\ \Omega$，因此有

$$U_L=\frac{R_{100}}{2R_1+R_{100}}U\approx 189\ \text{V}\ ,\ P_L=\frac{U_L^2}{R}\approx 29\ \text{W}$$

2.2.3 电阻的串并联

既有电阻元件串联又有电阻元件并联的电路，称为电阻元件的串并联电路，简称混联电路。对于电阻元件混联的电路，可以应用等效的概念，逐一求出各串联、并联部分的等效电阻，最终可将电路简化为一个无分支的等效电路，一般称这类电路为简单电路。

在电阻的串并联电路中，如果已知电路的总电压或总电流，欲求各电阻的电压和电流，则可按如下步骤计算。

(1) 先求出串并联电路的等效电阻或等效电导；

(2) 应用欧姆定律求出总电流或总电压；

(3) 根据欧姆定律或并联电路的分流公式和串联电路的分压公式，求出各电阻上的电流和电压。

分析串并联电路的关键问题是判别电路的串并联关系。判别电路的串并联关系一般应掌握下述四点。

(1) 看电路的结构特点。若各电阻是首尾相连就是串联，若各电阻是首首相连和尾尾相连就是并联。

(2) 看电压电流关系。若流经各电阻的电流是同一个电流，则为串联；若各电阻上承受的是同一个电压，则为并联。

(3) 对电路作变形等效。如将左边的支路扭到右边，将上面的支路翻到下面，将弯曲的支路拉直，将短线路任意压缩或者伸长，将多点接地用短路线相连等。一般情况下，都可以判别出电路的串并联关系。

(4) 找出等电位点。对于具有对称特点的电路，若能判断某两点是等电位点，则根据电路等效的概念，一是可以用短接线把等电位点连起来，二是可以把连接等电位点的支路断开(因支路中无电流)，从而得到电阻的串并联关系。

例 2-3　求图示 2-7(a)二端网络的等效电阻 R_{ab}。

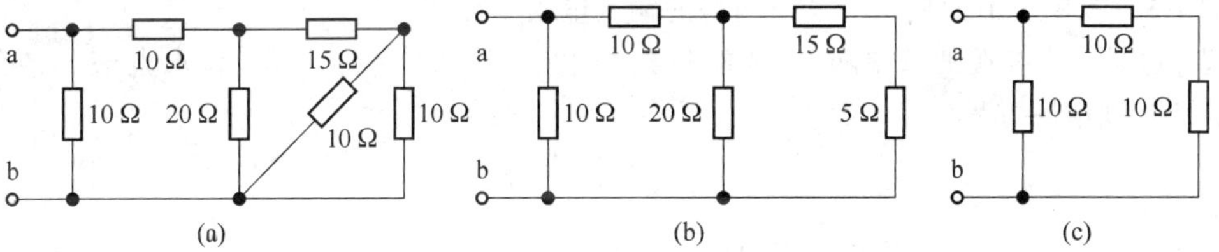

图 2-7　例 2-3 图

解：首先看电阻的串、并联关系，将串联和并联的电阻合并，逐步将电路化简。图(a)中最右边两个 10 Ω 电阻并联可化简成 5 Ω 电阻电路，如图 2.7(b)所示。

图(b)所示电路中，右边 15 Ω 电阻串联 5 Ω 电阻等效成 20 Ω 电阻，再和 20 Ω 电阻并联等效成 10 Ω 电阻。将图 2.7(b)所示电路化简成图(c)所示电路。

图 2.7(c)所示电路，右边 10 Ω 电阻串联 10 Ω 电阻等效成 20 Ω 电阻，再和 10 Ω 电阻并联，其等效电阻 R_{ab} 为

$$R_{ab}=\frac{10\times(10+10)}{10+(10+10)}=\frac{10\times 20}{30}=\frac{20}{3}\ \Omega$$

例 2-4　如图 2-8(a)所示，求等效电阻 R_{ab}、R_{ac}、R_{bc}。

解：将图 2-8(a)所示的电路逐步进行电阻串、并联等效化简，依次得到图 2-8(b)～图 2-8(d)，最后由图 2-8(d)求出各等效电阻，分别为

$$R_{ab}=\frac{5\times(4+1)}{5+(4+1)}=2.5\ \Omega$$

$$R_{ac}=\frac{4\times(5+1)}{4+(5+1)}=2.4\ \Omega$$

$$R_{bc}=\frac{1\times(4+5)}{1+(4+5)}=0.9\ \Omega$$

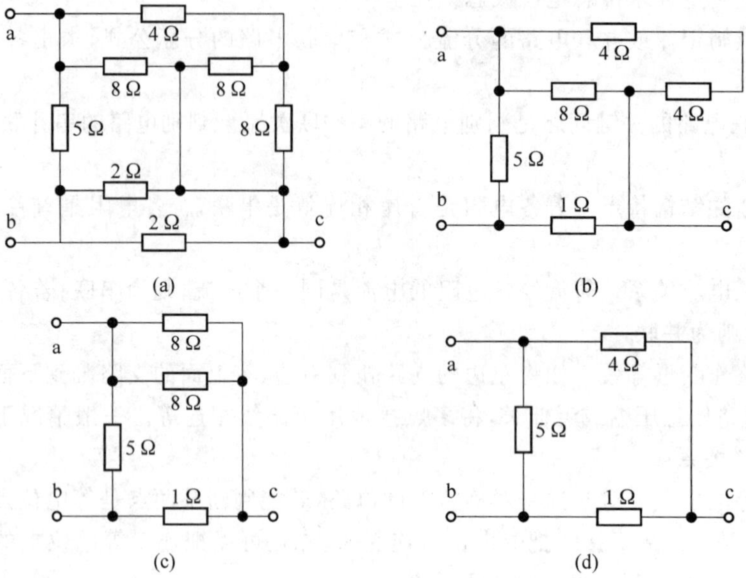

图 2-8　例 2-4 图

例 2-5　求图 2-9(a)所示一端口网络的输入电阻 R_i。

解：这是含受控源的二端网络，在端口上加电压 u，如图 2-9(b)所示，求电流 i。可根据 KCL、KVL 列电路方程

$$u=10i+2(i-3i)=10i-4i=6i$$

输入电阻 R_i 等于端口上电压与电流的比

$$R_i=\frac{u}{i}=6\ \Omega$$

例 2-6　电路如图 2-10 所示，已知 $U_S=12$ V，$R_1=R_2=20\ \Omega$，$R_3=30\ \Omega$，$R_4=40\ \Omega$，求各支路的电流。

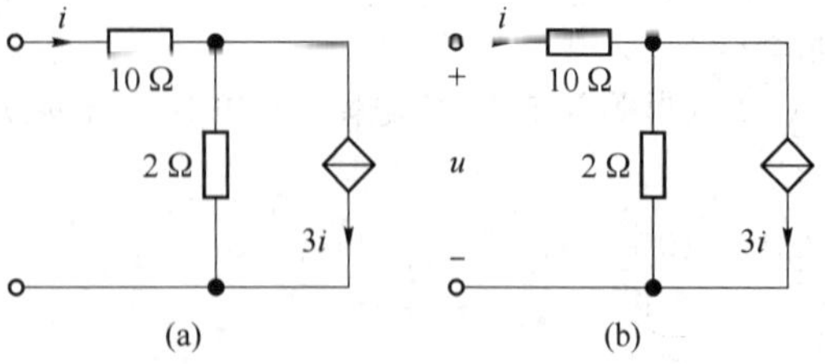

图 2-9　例 2-5 图

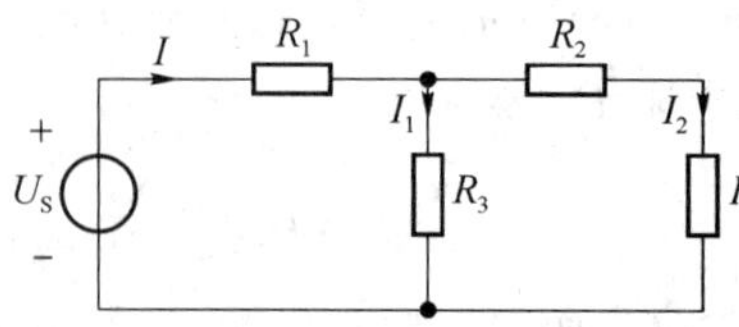

图 2-10　例 2-6 图

解：电路的结构参数已知，求各支路电流，这是一种典型的电路求解问题，一般要经过两个过程。首先，从远离电源的电路后段开始“从后往前”，根据电路的结构按照串、并联等效简化电路；R_2、R_4 串联得到 R_{24}，如图 2-11(a)所示，R_{24} 与 R_3 并联得到 R_{ab}，如图 2-11 (b)所示，

R_{ab} 与 R_1 串联得到总电阻 R,电流 I 很容易求出。其次,根据等效的概念"从前往后",求出总电流 I 后,再按照分流公式求出各支路电流 I_1、I_2。

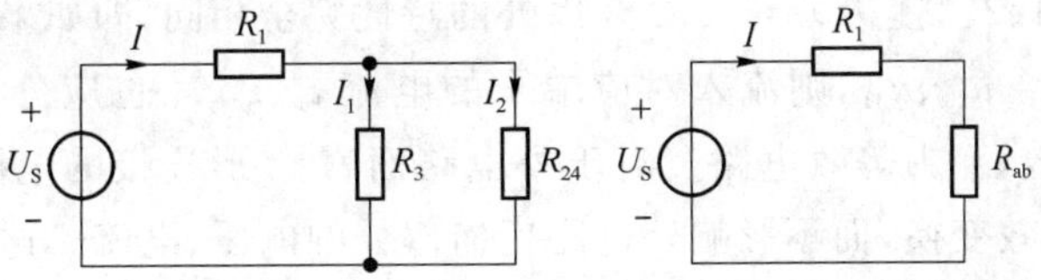

(a)R_2与R_4串联后的电路　(b)电阻混联的等效电路

图 2-11　例 2-6 图

具体的计算步骤如下。

$$R_{24} = R_2 + R_4 = 20 + 40 = 60\ \Omega$$

$$R_{ab} = \frac{R_3 R_{24}}{R_3 + R_{24}} = \frac{30 \times 60}{30 + 60} = 20\ \Omega$$

$$R = R_1 + R_{ab} = 20 + 20 = 40\ \Omega$$

$$I = \frac{U_S}{R} = \frac{12}{40} = 0.3\ \text{A}$$

$$I_1 = \frac{R_{24}}{R_3 + R_{24}} I = \frac{60}{30 + 60} \times 0.3 = 0.2\ \text{A}$$

$$I_2 = I - I_1 = 0.3 - 0.2 = 0.1\ \text{A}$$

2.3　电阻的星形连接与三角形连接的等效变换

2.3.1　电阻的星形连接与三角形连接

电阻的连接方式,除了串联和并联外,还有更复杂的形式。能用电阻串并联等效变换化简的电路,称为简单电路。凡不能用电阻串并联等效变换化简的电路,一般称为复杂电路。本节介绍的星形连接和三角形连接,就是复杂电路中常见的情形。将三个电阻首尾相连接,形成一个三角形,三角形的三个顶点分别与外电路的三个节点相联,称为电阻的三角形连接,又称为△形连接,如图 2-12(a)所示;将三个电阻的一端连在一起,另一端分别与外电路的三个节点相连,这种连接方式称星形连接,又称为Y形连接,如图 2-12(b)所示。

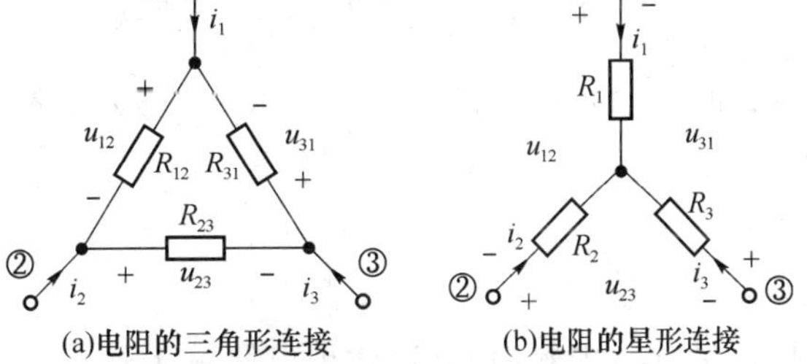

(a)电阻的三角形连接　(b)电阻的星形连接

图 2-12　三端电阻元件电路

对于Y形连接与△形连接电路，无法用电阻的串、并联对其进行等效化简。但是这两种连接方式都是通过三个端子1、2、3与外电路相连，当这两种电阻电路中的电阻之间满足一定关系，使得它们对端子1、2、3上及端子1、2、3以外的特性完全相同，即如果在它们的对应端子之间具有相同的电压 u_{12}、u_{23}、u_{31}，则流入对应端子的电流 i_1、i_2、i_3 也应分别对应相等。在这种条件下，它们相互等效，互为等效电路。对于外电路而言，Y形连接的电阻电路与△形连接的电阻电路可以进行等效变换，而不影响外电路任何部分的电压、电流。这种等效变换可以用来简化电路，为进一步计算提供方便。只需注意，Y形连接等效变换为△形连接时，与外电路相连的三个端子保持不变，而中节点消失。同理，△形连接等效变换为Y形连接时，与外电路相连的三个端子保持不变，却出现一个新的中节点。

2.3.2 电阻的星形连接与三角形连接的等效变换

下面从前述等效变换条件着手，推导出Y形、△形连接的电阻电路相互等效变换的电阻换算公式。推导的思路是根据KCL、KVL及电阻元件性能方程VCR，列写图2-12(a)及(b)的有关电路方程，然后由等效变换条件进行方程平衡，对比方程中变量前的系数，即可得到电阻换算公式。

设Y形和△形连接电路的电流参考方向如图2-12所示，每个元件的电压与电流取关联参考方向。根据KCL和KVL，有

$$\left.\begin{aligned} i_1+i_2+i_3&=0\\ u_{12}+u_{23}+u_{31}&=0 \end{aligned}\right\} \tag{2-7}$$

可以看出，端口的三个电流变量和三个电压变量中，只有两个电流变量和两个电压变量是独立的。因此无论是Y形连接还是△形连接，都只需写出三个外特性方程中的两个即可。

对于△形连接的电路，如图2-12(a)所示，各电阻中流过的电流为

$$i_{12}=\frac{u_{12}}{R_{12}},\ i_{23}=\frac{u_{23}}{R_{23}},\ i_{31}=\frac{u_{31}}{R_{31}}$$

根据KCL，端子电流为

$$\left.\begin{aligned} i_1&=i_{12}-i_{31}=\frac{u_{12}}{R_{12}}-\frac{u_{31}}{R_{31}}\\ i_2&=i_{23}-i_{12}=\frac{u_{23}}{R_{23}}-\frac{u_{12}}{R_{21}} \end{aligned}\right\} \tag{2-8}$$

联立式(2-7)和式(2-8)，解出 u_{12}、u_{23} 为

$$\left.\begin{aligned} u_{12}&=\frac{R_{12}R_{31}}{R_{12}+R_{23}+R_{31}}i_1-\frac{R_{12}R_{23}}{R_{12}+R_{23}+R_{31}}i_2\\ u_{23}&=\frac{R_{12}R_{23}}{R_{12}+R_{23}+R_{31}}i_2-\frac{R_{23}R_{31}}{R_{12}+R_{23}+R_{31}}i_3 \end{aligned}\right\} \tag{2-9}$$

对于Y形连接的电路，如图2-12(b)所示，由KCL、KVL可列出端子电压和电流之间的关系式

$$\left.\begin{aligned} u_{12}&=R_1i_1-R_2i_2\\ u_{23}&=R_2i_2-R_3i_3 \end{aligned}\right\} \tag{2-10}$$

如果Y形连接与△形连接电路等效，必有这两种电路端子处的电压、电流关系完全相同，比较式(2-9)和式(2-10)，可得由△形连接等效变换成Y形连接的公式如下。

$$\left.\begin{aligned} R_1 &= \frac{R_{12}R_{31}}{R_{12}+R_{23}+R_{31}} \\ R_2 &= \frac{R_{12}R_{23}}{R_{12}+R_{23}+R_{31}} \\ R_3 &= \frac{R_{23}R_{31}}{R_{12}+R_{23}+R_{31}} \end{aligned}\right\} \tag{2-11}$$

由式(2-11)可解出由Y形连接等效变换成△形连接的公式如下。

$$\left.\begin{aligned} R_{12} &= \frac{R_1R_2+R_2R_3+R_3R_1}{R_3} \\ R_{23} &= \frac{R_1R_2+R_2R_3+R_3R_1}{R_1} \\ R_{31} &= \frac{R_1R_2+R_2R_3+R_3R_1}{R_2} \end{aligned}\right\} \tag{2-12}$$

上述电阻Y形连接等效变换为△形连接的计算公式，可参见图 2-13，概括为△形连接→Y形连接。

$$R_{mn} = \frac{\text{Y形电阻两两乘积之和}}{\text{不与 } mn \text{ 端相连的电阻}}$$

Y形连接→△形连接。

$$R_i = \frac{\text{接于 } i \text{ 端两电阻之乘积}}{\triangle\ \text{形三个电阻之和}}$$

若Y电路中三个电阻相等，即 $R_1 = R_2 = R_3 = R_Y$，则等效△电路中的三个电阻也相等，即

$$R_\triangle = R_{12} = R_{23} = R_{31} = 3R_Y$$

同样，若△电路中 $R_{12} = R_{23} = R_{31} = R_\triangle$，则等效Y电路中

$$R_Y = R_1 = R_2 = R_3 = \frac{1}{3}R_\triangle$$

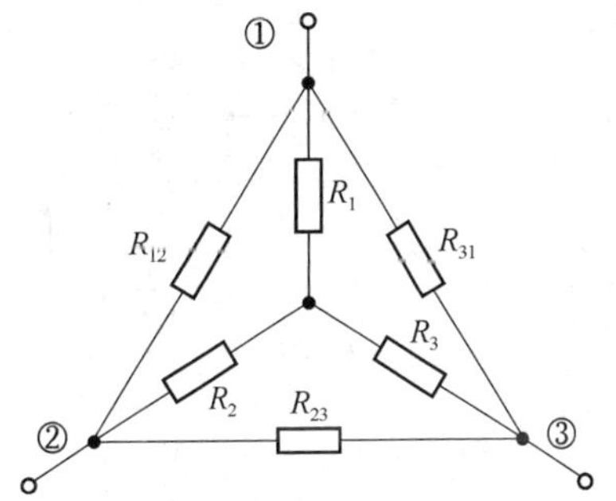

图 2-13　Y形连接与△形连接等效变换对照图

利用等效变换分析电路时，应注意以下几点。

(1) Y形连接电路与△形连接电路的等效变换，属于多端子电路的等效，在应用中，除了正确使用电阻变换公式计算各电阻值外，还必须正确连接各对应端子。

(2) 等效是对Y形连接电路(或△形连接电路)外部(端钮以外)电路有效，对Y形连接电路(或△形连接电路)内部则是不等效的。

(3) 等效电路的形态与外部电路无关。

(4) 等效变换用于简化电路，因此不要把本是串并联的问题看作△形、Y形结构进行等效变换，那样会使问题的计算更加复杂。

例 2-7　试求如图 2-14(a)所示电路的等效电阻 R_{ab}。

解： 图 2-14(a)是一个含有电桥的电阻电路，根据电阻值可以判断电桥处于不平衡状态，无法直接运用电阻串、并联等效化简求等效电阻，而只能依靠Y－△等效变换解决问题。电路中有三种Y形连接、两种△形连接，可以选用以 c、d、e 端子间的△形连接等效变换为Y形连接，如图 2-14(b)所示，这时增加一个新的节点 f。根据△形连接电阻电路等效变换为Y形连接电阻电路的电阻换算公式，得

$$R_1=\frac{10\times10}{10+10+5}=4\ \Omega$$

$$R_2=\frac{10\times5}{10+10+5}=2\ \Omega$$

$$R_3=\frac{10\times5}{10+10+5}=2\ \Omega$$

再根据电阻串、并联等效化简规则，图 2-14(b)等效为图 2-14(c)及图 2-14(d)，最后求得等效电阻为

$$R_{ab}=\frac{8}{2}+26=30\ \Omega$$

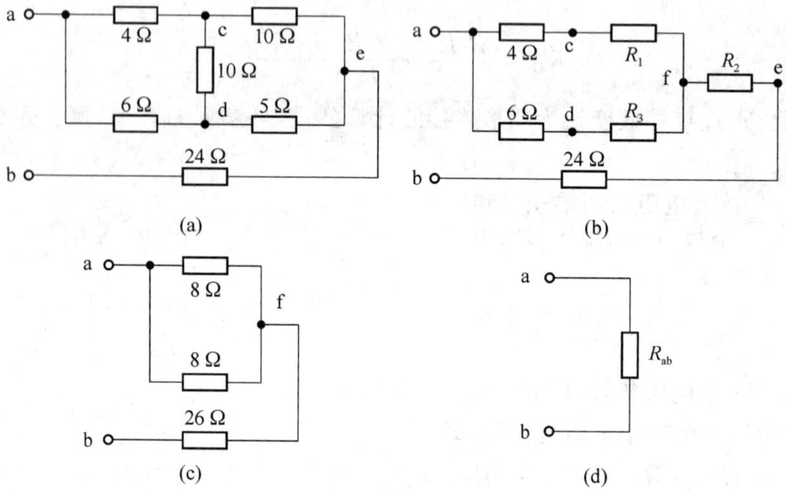

图 2-14　例 2-7 图

例 2-8　计算图 2-15(a)所示电路中的电流 I。

解：将连成△形 abc 的电阻变换为Y形的等效电路，如图 2-15 (b)所示，则

$$R_a=\frac{2\times4}{2+2+4}=1\ \Omega$$

$$R_b=\frac{2\times2}{2+2+4}=0.5\ \Omega$$

$$R_c=\frac{4\times2}{2+2+4}=1\ \Omega$$

再将图 2-15 (b)化为图 2-15 (c)的电路，则

$$R_{dao}=4+1=5\ \Omega$$

$$R_{dbo}=3+0.5=3.5\ \Omega$$

最后得

$$I=\frac{12}{\frac{5\times3.5}{5+3.5}+1}\approx3.92\ \mathrm{A}$$

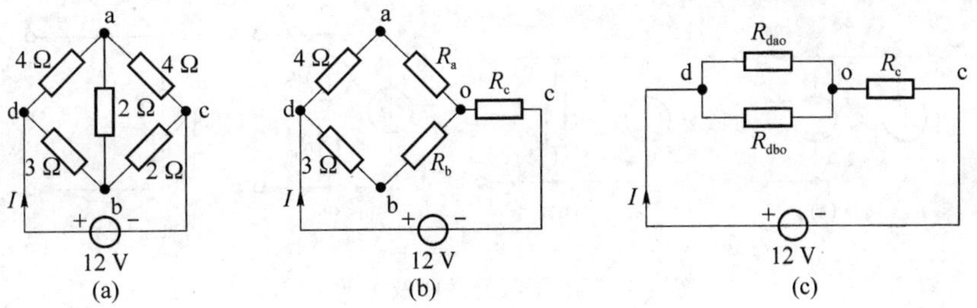

图 2-15　例 2-8 图

2.4　电源的等效变换

2.4.1　电压源、电流源的串联和并联

电路分析中经常会遇到多个电源串、并联的情况，对此也可以应用等效的概念，将其简化成一个等效电压源或电流源。

1. 电压源的串联及等效变换

图 2-16(a)为 n 个电压源的串联，根据 KVL，有

$$u = u_{S1} + u_{S2} + u_{S3} + \cdots + u_{Sn} = \sum_{k=1}^{n} u_{Sk} \tag{2-13}$$

其电流 i 取决于外电路。这 n 个串联的电压源可以等效为一个电压源，如图 2-16(b)所示，并且满足 $u_S = \sum\limits_{k=1}^{n} u_{Sk}$，即等效电压源的电压 u_S 等于这 n 个串联电压源电压的代数和。在计算 u_S 时必须注意各串联电压源电压的参考方向，若 u_{Sk} 的参考方向与图 2-16(a)中 u_S 的参考方向一致时，则式中 u_{Sk} 的前面取“+”号；若不一致，则取“−”号。

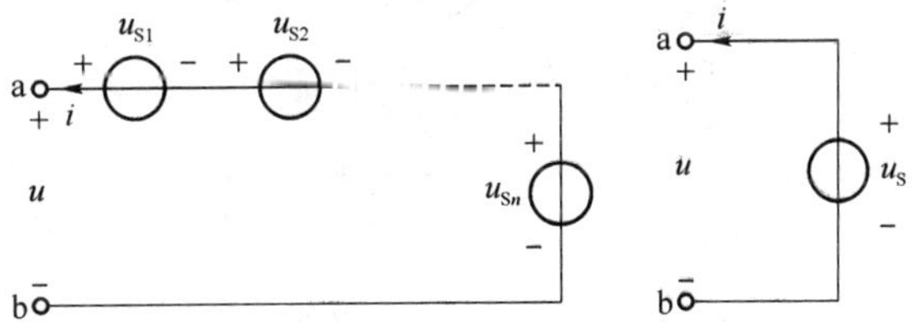

(a)电压源的串联　　(b)电压源的等效电路

图 2-16　电压源的串联及等效电路

2. 电压源的并联及等效变换

电压源也可以并联，但只有极性一致且大小相等的电压源才允许并联，否则将违背 KVL，其等效电路为其中任一电压源。

图 2-17(a)、(b)和(c)所示的是几种电压源与支路并联的典型电路，由于电压源的电压与外电路无关，所以端子间的电压仅取决于电压源，因此这类典型电路都可以“对外等效”为这一电压源，如图 2-17(d)所示，而其流过端子的电流则由外电路决定。

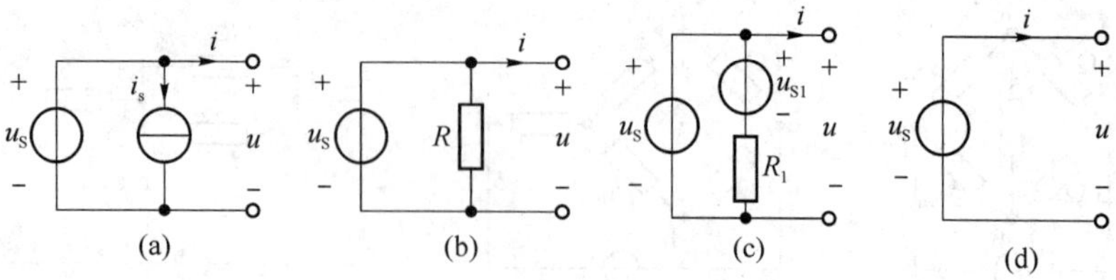

图 2-17 电压源的并联及等效电路

3. 电流源的并联及等效变换

图 2-18(a)所示为 n 个电流源的并联，根据 KCL 有

$$i = i_{S1} + i_{S2} + i_{S3} + \cdots + i_{Sn} = \sum_{k=1}^{n} i_{Sk} \tag{2-14}$$

其电压 u 取决于外电路。这 n 个并联的电流源可以等效为一个电流源，如图 2-18(b)所示，并且满足 $i_S = \sum_{k=1}^{n} i_{Sk}$，即等效电流源的电流 i_S 等于这 n 个并联电流源电流的代数和。在计算 i_S 时必须注意各并联电流源电流的参考方向，若 i_{Sk} 的参考方向与图 2-18(b)中 i_S 的参考方向一致时，则式中 i_{Sk} 的前面取"＋"号；若不一致，则取"－"号。

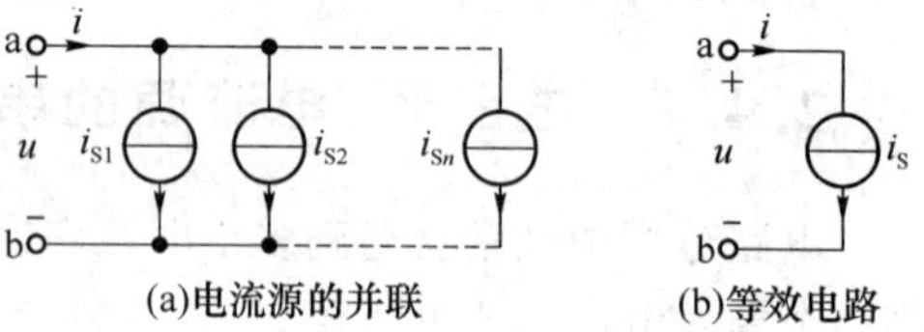

图 2-18 电流源的并联及等效电路

4. 电流源的串联及等效变换

电流源也可以串联，但只有方向一致且大小相等的电流源才允许串联，否则将违背 KCL，其等效电路为其中任一电流源。

图 2-19(a)、(b)和(c)所示的是几种电流源与支路串联的典型电路，由于电流源的电流与外电路无关，所以流过电路端子的电流仅取决于电流源，因此这类典型电路都可以"对外等效"为这一电流源，如图 2-19(d)所示，而其端子间的电压则由外电路决定。

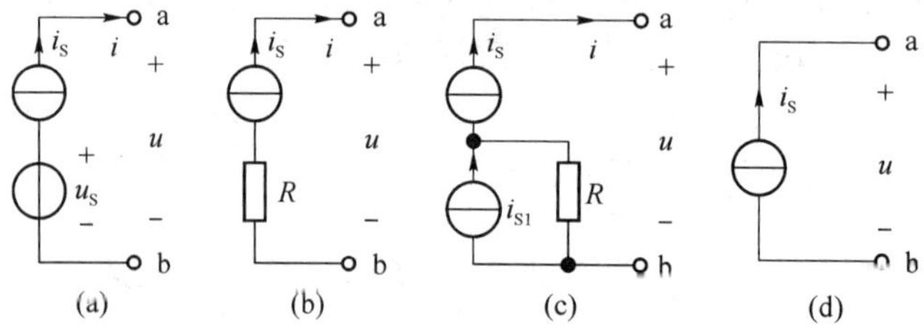

图 2-19 电流源的并联及等效电路

例 2-9 电路如图 2-20(a)所示。已知 $U_{S1}=10$ V，$U_{S2}=20$ V，$U_{S3}=5$ V，$R_1=2\ \Omega$，$R_2=4\ \Omega$，$R_3=6\ \Omega$ 和 $R_L=3\ \Omega$。试求电阻 R_L 的电流和电压。

解：为求电阻 R_L 的电压和电流，可将三个串联的电压源等效为一个电压源，其电压为

$$U_S = U_{S2} - U_{S1} + U_{S3} = 20 - 10 + 5 = 15\ \text{V}$$

将三个串联的电阻等效为一个电阻，其电阻为

$$R = R_1 + R_2 + R_3 = 2 + 4 + 6 = 12\ \Omega$$

由此得出如图 2-20(b)所示电路，此电路即为图 2-20(a)所示电路的等效电路，此电路中

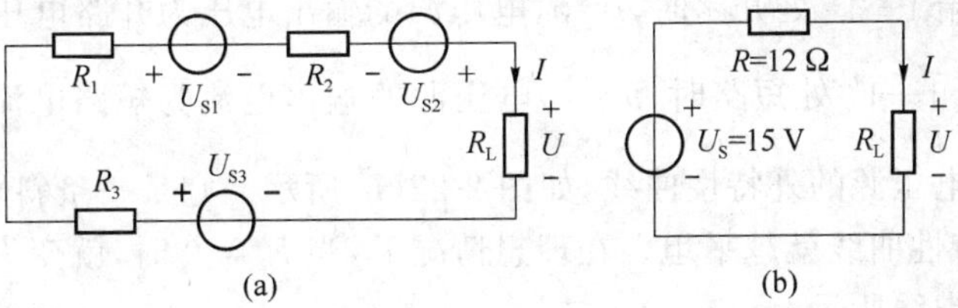

图 2-20　例 2-9 图

电阻 R_L 的电压、电流，与图 2-20(a)电阻 R_L 的电压、电流完全相同，由此可求得其电流和电压分别为

$$I=\frac{U_S}{R+R_L}=\frac{15}{12+3}=1\text{ A}$$

$$U=R_LI=3\times1=3\text{ V}$$

例 2-10　电路如图 2-21(a)所示。已知 $I_{S1}=10$ A，$I_{S2}=5$ A，$I_{S3}=1$ A，$G_1=1$ S，$G_2=2$ S 和 $G_3=3$ S，求电流 I_1 和 I_3。

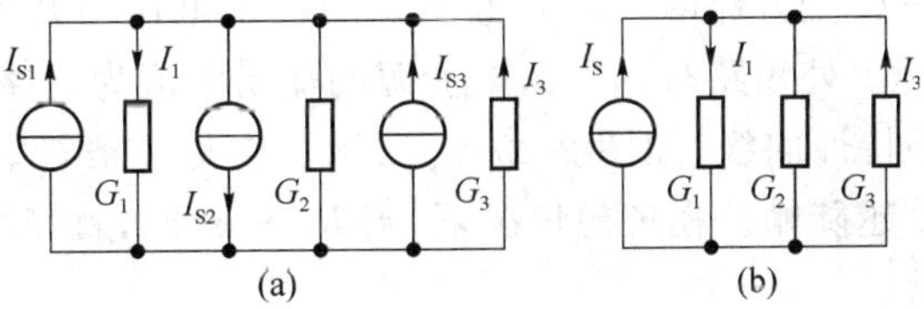

图 2-21　例 2-10 图

解：为求电流 I_1 和 I_3，可将三个并联的电流源等效为一个电流源，其电流为

$$I_S=I_{S1}-I_{S2}+I_{S3}=10-5+1=6\text{ A}$$

由此得出如图 2-21(b)所示电路，此电路即为图 2-21(a)所示电路的等效电路。用分流公式求得

$$I_1=\frac{G_1}{G_1+G_2+G_3}I_S=\frac{1}{1+2+3}\times6=1\text{ A}$$

$$I_3=\frac{-G_3}{G_1+G_2+G_3}I_S=\frac{-3}{1+2+3}\times6=-3\text{ A}$$

2.4.2　实际电源的两种模型及其等效变换

理想电源实际上并不存在。在实际电源接入外电路(负载 R_L)后，其端口电压、电流关系(或称外特性)通常与负载 R_L 的变化有关，原因是实际电源有内阻。

1. 实际电压源模型

实际电源可以用一个理想电压源 u_S 和一个表征电压源内部损耗的电阻 R 的串联电路来模拟，称为实际电压源模型，如图 2-22(a)所示。

在图 2-22(a)所示参考方向下，可得到端子 1—1′ 处电压和电流的关系式为

$$u=u_S-Ri \tag{2-15}$$

由式(2-15)变形可得

$$i=\frac{u_S}{R}-\frac{u}{R} \tag{2-16}$$

当电压源输出端 1—1′ 处开路时，$i=0$，电压源的输出电压为开路电压 u_{OC}，有 $u=u_{OC}=u_S$；当电压源输出端 1—1′ 处短路时，$u=0$，电压源的输出电流为短路电流 i_{SC}，有 $i_{SC}=\dfrac{u_S}{R}=Gu_S$。由此，可作出电压源的外特性曲线，如图 2-22(b)所示。它是一条斜率为 $-R$ 的斜线，电源的内阻 R 越小，特性曲线就越平坦。在理想情况下，当 $R=0$ 时，就变为理想电压源特性曲线，如图 2-22(b)中虚线所示。

2. 实际电流源模型

实际电源可以用一个理想电流源 i_S 和电阻 R 的并联电路来模拟，称为实际电流源模型，如图 2-23(a)所示。

在图 2-23(a)所示参考方向下，可得到端子 1—1′ 处电压和电流的关系式为

$$i=i_S-\frac{u}{R}=i_S-Gu \tag{2-17}$$

由式(2-17)变形可得

$$u=Ri_S-Ri \tag{2-18}$$

当电流源输出端 1—1′ 处开路时，$i=0$，电流源的输出电压为开路电压 u_{OC}，有 $u=u_{OC}=Ri_S$；当电流源输出端 1—1′ 处短路时，$u=0$，电流源的输出电流为短路电流 i_{SC}，有 $i=i_{SC}=i_S$。由此，可作出电流源的外特性曲线，如图 2-23(b)所示。它是一条斜率为 $-R$ 的斜线，电源的内阻 R 越大，特性曲线就越陡峭。在理想情况下，当 $R\to\infty$ 时，就变为理想电流源特性曲线，如图 2-23(b)中虚线所示。

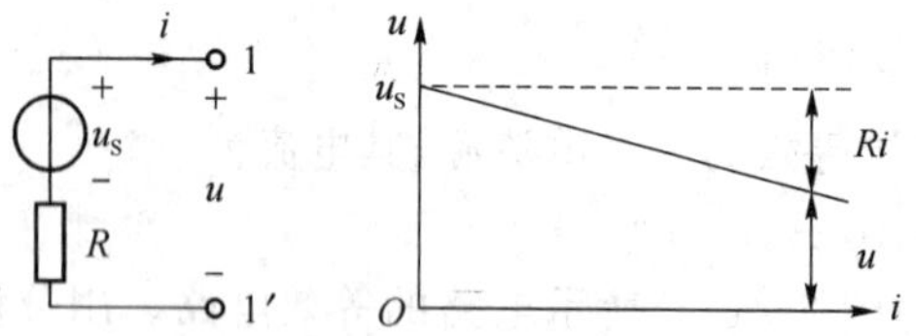

(a)实际电压源模型　(b)伏安特性曲线

图 2-22　实际电压源模型及伏安特性曲线

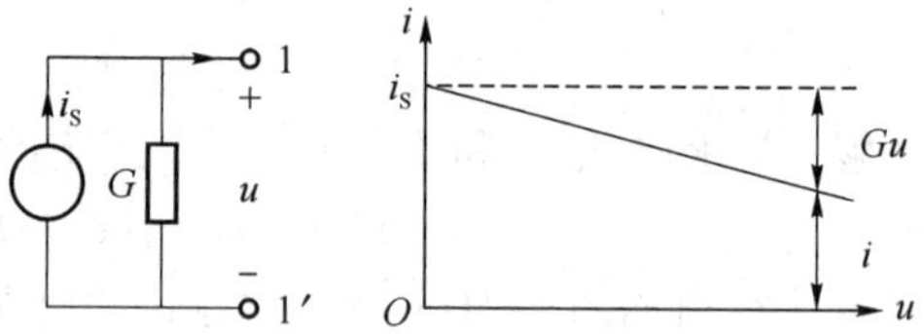

(a)实际电流源模型　(b)伏安特性曲线

图 2-23　实际电流源模型及伏安特性曲线

3. 两种实际电源的等效变换

根据等效的概念，若图 2-22(a)所示的电压源与图 2-23(a)所示的电流源等效，则这两种电源必有完全相同的外特性，两者输出端 1—1′ 处的电压、电流必然对应相等。

比较式(2-15)与式(2-18)，或式(2-16)与式(2-17)，显然，如果满足

$$\left.\begin{aligned}u_S&=Ri_S\\ i_S&=\frac{u_S}{R}\end{aligned}\right\} \tag{2-19}$$

那么，这两种电源的外特性方程完全相同，相互等效，可以相互进行等效变换。

在这种等效变换过程中，除满足式(2-19)的条件外，还要注意电压源电压极性与电流源电流方向的关系。电压源 u_S 由“−”极性端到“+”极性端的指向应与电流源 i_S 的方向一致。

电压源与电流源等效变换时，还需要注意的是：

(1) 表示同一电源的电压源与电流源的等效变换，只对电源的外电路等效，而对两种电源的内部是不能等效的。这是因为，在外电路开路状态下，电压源不产生功率，电源内阻也不消耗功率；而电流源内部有电流流过，要产生功率，并且全部被内阻消耗掉。

(2) 理想电压源与理想电流源不能等效变换,因为两者的外特性不同。

例 2-11　求图 2-24(a)电路中的电流 I。

解: 用电源等效变换公式,将电压源与电阻串联等效变换为电流源与电导并联,得到如图 2-24(b)所示电路。两个电流源等效为一个电流源,得到如图 2-24(c)所示电路。在图 2-24(c)所示中,利用分流公式求得电流 I 为

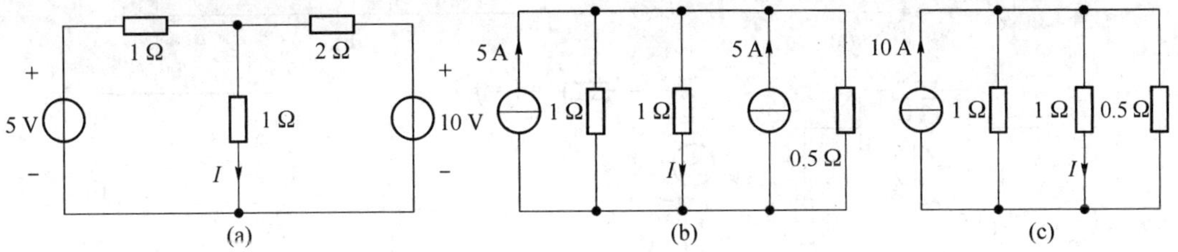

图 2-24　例 2-11 图

$$I=\frac{1}{1+1+0.5}\times 10=4\ \text{A}$$

例 2-12　用电源的等效变换求图 2-25(a)所示二端网络的等效电路。

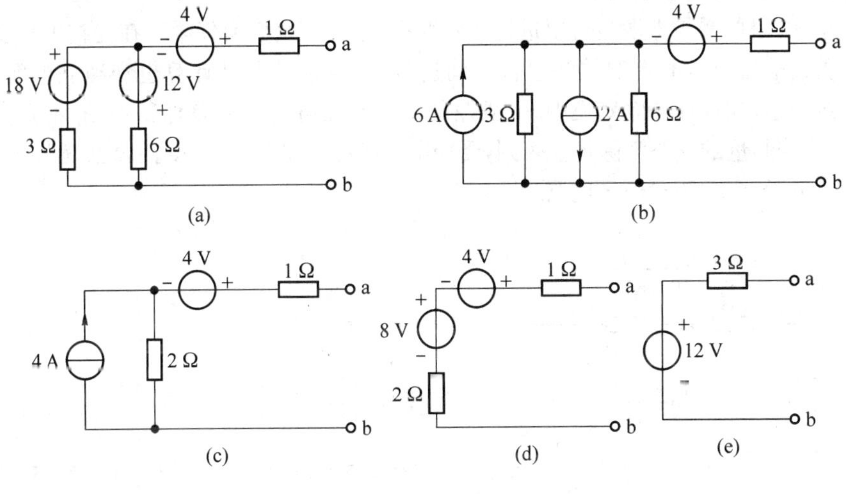

图 2-25　例 2-12 图

解: 先将 18 V 电压源与 3 Ω 电阻的串联电路,等效变换为 6 A 电流源与 3 Ω 电阻的并联电路,将 12 V 电压源与 6 Ω 电阻串联电路,等效变换为 2 A 电流源与 6 Ω 电阻的并联电路,如图 2-25(b)所示。再将 6 A 和 2 A 的电流源并联等效为一个 4 A 电流源,3 Ω 和 6 Ω 的电阻并联等效为一个 2 Ω 电阻,如图 2-25(c)所示。然后将 4 A 电流源与 2 Ω 电阻并联等效为一个 8 V 电压源与 2 Ω 电阻的串联,如图 2-25(d)所示。最后将 4 V 和 8 V 的电压源串联等效为一个 12 V 电压源,2 Ω 和 1 Ω 电阻的串联等效为一个 3 Ω 电阻,得到图 2-25(e)所示等效电路。

例 2-13　试求图 2-26(a)中的电流 i。

解: 图 2-26(a)经过图 2-26(b)、(c)、(d)等效变换化简为图 2-26(e)所示的电路。由图 2-26(e)可求得电流为

$$i=\frac{1}{3+2}=0.2\ \text{A}$$

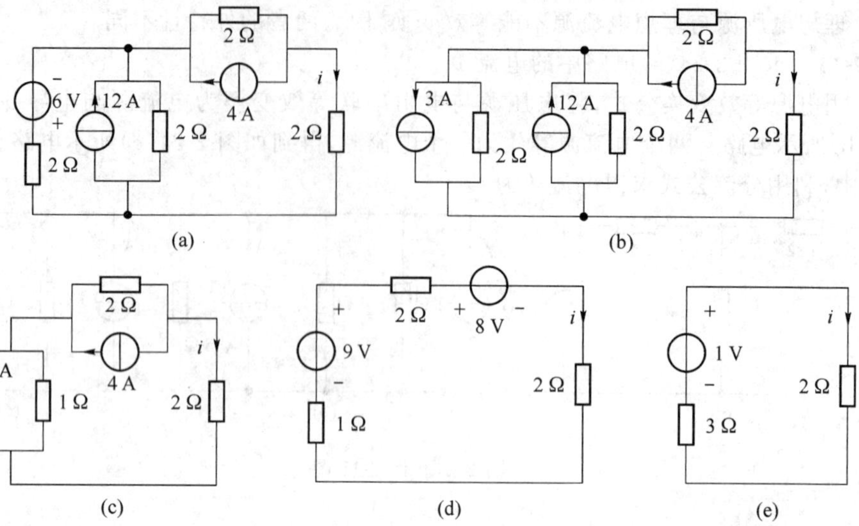

图 2-26　例 2-13 图

4. 含受控源支路的等效变换

与独立电源一样，受控电源也可以进行等效变换，这种等效变换仅限于在受控电压源与电阻的串联组合和受控电流源与电阻的并联组合之间进行，等效条件及其计算也和独立电源完全相同。但应特别注意的是，在这种等效变换中，一般控制支路要在电路中始终保留不动，不要参与电路的变换，以免把含控制量的支路消除掉。否则，受控电源的控制量不存在，受控源也就无意义了。

例 2-14　化简图 2-27(a)所示电路。

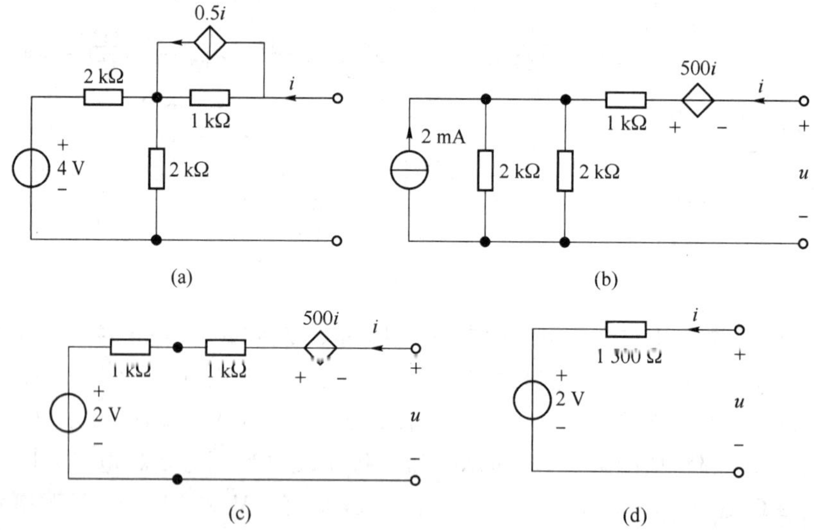

图 2-27　例 2-14 图

解：将电路中 4 V 电压源与 2 kΩ 的电阻串联组合，变换成电流源与电阻的并联组合；受控电流源与电阻并联组合，变换成受控电压源与电阻的串联组合，如图 2-27 (b)所示。再将两并联电阻合并，与电流源变换成电压源与电阻的串联组合，如图 2-27(c)所示。图 2-27(c)所示电路还没有化简到最后结果，在端钮上加电压 u，求电流 i，求出端口上电压、电流关系。

$$u = -500i + 2\times 10^3 i + 2 = 1\,500i + 2$$

则化简的最终电路如图 2-27(d)所示。

例 2-15　如图 2-28(a)所示电路，试用电路等效变换方法求电路中的电流 I。

解：通过等效变换把图 2-28(a)逐步变成图 2-28(c)。注意：在变换过程中控制量要始终保留。

因 8 Ω 电阻上的电流为 I，则 4 Ω 电阻上的电流为 $2I$，根据 KCL

$$I + 1 = 2I + I$$

得

$$I = 0.5\ \text{A}$$

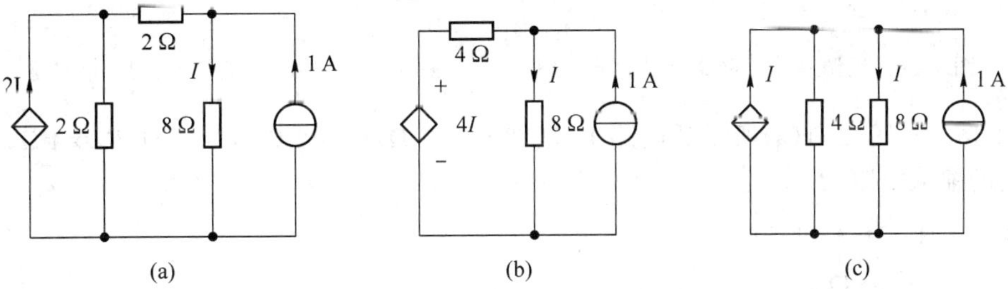

图 2-28　例 2-15 图

2.5　输 入 电 阻

无源二端网络内不包含有独立电源，但可以包含线性电阻元件、受控电源，且要求所包含受控电源的控制量就在二端网络内。

如果一个无源二端网络 N 内部仅含有线性电阻元件，则可以用线性电阻的串、并联和△形与Y形连接的等效变换等方法，求出它的等效电阻 R_{eq}。

一个无源二端电路，不论其内部如何复杂，若其端口电压 u 和端口电流 i 成正比，则定义这个比值为该无源二端电路的输入电阻 R_{in}，如图 2-29(a)所示。在电压 u 和电流 i 关联参考方向下，有

$$R_{in} = \frac{u}{i} \tag{2-20}$$

当二端网络内只含线性电阻元件时，输入电阻 R_{in} 就是等效电阻 R_{eq}，如图 2-29(b)所示。

求无源一端口网络输入电阻的一般方法称为电压、电流法，即在端口上施加电压源 u_S，然后求出在该电压源作用下的端口电流 i；也可以在端口施加电流源 i_S，求出在该电流源作用下的电压 u，根据式(2-20)，u 和 i 的比值即为输入电阻 R_{in}，如图 2-30 所示。此计算输入电阻的方法特别适合于网络内含有受控源的情况。

对于图 2-30(a)，有

$$R_{in} = \frac{u_S}{i}$$

对于图 2-30(b)，有

$$R_{in} = \frac{u}{i_S}$$

需要指出的是：

(1) 应用电压、电流法时，端口电压、电流的参考方向对二端电路来说是关联的。

(2) 对含有独立电源的二端电路 N_S，求输入电阻时，要先把独立电源置零，即电压源短路、电流源开路。

(3) 由于受控源的存在，在一定参数条件下，输入电阻有可能为零，也有可能为负值。

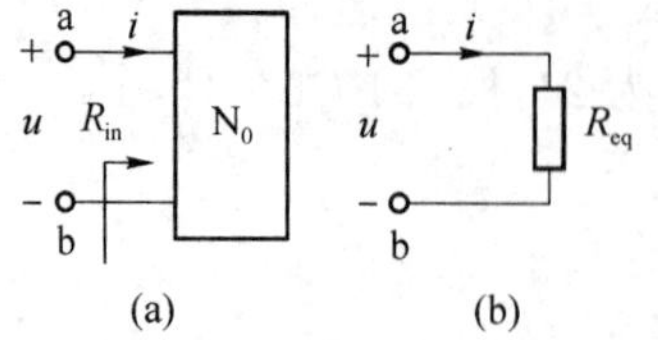

图 2-29 无源一端口网络及其输入电阻

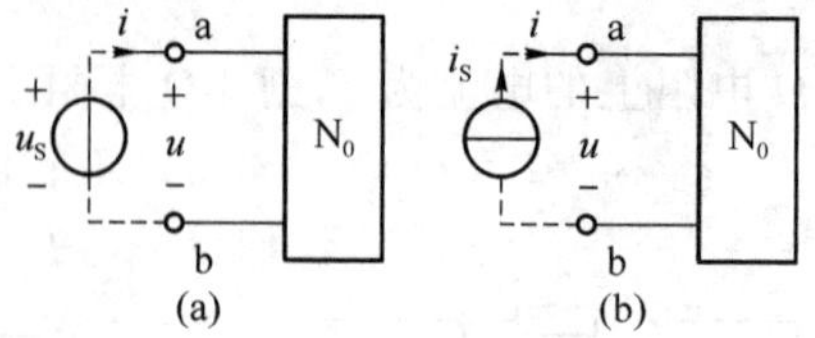

图 2-30 电压、电流法

例 2-16 在图 2-31(a)所示的电路中，已知 $R_1=2\ \Omega$，$R_2=2\ \Omega$，$R_3=3\ \Omega$，$R_4=4\ \Omega$，试求 a、b 两端间的输入电阻 R_{ab}

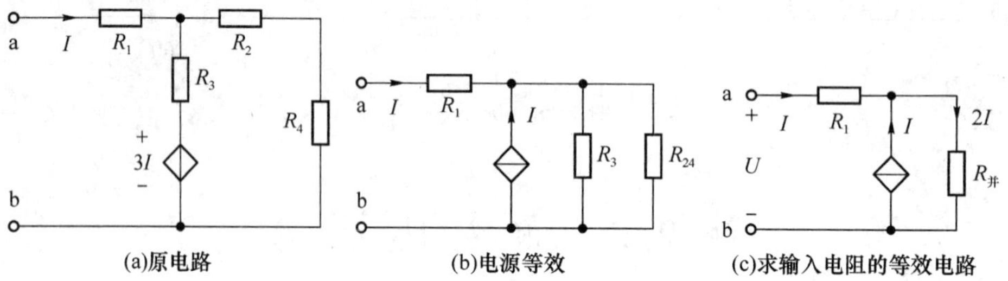

图 2-31 例 2-16 图

解： 首先，利用 R_2、R_4 串联和电压源与电流源的等效变换，变换成如图 2-31(b)、(c)所示的等效电路。等效电阻的计算有

$$R_{24}=R_2+R_4=2+4=6\ \Omega$$

$$R_{并}=\frac{R_3R_{24}}{R_3+R_{24}}=\frac{3\times 6}{3+6}=2\ \Omega$$

由电路的 KCL、KVL 有

$$U=R_1I+R_{并}\ 2I=2\times I+2\times 2I=6I$$

$$R_{ab}=\frac{U}{I}=6\ \Omega$$

本章小结

1. “等效变换”在电路理论中是很重要的概念，电路等效变换的方法是电路分析中经常使用的方法。

2. 所谓两个电路是互为等效的，是指：(1)两个结构、参数不同的电路在端子上有相同的电压、电流关系，因而可以互相代换；(2)代换的结果是不改变外电路(或电路中未被代换的部分)中的电压、电流和功率。

3. 电路等效变换的条件是相互代换的两部分电路具有相同的伏安特性。等效的对象是外接电路(或电路未变化部分)中的电压、电流和功率。

4. 串联电阻的等效电阻为 $R_{\mathrm{eq}} = \sum_{k=1}^{n} R_k$

并联电阻的等效电阻为 $\frac{1}{R_{\mathrm{eq}}} = \sum_{k=1}^{n} \frac{1}{R_k}$

5. 电阻的△形连接等效变换为Y形连接的公式为

$$R_{mn} = \frac{\text{Y形电阻两两乘积之和}}{\text{不与 } mn \text{ 端相连的电阻}}$$

电阻的Y形连接等效变换为△形连接的公式为

$$R_i = \frac{\text{接于 } i \text{ 端两电阻之乘积}}{\text{△ 形三个电阻之和}}$$

6. 电压源串联的等效变换公式：$u = \sum_{k=1}^{n} u_{\mathrm{S}k}$

电流源并联的等效变换公式：$i = \sum_{k=1}^{n} i_{\mathrm{S}k}$

实际电压源与实际电流源的等效变换的公式：

$$\left.\begin{aligned} u_{\mathrm{S}} &= R i_{\mathrm{S}} \\ i_{\mathrm{S}} &- \frac{u_{\mathrm{S}}}{R} \end{aligned}\right\}$$

7. 不含独立电源的无源一端口电路的电阻为 $R_{\mathrm{in}} = \frac{u}{i}$

◆ 本章内容延展与工程应用实例 ◆

1. 等效变换

等效变换是常用的一种电路分析方法。等效的核心是等效的两个电路，其外部对应端子间的电压电流约束关系完全一致。对于结构及参数已知的电路，通过对电路局部或整体的等效变换可以简化电路的分析；对于不明结构的电路（如一个电路黑箱），可通过对其外部端子电压和电流的测量，得到电压、电流的约束关系，并根据等效原则对其进行建模和分析。

本章以电阻电路为例介绍的关于电路的等效、等效变换和化简等相关结论同样适用于后续章节的各种形式的电路。

2. 串联和并联电路

串联和并联电路是最常见的电路连接形式。

串联的各元件共同分担总电压，并联的各元件共同分担总电流。串联的各元件工作状态不独立，一个元件工作状态发生变化，如出现故障或参数变化，会使整条支路的状态受到影响；并联的各元件工作状态彼此独立，一个元件工作状态发生变化，不影响其他并联支路上的元件状态。

照明系统采用并联形式供电；电动机通过串联不同阻值电阻来调速；电压表（或电流表）则通过串联（或并联）电阻来分压（分流），以扩展仪表量程等。

3. 惠斯通电桥及其应用

惠斯通电桥由英国发明家塞缪尔·亨特·克里斯蒂(Samuel Hunter Christie)于 1833 年发明,1843 年由英国教授查理斯·惠斯通(Charles Wheatstone)改进和推广的一种测量工具。它用来精确测量未知的电阻值,电桥原理图如图 2-32(a)所示。

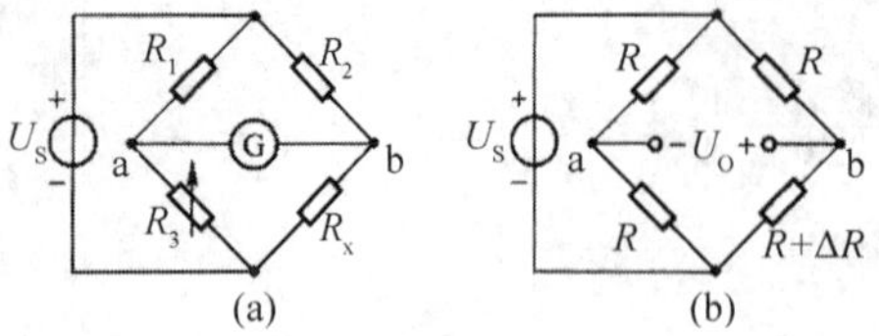

图 2-32　惠斯通电桥

电桥有 4 个桥臂,其中 R_1、R_2 为固定电阻,R_3 为可调电阻,R_x 为待测电阻,G 为检流计,U_S 为直流电压源。调节电阻 R_3,直到检流计示数为零,电桥达到平衡状态,a,b 两点之间电位相等,即 $U_{ab}=0$,这时有 $R_x=R_2R_3/R_1$。

惠斯通电桥除精确测量电阻外,结合不同类型的传感器,还可以进行许多非电量的检测。如图 2-32(b)所示,桥臂 $R+\Delta R$ 为电阻应变仪,其阻值可随外力(如压力、拉力等)而改变。无外力作用时阻值为 R,根据电桥平衡条件可知,此时输出电压 $U_O=0$;当有外力作用时,阻值有增量 ΔR,则电桥失去平衡,输出电压为

$$U_O=\frac{(R+\Delta R)U_S}{R+R+\Delta R}-\frac{RU_S}{R+R}=\frac{\Delta RU_S}{2(2R+\Delta R)}=\frac{\Delta RU_S}{4R\left(1+\frac{\Delta R}{2R}\right)} \tag{2-21}$$

当 ΔR 非常微小时,$\Delta R/R\ll 1$,则式(2-21)可简化为

$$U_O\approx\frac{U_S}{4}\cdot\frac{\Delta R}{R} \tag{2-22}$$

由式(2-22)可见,如果 ΔR 与外力成正比,则电压 U_O 也与外力成正比,即电桥电路将外力的变化转换成输出电压信号的变化,实现了非电量的采集。

习　题　2

2-1　求题 2-1 图所示电路中,各电路 ab 端的等效电阻。

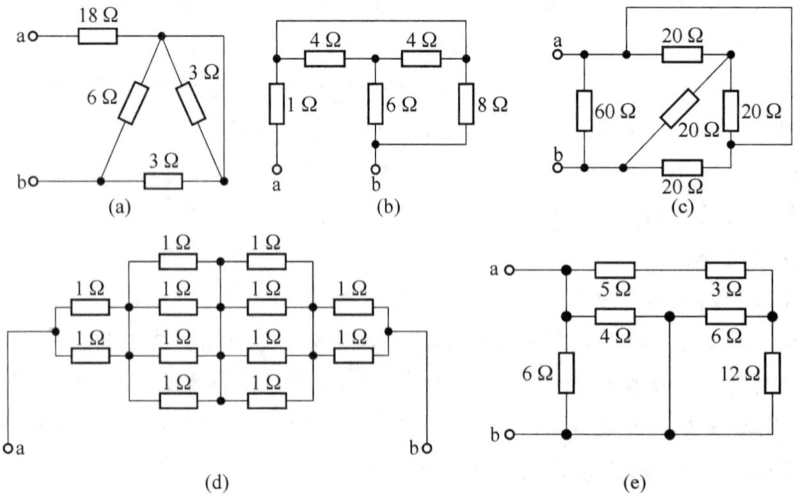

题 2-1 图

2-2　求题 2-2 图所示电路中，各电路 ab 端的等效电阻。

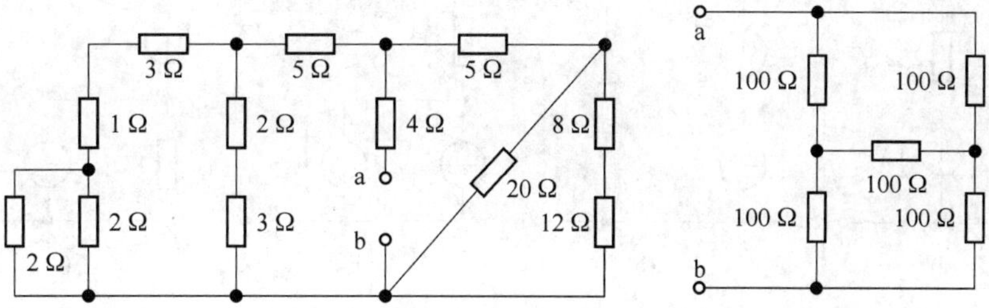

(a)　　(b)

题 2-2 图

2-3　如题 2-3 图所示电路，已知 $U_S=100$ V，$R_1=2$ kΩ，$R_2=2$ kΩ。若：(1)$R_3=8$ kΩ；(2)$R_3=\infty$(R_3 处开路)；(3)$R_3=0$(R_3 处短路)。试求以上 3 种情况下电压 u_2 和电流 i_2、i_3。

2-4　求题 2-4 图所示电路中电压源的功率。

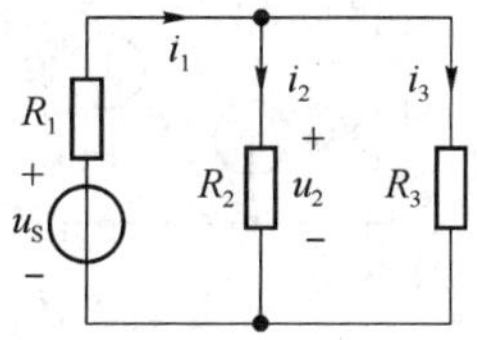

题 2-3 图

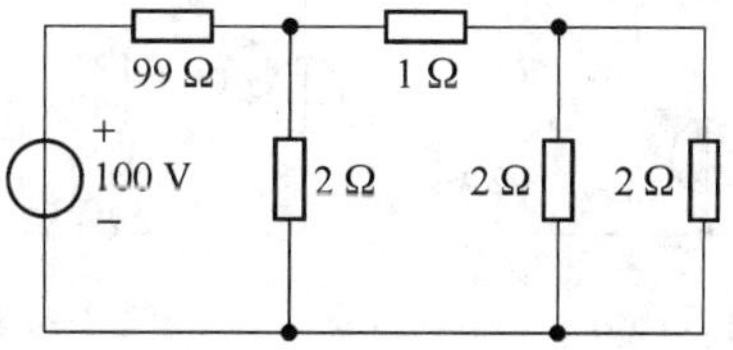

题 2-4 图

2-5　如题 2-5 图所示电路，试求开关断开和闭合时的电流 I。

2-6　对题 2-6 图所示电桥电路，应用Y—△等效变换，求：(1)对角线电压 U；(2)电压 U_{ab}。

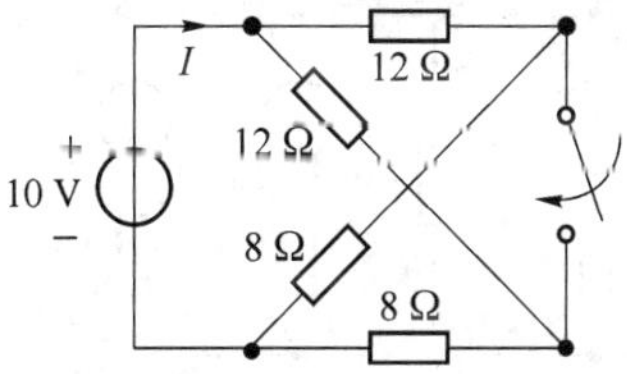

题 2-5 图

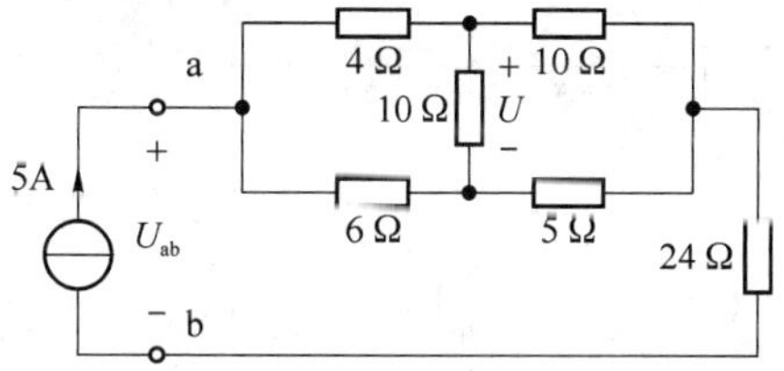

题 2-6 图

2-7　求题 2-7 图所示电路中的电流 I。

2-8　应用Y—△等效变换，求题 2-8 图所示电路中的电流。

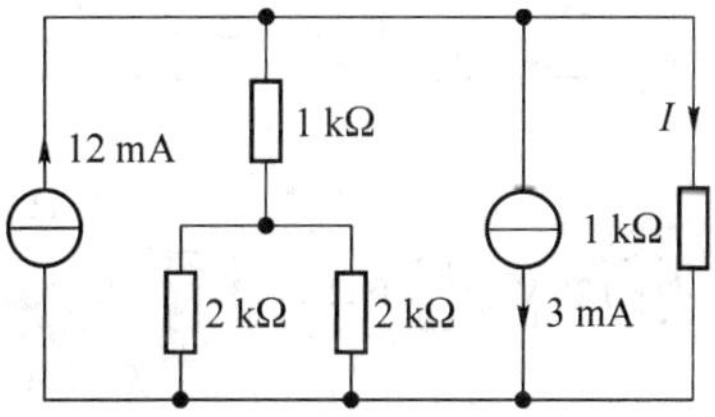

题 2-7 图

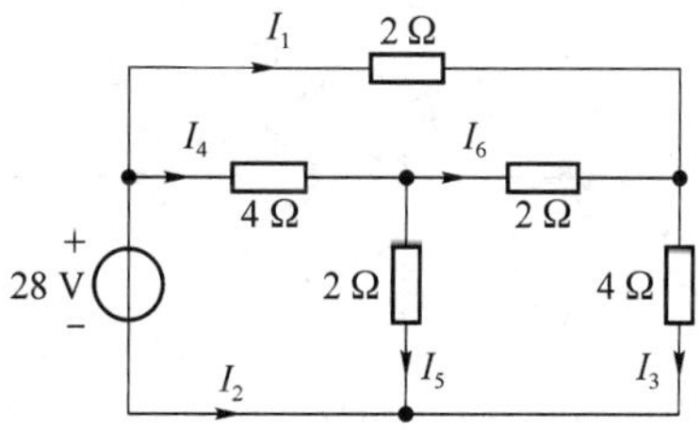

题 2-8 图

2-9 将题 2-9 图所示中各电路在 ab 两端简化为最简形式的等效电压源或等效电流源。

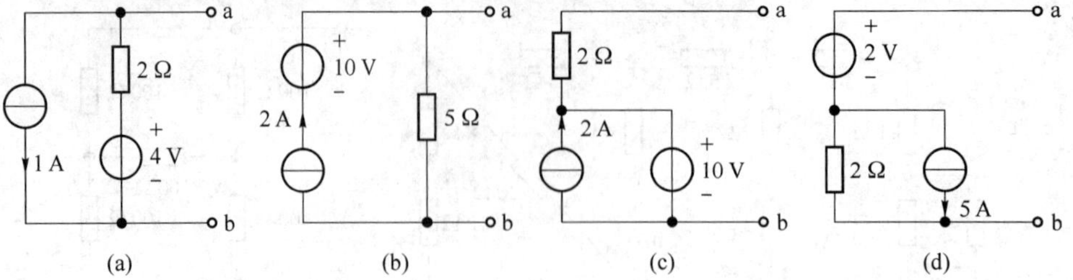

题 2-9 图

2-10 如题 2-10 图所示电路，求 2 A 电流源供出的功率。

2-11 如题 2-11 图所示电路，已知电流 $I=0$，求电阻 R。

2-12 如题 2-12 图所示电路，求电流 I_1 和 I_2。

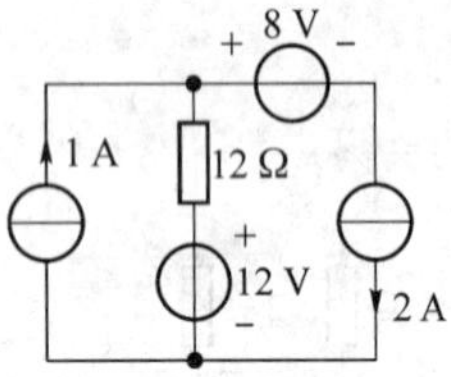

题 2-10 图

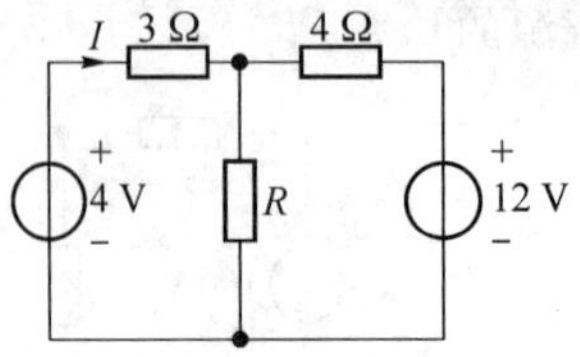

题 2-11 图

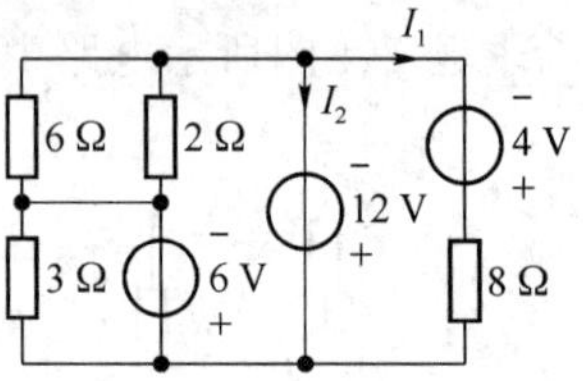

题 2-12 图

2-13 在如题 2-13 图所示电路中，已知 $u_{S1}=24\ \text{V}$，$u_{S2}=6\ \text{V}$，$R_1=12\ \Omega$，$R_2=6\ \Omega$，$R_3=2\ \Omega$。试求 R_3 中的电流和消耗功率。

2-14 如题 2-14 图电路，已知：$u_{S1}=45\ \text{V}$，$u_{S2}=u_{S3}=20\ \text{V}$，$u_{S4}=50\ \text{V}$，$R_1=R_3=15\ \Omega$，$R_2=20\ \Omega$，$R_4=50\ \Omega$，$R_5=8\ \Omega$。试利用电源的等效变换求图中电压 u_{ab}。

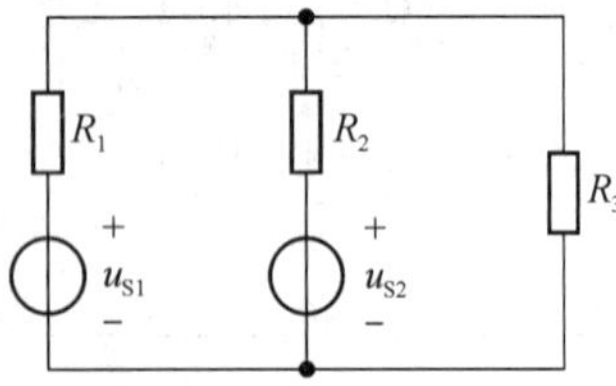

题 2-13 图

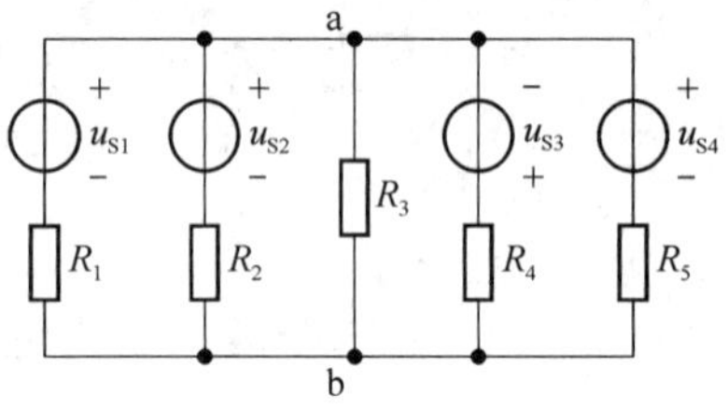

题 2-14 图

2-15 利用电源的等效变换，求题 2-15 图中的电流 i。

2-16 利用电源的等效变换，求题 2-16 图中的电压 U。

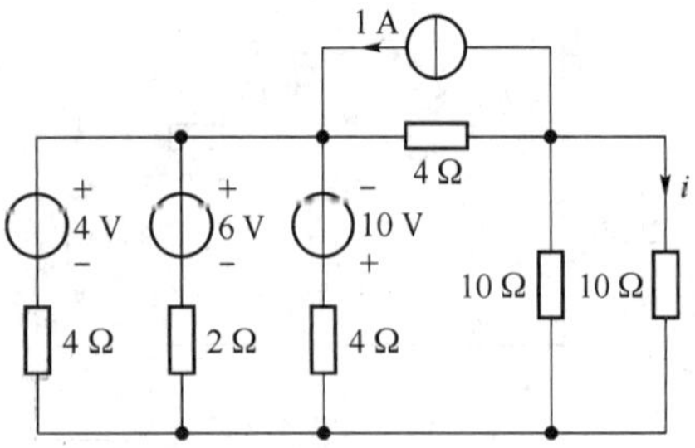

题 2-15 图

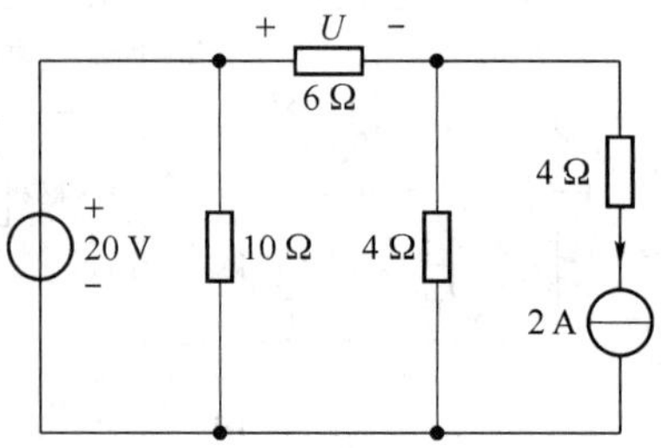

题 2-16 图

2-17　如题 2-17 图所示电路，求输入电阻。

2-18　求题 2-18 图所示电路的输入电阻。

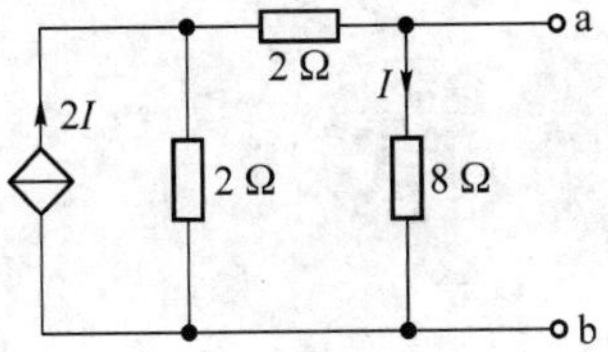

题 2-17 图

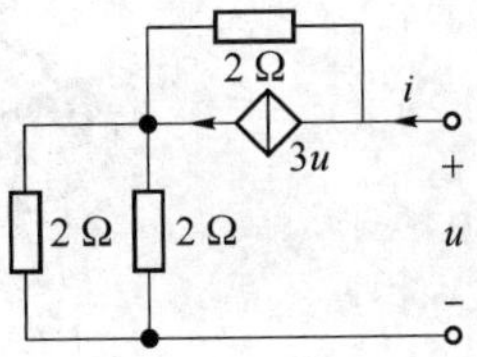

题 2-18 图

2-19　利用电源的等效变换，求题 2-19 图中的电压 u。

2-20　利用电源的等效变换，求题 2-20 图中的电流 i。

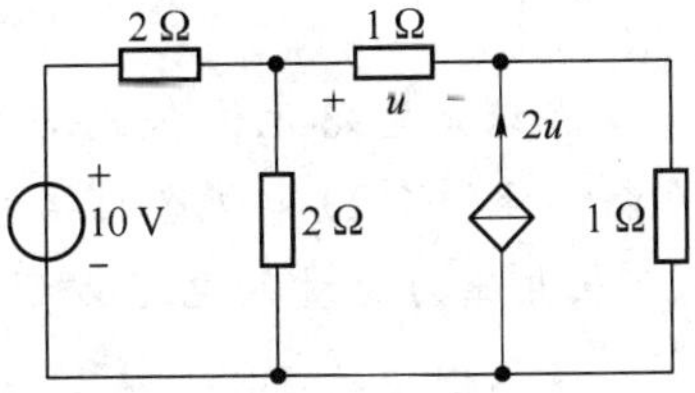

题 2-19 图

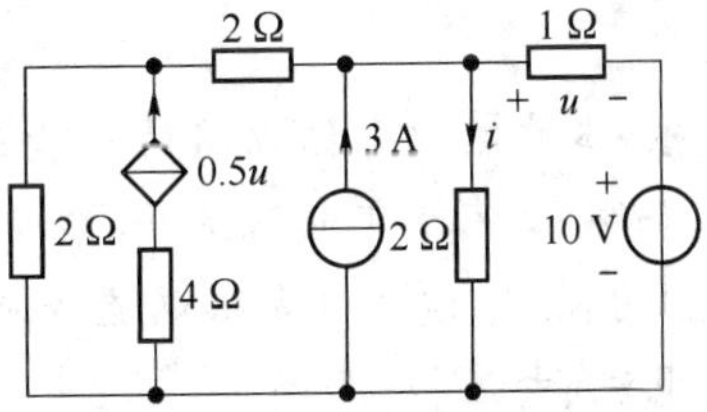

题 2-20 图

第 3 章

电阻电路的一般分析方法

教学提示：本章主要介绍电路的一般分析方法。它是在给定电路元件参数及电源电压和电流数值的条件下，不改变电路结构，以电路元件的约束特性(VCR)和电路的拓扑约束特性(KCL,KVL)为依据，建立以支路电流或回路电流，或节点电压为变量的电路方程组，从中解出所要求的电流、电压、功率等。

本章内容虽是以线性电阻性电路为对象展开讨论的，但由此得出的结论以及电路方程的列写规则，可以推广应用到任何集总参数的线性电路分析中，包括正弦稳态电路和线性时不变动态电路分析中去。

3.1 支路电流法

支路电压与支路电流是电路分析与求解的基本对象。以整个电路的所有支路电流作为求解变量，根据 KCL、KVL 和电路元件的 VCR 建立一组代数方程，解出各支路电流，进而求得所需要的电压、功率等，这样一种分析电路的方法称为支路电流法。

下面以图 3-1 所示的电路为例说明支路电流法。设电路的支路数为 b，电路的节点数为 n。由图 3-1 所示电路可见，该电路的支路数 $b=6$，节点数 $n=4$，各支路电流的参考方向如图 3-1 所示。为了求得该电路的各支路电流，需要建立 6 个以支路电流为变量的独立方程。下面利用 KCL、KVL 和电路元件的 VCR 建立所需要的电路方程。

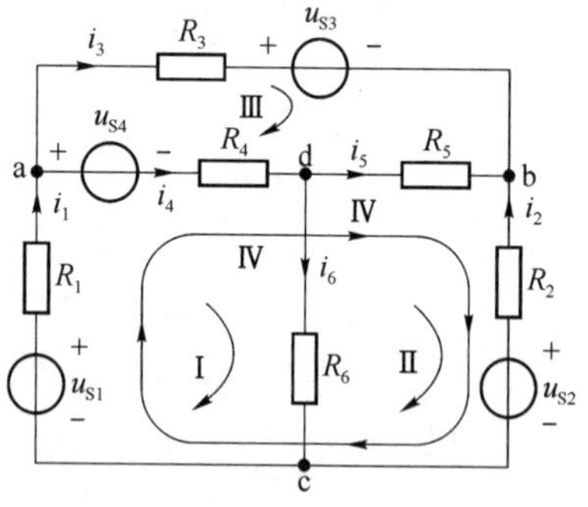

图 3-1　支路电流法示例电路图

电路节点 a、b、c、d 列出 KCL 方程，为

$$\left.\begin{aligned} -i_1+i_3+i_4&=0\\ -i_2-i_3-i_5&=0\\ i_1+i_2-i_6&=0\\ -i_4+i_5+i_6&=0 \end{aligned}\right\} \tag{3-1}$$

在式(3-1)中，每个支路电流在方程组中出现两次，一次为正、一次为负。这是因为每一条支路总是连接在两个节点上。支路电流总是流出一个节点而流入另一节点。因此，若把该方程组的 4 个方程相加，它一定是等于零的恒等式，即式(3-1)的方程组是相互不独立的。要想

使方程组有唯一解，必须是由独立方程组成的方程组。当从这 4 个方程中任意去掉一个 KCL 方程，余下的 3 个方程即为独立的。对于图 3-1 所示电路，节点数 $n = 4$，故有 3 个独立节点。选择节点 a、b、c 为独立节点，则式(3-1)中对应节点 a、b、c 的 3 个 KCL 方程为独立的 KCL 方程。

将上述结论推广，对于有 n 个节点的电路，可以任意选择其中 $n-1$ 个节点，列写出 $n-1$ 个相互独立的 KCL 方程，这 $n-1$ 个节点称为独立节点。

对于一个具有 n 个节点、b 条支路的电路，在 b 个以支路电流为变量的独立方程中，由 KCL 可以列写出 $n-1$ 个独立方程，还需要 $l = b-(n-1)$ 个独立方程，这尚缺的 l 个独立方程，可利用列写 KVL 方程来获得。但要确保方程的独立性，每次选择的回路中至少应包含一条其他回路所没有的新支路。实践证明：对于平面电路，所列 KVL 独立方程的个数恰好等于网孔的个数，并且每个网孔都是独立的。

因此，对于图 3-1 所示电路，还需要的独立方程数 $l = 6-(4-1) = 3$。选择网孔Ⅰ、Ⅱ、Ⅲ，作为独立回路，按图中所示绕行方向列写 KVL 方程，得

$$\left.\begin{aligned} R_1 i_1 + R_4 i_4 + R_6 i_6 &= u_{S1} - u_{S4} \\ -R_2 i_2 + R_5 i_5 - R_6 i_6 &= -u_{S2} \\ R_3 i_3 - R_4 i_4 - R_5 i_5 &= -u_{S3} + u_{S4} \end{aligned}\right\} \tag{3-2}$$

再选其他回路，如选回路Ⅳ列写 KVL 方程，有

$$R_1 i_1 - R_2 i_2 + R_4 i_4 + R_5 i_5 = u_{S1} - u_{S2} - u_{S4}$$

此方程就不是独立方程，它可以由式(3-2)中的三个方程经加减运算而得到，因为组成回路Ⅳ的各条支路，在网孔Ⅰ、Ⅱ、Ⅲ中都已经出现过了。

由 KCL 列出的三个独立方程与由 KVL 列出的三个独立方程联立，得到求解图 3-1 电路中各支路电流的支路电流方程组

$$\left.\begin{aligned} -i_1 + i_3 + i_4 &= 0 \\ -i_2 - i_3 - i_5 &= 0 \\ i_1 + i_2 - i_6 &= 0 \\ R_1 i_1 + R_4 i_4 + R_6 i_6 &= u_{S1} - u_{S4} \\ -R_2 i_2 + R_5 i_5 - R_6 i_6 &= -u_{S2} \\ R_3 i_3 - R_4 i_4 - R_5 i_5 &= -u_{S3} + u_{S4} \end{aligned}\right\} \tag{3-3}$$

解这 6 个方程联立的方程组，求得各支路电流后，便可求得任一支路的电压、功率等。上述分析电路的方法就是支路电流法。

支路电流法的一般步骤可归纳如下(设电路的支路数为 b，节点数为 n)：

(1) 在给定电路图中，确定各支路电流及参考方向；

(2) 任选 $n-1$ 个独立节点，写出 $n-1$ 个 KCL 方程；

(3) 选取 $l = b-(n-1)$ 个独立回路(对于平面电路，一般选网孔作为独立回路)，并设定其绕行方向，列写出各回路 KVL 方程；

(4) 联立求解上述独立方程，解出各支路电流。

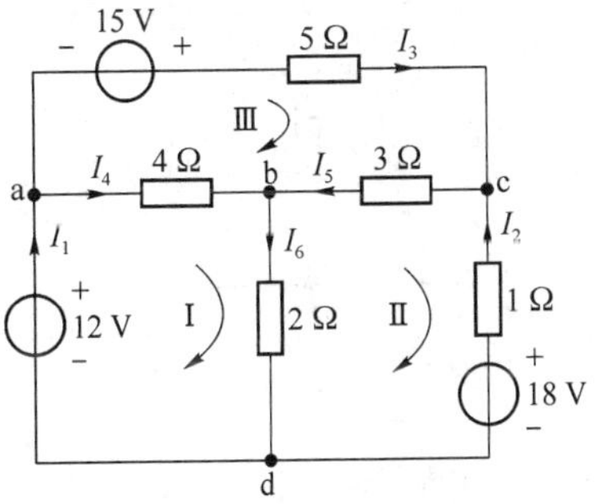

图 3-2 例 3-1 图

例 3-1 电路如图 3-2 所示，求各支路电流。

解：该电路的支路数 $b=6$，节点数 $n=4$。

(1) 设各支路电流参考方向如图 3-2 中所示。选 a、b、c 为独立节点，各节点的 KCL 方程为

$$\left.\begin{aligned} -I_1+I_3+I_4&=0\\ -I_4-I_5+I_6&=0\\ -I_2-I_3+I_5&=0 \end{aligned}\right\}$$

(2) 选网孔为独立回路，设各回路的绕行方向均为顺时针方向，如图 3-2 所示，各回路的 KVL 方程为

$$\left.\begin{aligned} 4I_4+2I_6&=12\\ -I_2-3I_5-2I_6&=-18\\ 5I_3-4I_4+3I_5&=15 \end{aligned}\right\}$$

(3) 求各支路电流。

联立上面两个方程组求解该方程组，得各支路电流为

$$I_1=3\ \text{A},\ I_2=1\ \text{A},\ I_3=2\ \text{A},\ I_4=1\ \text{A},\ I_5=3\ \text{A},\ I_6=4\ \text{A}$$

支路电流法的优点是求解支路电流方程时，可直接求解出各支路电流变量，无须进行转换。由于方程求解变量的个数等于电路的支路数，当电路的支路数较多时，求解方程就比较困难了。因此，支路电流法一般只用来分析支路数较少的电路。

3.2 网孔电流法

3.2.1 网孔电流

网孔电流是一种沿网孔边界闭合流动的假想电流，如图 3-3 所示中的电流 i_{m1}、i_{m2} 和 i_{m3}。对于具有 b 条支路和 n 个节点的平面电路来说，共有 $b-(n-1)$ 个网孔电流，网孔电流的方向一般取网孔的绕行方向。显然，网孔电流的数目少于支路数。

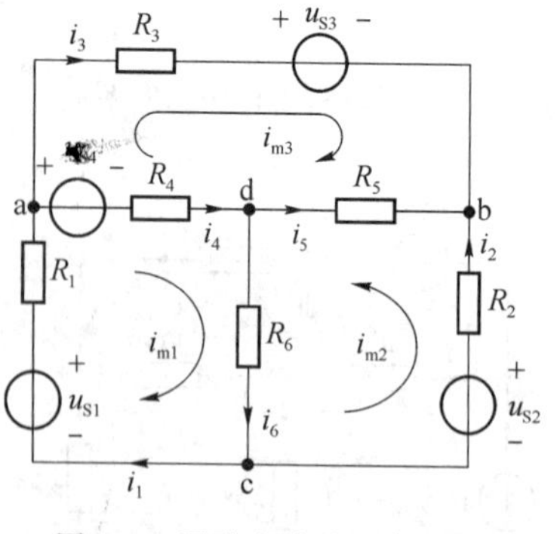

图 3-3 网孔电流法示例用图

电路中所有的支路电流都可以用网孔电流的线性组合表示，这是因为电路中任何一条支路一定属于一个或两个网孔，如果某支路只属于某一网孔，那么这条支路上只有一个网孔电流流过，支路电流就等于该网孔电流，如图 3-3 所示电路中的支路 1、2 和 3，都只有一个网孔电流流过，该支路电流就等于网孔电流，即

$$\left.\begin{aligned} i_1&=i_{m1}\\ i_2&=i_{m2}\\ i_3&=i_{m3} \end{aligned}\right\} \qquad (3\text{-}4)$$

如果某支路属于两个网孔所共有，则根据 KCL，该支路上的电流等于流经该支路的两个网孔电流的代数和，与支路电流参考方向相同的网孔电流取"＋"号，反之取"－"号。观察图 3-3电路可得

$$\left.\begin{aligned} i_4 &= i_{m1} - i_{m3} \\ i_5 &= -i_{m2} - i_{m3} \\ i_6 &= i_{m1} + i_{m2} \end{aligned}\right\} \tag{3-5}$$

因此,一旦求得网孔电流,所有支路电流便可依式(3-4)和式(3-5)求出,进而可以求得所有支路电压及功率。

3.2.2　网孔电流法

在选定网孔电流后,可为每一个网孔列写一个 KVL 方程,方程中的支路电压可以通过欧姆定律用网孔电流来表示。这样就可得到一组以网孔电流为变量的方程组,它们必然与待解变量数目相同而且是独立的,由此可求得各网孔电流。以网孔电流为变量的方程组称为网孔电流方程。

在图 3-3 所示电路中,以网孔电流的参考方向作为列写 KVL 方程的绕行方向,其网孔Ⅰ、Ⅱ和Ⅲ的 KVL 方程如下。

$$\left.\begin{aligned} R_1 i_{m1} + R_4(i_{m1} - i_{m3}) + R_6(i_{m1} + i_{m2}) &= u_{S1} - u_{S4} \\ R_2 i_{m2} + R_5(i_{m2} + i_{m3}) + R_6(i_{m1} + i_{m2}) &= u_{S2} \\ R_3 i_{m3} + R_5(i_{m2} + i_{m3}) + R_4(i_{m3} - i_{m1}) &= -u_{S3} + u_{S4} \end{aligned}\right\} \tag{3-6}$$

将上式整理后得

$$\left.\begin{aligned} (R_1 + R_4 + R_6)i_{m1} + R_6 i_{m2} - R_4 i_{m3} &= u_{S1} - u_{S4} \\ R_6 i_{m1} + (R_2 + R_5 + R_6)i_{m2} + R_5 i_{m3} &= u_{S2} \\ -R_4 i_{m1} + R_5 i_{m2} + (R_3 + R_4 + R_5)i_{m3} &= -u_{S3} + u_{S4} \end{aligned}\right\} \tag{3-7}$$

式(3-7)中只有 3 个网孔电流是未知量,求解该代数方程可求得各网孔电流。

为了便于今后能通过观察电路直接列写出电路的网孔电流方程,需要研究网孔方程的规律。将式(3-7)写成一般形式,即

$$\left.\begin{aligned} R_{11} i_{m1} + R_{12} i_{m2} + R_{13} i_{m3} &= u_{S11} \\ R_{21} i_{m1} + R_{22} i_{m2} + R_{23} i_{m3} &= u_{S22} \\ R_{31} i_{m1} + R_{32} i_{m2} + R_{33} i_{m3} &= u_{S33} \end{aligned}\right\} \tag{3-8}$$

对照式(3-7)可以看出,式(3-8)中各符号的含义。

$R_{kk}(k=1,2,3)$ 称为网孔 k 的自电阻,它是网孔 k 中所有电阻之和,且恒为正值。例如 $R_{11}=R_1+R_4+R_6$, $R_{22}=R_2+R_5+R_6$。

$R_{kj}(k=1,2,3,j=1,2,3,k\neq j)$ 称为网孔 k 与网孔 j 的互电阻,它是这两个网孔公共支路上的电阻。若流过互电阻的两个网孔电流方向相同,则互电阻取“+”号;若两个网孔电流方向相反,则取“−”号。例如 $R_{12}=R_6$,为网孔Ⅰ与网孔Ⅱ的互电阻,且网孔电流 i_{m1} 与 i_{m2} 流过电阻 R_6 的方向相同;$R_{13}=-R_4$,为网孔Ⅰ与网孔Ⅲ的互电阻,且流过电阻 R_4 的网孔电流 i_{m1} 与 i_{m3} 方向相反。对于仅含独立电源和线性电阻的电路,恒有 $R_{kj}=R_{jk}$,例如 $R_{13}=R_{31}=-R_4$。

$u_{Skk}(k=1,2,3)$ 是网孔 k 中所有电压源的代数和。当网孔电流从电压源的“−”端流入,“+”端流出时,该电压源前面取“+”号;反之取“−”号。例如 $u_{S11}=u_{S1}-u_{S4}$, $u_{S33}=-u_{S3}+u_{S4}$。

由上述讨论可知,由于利用网孔电流来解题,省去了$(n-1)$个 KCL 方程,只需列写 $l=b-(n-1)$ 个独立的 KVL 方程,减少了分析电路所需的方程数。

网孔电流法分析电路的步骤归纳如下。

(1) 在电路图上画出各支路电流的参考方向和各网孔的网孔电流参考方向。若全部网孔电流参考方向均选为顺时针(或者逆时针)方向,则网孔方程的全部互电阻项均取"－"号。

(2) 根据式(3-8)列写网孔方程,求解各网孔电流。

(3) 根据电路中各支路电流与网孔电流的线性组合关系,求出各支路电流。

(4) 根据需要,用 VCR 方程求得各支路电压。

例 3-2 用网孔电流法求图 3-4 所示电路各支路电流。

解: 选择支路电流 I_1、I_2、I_3 作为网孔电流,方向如图 3-4 所示。列出 1、2、3 网孔的网孔方程为

$$\left.\begin{aligned}(2+1+2)I_1-2I_2-I_3&=6-18\\-2I_1+(2+6+3)I_2-6I_3&=18-12\\-I_1-6I_2+(3+6+1)I_3&=25-6\end{aligned}\right\}$$

整理为

$$\left.\begin{aligned}5I_1-2I_2-I_3&=-12\\-2I_1+11I_2-6I_3&=6\\-I_1-6I_2+10I_3&=19\end{aligned}\right\}$$

求解得到 $I_1=-1\text{ A}$, $I_2=2\text{ A}$, $I_3=3\text{ A}$

$$I_4=I_3-I_1=4\text{ A}\text{ , }I_5=I_1-I_2=-3\text{ A}\text{ , }I_6=I_3-I_2=1\text{ A}$$

若电路中有电流源与电阻的并联组合,可先将其等效变换为电压源和电阻的串联组合,再用式(3-8)建立网孔方程。若电路中的电流源没有电阻与之并联(称为无伴电流源),则应增加电流源电压作为一个待解变量,并设定电流源两端的电压参考方向,在建立这些网孔的网孔方程时,将其作为变量列入方程等式左侧,当该电压与网孔电流方向一致时,前面取"＋"号;当该电压与网孔电流方向相反时,前面取"－"号。每引入一个这样的电流源电压变量,必须同时增加一个附加方程,该方程是无伴电流源的电流与它所在支路有关网孔的网孔电流之间的约束方程。附加方程与网孔电流方程联立,使独立方程数等于待解变量数,则可解得各网孔电流及无伴电流源两端的电压。

例 3-3 如图 3-5 所示电路,试列出其网孔电流方程。

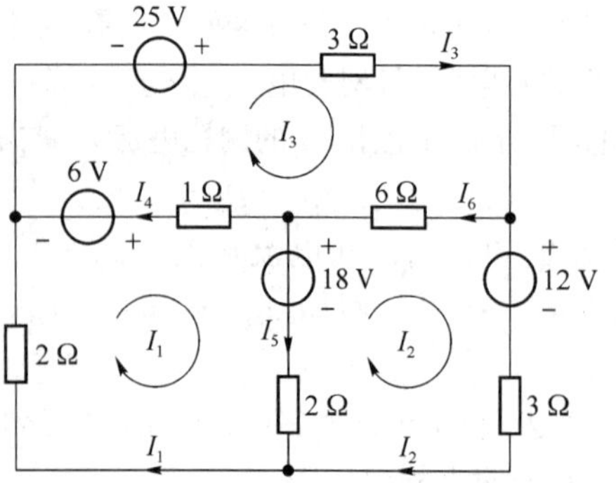

图 3-4 例 3-2 图

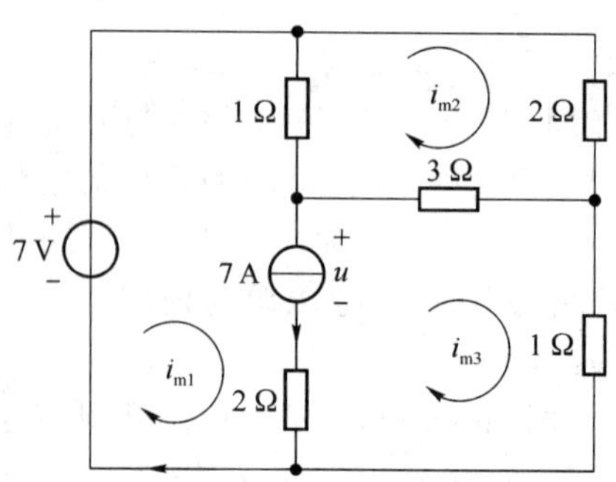

图 3-5 例 3-3 图

解：网孔电流方程为

$$\left.\begin{aligned}&3i_{m1}-i_{m2}-2i_{m3}+u=7\\&-i_{m1}+6i_{m2}-3i_{m3}=0\\&-2i_{m1}-3i_{m2}+6i_{m3}-u=0\\&i_{m1}-i_{m3}=7\end{aligned}\right\}$$

当含有受控源时，先将其视作独立源处理，再增加附加方程，将控制量用网孔电流表示，最后代入整理即可。

例 3-4　用网孔电流法求图 3-6(a)所示电路中的电流 I。

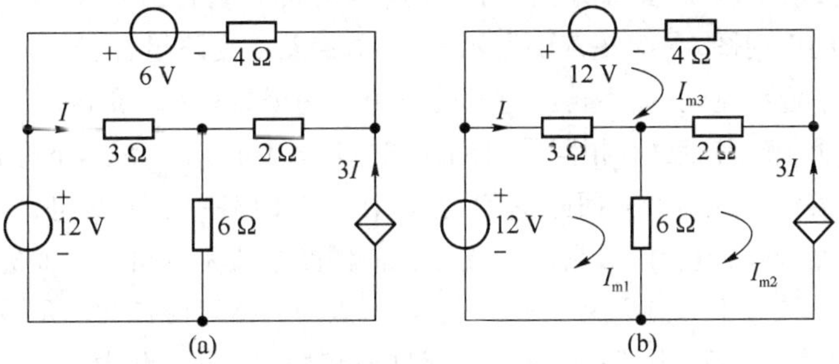

图 3-6　例 3-4 图

解：设网孔电流如图 3-6(b)所示，这是含受控源的电路。$3I$ 是电流控制的电流源，在列方程时，受控电流源与独立电流源一样处理，受控电流源所在网孔的网孔电流 I_{m2} 等于受控电流源电流的负值，$I_{m2}=-3I$，此电路的网孔电流方程为

$$\left.\begin{aligned}&(3+6)I_{m1}-6I_{m2}-3I_{m3}=12\\&I_{m2}=-3I\\&-3I_{m1}-2I_{m2}+(4+3+2)I_{m3}=-12\end{aligned}\right\}$$

I 可由网孔电流表示。$I=I_{m1}-I_{m3}$，把它代入方程可把控制量消掉。用网孔电流表示控制量的方程称为附加方程。

经整理后方程组为

$$\left.\begin{aligned}&9I_{m1}-7I_{m3}=4\\&I_{m1}+I_{m3}=-4\end{aligned}\right\}$$

$$I_{m1}=\frac{\begin{vmatrix}4&-7\\-4&1\end{vmatrix}}{\begin{vmatrix}9&-7\\1&1\end{vmatrix}}=\frac{4-28}{9+7}=-1.5\ \text{A}$$

$$I_{m3}=\frac{\begin{vmatrix}9&4\\1&-4\end{vmatrix}}{\begin{vmatrix}9&-7\\1&1\end{vmatrix}}=\frac{-36-4}{9+7}=-2.5\ \text{A}$$

$$I=I_{m1}-I_{m3}=-1.5-(-2.5)=1\ \text{A}$$

3.3 回路电流法

网孔电流法仅适用于平面电路，有其局限性。以回路电流为电路变量进行电路分析的方法，不仅适用于平面电路，而且适用于非平面电路。因此回路电流法是一种适用性较强并获得广泛应用的分析方法。

与网孔电流的定义类似回路电流也是一组假想的电流，这组电流仅在构成各自独立回路边界的那些支路中连续流动，其参考方向一般与独立回路的绕行方向一致。图 3-7(b)所示为图 3-7(a)所示电路的有向图，在图 3-7(b)所示中，假如回路由支路组合(2,3,5)构成，则该回路电流仅在支路 2、3、5 中连续流动，而不再经过其他支路。一个具有 b 条支路、n 个节点的电路，共有 $l=b-n+1$ 个独立回路，因而也有相同数目的回路电流，用符号 i_{lk} 表示，下标 $k=1,2,\cdots,l$ 表示回路电流的序号。需注意的是独立回路的确定，即在所选回路中至少要包含一条其他回路中所没有的新支路。显然，回路电流的数目少于支路数。回路电流是一组独立而完备的变量，这是因为回路电流总是在流入一个节点后又从该节点流出，因而回路电流自动满足了 KCL。

由图 3-7(a)所示还可知，电路中所有的支路电流都可以用回路电流的线性组合表示。假设各回路中分别有假想的回路电流 i_{l1}、i_{l2}、i_{l3} 流过，方向如图 3-7(b)所示，则有

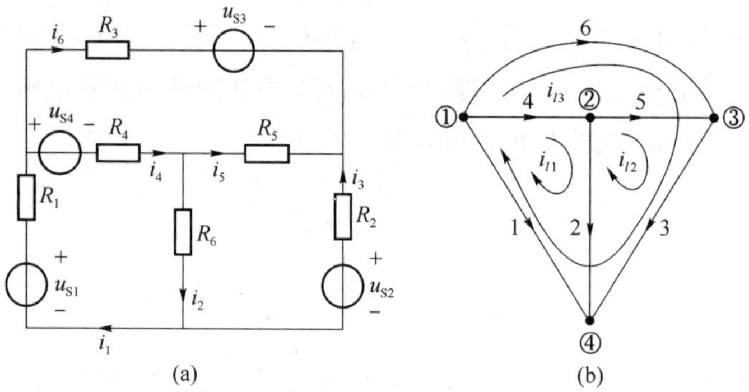

图 3-7 回路电流法示例用图

$$
\left.\begin{aligned}
i_1 &= -i_{l1}-i_{l3}\\
i_2 &= i_{l1}-i_{l2}\\
i_3 &= i_{l2}+i_{l3}\\
i_4 &= i_{l1}\\
i_5 &= i_{l2}\\
i_6 &= i_{l3}
\end{aligned}\right\}
$$

可见，一旦求得回路电流，所有支路电流可根据 KCL 随之而定，进而可以求得所有支路的电压和功率。因此，回路电流是一组完备的电流变量。

回路电流法(简称回路法)是一种以回路电流为变量，列写电路方程，求解电路的一种分析方法。事实上，若回路电流按网孔选取，则所列出的方程就是该电路的网孔电流方程。因此，网孔电流法是回路电流法的特例，回路电流法是网孔电流法的推广。

回路电流方程的列写与网孔电流方程的列写十分相似，由于网孔电流法是回路电流法的特殊情况，借鉴列写网孔电流方程的过程，及以网孔电流为变量的网孔电流方程的通式，不难得到以回路电流为变量的回路电流方程的通式。对于一个具有 n 个节点、b 条支路的电路，它的独立回路数为 $l = b - n + 1$，它的回路电流方程的一般形式为

$$\left.\begin{aligned} R_{11}i_{l1} + R_{12}i_{l2} + R_{13}i_{l3} + \cdots + R_{1l}i_{ll} &= u_{S11} \\ R_{21}i_{l1} + R_{22}i_{l2} + R_{23}i_{l3} + \cdots + R_{2l}i_{ll} &= u_{S22} \\ &\vdots \\ R_{l1}i_{l1} + R_{l2}i_{l2} + R_{l3}i_{l3} + \cdots + R_{ll}i_{ll} &= u_{Sll} \end{aligned}\right\} \tag{3-9}$$

式(3-9)中，具有相同下标的电阻 R_{11}、R_{22}、…、R_{kk}，($k = 1,2,3,\cdots,l$)，称为各回路的自电阻，即构成回路 k 的所有支路的电阻之和，自电阻总是取正值；$R_{jk}(j \neq k)$ 称为回路 j 与回路 k 的互电阻，互电阻的大小是回路 j 与回路 k 的公共支路上所有电阻的总和。互电阻取"＋"号还是取"－"号，与两个回路电流 i_{lj}、i_{lk} 在流经公共支路上的参考方向是否相同有关。若 i_{lj}、i_{lk} 在流经公共支路上的参考方向相同，则取"＋"号；若 i_{lj}、i_{lk} 在流经公共支路上的参考方向相反，则取"－"号。若回路 j 与回路 k 无公共支路，或虽然有公共支路但其电阻为零，则互电阻 $R_{jk} = 0$。由于回路之间的位置关系较网孔复杂，因此互电阻的正负需要逐项判断，即使所有回路电流都假设为顺时针方向，互电阻也可能出现有正有负的情况。通常，当电路中不含有受控源时，$R_{jk} = R_{kj}$。在式(3-9)等号右边的项 u_{Skk}，是回路 k 中的电压源电压的代数和，当电压源电压的参考方向与回路电流 i_{lk} 的参考方向一致时，前面取"－"号，反之取"＋"号。式(3-9)还可以理解为：各回路电流在同一个回路中的各个电阻上所产生的电压代数和，等于此回路中所有电源电压的代数和。

用回路电流法分析电路的一般步骤如下。

(1) 观察电路的特点，看是否含有无伴电流源和受控源。选择 $b-n+1$ 个独立回路，确保每个回路中至少要出现一条其他回路中所没有的新支路。指定各回路电流的参考方向(即回路的绕向)。

(2) 按式(3-9)列写回路电流方程，注意自电阻总是正的，互电阻的正负由相关的两个回路电流通过公共支路时，两者的参考方向是否相同而定。在计算电压源电压的代数和时，要注意各个有关电压源电压前面的正负号的取法。对含有无伴电流源的回路应按有关规定列写方程。

(3) 对含有无伴电流源和受控源的电路，要增加必要的附加方程。

(4) 求解方程并做其他规定的分析。

(5) 对于平面电路，可选择使用网孔电流法。

例 3-5　如图 3-8 所示电路，用回路电流法求图示各支路电流。

解：为了减少联立方程数目，选择回路电流的原则是：每个电流源支路只流过一个回路电流。若选择图 3-8 所示的三个支路电流 I_1，I_3 和 I_4 作为回路电流，则 $I_3 = 2\text{ A}$，$I_4 = 1\text{ A}$ 成为已知量。只需列出 I_1 回路的方程，即

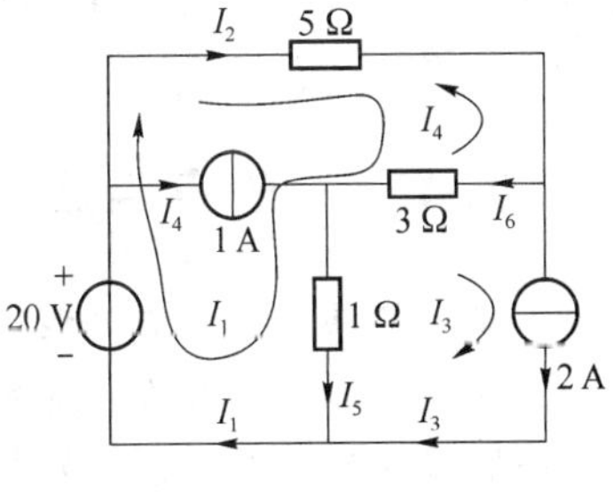

图 3-8　例 3-5 图

$$(5+3+1)I_1 - (1+3)I_3 - (5+3)I_4 = 20\text{ A}$$

代入 $I_3 = 2\text{ A}$，$I_4 = 1\text{ A}$ 解得

$$I_1 = \frac{20+8+8}{5+3+1} = 4\text{ A}$$

$$I_2 = I_1 - I_4 = 3\text{ A}$$

$$I_5 = I_1 - I_3 = 2\text{ A}$$

$$I_6 = I_1 - I_3 - I_4 = 1\text{ A}$$

例 3-6 已知电路如图 3-9(a)所示,求 4 Ω 电阻上的电流 I_L。

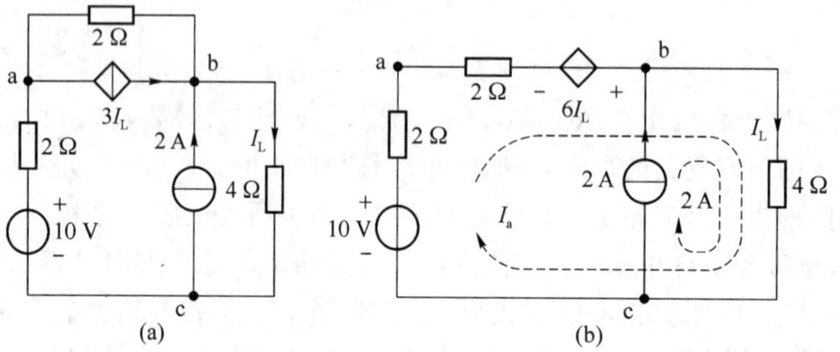

图 3-9 例 3-6 图

解: 首先将受控源按独立源处理,将受控电流源等效转换为受控电压源,如图 3-9(b)所示。由于电路含有理想电流源,可选理想电流源的电流 2 A 为右网孔的网孔电流,再选最外围回路作为独立回路,设回路电流为 I_a,参考方向如图 3-9(b)所示,列其回路电流方程为

$$(2+2+4)I_a + 4\times 2 = 10 + 6I_L \qquad ①$$

再多列一个控制量 I_L 与回路电流 I_a、网孔电流 2 A 关系的方程

$$I_L = I_a + 2 \qquad ②$$

将式②代入式①,解得

$$I_a = 7\text{ A},\ I_L = 9\text{ A}$$

3.4 节点电压法

回路电流法中的电路变量为回路电流,它自动满足了 KCL,从而减少了电路方程的个数。同理,也可以找到一组假设的电路变量,使之自动满足 KVL,从而在列写电路方程时可省去 KVL 方程,进而达到减少电路方程个数的目的。节点电压法就是按照这一思想提出来的。

3.4.1 节点电压

对一个具有 n 个节点和 b 条支路的电路,若选择任一节点为参考节点,则其他$(n-1)$个节点称为独立节点。参考节点的选择也是任意的,但一般总是选择电压源的负极或电路中连接支路最多的节点。各独立节点与此参考节点之间的电压,称为各独立节点的节点电压,方向为从各独立节点指向参考节点,即节点电压总是以参考节点为负极性端。节点电压通常记作 u_{nk},k 为独立节点编号,习惯上独立节点的编号由 1 顺次递增至$(n-1)$。

对图 3-10 所示电路,电路共有 4 个节点,假定以节点④作为参考节点,令其电位为零,即

$u_{n4}=0$，其余 3 个节点便为独立节点，各独立节点对参考节点的电压，即是各独立节点的节点电压，分别用 u_{n1}、u_{n2}、u_{n3} 表示，则电路中各个支路电压都可以用节点电压表示出来，即任一支路电压是其两端节点电压之差。

例如，如图 3-10 所示电路各支路电压可表示为：$u_1=u_{n1}$，$u_2=u_{n1}-u_{n3}$，$u_3=u_{n3}$，$u_4=u_{n1}-u_{n2}$，$u_5=u_{n2}-u_{n3}$，$u_6=u_{n2}$

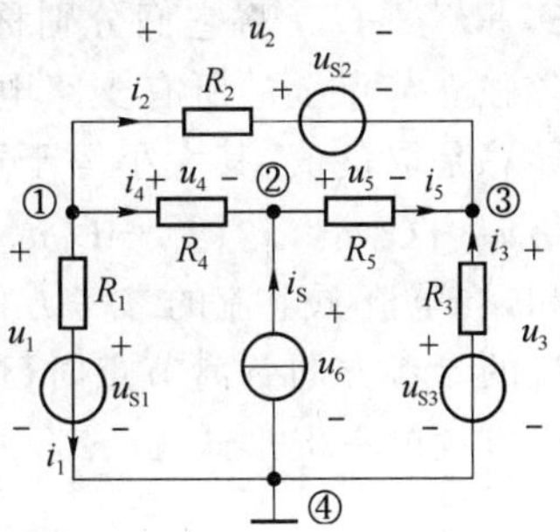

图 3-10　节点电压法举例

可见，支路电压与节点电压之间的关系可分为两种：一种是支路接在独立节点与参考节点之间，此时支路电压就是节点电压（两者参考方向一致时取正，方向相反时取负）；另一种是支路接在两个独立节点之间，此时支路电压可以表示为这两个独立节点所对应的节点电压之差。支路电压求得后即可根据 VCR 求得各支路电流，并进行各种电路分析。

3.4.2　节点电压法

以图 3-10 所示电路为例，说明如何建立节点方程。假设各支路电流的参考方向如图 3-10 所示，三个独立节点的 KCL 方程为

节点①　　$i_1+i_2+i_4=0$

节点②　　$-i_4+i_5=i_S$

节点③　　$-i_2-i_3-i_5=0$

为得到以节点电压 u_{n1}、u_{n2} 和 u_{n3} 为未知变量的节点电压方程，先写出用支路电压表示支路电流的支路方程，再用节点电压之差表示各支路电压，即有

$$\left.\begin{aligned}
i_1&=\frac{u_1-u_{S1}}{R_1}=\frac{u_{n1}-u_{S1}}{R_1}=G_1(u_{n1}-u_{S1})\\
i_2&=\frac{u_2-u_{S2}}{R_2}=\frac{u_{n1}-u_{n3}-u_{S2}}{R_2}=G_2(u_{n1}-u_{n3}-u_{S2})\\
i_3&=\frac{u_{S3}-u_3}{R_3}=\frac{u_{S3}-u_{n3}}{R_3}=G_3(u_{S3}-u_{n3})\\
i_4&=\frac{u_4}{R_4}=\frac{u_{n1}-u_{n2}}{R_4}=G_4(u_{n1}-u_{n2})\\
i_5&=\frac{u_5}{R_5}=\frac{u_{n2}-u_{n3}}{R_5}=G_5(u_{n2}-u_{n3})
\end{aligned}\right\}\tag{3-10}$$

将以上各式代入 KCL 方程，将已知的电压源电压、电流源电流移至方程右侧，整理后可得

$$\left.\begin{aligned}
(G_1+G_2+G_4)u_{n1}-G_4u_{n2}-G_2u_{n3}&=G_1u_{S1}+G_2u_{S2}\\
-G_4u_{n1}+(G_4+G_5)u_{n2}-G_5u_{n3}&=i_S\\
-G_2u_{n1}-G_5u_{n2}+(G_2+G_3+G_5)u_{n3}&=-G_2u_{S2}+G_3u_{S3}
\end{aligned}\right\}\tag{3-11}$$

式(3-11)表示的方程组便是图 3-10 所示电路的节点电压方程。从这个方程组解出节点电压的数值后，代入式(3-10)，就可求出各支路电流。

在列写电路的节点电压方程时，可以根据观察法直接按 KCL 写出式(3-11)形式的方程。为了便于归纳一般形式的节点电压方程，令 $G_{11}=G_1+G_2+G_4$，$G_{22}=G_4+G_5$，$G_{33}=$

$G_2+G_3+G_5$，将它们分别称为节点①、②、③的自电导。自电导总是取正值，它等于连接到各独立节点上的所有支路电导之和；令 $G_{12}=G_{21}=-G_4$ 为节点①与节点②之间的互导。互导总是取负值，其大小等于连接于两节点之间的所有支路的支路电导之和。分别令 $i_{S11}=G_1u_{S1}+G_2u_{S2}$，$i_{S33}=-G_2u_{S2}+G_3u_{S3}$，则它们分别表示流入节点①、③的电流源电流的代数和，当电流源电流的参考方向为指向节点时(即所谓流入节点)，前面取“＋”号；当电流源电流的参考方向背离节点时(即所谓流出节点)，前面取“－”号。因此，图 3-10 电路的节点电压方程的一般形式为

$$\left.\begin{aligned}G_{11}u_{n1}+G_{12}u_{n2}+G_{13}u_{n3}&=i_{S11}\\G_{21}u_{n1}+G_{22}u_{n2}+G_{23}u_{n3}&=i_{S22}\\G_{31}u_{n1}+G_{32}u_{n2}+G_{33}u_{n3}&=i_{S33}\end{aligned}\right\}\tag{3-12}$$

对具有$(n-1)$个独立节点的电路，节点电压方程的形式为

$$\left.\begin{aligned}G_{11}u_{n1}+G_{12}u_{n2}+\cdots+G_{1(n-1)}u_{n(n-1)}&=i_{S11}\\G_{21}u_{n1}+G_{22}u_{n2}+\cdots+G_{2(n-1)}u_{n(n-1)}&=i_{S22}\\&\vdots\\G_{(n-1)1}u_{n1}+G_{(n-1)2}u_{n2}+\cdots+G_{(n-10)(n-1)}u_{(n-1)}&=i_{S\,(n-10)(n-1)}\end{aligned}\right\}\tag{3-13}$$

式(3-13)是节点电流法的普遍形式，对平面电路和非平面电路都适用。从节点电压方程可以解出节点电压，并据此求出各支路电压。

节点电压法的解题步骤可归纳如下。

(1) 指定连通电路中任一节点为参考节点，令其电位为零；标出各节点电压，其参考方向总是独立节点为“＋”，参考节点为“－”；

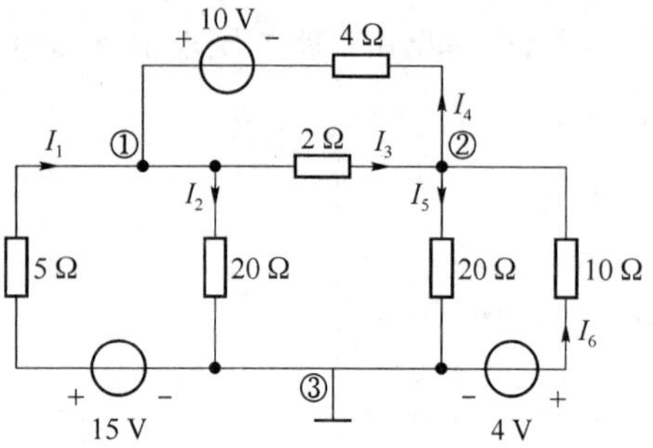

图 3-11　例 3-7 图

(2) 算出各节点的自电导、各节点之间的互电导及流入节点的电流源电流代数和，根据式(3-13)列出节点电压方程组，其方程个数与独立节点个数相等；

(3) 求解方程组，解出各节点电压；

(4) 用节点电压确定各支路电压；

(5) 用欧姆定律和各支路电压，求解出各支路电流。

例 3-7　电路如图 3-11 所示，求各支路电流。

解：(1) 设节点③为参考点，列写节点电压方程。该电路中有电阻与电压源串联支路，可以将其等效成电阻与电流源并联支路。

$$\left.\begin{aligned}\left(\frac{1}{5}+\frac{1}{20}+\frac{1}{2}+\frac{1}{4}\right)U_{n1}-\left(\frac{1}{2}+\frac{1}{4}\right)U_{n2}&=\frac{15}{5}+\frac{10}{4}\\-\left(\frac{1}{2}+\frac{1}{4}\right)U_{n1}+\left(\frac{1}{10}+\frac{1}{20}+\frac{1}{2}+\frac{1}{4}\right)U_{n2}&=\frac{4}{10}-\frac{10}{4}\end{aligned}\right\}$$

解得

$$U_{n1}=10\ \text{V}\quad U_{n2}=6\ \text{V}$$

(2) 求各支路电流

$$I_1=\frac{15-U_{n1}}{5}=1\ \text{A}$$

$$I_2=\frac{U_{n1}}{20}=0.5\ \text{A}$$

$$I_3=\frac{U_{12}}{2}=\frac{U_{n1}-U_{n2}}{2}=2\ \text{A}$$

$$I_4=\frac{10-U_{12}}{4}=1.5\ \text{A}$$

$$I_5=\frac{U_{n2}}{20}=0.3\ \text{A}$$

$$I_6=\frac{4-U_{n2}}{10}=-0.2\ \text{A}$$

例 3-8　在图 3-12 所示电路中，已知 $U_{S1}=10\ \text{V}$，$U_{S2}=6\ \text{V}$，$I_{S1}=2\ \text{A}$，$I_{S2}=3\ \text{A}$，$R_1=2\ \Omega$，$R_2=3\ \Omega$，$R_3=4\ \Omega$，试用节点电压法求电阻 R_3 的电流 I。

解：电路仅有两个结点，用节点电压法最为方便，只需个节点电压方程，即

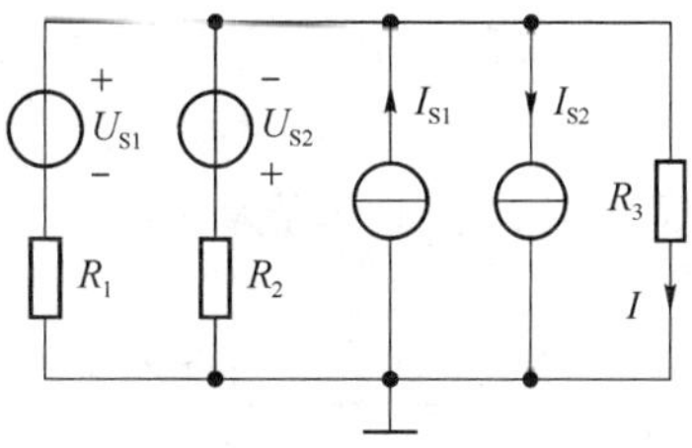

图 3-12　例 3-8 图

$$\left(\frac{1}{R_1}+\frac{1}{R_2}+\frac{1}{R_3}\right)U_{n1}=\frac{U_{S1}}{R_1}-\frac{U_{S2}}{R_2}+I_{S1}-I_{S2}$$

$$U_{n1}=\frac{\dfrac{U_{S1}}{R_1}-\dfrac{U_{S2}}{R_2}+I_{S1}-I_{S2}}{\dfrac{1}{R_1}+\dfrac{1}{R_2}+\dfrac{1}{R_3}}$$

带入数据解得节点电压 U_{n1} 和电阻 R_3 的电流 I 为

$$U_{n1}=\frac{24}{13}\ \text{V}$$

$$I=\frac{U_{n1}}{R_3}=\frac{6}{13}\ \text{A}$$

对于只有一个独立节点的电路，计算节点电压可用如下公式

$$U_{n1}=\frac{\sum\dfrac{U_S}{R_S}+\sum i_S}{\sum\dfrac{1}{R}} \tag{3-14}$$

式(3-14)称为弥尔曼定理，它是节点电压法的一种特殊情况。

在式(3-14)中，分子中的电压源与电流源的各项是代数和，凡是电压源正极连接在独立节点上的，该项取"+"号，反之取"−"号；电流源电流流入独立节点的为"+"号，反之为"−"号。分母为各自电导的算术和。

没有电阻与之串联的电压源又称为无伴电压源。当电路中存在这类无伴电压源支路时，通常可以采取下述两种方法处理。

(1) 将无伴电压源支路的电流作为未知量。设定流过无伴电压源的电流的参考方向，并以这个电流作为求解变量。在列写节点电压方程时，该变量可以被当作一个电流源电流写在等号右边，且流入节点时，其项前符号取"+"号，流出节点时，其项前符号取"−"号。

但是引入这样新的求解变量，将使电路的求解变量个数多于独立节点数，出现求解变量的个数比方程个数多的现象。因此，每引入一个这样的变量，必须同时增加一个节点电压与电压源电压之间的约束方程。考虑到无伴电压源支路连接在两个节点之间，这两个节点之间的电

压要受到节点间的无伴电压源电压的约束，该电压约束条件就可以作为一个独立方程(补充方程)，把这些约束方程与节点电压方程合并成一组联立方程，使方程个数与求解变量个数相同，则节点电压方程组可以求解。

(2) 选择无伴电压源支路的节点为参考节点。选择无伴电压源的一端作为参考节点，一般选择连接无伴电压源“－”极的节点为参考点，无伴电压源“＋”极性端为独立节点，则该独立节点的节点电压就是已知的电压源电压，对该独立节点可以不列写一般形式的节点电压方程，而以其节点电压与无伴电压源电压的约束方程代替。这种处理方法可以减少未知节点电压的个数，减少手工求解方程的计算量，特别是对于仅含有一个无伴电压源的电路来说尤为适用。

例 3-9 列出图 3-13 所示电路的节点电压方程并求解。

解：因为与 1 A 电流源串联的 5 Ω 电阻不会影响其支路电流，节点电压法列出的是 KCL 方程，故在列节点方程时 5 Ω 电阻不予考虑，选择节点④为参考点，则有

$$u_{n2} = 3$$

建立节点电压方程为

$$\left.\begin{aligned} 1.5u_{n1} - 0.5u_{n2} &= 1 \\ -0.5u_{n2} + u_{n3} &= -1 \end{aligned}\right\}$$

解得

$$u_{n1} = 1.67\ \text{V},\ u_{n3} = 0.5\ \text{V}$$

例 3-10 电路如图 3-14 所示，求各支路电流。

解：该电路中有 2 条支路是无伴电压源支路。设节点④为参考点，由图 3-14 可知，节点②的电压 $U_{n2} = U_{S2} = 4$ V。在节点①和③之间的无伴电压源 U_{S1} 视作电流源，其输出电流为未知电流 I_1 。列出节点电压方程为

$$\left.\begin{aligned} &\frac{1}{2}U_{n1} - \frac{1}{2}U_{n2} = -2 - I_1 \\ &U_{n2} = 4 \\ &-\frac{1}{4}U_{n2} + \left(\frac{1}{4} + \frac{1}{4}\right)U_{n3} = \frac{8}{4} + I_1 \end{aligned}\right\}$$

增补方程为

$$U_{n3} - U_{n1} = 6$$

解上述方程组，得

$$U_{n1} = 0\ \text{V},U_{n3} = 6\ \text{V},I_1 = 0\ \text{A}$$

则各支路电流为

$$I_5 = \frac{U_{n2} - U_{n3}}{4} = \frac{4-6}{4}\ \text{A} = -0.5\ \text{A}$$

$$I_4 = \frac{U_{n1} - U_{n2}}{2} = \frac{0-4}{2}\ \text{A} = -2\ \text{A}$$

$$I_3 = \frac{8 - U_{n3}}{4} = \frac{8-6}{4}\ \text{A} = 0.5\ \text{A}$$

$$I_2 = I_5 - I_4 = 1.5\ \text{A}$$

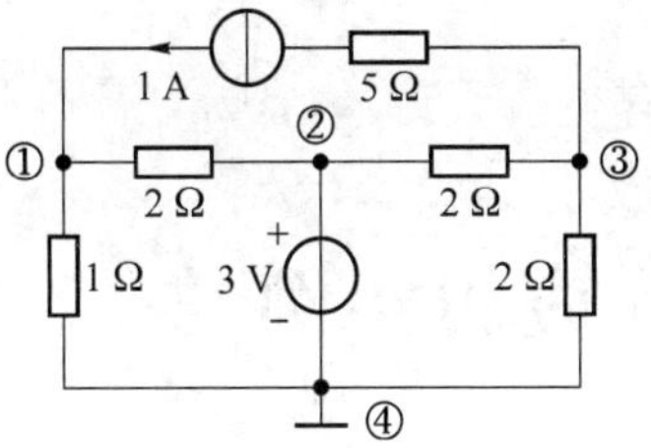

图 3-13　例 3-9 图

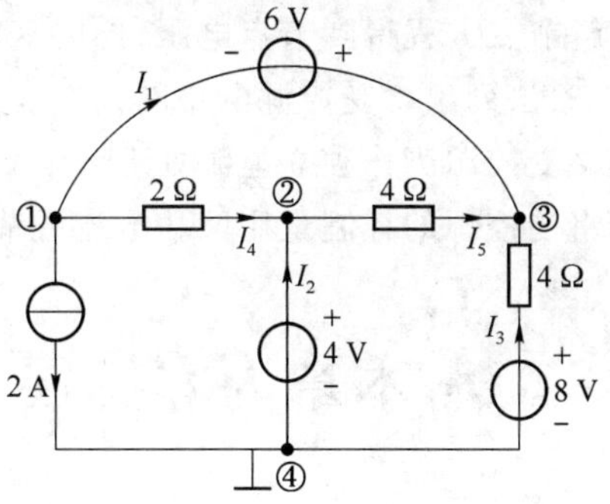

图 3-14　例 3-10 图

如果电路中含有受控电源，在建立节点电压方程时，先将受控电源视为独立电源，仍按照常规方法列节点电压方程；然后再将受控电源的控制量用节点电压表示。若受控源为受控电流源，可暂时将受控电流源视作独立电流源，按列写节点电压方程的一般方法列写方程，然后把用节点电压表示的受控电流源项，移到方程左边整理即可。若受控源为有伴受控电压源，可将控制量用有关节点电压表示后，再等效变换成受控电流源处理；若受控源为无伴受控电压源，则可参照无伴独立电压源的处理方法。

例 3-11　电路如图 3-15 所示，列写其节点电压方程。

解： 选取节点③为参考节点如图 3-14 所示，则节点电压方程为

$$\left.\begin{aligned}\left(\frac{1}{R_1}+\frac{1}{R_2}+\frac{1}{R_3}\right)u_{n1}-\frac{1}{R_3}u_{n2}&=\frac{u_{S1}}{R_1}\\-\frac{1}{R_3}u_{n1}+\left(\frac{1}{R_3}+\frac{1}{R_4}\right)u_{n2}&=gu_2\end{aligned}\right\}$$

附加方程为　　$u_2=u_{n1}$

将附加方程代入节点电压方程，并整理可得

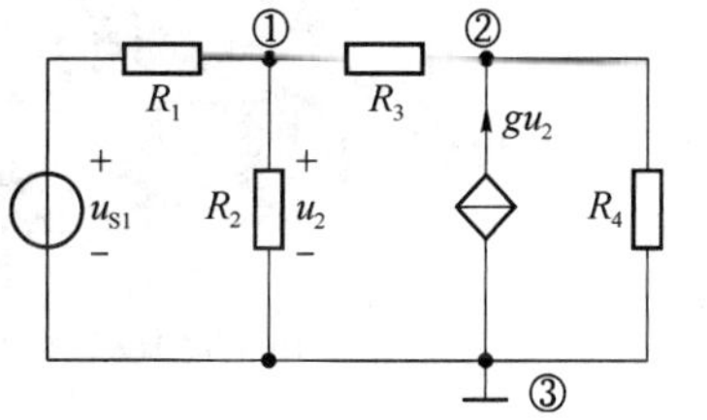

图 3-15　例 3-11 图

$$\left.\begin{aligned}\left(\frac{1}{R_1}+\frac{1}{R_2}+\frac{1}{R_3}\right)u_{n1}-\frac{1}{R_3}u_{n2}&=\frac{u_{S1}}{R_1}\\-\left(\frac{1}{R_3}+g\right)u_{n1}+\left(\frac{1}{R_3}+\frac{1}{R_4}\right)u_{n2}&=0\end{aligned}\right\}$$

本章小结

1. 由电阻和电压源构成的电路，可以用 b 个支路电流作为变量，列出 b 个支路电流方程，它通常由 $(n-1)$ 个节点的 KCL 方程和 $(b-n+1)$ 个网孔的 KVL 方程构成。

2. 网孔电流法适用于平面电路，其方法是：

(1) 以网孔电流为变量，列出网孔的 KVL 方程（网孔方程）。

(2) 求解网孔方程得到网孔电流，再用 KCL 方程和 VCR 方程求各支路电流和支路电压。

3. 节点电压法适用于连通电路，其方法是：

(1) 以节点电压为变量，列出节点 KCL 方程（节点方程）。

(2) 求解节点方程得到节点电压，再用 KVL 方程和 VCR 方程求各支路电压和支路电流。

4. 用观察法列出含受控源电路网孔方程和节点方程的方法是：

(1) 先将受控源当作独立电源处理。

(2) 再将受控源的控制量用网孔电流或节点电压表示。

本章内容延展与工程应用实例

理想的电压源对外提供的电压是确定的，同样，理想的电流源对外提供的电流是确定的，都不随外电路的改变而改变。但是实际使用的电源不可能做到这一点，因为存在电源内阻。图 3-16 所示为一个直流稳压稳流电源。

对于实际的电源，我们经常用它的戴维南或诺顿等效电路来描述。如图 3-17 所示，其中 R_S 和 R_P 分别是实际电压源和实际电流源的内阻。只有当 $R_s \to 0$ 和 $R_p \to \infty$ 时，电压源和电流源才接近理想电源。

图 3-16　直流稳压稳流电源

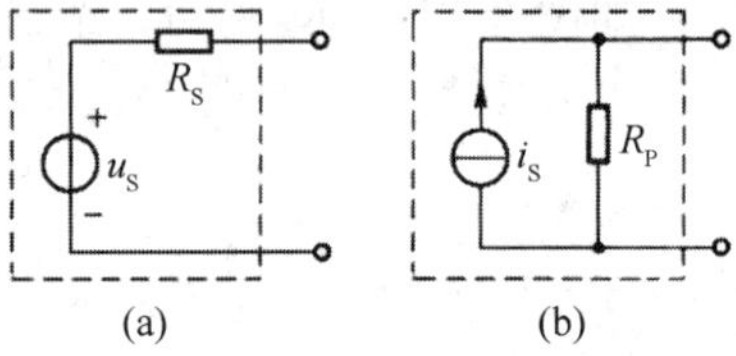

图 3-17　实际电压源和实际电流源的电路模型

直流电压源 $u_S = U_S$(常数)，在外接负载时，如图 3-18(a)所示，根据分压原理，负载上的电压为

$$u_L = \frac{R_L}{R_S + R_L} U_S$$

可以看出，随着负载电阻的增加，负载电压也越趋近于电源电压 U_S，如图 3-18(b)所示。也就是说：

(1) 如果 $R_S = 0$ 或者 $R_S \ll R_L$，则负载上的电压将为常值。换句话说，与 R_L 比较，若 R_S 越小，则实际电压源越接近于理想电压源。

(2) 不接负载时(电源开路 $R_L \to \infty$)，开路电压 $u_{oc} = u_S$，接上负载就会造成终端电压的下降。这种效果称为负载效应。

实际电流源在外接负载时，如图 3-19(a)所示，根据分流原理，负载上的电流为

$$i_L = \frac{R_P}{R_P + R_L} i_S$$

直流电流源 $i_S = I_S$(常数)，接负载后电流随着负载电阻变化的曲线如图 3-19(b)所示。同样，由于负载的引入而使电流下降，只有当电源内阻非常大($R_P \to \infty$ 或 $R_P \gg R_L$)的情况下，负载电流才是常量，接近于理想电流源。

对一个实际的电压源，如果要知道它的参数 u_S 和 R_S，可以先将其开路，测量开路电压

u_{oc}，由戴维南定理可知 $u_S = u_{oc}$，如图 3-18(a)所示，接入可变电阻 R_L，调节 R_L 直到测得的负载电压正好等于开路电压的一半，即 $u_L = \frac{1}{2}u_{oc}$。此时将电阻 R_L 取下，测量 R_L 的阻值，测得的数值即为 R_S。

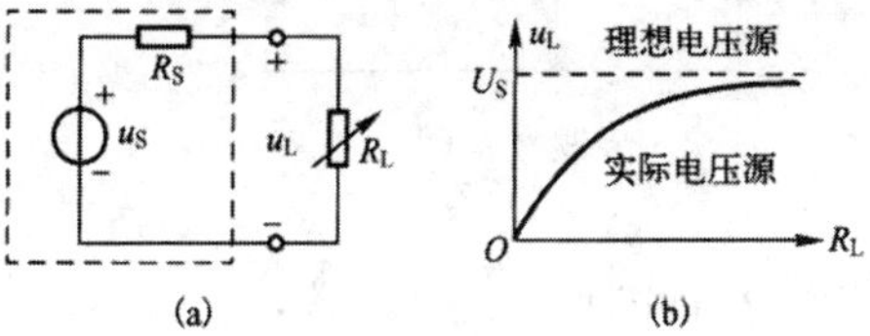

图 3-18　实际电压源接负载

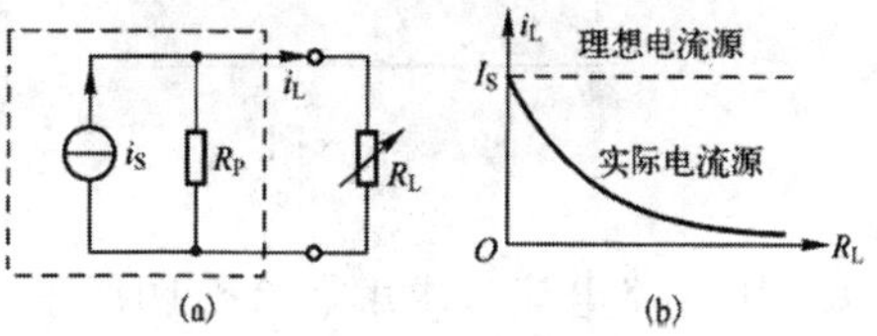

图 3-19　实际电流源接负载

习　题　3

3-1　用支路电流法求解题 3-1 图所示电路的各支路电流。

3-2　用支路电流法求解题 3-2 图所示电路的各支路电流。

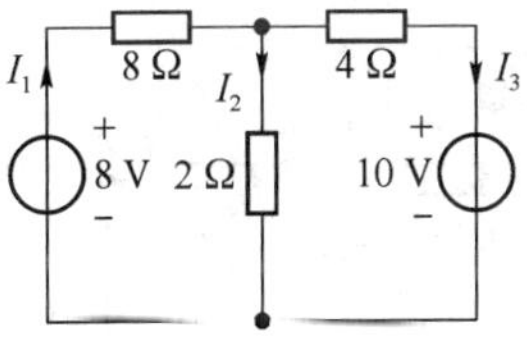

题 3-1 图

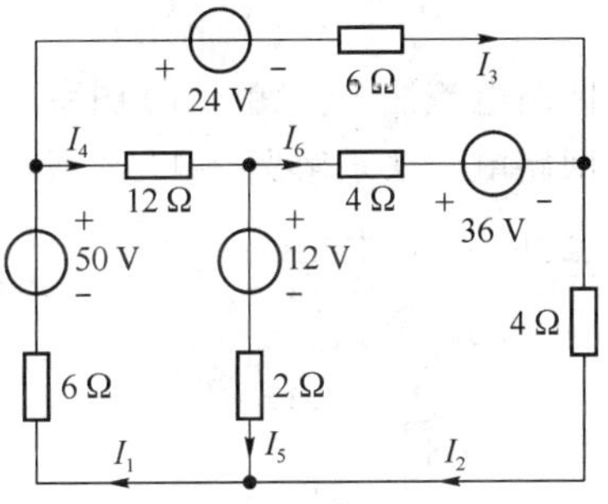

题 3-2 图

3-3　用网孔电流法求解题 3-3 图所示电路的各支路电流。

3-4　用网孔电流法求解题 3-4 图所示电路的各支路电流。

3-5　用网孔电流法求解题 3-5 图所示电路的各支路电流。

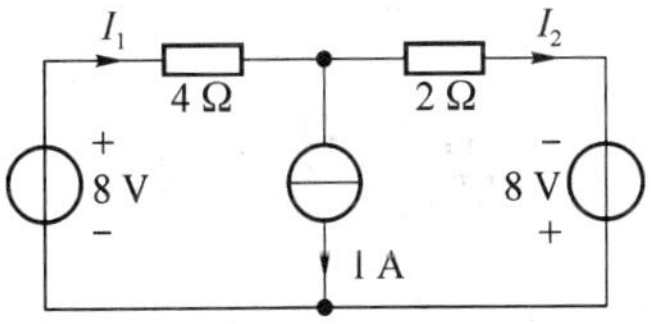

题 3-3 图

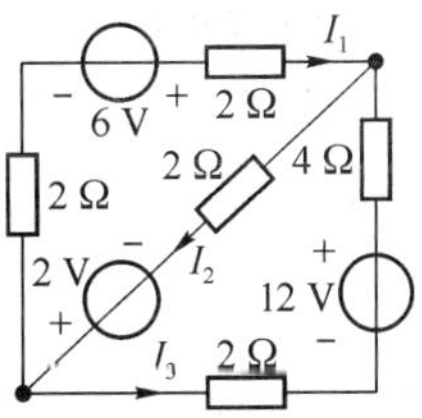

题 3-4 图

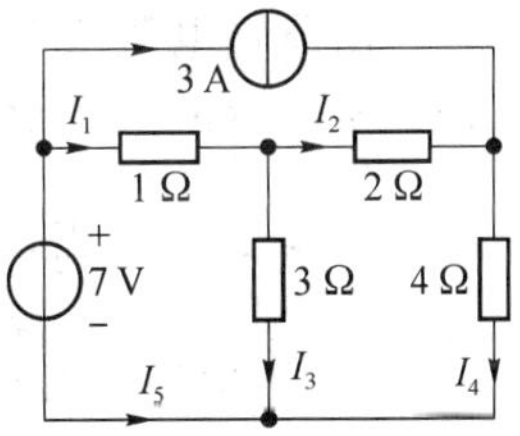

题 3-5 图

3-6　用网孔电流法求解题 3-6 图所示电路中电压 U 和电流 I，$r = 2\ \Omega$。

3-7　用网孔电流法求解题 3-7 图所示电路中电流 I，$r = 1\ \Omega$。

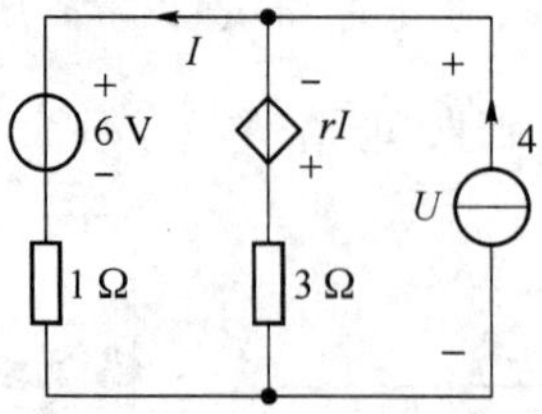

题 3-6 图

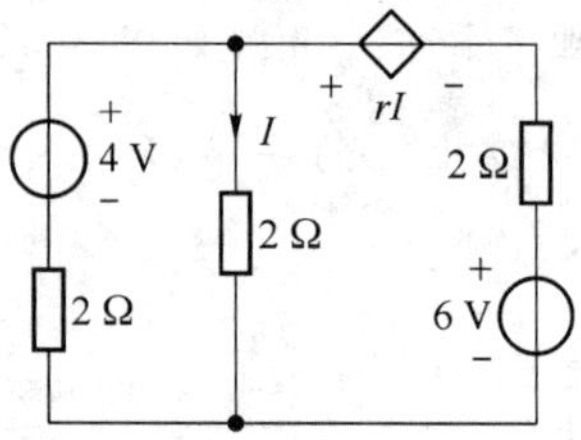

题 3-7 图

3-8　用回路电流法求解题 3-8 图所示电路的各支路电流。

3-9　用回路电流法求解题 3-9 图所示电路的各支路电流。

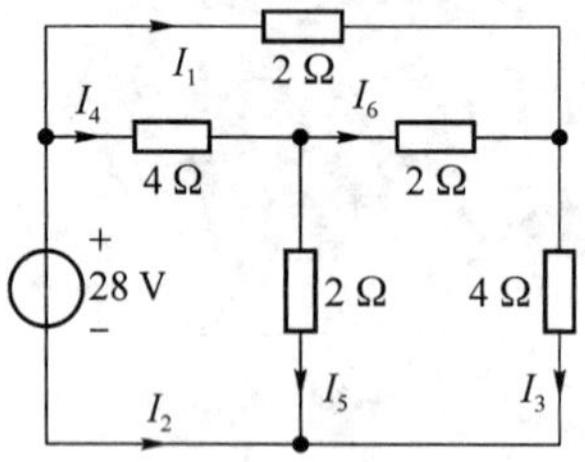

题 3-8 图

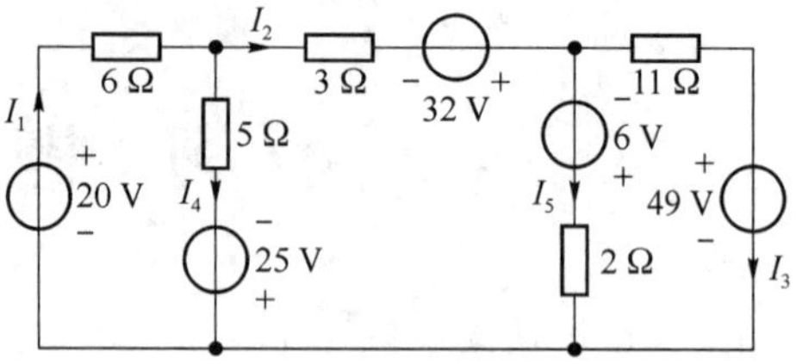

题 3-9 图

3-10　用回路电流法求解题 3-10 图所示电路的电压 U。

3-11　用回路电流法求解题 3-11 图所示电路中 5 Ω 电阻中的电流 i 。

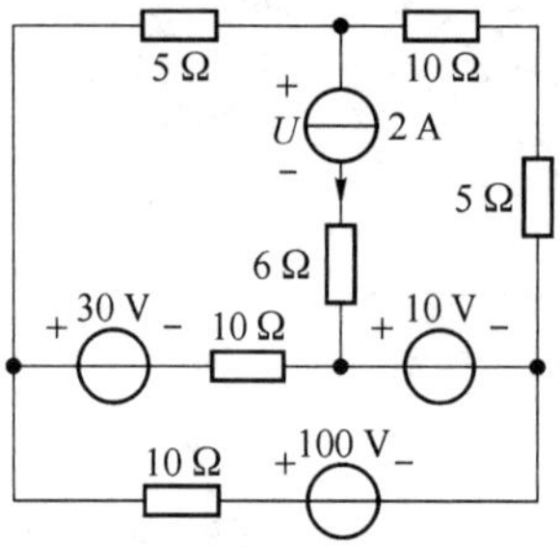

题 3-10 图

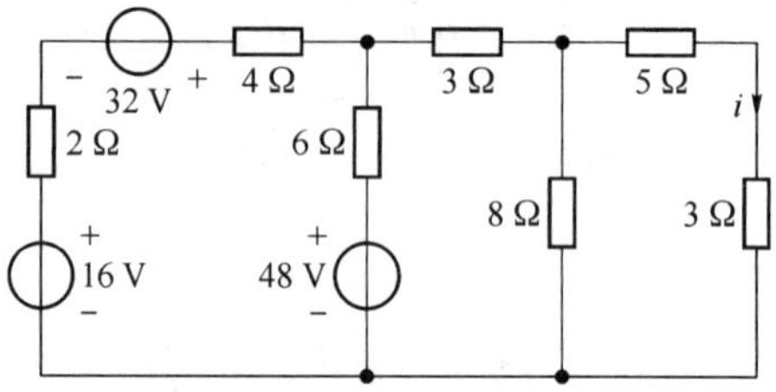

题 3-11 图

3-12　用节点电压法求解题 3-12 图所示电路中节点①的电压 U。

3-13　用节点电压法求解题 3-13 图所示电路的电压 U。

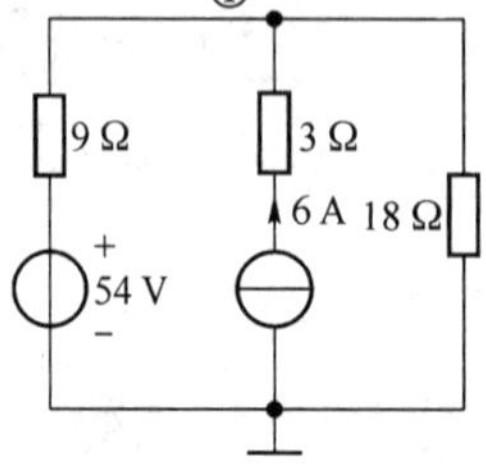

题 3-12 图

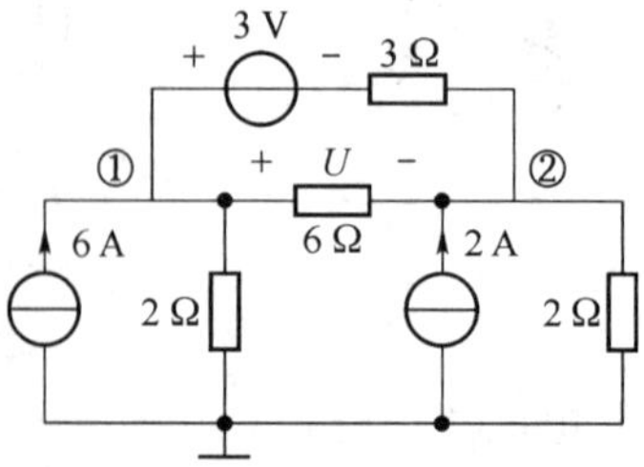

题 3-13 图

3-14　用节点电压法求解题 3-14 图所示电路的节点电压。

3-15　用节点电压法求解题 3-15 图所示电路的节点电压。

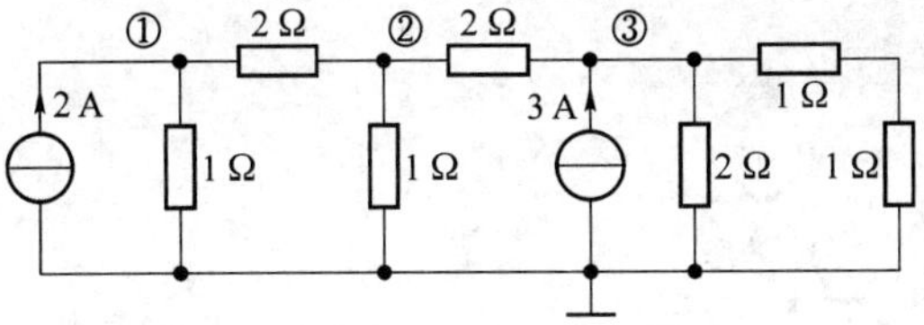

题 3-14 图

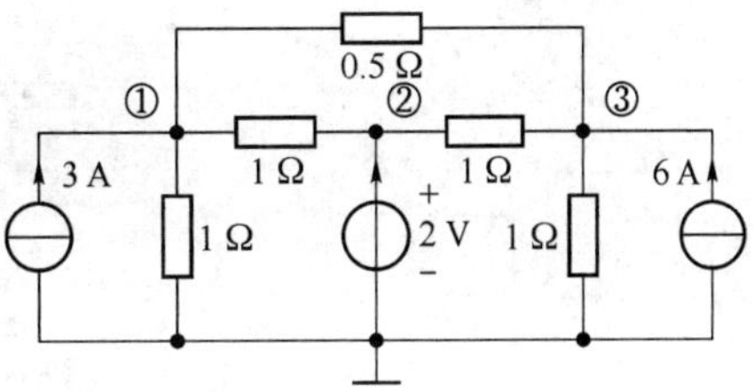

题 3-15 图

3-16　用节点电压法求解题 3-16 图所示电路的节点电压。

3-17　用节点电压法求解题 3-17 图所示电路的节点电压。

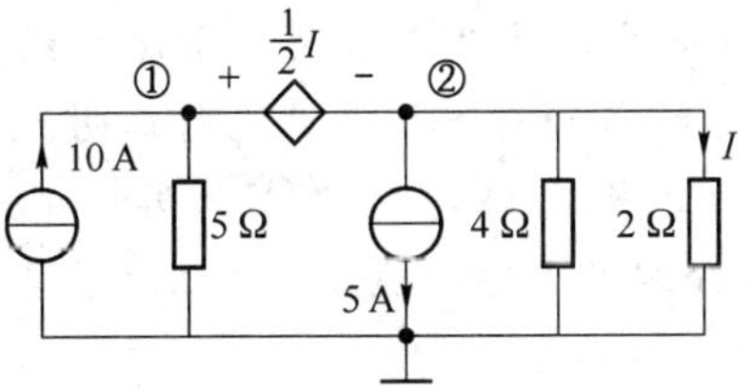

题 3-16 图

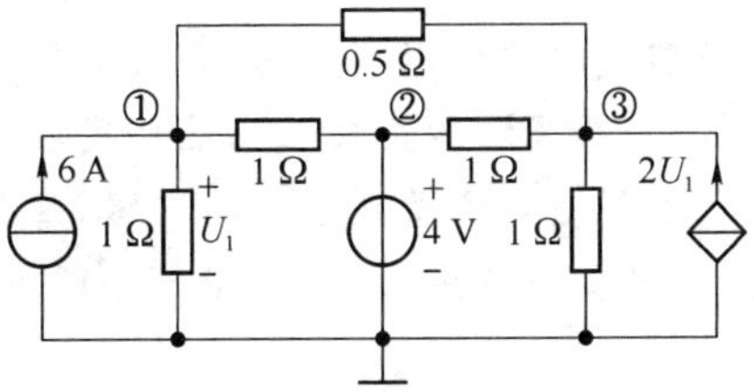

题 3-17 图

第 4 章

电路定理

教学提示:本章以线性电路为对象,对电路的基本性质进行深入分析和研究,进而得出一些具有普遍意义的结论,这些结论称为电路定理。学习电路定理不仅可以加深对线性电路内在规律的认识,而且还能直接应用这些定理求解电路问题和对一些结论进行证明。应用电路定理分析电路问题必须做到理解其内容,注意使用的范围、条件,熟练掌握使用的方法和步骤。需要指出,在很多问题中,本章介绍的定理和第 3 章介绍的电路一般分析方法往往又是结合使用的。

本章将介绍叠加定理、齐次定理、替代定理、戴维宁定理、诺顿定理、最大功率传输定理。

4.1 叠加定理和齐次定理

4.1.1 叠加定理

由线性元件及独立电源组成的电路称为线性电路。独立电源是电路的输入,对电路起着激励的作用。所有其他支路的电压、电流是激励引起的响应。

叠加定理是线性电路的一个重要定理,它反映了线性电路的根本属性,即叠加性。

叠加定理表述为:在多个激励共同作用的线性电路中,任一支路的电压或电流等于电路中各激励单独作用时在该支路产生的电压或电流的代数和。当某一激励单独作用时,其他激励置零。电压源置零用“短路”代替;电流源置零用“开路”代替。

下面以图 4-1(a)所示电路为例讨论多个激励作用的线性电路中,响应与激励的关系。若以电流 i_1 为响应,根据 KCL 和 KVL 列出电路方程为

$$\left.\begin{aligned} i_1 + i_S &= \frac{u_2}{R_2} \\ R_1 i_1 + u_2 &= u_S \end{aligned}\right\}$$

求解方程组可得电流 i_1 为

$$i_1 = \frac{1}{R_1 + R_2} u_S + \frac{-R_2}{R_1 + R_2} i_S = i_1' + i_1''$$

式中

$$i_1' = \frac{1}{R_1 + R_2} u_S \qquad i_1'' = \frac{-R_2}{R_1 + R_2} i_S$$

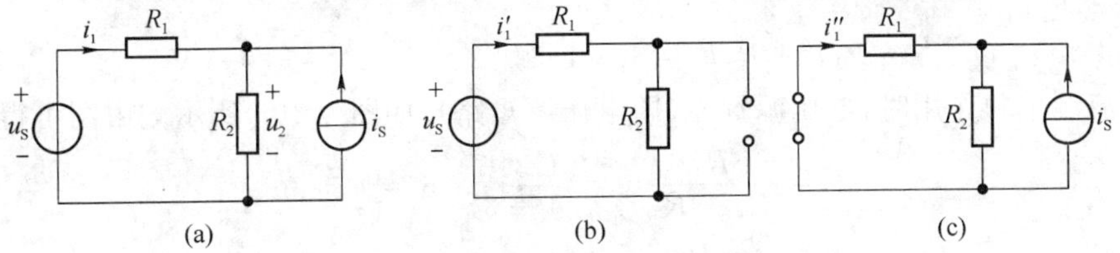

图 4-1　叠加定理示例

上述方程的解表明电流 i_1 由两个分量合成：一个分量是由电压源 u_S 单独作用产生的 i_1'，如图 4-1(b)所示；另一个分量是由电流源 i_S 单独作用产生的 i_1''，如图 4-1(c)所示。正如叠加定理指出的

$$i_1 = i_1' + i_1''$$

利用线性电路的叠加定理可以简化线性电路的计算。但应用叠加定理时应注意。

(1) 叠加定理仅适用于线性电路，不能用于非线性电路。

(2) 当某一独立电源单独作用时，其他独立电源均应置零，即独立电压源用短路线代替，独立电流源用开路代替。

(3) 叠加时，必须注意到各个响应分量是代数量叠加，要考虑各个响应的参考方向。如果每个独立电源单独作用于电路时，待求电流(或电压)的参考方向与原电路中电流(或电压)的参考方向相同，叠加时该响应前取“＋”号，反之，则取“－”号。

(4) 叠加定理只适用于计算电压、电流，而不适用于计算功率。因为功率不是电流或电压的一次函数，并不等于各个电源单独作用时在该元件上所产生的功率之和。

(5) 对含有受控源的电路，在应用叠加定理时，不能把受控源像独立源一样计算其响应，而应把受控源作为一般元件，与电路中所有电阻一样不予更动，保留在各个独立电源单独作用下的各分电路中。

例 4-1　电路如图 4-2(a)所示。求电压源电流 I 和电流源端电压 U。

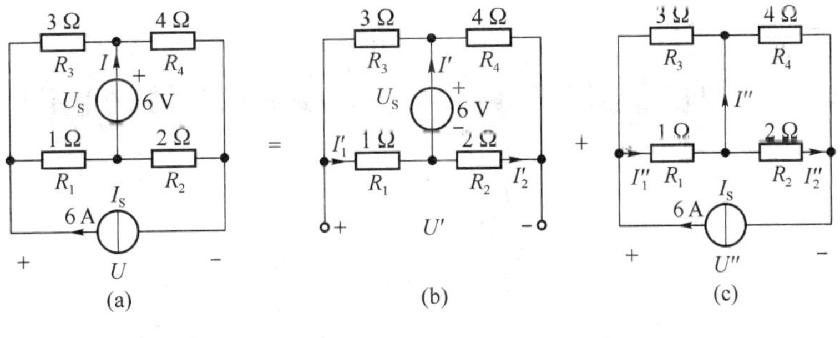

图 4-2　例 4-1 图

解： 当电压源单独作用时，电流源置零(即电流源开路)，如图 4-2(b)所示。由图可得

$$I_1' = \frac{U_S}{R_1 + R_3} = \frac{6}{3+1} = 1.5\ \text{A}$$

$$I_2' = -\frac{U_S}{R_2 + R_4} = -\frac{6}{4+2} = -1\ \text{A}$$

故电压源电流

$$I' = I_1' - I_2' = 1.5 - (-1) = 2.5\ \text{A}$$

电流源端电压

$$U' = R_1 I'_1 + R_2 I'_2 = 1 \times 1.5 + 2 \times (-1) = -0.5\ \text{V}$$

当电流源单独作用时，电压源置零(即电压源短路)，如图 4-2(c)所示。由图可得

$$I''_1 = \frac{R_3}{R_1 + R_3} I_S = \frac{3}{1+3} \times 6 = 4.5\ \text{A}$$

$$I''_2 = \frac{R_4}{R_2 + R_4} I_S = \frac{4}{2+4} \times 6 = 4\ \text{A}$$

故电压源电流

$$I'' = I''_1 - I''_2 = 4.5 - 4 = 0.5\ \text{A}$$

电流源端电压

$$U'' = R_1 I''_1 + R_2 I''_2 = 1 \times 4.5 + 2 \times 4 = 12.5\ \text{V}$$

根据叠加定理可知，当电压源和电流源共同作用时，即图 4-2(a)所示电路中的电压 U 和电流 I 分别为

$$U = U' + U'' = -0.5 + 12.5 = 12\ \text{V}$$

$$I = I' + I'' = 2.5 + 0.5 = 3\ \text{A}$$

例 4-2 电路如图 4-3 所示，其中 $r = 2\ \Omega$，用叠加定理求电流 I。

解：10 V 电压源单独作用时的电路如图 4-4(a)所示，注意此时受控源的电压为 $2I'$。由此可得以支路电流表示的 KVL 方程为

$$-10 + 3I' + 2I' = 0$$

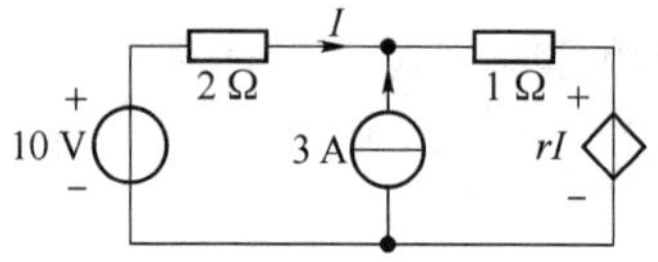

图 4-3 例 4-2 图

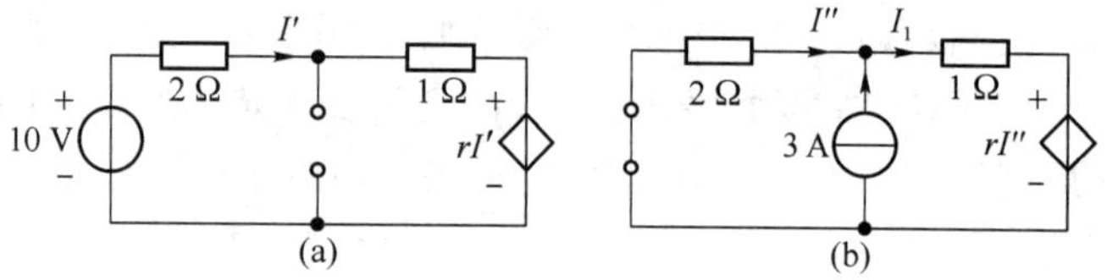

图 4-4 例 4-2 电源单独作用电路图

解得

$$I' = 2\ \text{A}$$

3 A 电流源单独作用时的电路如图 4-4(b)所示，注意此时受控源的电压为 $2I''$。由两类约束关系求解 I'' 如下。

$$I_1 - I'' = 3\ \text{A}$$

$$2I'' + I_1 + 2I'' = 0$$

解得

$$I'' = -0.6\ \text{A}$$

两电源同时作用时产生的电流为

$$I = I' + I'' = 2 - 0.6 = 1.4\ \text{A}$$

4.1.2 齐次定理

齐次定理是线性电路的另一个基本性质，它反映了线性电路的比例特性，其内容为：在线性电路中，当所有激励同时增大或缩小 K 倍(K 为实常数)时，则电路的响应也将同样地增大或缩小 K 倍。

应用齐次定理可以简化电路的计算，但要注意，此定理只适用于线性电路。所谓激励是指

独立源,不包括受控源。另外,必须当所有激励同时增大或缩小 K 倍时,电路的响应才能增大或缩小同样的 K 倍。显然,当线性电路中只有一个激励时,电路中的任一响应都与激励成正比。用齐次定理分析梯形电路特别有效。

例 4-3　电路如图 4-5 所示,其中电路 N 为不含独立源的线性电阻电路。当 $u_S = 12$ V, $i_S = 4$ A 时,电压 $u = 0$ V;当 $u_S = -12$ V, $i_S = -2$ A 时,电压 $u = -1$ V。试求当 $u_S = 9$ V, $i_S = -1$ A 时的电压 u。

解: 根据叠加定理,电压 u 看成由两部分组成,其中当 u_S 单独作用时,其产生的电压为 u';当 i_S 单独作用时,其产生的电压为 u'',即

$$u = u' + u'' \tag{4 1}$$

由于电路 N 中不含独立电源,根据齐次性有

$$\left.\begin{aligned} u' &= k_1 u_S \\ u'' &= k_2 i_S \end{aligned}\right\} \tag{4-2}$$

将式(4-2)代入式(4-1),得

$$u = k_1 u_S + k_2 i_S \tag{4-3}$$

将已知条件代入式(4-3),得

$$\left.\begin{aligned} &k_1 \times 12 + k_2 \times 4 = 0 \\ &k_1 \times (-12) + k_2 \times (-2) = -1 \end{aligned}\right\}$$

由上式解得

$$k_1 = \frac{1}{6},\ k_2 = -\frac{1}{2}$$

将 k_1, k_2 代入式(4-3),得

$$u = \frac{1}{6}u_S - \frac{1}{2}i_S$$

将 $u_S = 9$ V, $i_S = -1$ A 代入上式,解得

$$u = \frac{1}{6} \times 9 - \frac{1}{2} \times (-1) = 2 \text{ V}$$

例 4-4　求图 4-6 所示梯形电路中各支路电流。

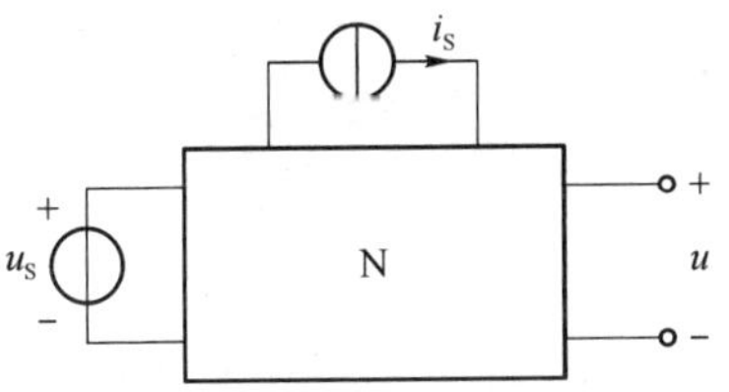

图 4-5　例 4-3 图

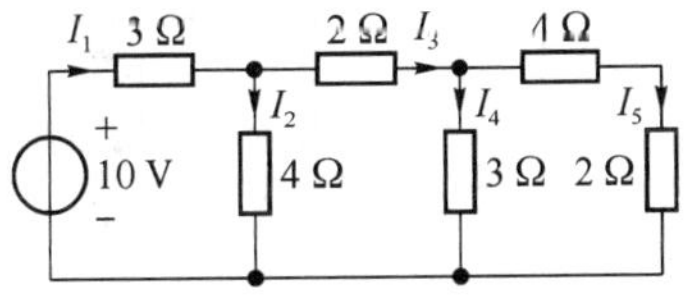

图 4-6　例 4-4 图

解: 木例电路是单电源作用的梯形电路,适于采用齐性定理计算。其方法是:从最远离电源端的支路开始,设一个便于计算的电压或电流值,按照 KCL 和 KVL,倒退计算电压或电流至电源端,得到电源端的电压或电流,与电源值进行比较,得到一个系数,最后利用齐性定理进行数据修正。这种方法也称为“倒推法”。

在图 4-6 中,设 $I_5 = 1$ A ,则

$$I_4 = \frac{(2+4) \times 1}{3} = 2 \text{ A}$$

$$I_3 = I_4 + I_5 = 1 + 2 = 3\ \text{A}$$

$$I_2 = \frac{2I_3 + 3I_4}{4} = \frac{2 \times 3 + 3 \times 2}{4} = 3\ \text{A}$$

$$I_1 = I_2 + I_3 = 3 + 3 = 6\ \text{A}$$

$$u'_S = 3I_1 + 4I_2 = 3 \times 6 + 4 \times 3 = 18 + 12 = 30\ \text{V}$$

将 u'_S 与电源实际值进行比较,得系数为

$$K = \frac{10}{30} = \frac{1}{3}$$

利用齐性定理,对上述各支路电流值进行修正,即

$$I_1 = 6 \times \frac{1}{3} = 2\ \text{A},\ I_2 = 3 \times \frac{1}{3} = 1\ \text{A},\ I_3 = 3 \times \frac{1}{3} = 1\ \text{A}$$

$$I_4 = 2 \times \frac{1}{3} = \frac{2}{3}\ \text{A},\ I_5 = 1 \times \frac{1}{3} = \frac{1}{3}\ \text{A}$$

4.2 替代定理

替代定理也称为置换定理,是将电路中任一支路两端的电压或其中的电流用电源替代的定理。替代定理可以表述如下:在具有唯一解的电路中,若已知第 k 条支路的电压 u_k 或电流 i_k,则该支路可以用大小和方向与 u_k 相同的电压源替代,或用大小和方向与 i_k 相同的电流源替代,替代后电路中全部电压和电流都将保持原值不变。

若该支路的 u_k 和 i_k 均不为零,除可用电压源或电流源替代外,还可用电阻值等于 u_k/i_k 的电阻 R_k 替代,如图 4-7 所示。

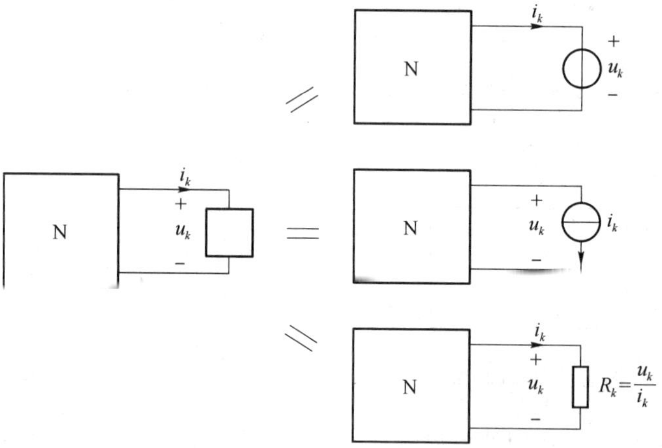

图 4-7　替代定理的示意图

应用替代定理进行替代的唯一条件是电路变量有唯一解。

下面用例题说明和验证替代定理的正确性。

例 4-5　电路如图 4-8(a)所示,试求:

(1) 支路电流 I_1、I_2 和支路电压 U_{ab}。

(2) 用(1)中计算得到的 U_{ab} 作为电压源电压替代 4 V 电压源与 2 Ω 电阻的串联支路,并重新计算 I_1、I_2 和支路电压 U_{ab}。

(3) 用(1)中计算得到的 I_2 作为电流源电流替代 4 V 电压源与 2 Ω 电阻的串联支路,并重新计算 I_1、I_2 和支路电压 U_{ab}。

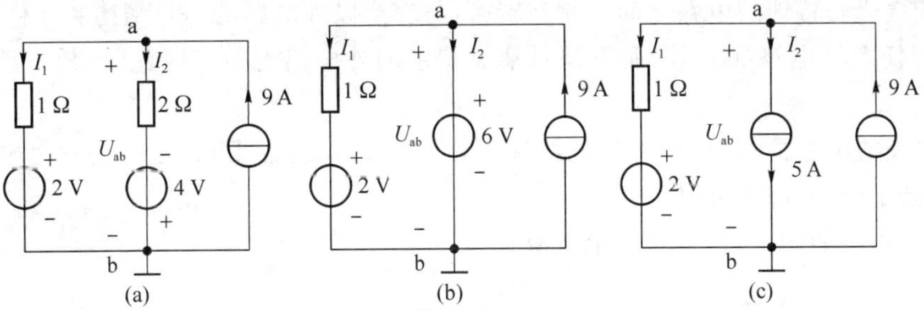

图 4-8　例 4-5 图

解:(1) 对图 4-8(a)所示电路列写节点电压方程,有

$$\left(\frac{1}{1}+\frac{1}{2}\right)U_{ab}=\frac{2}{1}-\frac{4}{2}+9$$

解得

$$U_{ab}=6\ \text{V}$$

于是支路电流

$$I_1=\frac{U_{ab}-2}{1}=4\ \text{A}$$

$$I_2=\frac{U_{ab}+4}{2}=5\ \text{A}$$

(2) 用电压 $U_S=U_{ab}=6$ V 的电压源替代图 4-8(a)所示中的第 2 条支路,如图 4-8(b)所示。由该图可求得

$$I_1=\frac{6-2}{1}=4\ \text{A}$$

$$I_2=9-I_1=5\ \text{A}$$

$$U_{ab}=1\times I_1+2=6\ \text{V}$$

(3) 用电流 $I_S=I_2=5$ A 的电流源替代图 4-8(a)所示中的第 2 条支路,如图 4-8(c)所示。由该图可求得

$$I_2=5\ \text{A}$$

$$I_1=9-I_2=4\ \text{A}$$

$$U_{ab}=1\times I_1+2=6\ \text{V}$$

可见,由两种替代后的电路中计算出的支路电流 I_1、I_2 和支路电压 U_{ab},与替代前的原电路中的支路电流 I_1、I_2 和支路电压 U_{ab} 完全相同。

特别地,当电路中任意支路电流为零时,该支路可用开路替代,任意两点间电压为零时,该支路可用短路替代,这样替代之后不会影响电路中其他部分的电压和电流。

对于使用替代定理的几点说明。

(1) 替代定理中所提到的第 k 条支路,可以是无源的(如仅由电阻组成),也可以是有源的(例如,由电压源和电阻串联组成或电流源和电阻并联组成)。

(2) 替代定理不仅可以用电压源或者电流源替代已知电压或者电流的电路中的某一条支路,而且可以替代已知端钮处电压或者电流的二端网络。

(3) 替代定理对线性、非线性，时变、时不变电路均适用。

(4) 应该注意："替代"与"等效变换"是两个不同的概念。"替代"是用独立电流源或电压源替代已知电流或电压的支路。替代前后，被替代支路之外电路的拓扑结构和元件参数都不能改变，因为一旦改变，替代支路的电压值和电流值也将随之发生变化；而"等效变换"是两个具有相同端口伏安特性的电路之间的相互转换，与变换以外电路的拓扑结构和元件参数无关。等效电路对任意外电路都有效，而不是对某一特定的外电路有效。因此，等效电路独立于外电路。

替代定理的用途很多，在推论其他线性电路定理时可能会用到，也可用它对电路进行化简，从而使电路易于分析或计算。

例 4-6 电路如图 4-9(a)所示，求电流 I。

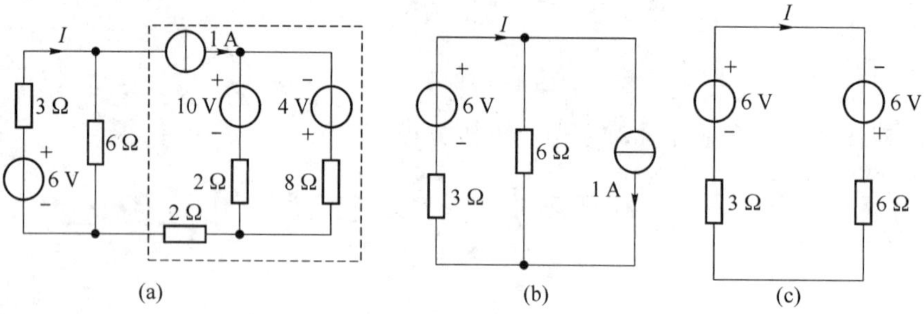

图 4-9 例 4-6 图

解：替代定理也适用于替代一个二端电路。图 4-9(a)电路中的虚线框部分可以看成一个二端电路，流入该二端电路的电流为电流源电流 $I_S = 1\ \text{A}$，根据替代定理，该二端电路可以用一个电流为 1 A 的电流源替代，如图 4-9(b)所示。再利用电源等效互换，将图 4-9(b)电路等效成图 4-9(c)所示电路。由图 4-9(c)所示电路不难求得

$$I = \frac{6+6}{3+6} = 1.33\ \text{A}$$

4.3 戴维宁定理和诺顿定理

内部含有独立电源的二端网络称为有源二端网络，不含独立电源的二端网络称为无源二端网络，它们可以分别用符号 N_S 和 N_0 表示，如图 4-10(a)、(b)所示。

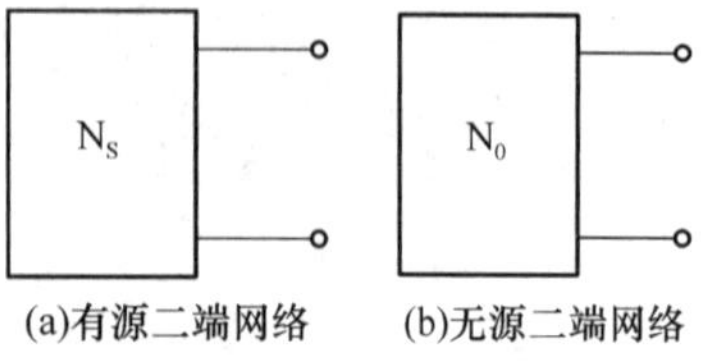

图 4-10 二端网络

对于任何一个不含独立电源、仅含电阻和受控源的无源二端网络 N_0，其端口电压和电流的比值 R_0 是一个常数，它仅与此二端网络 N_0 的结构和参数有关，称为该端口的输入电阻或等效电阻。无源二端网络最简单的等效电路就是一个阻值为 R_0 的电阻元件。那么对于一个既含有独立电源，又含有电阻和受控源的有源二端网络 N_S，它的最简等效电路是什么形式，用什么方法可以既方便又快捷地求出这个最简等效电路，本节介绍的戴维宁定理和诺顿定理可以解决这些问题。

4.3.1　戴维宁定理

1. 戴维宁定理内容

任何一个含有独立电源、线性电阻和受控源的有源二端网络 N_S，对其端口来说，可等效为一个电压源和电阻串联的电源模型。该电压源的电压值 u_S 等于有源二端网络 N_S 两个端子间的开路电压 u_{OC}，其串联电阻 R_0 等于有源二端网络 N_S 内部所有独立电源置零(独立电压源短路，独立电流源开路)后，所得无源二端电路 N_0 的端口等效电阻 R_{eq}。

图 4-11(a)所示为有源二端网络 N_S 与外电路的连接。根据戴维宁定理，它最终可等效成图 4-11(b)所示，其中开路电压 u_{OC} 是将含源二端网络的端钮断开求得的，如图 4-11(c)所示；输入电阻 R_0 是将含源二端网络内部电源全部置零，成为无源网络 N_0 后，求其等效电阻而得到，如图 4-11(d)所示。由图 4-11(b)可知，若含源二端网络的端口电压 u 和电流 i 的参考方向如图所示(对于含源二端网络的端口而言为非关联)，则其 VCR 可表示为

$$u = u_{OC} - R_0 i \tag{4-4}$$

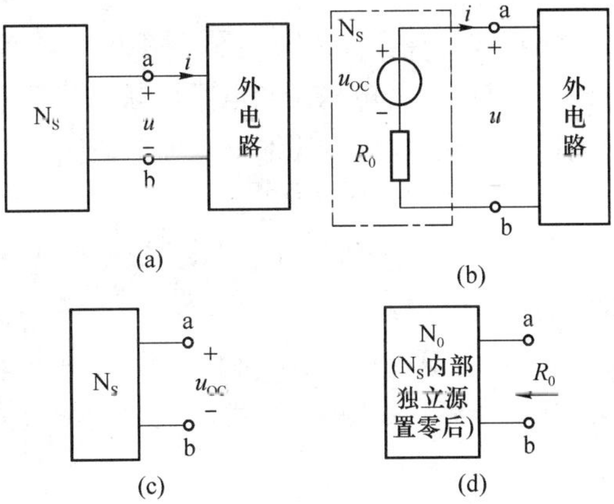

图 4-11　戴维宁定理的示意图

这一电压源与电阻串联支路称为戴维宁等效电路，其中串联电阻称为戴维宁等效电阻。在电子电路中，当二端网络视为电源时，常称此电阻为输出电阻，用 R_0 表示；当二端网络视为负载时，常称此电阻为输入电阻，用 R_i 表示。

2. 戴维宁定理的证明

设线性含源二端网络 N_S 与外电路相连时，端口的电压为 u，端口的电流为 i，应用替代定理将外电路用一个电流为 i 的电流源替代，得如图 4-12(a)所示电路。由叠加定理可知，端口电压 u 为

$$u = u^{(1)} + u^{(2)} \tag{4-5}$$

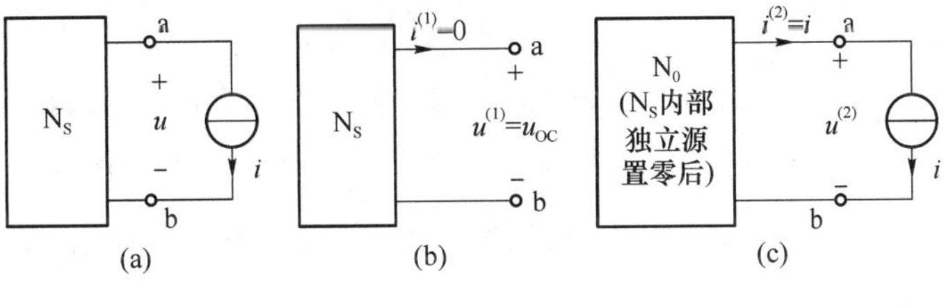

图 4-12　戴维宁定理的证明

对应两个响应电压 $u^{(1)}$、$u^{(2)}$ 的电路，分别如图 4-13(b)、(c)所示。

由图 4-12(b)可见，式(4-4)中的 $u^{(1)}$是网络 N_S 内部的所有独立源作用，外部的电流源不作用($i = 0$)，也就是电流源用开路替代时，二端网络 N_S 的开路电压 u_{OC}，即

$$u^{(1)} = u_{OC} \tag{4-6}$$

由图 4-12(c)可见，式(4-4)中的 $u^{(2)}$是网络 N_S 内部的所有独立源不作用(独立电源置零)，

外部电流源 i 作用时,二端网络 N_0 的端电压。因为这时网络内部的独立电源不作用,即电压源用短路替代,电流源用开路替代,原来的有源二端网络 N_S 变成了无源网络 N_0,而无源网络 N_0 对外端口 a、b 可等效为一个电阻 R_0。由于 $u^{(2)}$ 与 i 对于 N_0 而言,取非关联参考方向。根据欧姆定律,有

$$u^{(2)}=-R_0 i \tag{4-7}$$

将式(4-6)和式(4-6)代入式(4-2)中,得有源二端网络 N_S 端口电压 u 与端口电流 i 的伏安关系为

$$u=u_{OC}-R_0 i \tag{4-8}$$

比较式(4-4)和式(4-8),可看到两式完全相同,所以图 4-11(a)中的有源二端网络 N_S 可以用图 4-11(b)中的电压源和电阻串联支路等效替代,对外电路而言,替代前后不影响外电路中的电压和电流值,从而戴维宁定理得证。

3. 戴维宁定理的应用

应用戴维宁定理分析电路,关键是要求出有源二端网络的开路电压 u_{OC} 和戴维宁等效电阻 R_0 这两个参数。

u_{OC} 的计算方法是:将外电路断开,并将端口开路,运用前面讲述的各种线性电路的分析方法计算含源二端网络 N_S 端口处的电压。但要注意电压源 u_{OC} 的方向必须与计算开路电压 u_{OC} 时的方向相同。

R_0 的计算可采用下列三种方法。

(1) 电阻串联、并联等效化简法。此法只适用于仅含独立电源的二端网络。将有源二端网络 N_S 内部电源全部置零(电压源短路,电流源开路),得其相应无源二端网络 N_0,用电阻的串联、并联或Y形—△形等效变换的方法求出戴维宁等效电阻 R_0。

(2) 外加电源法。此法更适合含有受控源的二端网络。将有源二端网络 N_S 内部电源全部置零,得其相应的无源二端网络 N_0,受控源要保留在无源二端网络 N_0 中,在无源二端网络 N_0 的端口处施加一个电压源 u(或电流源 i)作用于该电路,相对无源二端网络 N_0,选取端口电压、电流关联参考方向下,求得端口处的电流 i(或电压 u),则戴维宁等效电阻 $R_0=\dfrac{u}{i}$。

(3) 开路短路法。先求出有源二端网络 N_S 端口处的开路电压 u_{OC},再将端口 a、b 短路,并相对无源二端网络 N_0,选取端口电压、电流非关联参考方向下,求其短路电流 i_{SC},则戴维宁等效电阻 $R_0=\dfrac{u_{OC}}{i_{SC}}$。注意在开路短路法中,如果开路电压 u_{OC} 和短路电流 i_{SC} 同时为零值,或者分别为零值时,此种方法失效,需要使用外加电源法来计算等效电阻 R_0。同时还需注意的是开路短路法中的短路电流的方向与外加电源法中的端口电流的方向正好相反。

外加电源法与开路短路法都适用于含有受控源的二端网络。当有受控源时,戴维宁等效电阻 R_0 可能会出现负值,这正是受控源的作用所至。外加电源法适宜理论计算;而开路短路法更适用于实际测量。

例 4-7 求图 4-13(a)所示电路的戴维宁等效电路。

解:图 4-13(a)所示电路原来即系开路,从该图求出 ab 间的电压,即为 u_{OC}。

用叠加定理求 u_{OC}，分别求出电源 i_S 和 u_S 单独作用时，在 ab 端出现的电压 u'_{OC} 和 u''_{OC} 后，即可求得

$$u_{OC}=u'_{OC}+u''_{OC}$$

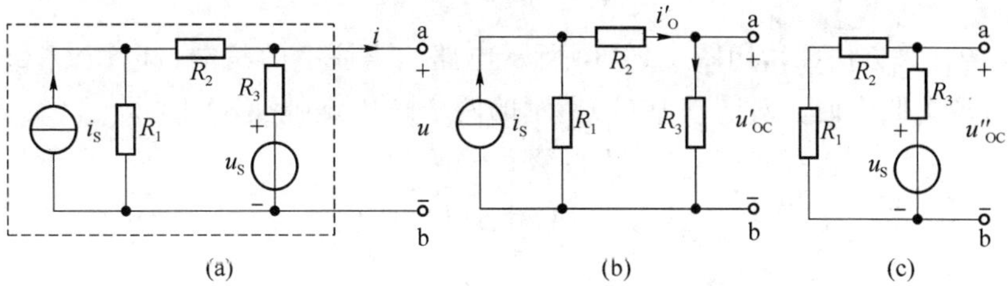

图 4-13　例 4-7 图

由图 4-13(b)可得

$$i'_O=i_S\frac{R_1}{R_1+R_2+R_3}$$

$$u'_{OC}=R_3 i'_O=i_S\frac{R_1R_3}{R_1+R_2+R_3}$$

由图 4-13(c)可得

$$u''_{OC}=u_S\frac{R_1+R_2}{R_1+R_2+R_3}$$

则
$$u_{OC}=u'_{OC}+u''_{OC}=\frac{R_1R_3i_S+(R_1+R_2)u_S}{R_1+R_2+R_3}$$

将图 4-13(a)所示电路中的电流源 i_S 用开路代替，电压源 u_S 用短路代替，得图 4-14。

$$R_{ab}=\frac{(R_1+R_2)R_3}{R_1+R_2+R_3}=R_0$$

根据所求得的 u_{OC} 和 R_0，得到图 4-13(a)电路的戴维宁等效电路，如图 4-15 所示。

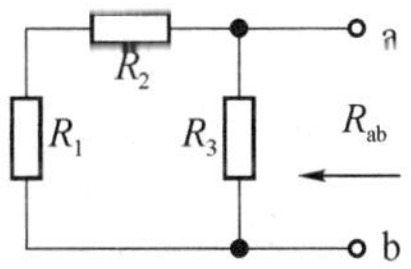

图 4-14　图 4-13(a)电路的 N_0

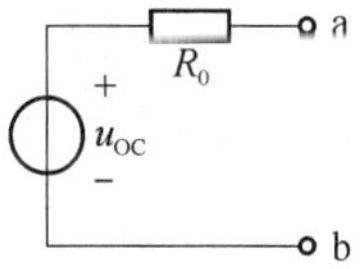

图 4-15　戴维宁等效电路

例 4-8　求图 4-16(a)所示电路的戴维宁等效电路。

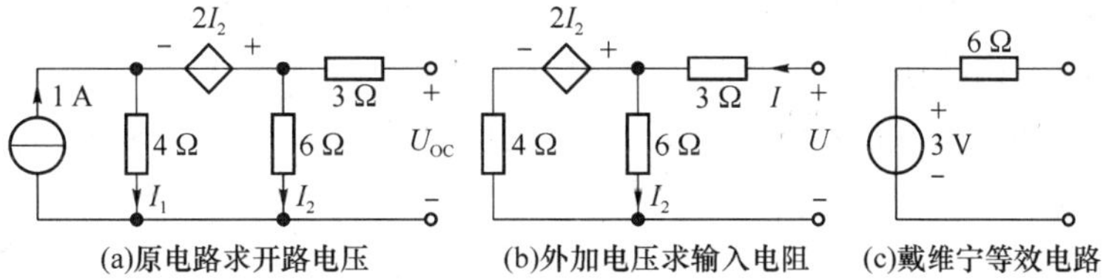

图 4-16　例 4-8 电路图

解: 设图 4-16(a)中 4 Ω 电阻的电流为 I_1，根据 KCL 和 KVL 有

$$I_1+I_2=1$$

$$4I_1 - 6I_2 + 2I_2 = 0$$

解得

$$I_1 = 0.5\ \text{A},\ I_2 = 0.5\ \text{A}$$

所以,开路电压为

$$U_{\text{OC}} = 6I_2 = 3\ \text{V}$$

根据 R_0 的计算方法(2),用图 4-16(b)所示电路。需注意的是端口电压 U 和端口电流 I 对端口而言应取关联方向。对图 4-16(b)所示的两个网孔分别列 KVL,得

$$U = 3I + 6I_2$$

$$6I_2 = 2I_2 + 4(I - I_2)$$

联立解得 $U = 6I$,于是

$$R_0 = \frac{U}{I} = 6\ \Omega$$

戴维宁等效电路如图 4-16(c)所示。

4.3.2 诺顿定理

由戴维宁定理可知,任何一个有源二端网络 N_S 总可以用一个电压源与电阻元件的串联电路等效替代,而电压源与电阻元件的串联电路又可以等效变换为电流源与电阻元件的并联电路。因此,任何一个有源二端网络 N_S 必定可以用一个电流源与电阻元件的并联电路等效替代。

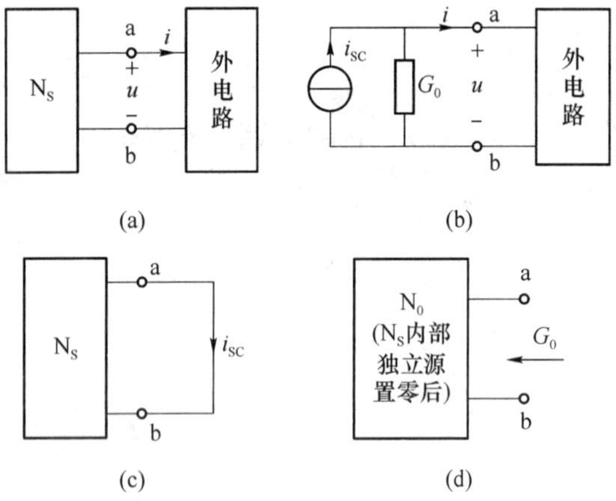

图 4-17 诺顿定理的示意图

诺顿定理内容:任何一个含有独立电源、线性电阻和受控源的有源线性二端网络 N_S,如图 4-17(a)所示,其端口都可等效为一个电流源和电导(电阻)并联的电源模型,如图 4-17(b)所示。该电流源的电流值 i_{SC} 等于有源二端网络 N_S 的两个端子短路时,其上的短路电流,如图 4-17(c)所示,其并联的电导 G_0(电阻 R_0)等于有源二端网络 N_S 内部所有独立源置零(独立电压源短路,独立电流源开路)后所得无源二端网络 N_0 的端口等效电导(等效电阻),如图 4-17(d)所示。

图 4-17(b)所示中的电流源 i_{SC} 和电导 G_0 的并联组合称为诺顿等效电路,其中并联电导 G_0 称为诺顿等效电导,为戴维宁等效电阻 R_0 的倒数,即 $G_0 = 1/R_0$。

例 4-9 求图 4-18(a)所示二端网络的诺顿等效电路。

解: 为求 I_{SC} 将端口短路,并设 I_{SC} 的参考方向由 a 指向 b,如图 4-18(b)所示。由 KCL 和 VCR 求得

$$I_{SC} = I_1 + I_2 = \frac{12}{12} + \frac{-24 + 12}{24} = 0.5\ \text{A}$$

为求 R_0,将端口内的电压源用短路代替,得到图 4-18(c)电路,用电阻并联公式求得

$$R_0 = \frac{12 \times 24}{12 + 24} = 8\ \Omega$$

根据所设 I_{SC} 的参考方向及求得的 $I_{SC}=0.5\text{ A}$，$R_0=8\ \Omega$，可得到图 4-18(d)所示的诺顿等效电路。

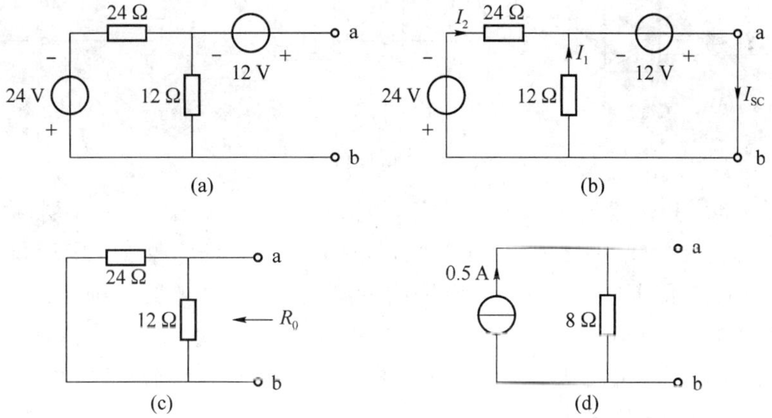

图 4-18　例 4-9 图

4.3.3 应用戴维宁定理和诺顿定理分析电路

从戴维宁定理和诺顿定理的学习中知道，如图 4-19(a)所示，有源二端网络可以等效为一个电压源和电阻的串联电路或一个电流源和电阻的并联电路，如图 4-19(b)和(c)所示。只要能计算出确定的 u_{OC}、i_{SC} 和 R_0，如图 4-19(d)、(e)、(f)所示，就能求得这两种等效电路。

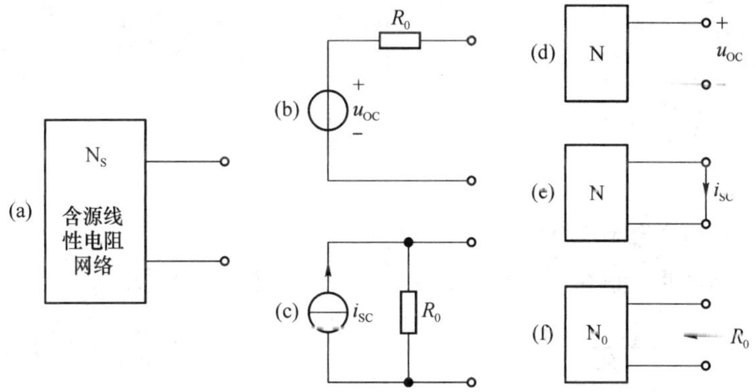

图 4-19　有源二端网络的等效电路

将有源二端网络等效为一个戴维宁等效电路或诺顿等效电路，在电路分析中得到广泛应用。因为在电路分析中，很多场合下需要知道电路中某一条支路或几条支路(记为 N_L)的电压、电流，这时就可以将电路分解为两个二端网络 N_L 与 N_1 的连接，如图 4-20(a)所示。其中，N_L 是包含待求量所在支路的二端网络，原电路中除 N_L 以外的部分则构成另一个有源二端网络 N_1，并将 N_1 用戴维宁等效电路[图 4-20(b)]或诺顿等效电路[图 4-20(c)]替换后，再与待求量支路所在的二端网络 N_L 相连接，构成单回路。用只有两个元件(独立电源和电阻)构成的戴维宁等效电路或诺顿等效电路，代替更复杂的有源二端网络 N_1，不会影响二端网络 N_L 中的电压和电流。但代替后的电路[图 4-20(b)、(c)]规模减小，从而使电路的分析、计算变得更加简单。

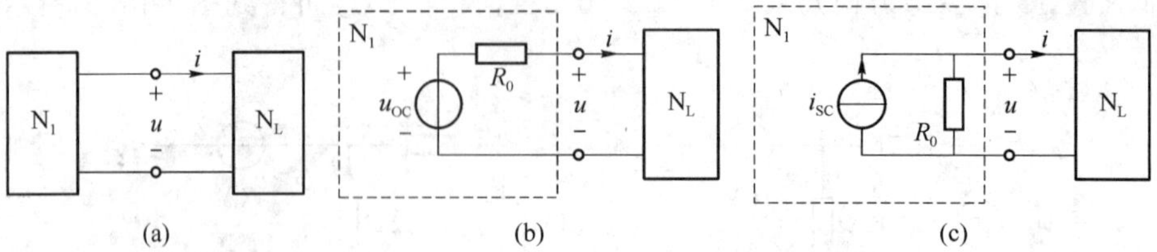

图 4-20 电路的分解

应用戴维宁定理和诺顿定理时，应注意以下两点。

(1) 待等效的含源二端网络 N_1 必须为线性电路，因为在证明戴维宁定理和诺顿定理时用到了叠加定理。而待求量支路所在的二端网络 N_L，即所谓“外电路”，则无此限制，它可以是线性电路，也可以是非线性电路。

(2) 等效电压源的电压极性要和其原电路的开路电压极性一致；等效电流源的电流方向要与其原电路的端口短路电流方向一致。

戴维宁定理和诺顿定理给出了如何将一个有源线性二端网络等效成一个实际电源模型，故这两个定理也可统称为等效电源定理。

例 4-10 电路如图 4-21(a)所示，已知 a、b 两端电压 $U = 15$ V，求电流源电流 I_S。

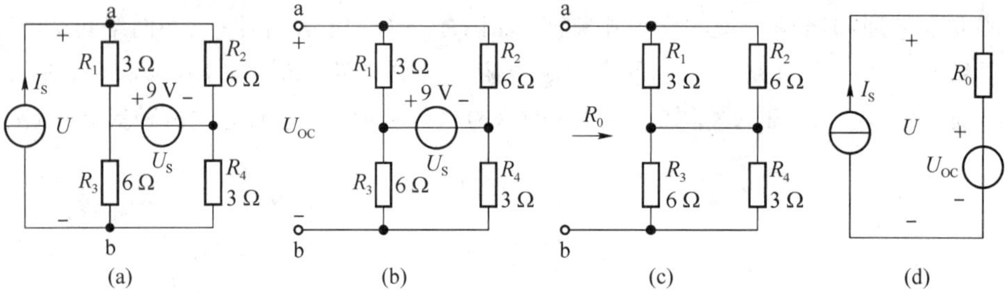

图 4-21 例 4-10 图

解：本例利用戴维宁定理求解电路较为方便。

(1) 将电流源 I_S 支路断开，如图 4-21(b)所示，求开路电压 U_{OC}，得

$$U_{OC} = -\frac{R_1}{R_1+R_2}U_S + \frac{R_3}{R_3+R_4}U_S = -\frac{3}{3+6}\times 9 + \frac{6}{3+6}\times 9 = 3\ \text{V}$$

(2) 将图 4-21(b)所示电路中的独立电源置零，如图 4-21(c)所示，求等效电源内阻 R_0，得

$$R_0 = \frac{R_1R_2}{R_1+R_2} + \frac{R_3R_4}{R_3+R_4} = \frac{3\times 6}{3+6} + \frac{3\times 6}{3+6} = 4\ \Omega$$

(3) 画出戴维宁等效电路，接上电流源支路，如图 4-21(d)所示。由图 4-21(d)电路得

$$U = R_0I_S + U_{OC}$$

解得

$$I_S = \frac{U-U_{OC}}{R_0} = \frac{15-3}{4} = 3\ \text{A}$$

例 4-11 电路如图 4-22(a)所示，试用诺顿定理求电流 i。

解：根据诺顿定理，如图 4-22(a)所示的电路除 R_L 之外，其余部分构成的含源二端网络 N_S 可以等效化简为诺顿等效电路，如图 4-22(b)所示。

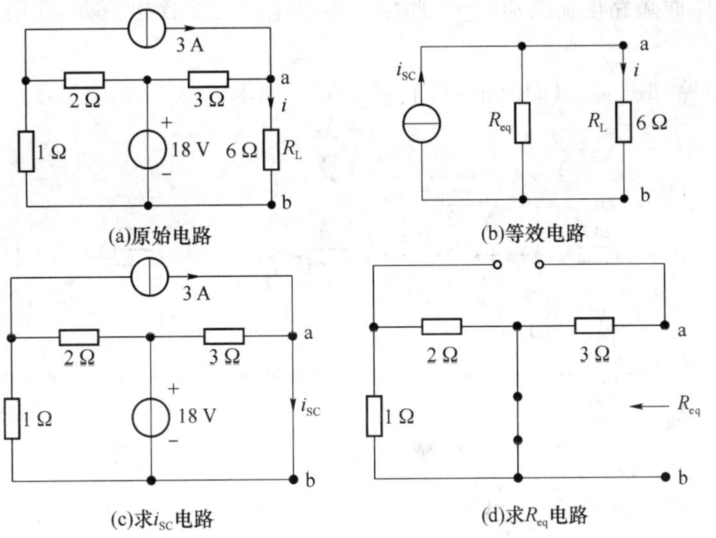

图 4-22　例 4-11 图

为求得 i_{SC}，应将该含源二端网络 N_S 的 a-b 短路，如图 4-22(c)所示，显然有

$$i_{SC} = 3 + \frac{18}{3} = 9\ \text{A}$$

为求得 R_{eq}，应将该含源二端网络 N_S 内部的独立电源置零，得到无源二端网络 N_0，如图 4-22(d)所示。显然有

$$R_{eq} = 3$$

最后由图 4-22(b)可求得电流

$$i = \frac{R_{eq}}{R_{eq} + R_L} i_{SC} = \frac{3}{3+6} \times 9 = 3\ \text{A}$$

当应用戴维宁定理和诺顿定理分析含有受控源的二端网络时，还应该注意以下几点。

(1) 在将整个电路分解为待等效的含源二端网络 N_1 与待求量支路所在的二端网络"外电路"N_L 这两部分组合时，要注意这两部分内受控源的控制量和被控制量，要同处于同一个二端网络中，而不能分别处于两个二端网络之中。但受控源的控制量可以是公共端口上的电压或电流。

(2) 在求含源二端网络的"等效电源的开路电压 u_{OC} 或短路电流 i_{SC}"时，把受控源作为独立源看待，列写电路方程，并补充受控源控制量与求解量关系的方程；然后，联立求解开路电压或短路电流。

(3) 在求含受控源电路的等效内阻 R_0 时，必须计及受控源的作用，特别要注意不能像处理独立源那样，把受控源也用短路或开路代替，而要将其保留在独立源置零后的电路 N_0 中，否则，将导致错误的结果。而且，因此时独立源置零后的电路中含有受控源，而并非是纯电阻电路，求解等效电阻 R_0 必须采用端钮上的伏安关系求解，即采用开路短路法或外加电源法。

一般情况下，有源二端网络的这两个定理的等效电路同时存在，但当有源二端网络内部含受控源时，在令其全部独立源置零后，输入电阻有可能为零或无穷大。如果 $R_0 = 0$ 而开路电压 u_{OC} 为有限值，此时戴维宁等效电路成为无伴电压源，此时对应的诺顿等效电路不存在。同理，如果 $G_0 = 0$，而短路电流为有限值，此诺顿等效电路为无伴电流源，此时对应的戴维宁等效电路不存在。

例 4-12 电路如图 4-23(a)所示，其中 $g = 3\ \text{S}$。试求 R 为何值时电流 $I = 2\ \text{A}$，此时电压 U 为何值？

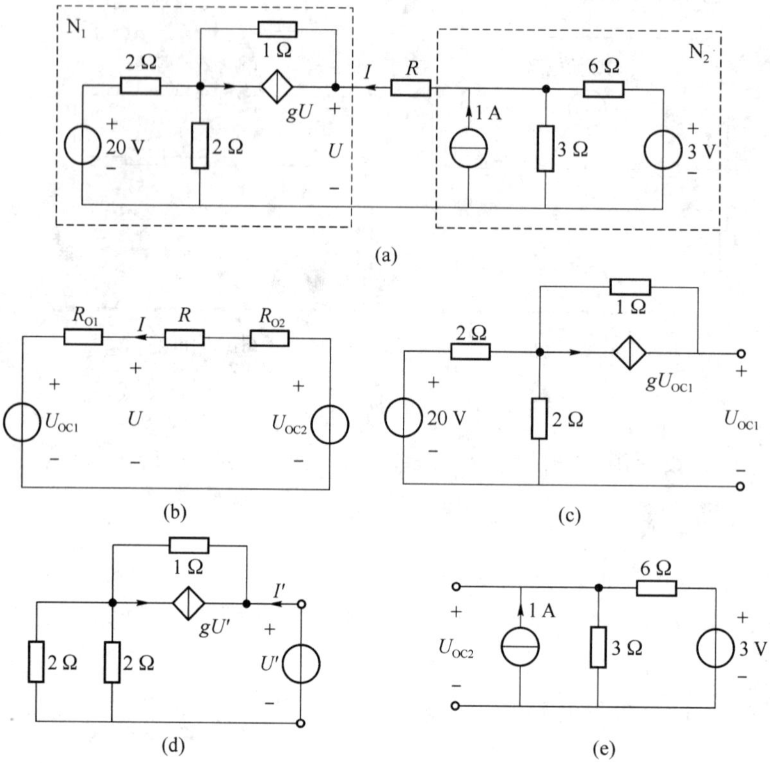

图 4-23 例 4-12 图

解：为分析方便，可将虚线所示的两个二端网络 N_1 和 N_2 分别用戴维宁等效电路代替，得到图 4-23(b)电路。二端网络 N_1 的开路电压 U_{OC1} 可从图 4-23(c)电路中求得，列出 KVL 方程

$$U_{OC1} = 1 \times gU_{OC1} + \frac{2}{2+2} \times 20 = 3U_{OC1} + 10$$

解得

$$U_{OC1} = \frac{-10}{2} = -5\ \text{V}$$

为求 R_{01}，将 20 V 电压源用短路代替，得到图 4-23(d)所示电路，再用外加电源由电流 I' 计算电压 U' 的方法求得 R_{01}。列出 KVL 方程

$$U' = 1 \times (I' + gU') + \frac{2 \times 2}{2+2} \times I' = 3U' + 2I'$$

解得

$$R_{01} = \frac{U'}{I'} = -1\ \Omega$$

再由图 4-23(e)所示电路求得二端网络 N_2 的开路电压 U_{OC2} 和等效电阻 R_{02} 为

$$U_{OC2} = \frac{3}{3+6} \times 3 + \left(\frac{3 \times 6}{3+6}\right) \times 1 = 3\ \text{V}$$

$$R_{02}=\frac{3\times 6}{3+6}=2\ \Omega$$

由图 4-23(b)列出 KVL 方程得

$$(R_{01}+R_{02}+R)I=U_{OC1}-U_{OC2}$$

代入相关数据得电阻 R 为

$$R=3\ \Omega$$

电压 U 为

$$U=R_{01}I+U_{OC1}=-7\ \text{V}$$

例 4-13　电路如图 4-24(a)所示，试用诺顿定理求电流 I_1。

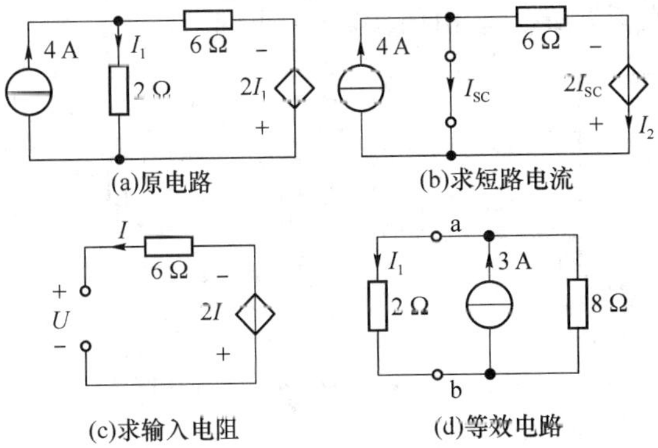

图 4-24　例 4-13 图

解：将图 4-24(a)所示中 2 Ω 电阻视为外电路，其余电路形成有源二端网络，将端口短接如图 4-24(b)所示。可解得

$$I_2=\frac{2I_{SC}}{6}=\frac{1}{3}I_{SC}$$

再由 KCL 得 $I_{SC}+I_2=4$，于是 $I_{SC}=3$ A。

为了求输入电阻，将电流源置零，得到图 4-24(c)所示电路，由 KVL 得

$$U=-6I-2I=-8I$$

于是输入电阻为

$$R_{eq}=-\frac{U}{I}=8\ \Omega$$

诺顿等效电路如图 4-24 (d) 所示。求得电流 I_1 的值为

$$I_1=\frac{8}{2+8}\times 3=2.4\ \text{A}$$

4.4　最大功率传输定理

本节介绍戴维宁定理的一个重要应用。在测量、电子和信息工程的电子设备设计中，经常需要考虑负载在什么条件下才能获得最大的功率？所谓最大功率是指在单位时间内，电路元件上能量的最大变化量，是具有大小及正负的物理量。最大功率越大，电源所能负载的设备也就越多。

根据戴维宁定理和诺顿定理可知，一个工作中的电路，对于负载而言，其两个端钮以外的电路，总可以用一个实际的电源模型来等效代替。而一个实际的电源总是有内电阻的，电源工作时供出的功率，不可避免的总有一部分消耗在内阻上，当负载发生变化时，由于总电流的变化，致使负载所吸收的功率也随之发生变化。那么负载变动到多大时，才能吸收到最大的功率？这个功率又等于多少？这就是电子技术中常常遇到的“功率匹配”问题。所以，最大功率传输问题实际上是等效电源定理的应用问题。

为分析方便，用图 4-25(a)所示的电路来研究负载获得最大功率的条件。图 4-25(a)可看成任何一个实际电源或有源二端网络向负载 R_L 供电的电路。任何一个有源二端电路内部的结构和参数是一定的，所以戴维宁等效电路中的 u_{OC} 和 R_0 为定值。若 R_L 的值可变，就能分析 R_L 等于何值时，可得到的功率最大。由图 4-25(b)可知

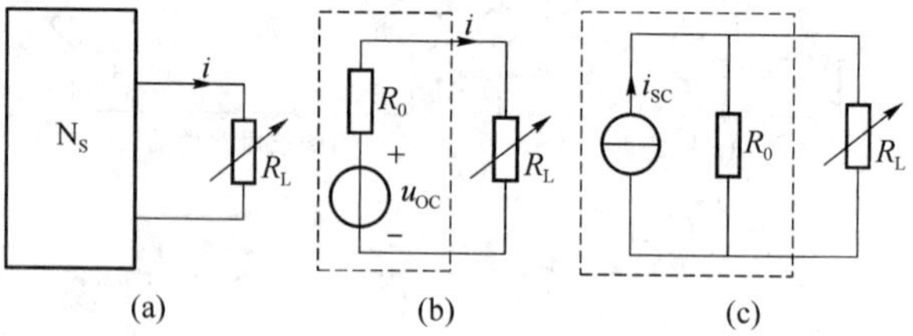

图 4-25　最大功率传输定理用图

$$i = \frac{u_{OC}}{R_0 + R_L}$$

则负载 R_L 消耗的功率为

$$p = R_L i^2 = \left(\frac{u_{OC}}{R_0 + R_L}\right)^2 R_L \tag{4-9}$$

对于一个给定的 u_{OC} 和 R_0，当负载 R_L 变化时，负载上的电流、电压将随之变化，所以负载上的功率也会跟着变化。当负载 $R_L = 0$ 时，虽然电流 i 为最大，但由于 $R_L = 0$，所以 $p = 0$；而当负载 $R_L \to \infty$ 时，由于 $i = 0$，所以 p 仍为零。这样，必存在某个数值，使 R_L 为该值时，可获得最大功率。

欲使负载 R_L 获得功率最大，要满足 $\mathrm{d}p/\mathrm{d}R_L = 0$ 的条件。将式(4-9)代入此式，得

$$\frac{\mathrm{d}p}{\mathrm{d}R_L} = u_{OC}^2 \frac{(R_0 + R_L)^2 - 2(R_0 + R_L)R_L}{(R_0 + R_L)^4} = 0$$

由上式解得

$$R_L = R_0 \tag{4-10}$$

由于

$$\left.\frac{\mathrm{d}^2 p}{\mathrm{d}R_L^2}\right|_{R_L = R_0} = -\frac{u_{OC}^2}{8R_0^3} < 0$$

可见，只有满足式(4-10)，负载 R_L 才能获得最大功率。因此，由含源线性二端网络传递给可变负载 R_L 的功率为最大的条件是：负载 R_L 应与戴维宁(或诺顿)等效电阻 R_0 相等，此即最大功率传输定理。满足 $R_L = R_0$ 时，称为最大功率匹配。

将式(4-10)代入式(4-9)，即得到最大功率匹配条件下负载 R_L 获得的最大功率值 p_{max}，为

$$p_{\max} = \frac{u_{OC}^2}{4R_0} \tag{4-8}$$

需要指出，最大功率传输的条件式(4-7)是在 u_{OC} 和 R_0 一定，改变负载电阻 R_L 的条件下获得的。另外，在使用最大功率传输定理时，对于含有受控源的有源线性网络 N_S，其戴维宁等效电阻 R_L 可能为零或负值，在这种情况下该最大功率传输定理不再适用。

例 4-14　电路如图 4-26(a)所示。试问 R_L 为何值时能获最大功率，此最大功率是多少？

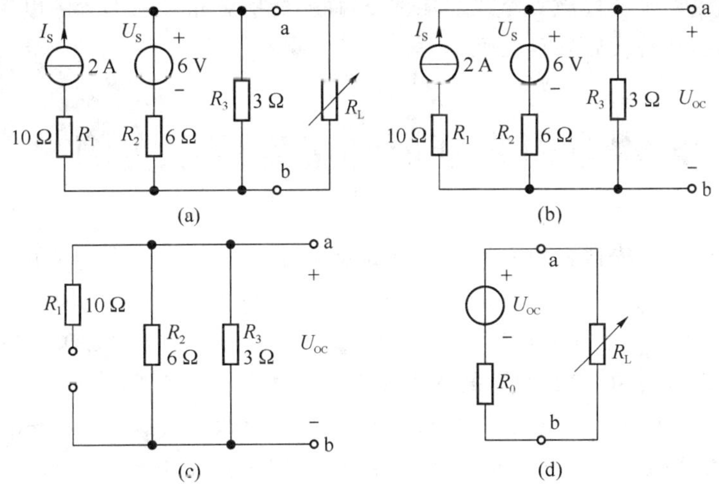

图 4-26　例 4-14 图

解：将 R_L 所在支路在 a-b 处断开，a-b 左侧为有源二端网络，求其戴维宁等效电路参数。

(1) 断开 R_L 支路，如图 4-26(b)所示，求得开路电压 U_{OC} 为

$$U_{OC} = 6\ \text{V}$$

(2) 将图 4-26(b)电路中的独立电源置零，如图 4-26(c)所示，求得等效电源内阻 R_0 为

$$R_0 = \frac{R_2 R_3}{R_2 + R_3} = 2\ \Omega$$

(3) 画出戴维宁等效电路，接上负载电阻 R_L，如图 4-26(d)所示。当 $R_L = R_0 = 2\ \Omega$ 时，R_L 获得最大功率，最大功率为

$$p_{\max} = \frac{U_{OC}^2}{4R_0} = 4.5\ \text{W}$$

本章小结

1. 叠加定理适用于有唯一解的任何线性电阻电路。它允许用分别计算每个独立电源产生的电压或电流，然后相加的方法，求得含多个独立电源线性电阻电路的电压或电流。

2. 戴维宁定理指出：有唯一解的任何含源线性电阻二端网络，可以等效为一个电压为 u_{OC} 的电压源和电阻 R_0 的串联组合。u_{OC} 是含源二端网络在负载开路时的端口电压；R_0 是二端网络内全部独立电源置零时的等效电阻。

3. 诺顿定理指出：有唯一解的任何含源线性电阻二端网络，可以等效为一个电流为 i_{SC} 的

电流源和电阻 R_0 的并联组合。i_{SC} 是含源二端网络在负载短路时的端口电流；R_0 是二端网络内全部独立电源置零时的等效电阻。

4. 最大功率传输定理指出：输出电阻 R_0 大于零的任何含源电阻二端网络，向可调电阻负载传输最大功率的条件是 $R_L = R_0$，负载电阻得到的最大功率是 $p_{max} = \frac{u_{OC}^2}{4R_0}$。

5. 替代定理指出：已知电路中某条支路或某个二端网络的端电压或电流时，可用量值相同的电压源或电流源来替代该支路或二端网络，而不影响电路其余部分的电压或电流，只要电路在用电源替代前和替代后均存在唯一解。

本章内容延展与工程应用实例

工程应用示例——光伏发电最大功率点跟踪介绍

光伏电池是光伏发电系统的关键部件，它可以将太阳能直接转换为电能。但是，光伏电池在实际工作中，输出功率受外界环境的影响较大，产生电能的多少与太阳辐照度、环境温度等因素有较强的非线性关系，但在短时间内光照强度和电池温度不变时，光伏电池会有一个最大功率输出点，称此最大输出功率值为光伏发电系统的最大功率点(Maximum Power Point. MPP)。让光伏电池输出一直处于最大功率点状态，可有效提高光伏电池能量转化效率。实现办法是通过调节影响光伏电池输出功率的变量找到光伏电池最大功率输出状态，这一过程就被称作光伏发电系统最大功率点跟踪(Maximum Power Point Tracking，MPPT)。

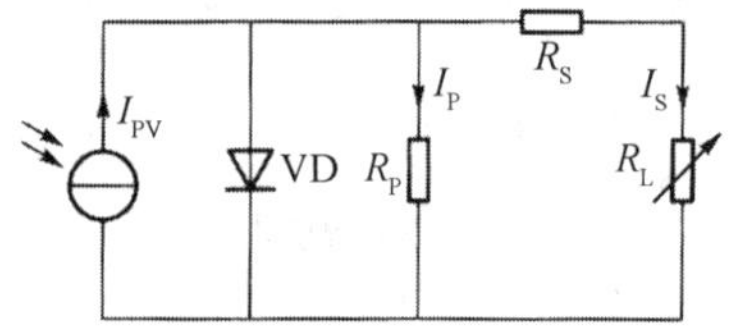

图 4-27　光伏电池的等效电路模型

光伏电池是光伏发电的能量转换器件，它是以半导体 P-N 结的光伏效应为基础的。光照强度、环境温度等外部因素都会对光伏电池的性能指标产生影响，光伏电池的等效电路模型如图 4-27 所示。光伏电池的输出伏安(I—V)特性如图 4-28 所示。它表明：光伏电池既不是恒流源，也不是恒压源，不能为负载提供任意大的功率，具有非线性，

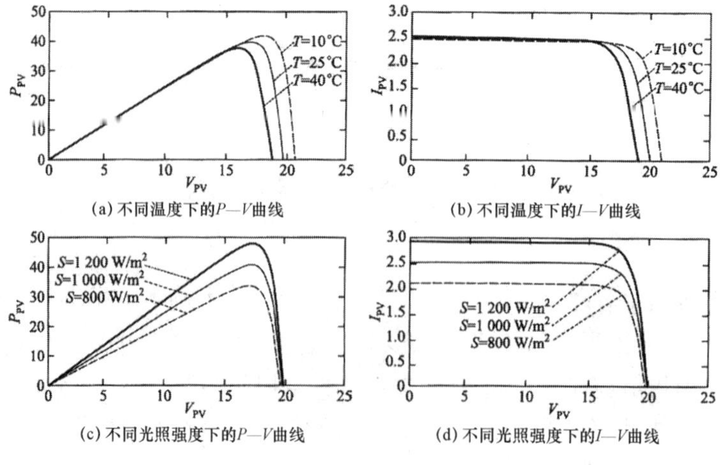

图 4-28　光伏电池输出伏安(I—V)特性

但当光伏电池输出电压较小时，输出电流随电压增大的变化较小，可将光伏电池当成一个恒流源；当电压足够高，超过一定值后，输出电流就会急剧下降至零，此时可将光伏电池当成一个恒压源。也就是说，在此过程中，光伏电池的输出功率随着输出电压的增大先上升后下降，存在一个输出功率最大点。

在光伏发电系统中，短时间内，可以将非线性的光伏电池看作线性电路，可用戴维宁电路来等效。根据最大功率传输定理，如图 4-29 所示，当光伏电池外接电路电阻与戴维宁等效电阻相等时，可得到最大输出功率。但是由于光照强度、电池温度以及外接负载等因素的影响，会导致其内阻值发生变化，因此通过在光伏电池与负载间连接一个 DC/DC 变换器，通过调节 DC/DC 变换器的占空比来改变等效负载值，即等效外接负载值随 DC/DC 变换器调节而变化，当等效电阻等于光伏电池最大功率点处戴维宁等效电阻时就实现了 MPPT 功能。

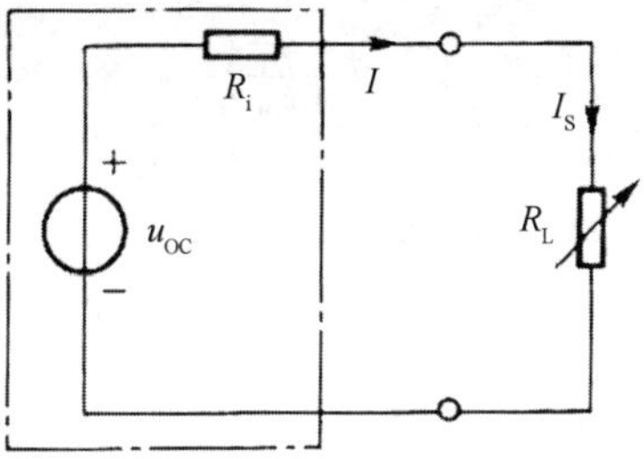

图 4-29　获得最大功率原理

习　题　4

4-1　利用齐次定理求解题 4-1 图所示电路中各节点电压和输出与输入之比 u_O/u_S。

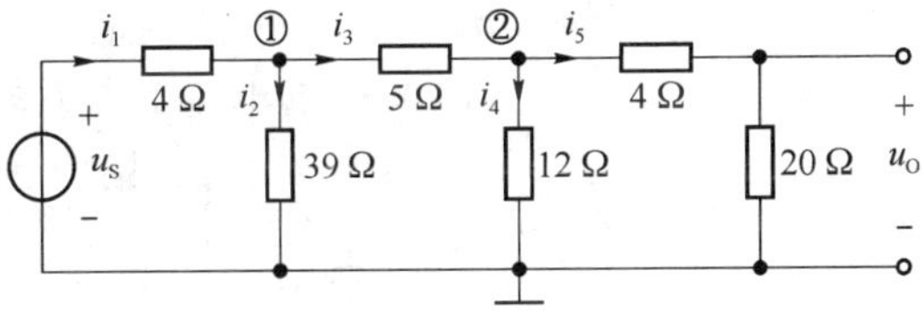

题 4-1 图

4-2　利用齐次定理求解题 4-2 图所示电路中的电流 I。

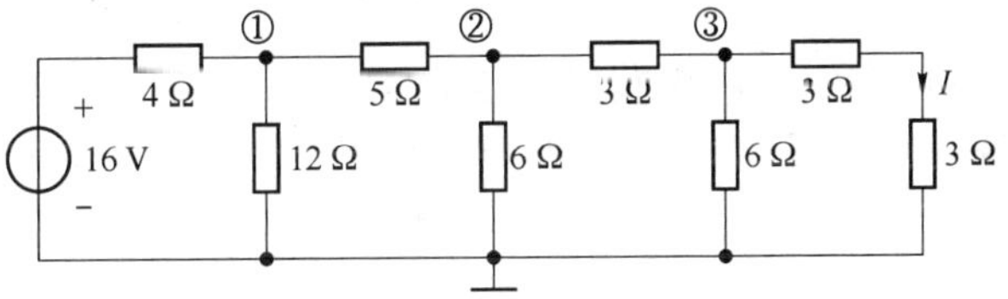

题 4-2 图

4-3　电路如题 4-3 图所示，用叠加定理计算电流 I。

4-4　电路如题 4-4 图所示，用叠加定理计算电压 U。

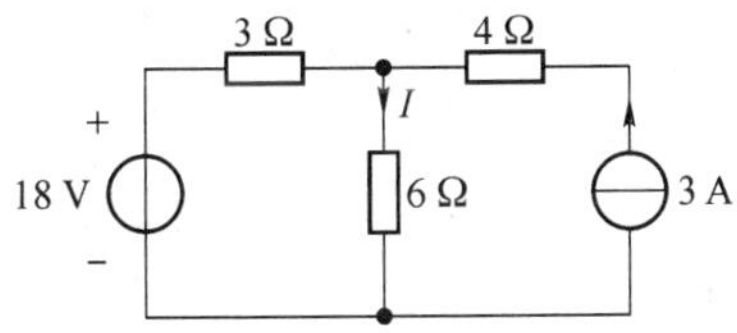

题 4-3 图

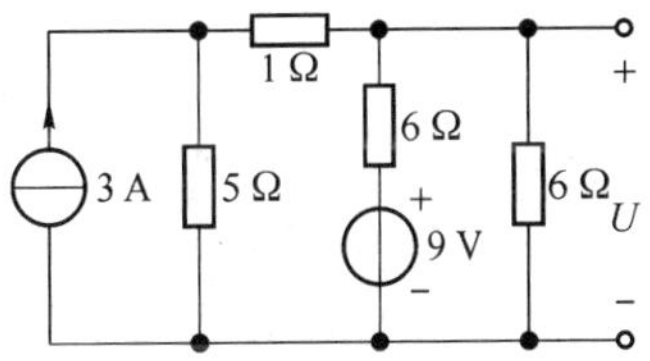

题 4-4 图

4-5　电路如题 4-5 图所示，用叠加定理计算电压 U。

4-6　电路如题 4-6 图所示，用叠加定理计算电流 I。

4-7　电路如题 4-7 图所示，用叠加定理计算电压 U。

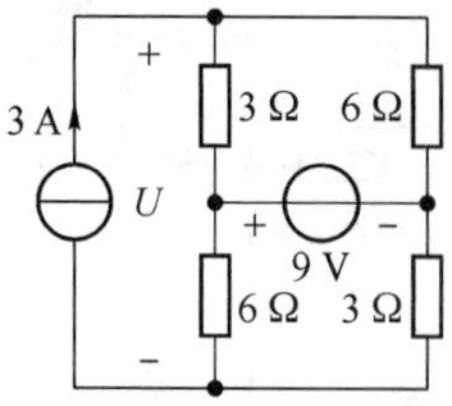

题 4-5 图

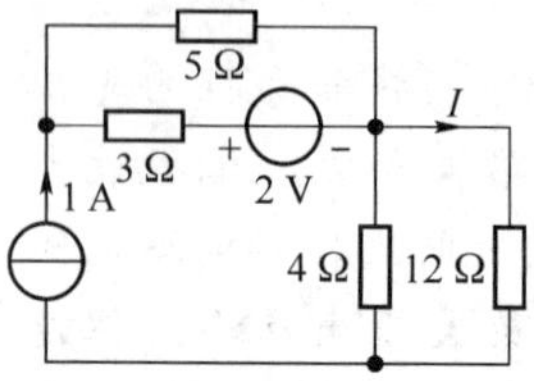

题 4-6 图

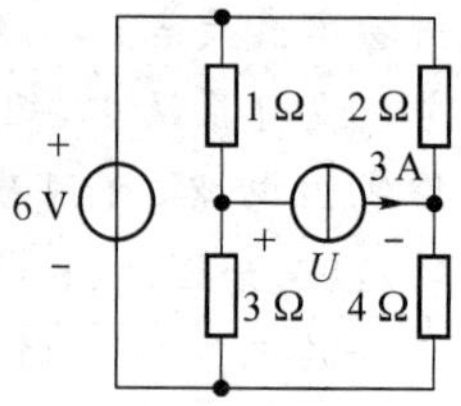

题 4-7 图

4-8　在题 4-8 图(a)所示电路中，已知 $U_2 = 6$ V，求图(b)中 U'_1（N 仅由电阻组成）。

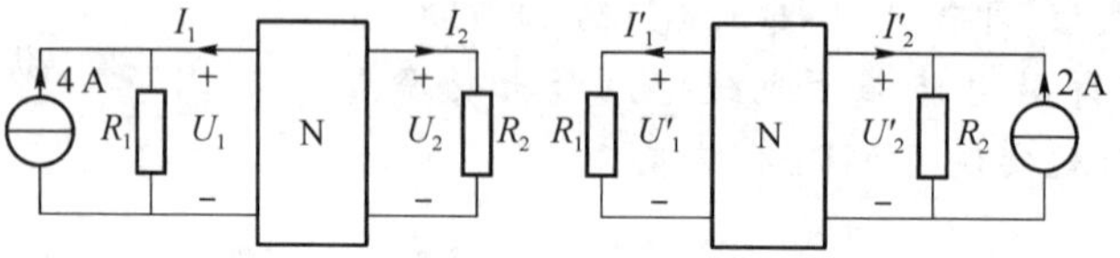

(a)　(b)

题 4-8 图

4-9　题 4-9 图所示电路中 N_S 为含有独立源的线性电路。已知当 $I_S = 2$ A 时，$I = -1$ A；当 $I_S = 3$ A 时，$I = 1$ A，问若要使 $I = 0$，I_S 应为多少？

4-10　题 4-10 图所示电路中 N 为含独立源的线性电阻电路。当 $U_S = 0$ 时，$I = 4$ mA；当 $U_S = 10$ V 时，$I = -2$ mA，求当 $U_S = -15$ V 时的电流 I 应为多少？

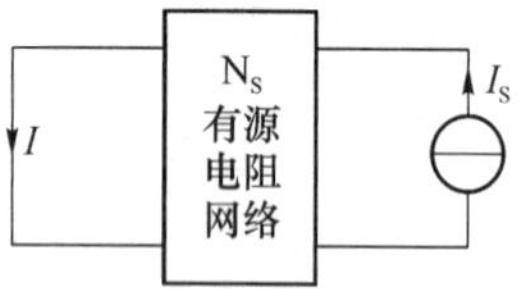

题 4-9 图

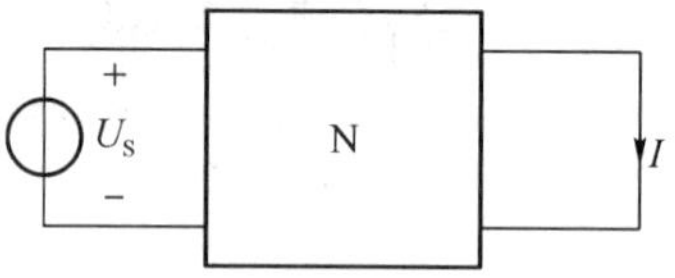

题 4-10 图

4-11　电路如题 4-11 图所示，利用叠加定理求电流 I。

4-12　电路如题 4-12 图所示，已知 $I_S = 4$ A，利用叠加定理求电流 I 和电压 U。

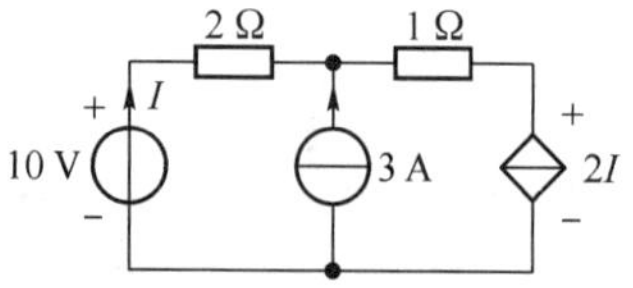

题 4-11 图

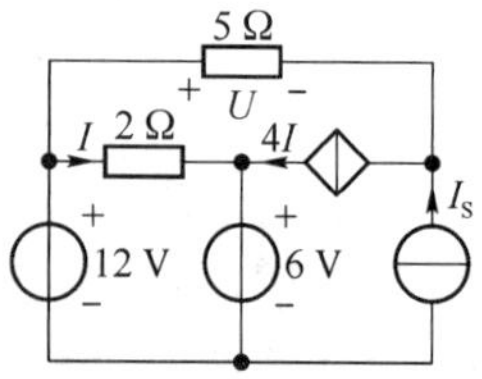

题 4-12 图

4-13　电路如题 4-13 图所示，利用替代定理求电流 I。

4-14　求题 4-14 图所示电路的戴维宁等效电路。

4-15　求题 4-15 图所示二端网络的戴维宁等效电路。

4-16　利用戴维宁定理求题 4-16 图所示电路中的电流 I。

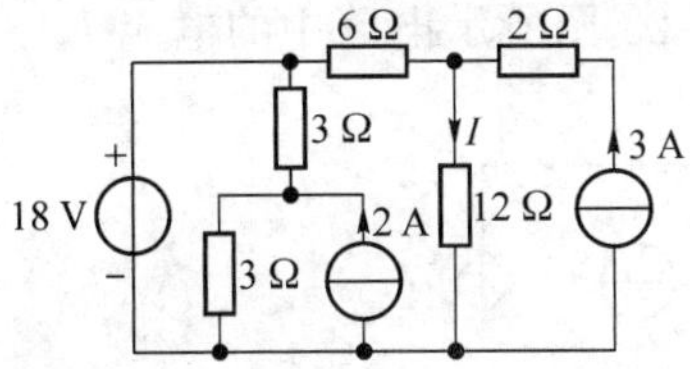

题 4-13 图

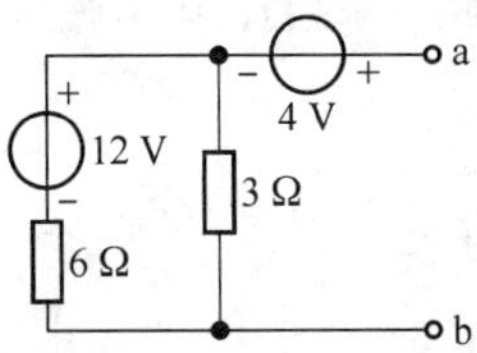

题 4-14 图

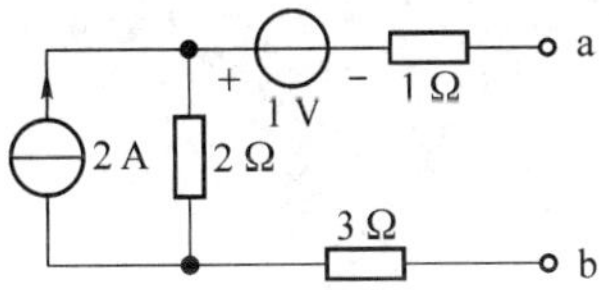

题 4-15 图

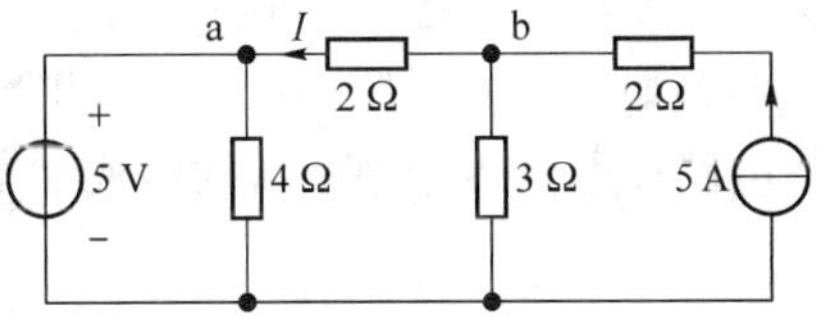

题 4-16 图

4-17 利用戴维宁定理求题 4-17 图所示电路中的电流 I。

4-18 利用戴维宁定理求题 4-18 图所示电路中的电流 I。

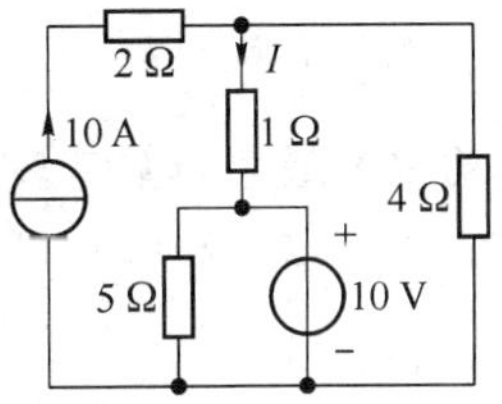

题 4-17 图

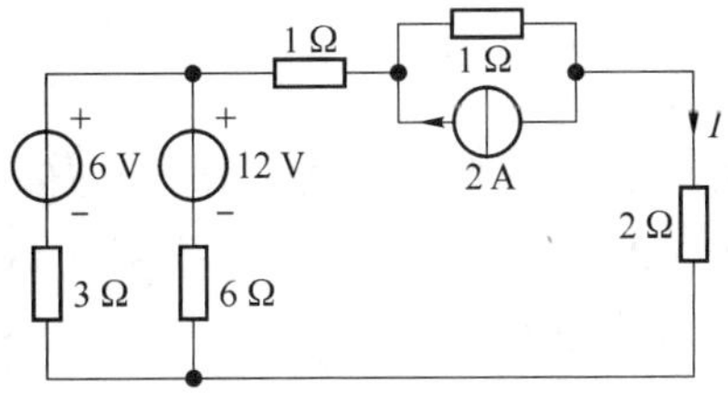

题 4-18 图

4-19 利用戴维宁定理求题 4-19 图所示电路中的电流 I。

4-20 利用戴维宁定理求题 4-20 图所示电路中的电压 U。

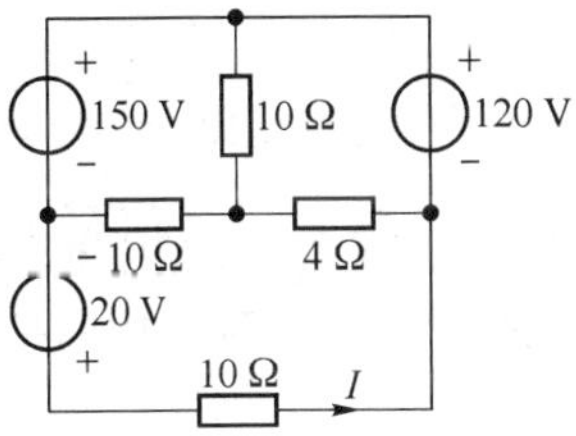

题 4-19 图

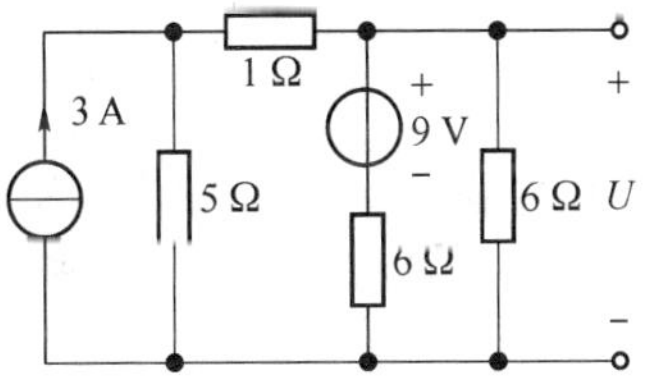

题 4-20 图

4-21 在题 4-21 图所示电路中，试利用诺顿定理，求 15 Ω 电阻中的电流 I。

4-22 用诺顿定理求题 4-22 图所示电路中的电流 I。

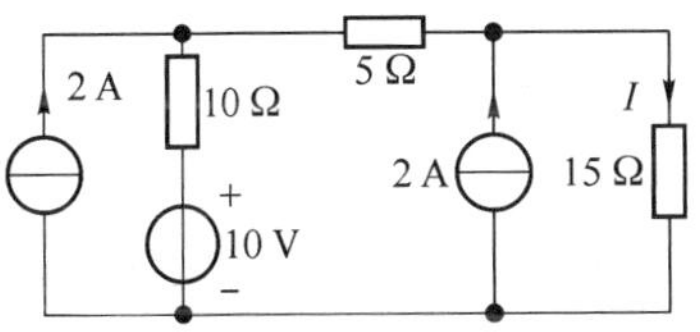

题 4-21 图

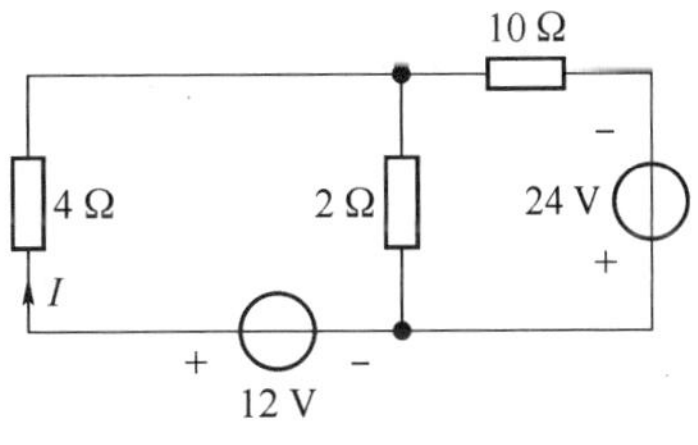

题 4-22 图

4-23　已知 $r = 3\ \Omega$，利用戴维宁定理求题 4-23 图所示电路中的电流 I。

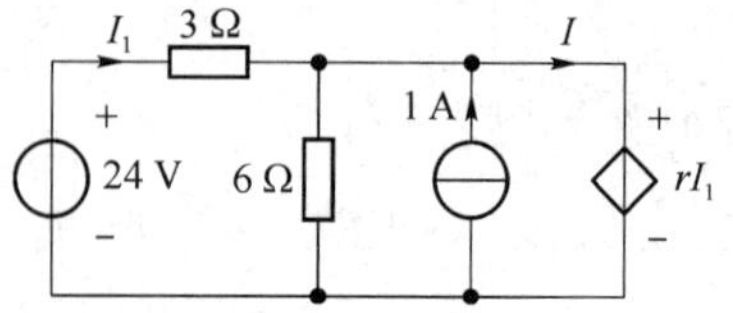

题 4-23 图

4-24　电路如题 4-24 图所示，试用戴维宁定理求电压 U_O。

4-25　电路如题 4-25 图所示，试用戴维宁定理求电压 U。

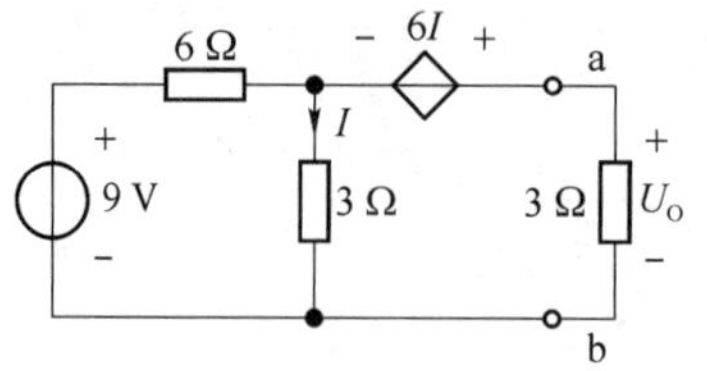

题 4-24 图

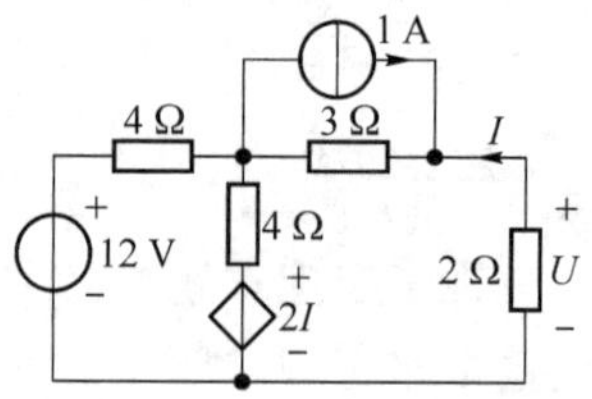

题 4-25 图

4-26　求题 4-26 图所示电路中 R_L 为何值时可获得最大功率？最大功率是多少？

4-27　题 4-27 图的有源二端网络外接可调电阻 R_L，当 R_L 等于多少时，它可从电路中获得最大功率？求此最大功率。

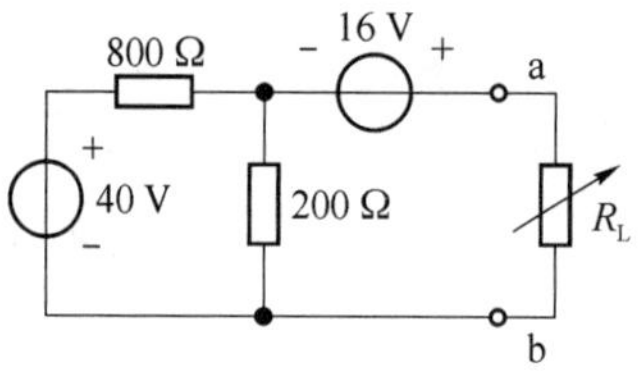

题 4-26 图

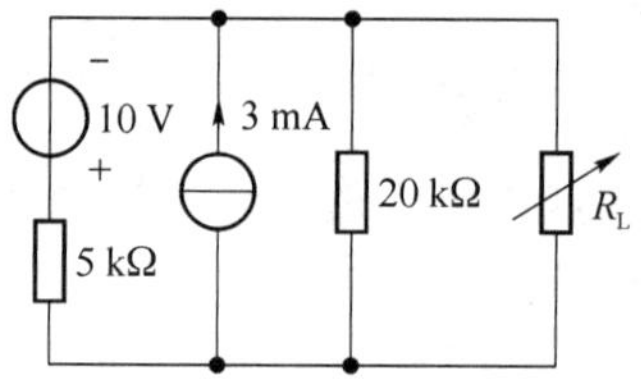

题 4-27 图

4-28　求题 4-28 图所示电路中 R_L 为何值时可获得最大功率？最大功率是多少？

4-29　求题 4-29 图所示电路中 R_L 为何值时可获得最大功率？最大功率是多少？

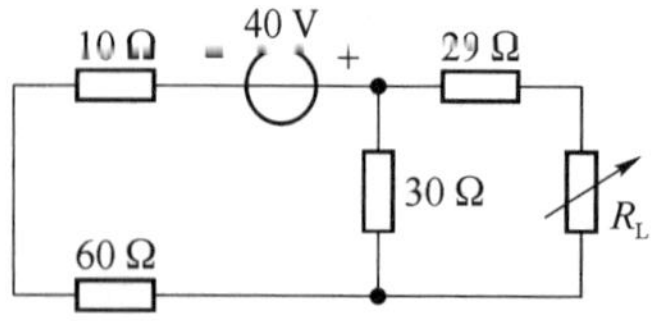

题 4-28 图

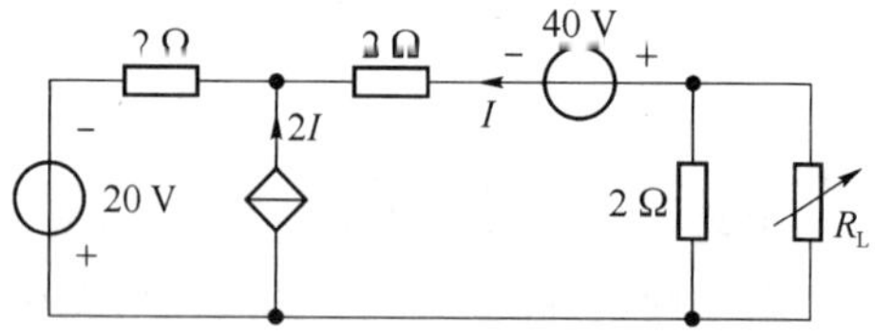

题 4-29 图

第 5 章

动态元件和动态电路

教学提示：电压、电流关系采用代数形式描述的元件称为静态元件。如电阻元件为静态元件。由电阻元件和独立源、受控源构成的电阻电路称为静态电路，描述静态电路的方程是一组代数方程。静态电路的响应仅由外施激励产生。

在实际应用中，许多电路还包含有电容元件和电感元件，这两种元件能够储存能量，故称为储能元件。电容元件和电感元件的电压、电流关系采用微分或积分形式描述，因此电容元件和电感元件也称为动态元件。由动态元件构成的电路称为动态电路。

本章首先讨论电容元件和电感元件的电压、电流关系、储能特性及等效电路，然后介绍动态电路的基本概念、换路定则，以及动态电路分析中初始值的确定，为动态电路的分析奠定基础。

5.1 电容元件

5.1.1 线性电容元件

用绝缘介质(如云母、绝缘纸、电解质等)把两块金属极板隔开，并从两极板引出引线，就可构成一个电容器，如图 5-1(a)所示。把电压加在电容器的两个极板时，一块极板带有正电荷 $+q$，另一块极板将带有等量的负电荷 $-q$，于是在两块极板间就形成一个电场，并储存电场能量。当电源移去后，电容器两极板上的异性电荷被电场力所吸引，但又由于被绝缘介质所隔离而不能中和，因而仍然积聚在正负极板上，两极板之间保持有电压存在，并继续保持所储存的电场能量。因此，电容器是一个能储存电场能量的电路器件。实际上，由于介质绝缘不理想，电容器总有一些介质损耗，会引起漏电流。但如果略去电容器的介质损耗不计，它就可以看成是一个只储存电场能量的理想元件——电容元件。电容元件是实际电容器的理想化模型。

若电容元件两极板上的电荷分别为 $+q$ 和 $-q$，端电压的参考方向规定由正极板指向负极板，则任一时刻极板上的电荷 q 与其两端的电压 u_C 有以下关系。

$$q = Cu_C$$

式中，C 称为电容元件的电容，电容元件在电路中的图形符号如图 5-1(b)所示。

把电容元件极板上的电荷量 q 取为纵坐标，电容电压 u_C 取为横坐标，如果电容元件的电荷 q 与电压 u_C 的关系曲线是通过 $q-u$ 平面原点的一条直线，则将这种电容元件称为线性电

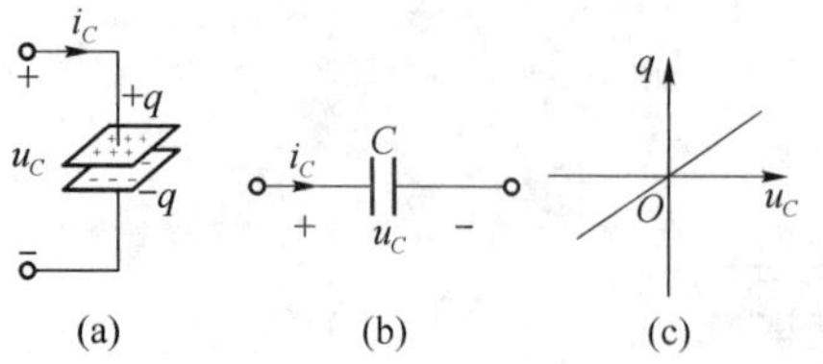

图 5-1 线性电容元件

容元件，如图 5-1(c)所示。该直线的斜率就是电容元件的电容 C。由此可见，线性电容元件的电容 C 是一个与 q、u_C 无关的常量，它取决于 q 与 u_C 的比值，即

$$C = \frac{q}{u_C} \tag{5-1}$$

线性电容元件是一个理想的二端元件。

电容元件的电容 C 在数值上等于单位电压加于电容元件两端时，所储存电荷的电量值，因此 C 表征了该元件储存电荷的能力。

电容 C 的单位为法拉(F)，简称法。如果一个电容两端的电压为 1 V，极板上的电荷为 1 C，则电容的电容量 C 为 1 F。在实际应用中，电容量通常很小，常采用微法(μF)或皮法(pF)作为其单位。它们之间的换算关系为

$$1\ \mu\text{F} = 10^{-6}\ \text{F} \quad 1\ \text{pF} = 10^{-12}\ \text{F}$$

5.1.2 电容元件的电压、电流关系

当电容电压 u_C 随时间变化时，储存在电容元件极板上的电荷将随之变化，出现充电或放电现象，连接电容的导线中便有电流流过。当电容电压 u_C 与电流 i_C 采用关联参考方向时，如图 5-1(b)所示，则有

$$i_C = \frac{\mathrm{d}q}{\mathrm{d}t} = \frac{\mathrm{d}(Cu_C)}{\mathrm{d}t} = C\frac{\mathrm{d}u_C}{\mathrm{d}t} \tag{5-2}$$

若 u_C 与 i_C 为非关联参考方向时，上式右侧应加以负号，即

$$i_C = -C\frac{\mathrm{d}u_C}{\mathrm{d}t} \tag{5-3}$$

式(5-2)和式(5-3)称为电容元件的电压、电流关系(VCR)，它表明电容元件具有如下的特点。

1. 电容元件为动态元件

电容元件的 VCR 采用微分形式描述，所以电容元件称为动态元件。电容元件上任一时刻的电流与同一时刻该元件电压的变化率成正比，与这一时刻电容电压数值的大小无关。电容电压变化越快，电容电流越大，即使某时刻电压为零，但只要变化率不为零，就会有电容电流。这和电阻元件不同，电阻两端只要有电压，不论其变化与否都一定有电流。

2. 电容元件具有隔断直流的作用

当电容电压 u_C 为恒定值时，由于 $\frac{\mathrm{d}u_C}{\mathrm{d}t}=0$，即使电压很高，电容中也不会有电流，因此，电容对于直流而言相当于开路，这就是电容的隔断直流作用。

3. 电容电压不能发生跃变

若某一时刻 t 的电容电流 i_C 为有限值，则其电压变化 $\frac{\mathrm{d}u_C}{\mathrm{d}t}$ 也必然为有限值。根据微分学原理，电压 u_C 在该时刻 t 必然连续，电容电压的这一连续性质常归结为“电容电压不能发生跃变”。这一结论非常重要，在含电容元件的动态电路分析中经常用到。需注意的是，这一结论的应用必须以电容电流有限为前提条件。反之，若某时刻电容电压发生跃变，则意味着该时刻电容电流必然为无限大。

4. 电容具有记忆性

式(5-2)也可以写成积分形式，即

$$u_C = \frac{1}{C}\int_{-\infty}^{t} i_C(\xi)\mathrm{d}\xi = \frac{1}{C}\int_{-\infty}^{t_0} i_C(\xi)\mathrm{d}\xi + \frac{1}{C}\int_{t_0}^{t} i_C(\xi)\mathrm{d}\xi$$
$$= u_C(t_0) + \frac{1}{C}\int_{t_0}^{t} i_C(\xi)\mathrm{d}\xi \tag{5-4}$$

式(5-4)常称为电容伏安关系的积分形式。它表明:在某一时刻 t 的电容电压不仅和 $[t_0,t]$ 时间间隔内的电流有关,还和 $(-\infty,t_0]$ 时间区间的电流有关,即与 t 以前电容电流的全部历史有关,电容电压能反映过去电流作用的全部历史。因此,可以说电容电压具有"记忆"电流的作用,电容元件是一种"记忆元件"。相对于电容元件的记忆功能,将电阻称为无记忆元件。因为电阻元件的电压仅与该瞬间的电流值有关。

5. 电容元件储存电场能

当电容元件的电压 $u_C(t)$ 与电流 $i_C(t)$ 采用关联参考方向时,电容吸收的瞬时功率为

$$p(t) = u_C(t)i_C(t) \tag{5-5}$$

电容的瞬时功率有可能为正(即 $p(t) > 0$),也有可能为负(即 $p(t) < 0$)。当 $p(t) > 0$ 时,说明电容元件实际上是在吸收能量,正处于充电状态。与电阻不同的是,此时电容并不把吸收的能量消耗掉,而是将其储存起来。当 $p(t) < 0$ 时,说明电容元件释放原已储存的能量,处于放电状态。

对式(5-5)从 t_0 到 t 积分,可得 t 时刻电容元件吸收的电场能量为

$$W_C(t) = \int_{t_0}^{t} p(\xi)\mathrm{d}\xi = \int_{t_0}^{t} u_C(\xi)i_C(\xi)\mathrm{d}\xi$$
$$= \int_{t_0}^{t} u_C(\xi)\left[C\frac{\mathrm{d}u_C(\xi)}{\mathrm{d}\xi}\right]\mathrm{d}\xi - C\int_{u_C(t_0)}^{u_C(t)} u_C(\zeta)\mathrm{d}u_C(\xi)$$
$$= \frac{1}{2}Cu_C^2(\xi)\Big|_{t_0}^{t} = \frac{1}{2}C[u_C^2(t) - u_C^2(t_0)]$$
$$= \frac{1}{2}Cu_C^2(t) - \frac{1}{2}Cu_C^2(t_0)$$

如果在 t_0 时刻电容的初始电压 $u_C(t_0) = 0$,则在任意时刻 t,电容元件储存的电场能量为

$$W_C(t) = \frac{1}{2}Cu_C^2(t) \tag{5-6}$$

式(5-6)表明,电容任一时刻的储能仅取决于该时刻电容电压值,而与该时刻电容电流值无关。尽管电容的瞬时功率可能为正或负,但因为任一时刻电容的储能与该时刻电容电压的平方成正比,无论电压 $u_C(t)$ 为正值还是负值,电容储存的能量 $W_C(t)$ 均大于零。

从 t_1 到 t_2 期间,电容元件吸收的电场能量为

$$W_C(t) = \frac{1}{2}Cu_C^2(t_2) - \frac{1}{2}Cu_C^2(t_1) = W_C(t_2) - W_C(t_1)$$

当 $|u_C(t_2)| > |u_C(t_1)|$, $W_C(t_2) > W_C(t_1)$, $W_C(t) > 0$,表明在此期间内,电容元件处于充电状态,电容元件吸收能量,并以电场能量的形式储存在电容中;当 $|u_C(t_2)| < |u_C(t_1)|$, $W_C(t_2) < W_C(t_1)$, $W_C(t) < 0$,表明在此期间内,电容元件处于放电状态,电容元件释放原先存储的电场能量。

6. 电容元件是无源元件

电容元件在充电时吸收并储存起来的能量,一定在放电完毕时全部释放,但是电容元件也不会释放出多于它吸收或储存的能量,因此它又是一种无源元件。

例 5-1　如图 5-2(a)所示电路中,$u_S(t)$ 波形如图 5-2(b)所示,已知电容 $C = 4\ \mathrm{F}$,求 $i_C(t)$、$p_C(t)$ 和 $W_C(t)$,并画出它们的波形。

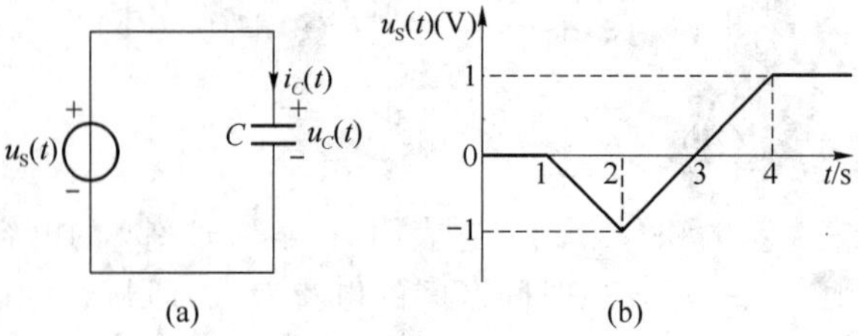

图 5-2　例 5-1 图

解:根据图 5-2(b)所示,写出 $u_C(t)$ 的函数表达式为

$$u_C(t)=u_S(t)=\begin{cases}0\ \text{V} & t\leqslant 1\ \text{s}\\(-t+1)\ \text{V} & 1\ \text{s}<t\leqslant 2\ \text{s}\\(t-3)\ \text{V} & 2\ \text{s}<t\leqslant 4\ \text{s}\\1\ \text{V} & t>4\ \text{s}\end{cases}$$

由图 5-2(a)所示可见,电容上电流、电压取关联参考方向,所以由式(5-2)可得

$$i_C=C\frac{\mathrm{d}u_C}{\mathrm{d}t}=\begin{cases}0\ \text{A} & t\leqslant 1\ \text{s}\\-4\ \text{A} & 1\ \text{s}<t\leqslant 2\ \text{s}\\4\ \text{A} & 2\ \text{s}<t\leqslant 4\ \text{s}\\0\ \text{A} & t>4\ \text{s}\end{cases}$$

由式(5-5)可知,将 $u_C(t)$ 与 $i_C(t)$ 相乘可得 $p_C(t)$ 为

$$p_C(t)=\begin{cases}0\ \text{W} & t\leqslant 1\ \text{s}\\4(t-1)\ \text{W} & 1\ \text{s}<t\leqslant 2\ \text{s}\\4(t-3)\ \text{W} & 2\ \text{s}<t\leqslant 4\ \text{s}\\0\ \text{W} & t>4\ \text{s}\end{cases}$$

由式(5-6)可知,电容所吸收的能量 $W_C(t)$ 为

$$W_C(t)=\frac{1}{2}Cu_C^2(t)=\begin{cases}0\ \text{J} & t\leqslant 1\ \text{s}\\2\,(t-1)^2\ \text{J} & 1<t\leqslant 2\ \text{s}\\2\,(t-3)^2\ \text{J} & 2\ \text{s}<t\leqslant 4\ \text{s}\\2\ \text{J} & t>4\text{s}\end{cases}$$

由 $i_C(t)$、$p_C(t)$ 和 $W_C(t)$ 的数学表达式画出它们的波形如图 5-3 所示。

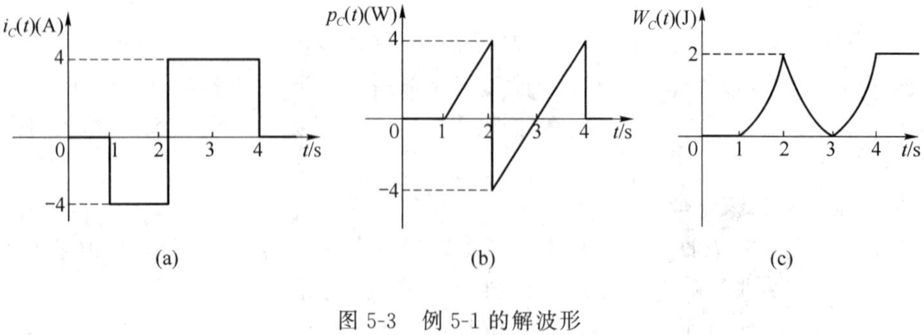

图 5-3　例 5-1 的解波形

5.1.3　电容元件的等效变换

1. 电容的串联

将两个电容 C_1 与 C_2 串联，并从 C_1 的正极板和 C_2 的负极板引出引线，接至电源的正负极，如图 5-4(a)所示。其等效电容 C 为

$$\frac{1}{C}=\frac{1}{C_1}+\frac{1}{C_2}$$

或

$$C=\frac{C_1C_2}{C_1+C_2} \tag{5-7}$$

可见，电容 C_1 与 C_2 串联可以用一电容 C 等效，其等效电路如图 5-4(b)所示。

类似地，当有 n 个电容 C_1，C_2，…，C_n 串联时，其等效电容可由式(5-8)求得

$$\frac{1}{C}=\frac{1}{C_1}+\frac{1}{C_2}+\cdots+\frac{1}{C_n}=\sum_{k=1}^{n}\frac{1}{C_k} \tag{5-8}$$

式(5-8)说明，串联电容的等效电容的倒数等于各个电容的倒数之和。显然，串联电容的数目越多，其等效电容就越小。这是因为电容串联后相当于加大了极板间的距离，所以电容量减小了。

2. 电容的并联

图 5-5(a)所示为两个电容 C_1 和 C_2 的并联电路。其等效电容为

$$C=C_1+C_2 \tag{5-9}$$

等效电路如图 5-5(b)所示。

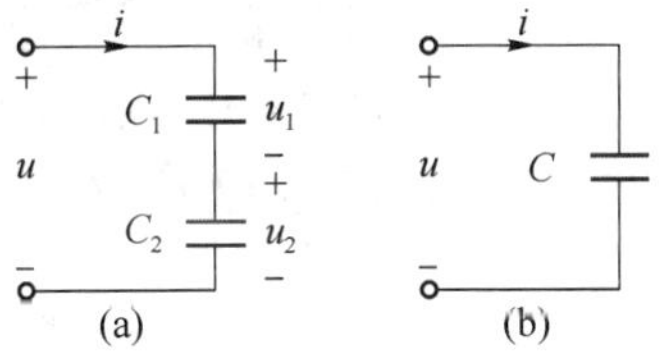

图 5-4　电容的串联及其等效电路

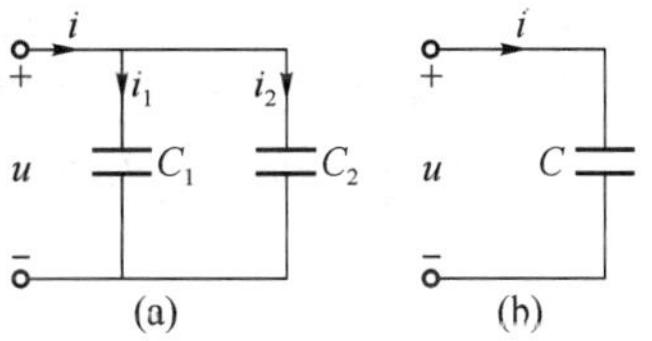

图 5-5　电容的并联及其等效电路

类似的，当有 n 个电容 C_1，C_2，…，C_n 并联时，其等效电容可由下式求得

$$C=C_1+C_2+\cdots+C_n=\sum_{k=1}^{n}C_k \tag{5-10}$$

式(5-10)说明，并联电容的等效电容等于各个电容之和。由此可见，并联电容的数目越多，其等效电容就越大。这是因为电容并联相当于加大了极板的面积，从而加大了电容量。

5.2　电感元件

5.2.1　线性电感元件

用导线绕制成空心或具有铁心的线圈就可构成一个电感器或电感线圈，如图 5-6(a)所示。

当电流 $i_L(t)$ 通过电感线圈时,将产生磁通 $\Phi(t)$,在线圈内部及其周围建立磁场,并储存磁场能量,所以电感线圈是一种能够储存磁场能量的电路元件。由于线圈是由导线绕制而成,会有一定的电阻,电流流过时就要消耗能量。但当选择良导体导线时,电阻很小,若忽略电阻的影响,则电感线圈就可看成是理想的电路元件——电感元件。电路理论中的电感元件是只具有产生磁通并建立磁场功能的理想元件。

流过电感线圈的电流所产生的磁通穿过线圈,与线圈交链的总磁通称为磁通链,用 $\Psi(t)$ 表示。若线圈紧绕,且有 N 匝,则该磁通与线圈的 N 匝都交链,磁通链 $\Psi(t)$ 与磁通 $\Phi(t)$ 的关系为 $\Psi(t)=N\Phi(t)$。由于磁通 $\Phi(t)$ 和磁通链 $\Psi(t)$ 都是由线圈本身的电流 i 产生的,所以分别称为自感磁通和自感磁通链。Φ 和 Ψ 的方向与 i_L 的参考方向成右手螺旋关系,如图 5-6(a)所示。

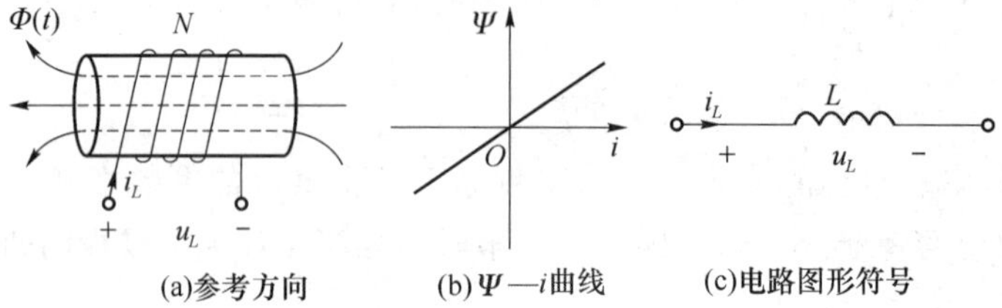

图 5-6　线性电感元件

当规定磁通的参考方向与电流的参考方向之间满足右手螺旋定则时,任何时刻电感上的磁通链 $\Psi(t)$ 与引起它的电流 $i_L(t)$ 的关系(简称韦安关系)可用式(5-11)表示。

$$\Psi(t)=Li_L(t) \tag{5-11}$$

式(5-11)中的 L 称为电感元件的自感系数,简称电感。它表明,在给定电流时,电感 L 越大,电感器所产生的磁通链就越大。在国际单位制中,磁通链的单位用韦伯(Wb),电流的单位用安培(A)表示,则电感的单位为亨利(H),简称亨。经常使用的电感单位还有毫亨(mH)和微亨(μH),其相互关系如下。

$$1\ \text{mH}=10^{-3}\ \text{H} \qquad 1\ \mu\text{H}=10^{-6}\ \text{H}$$

电感元件的磁通链 Ψ 与引起该磁通链的电流 i 的关系,可以用 $\Psi-i$ 曲线来表示,若以 Ψ 为纵坐标,i 为横坐标,则线性电感元件的 $\Psi-i$ 曲线是通过原点的一条直线,如图 5-6(b)所示。线性电感的电路图形符号如图 5-6(c)所示。

5.2.2　电感元件的电压、电流关系

当变化的电流通过电感线圈时,在其周围产生变化的磁通,电感中的磁通链 Ψ 也相应发生变化,根据电磁感应定律,该变化的磁通链将在线圈两端引起感应电压 u_L。当电感上的电流与电压取关联参考方向,电流的参考方向与磁通的参考方向满足右手螺旋定则时,电感电压 u_L 为

$$u_L=\frac{\mathrm{d}\Psi}{\mathrm{d}t}$$

将式(5-11)代入上式可得

$$u_L=\frac{\mathrm{d}\Psi}{\mathrm{d}t}=\frac{\mathrm{d}(Li_L)}{\mathrm{d}t}=L\frac{\mathrm{d}i_L}{\mathrm{d}t} \tag{5-12}$$

若电感电压 u_L 与电流 i_L 取非关联参考方向，则式(5-12)右边应加负号，即

$$u_L = -L\frac{\mathrm{d}i_L}{\mathrm{d}t} \tag{5-13}$$

式(5-12)和式(5-13)常称为电感的电压、电流关系(VCR)。它们表明电感元件具有如下的特点。

1. 电感元件为动态元件

电感元件的 VCR 采用微分形式描述，所以电感元件称为动态元件。任何时刻，电感元件两端的电压与该时刻的电流的变化率成正比，而与该时刻电感元件中电流的大小无关。

2. 电感元件对直流相当于短路

若通过电感的电流为直流，无论其值的大小如何，都有 $u_L = 0$，即电感对直流相当于短路。

3. 电感电流不能突变

若某一时刻电感的电压为有限值时，则其电流变化率 $\frac{\mathrm{d}i_L}{\mathrm{d}t}$ 也必然为有限值。根据微分学原理，电流 $i_L(t)$ 在该时刻必然连续。电感电流的这一连续性质常归结为“电感电流不能发生跃变”。这一结论在含电感元件的动态电路分析中经常用到，十分重要。注意这一结论的应用必须以电感电压有限为前提条件。反之，如果某时刻电感电流发生跃变，则意味着该时刻电感电压为无限大。

4. 电感元件具有记忆性

式(5-12)也可以写成积分形式，即

$$\begin{aligned} i_L(t) &= \frac{1}{L}\int_{-\infty}^{t} u_L(\xi)\mathrm{d}\xi = \frac{1}{L}\int_{-\infty}^{t_0} u_L(\xi)\mathrm{d}\xi + \frac{1}{L}\int_{t_0}^{t} u_L(\xi)\mathrm{d}\xi \\ &= i(t_0) + \frac{1}{L}\int_{t_0}^{t} u_L(\xi)\mathrm{d}\xi \end{aligned} \tag{5-14}$$

式(5-14)常称为电感伏安关系的积分形式。它表明，某一时刻 t 电感的电流不仅和 $[t_0, t]$ 时间间隔内的电压有关，还和 $(-\infty, t_0]$ 时间区间的电压有关，即与 t 以前电感电压的全部历史有关，电感电流能反映过去电压作用的全部历史。因此，可以说电感电流有“记忆”电压的作用，电感也是一种“记忆元件”。

5. 电感元件储存磁场能

当电感元件的电压与电流采用关联参考方向时，在任一瞬间电感元件吸收的功率为

$$p(t) = u_L(t)i_L(t)$$

它可能为正，也可能为负。当 $p(t) > 0$ 时，表示电感从电路吸收功率，并转换成磁场能量，储存于电感之中；当 $p(t) < 0$ 时，表明电感向电路释放原已储存的磁场能量。电感本身不消耗能量，仅与电源进行能量交换。

对上式从 t_0 到 t 积分，可得 t 时刻电感元件吸收的磁场能量为

$$\begin{aligned} W_L(t) &= \int_{t_0}^{t} p(\xi)\mathrm{d}\xi = \int_{t_0}^{t} u_L(\xi)i_L(\xi)\mathrm{d}\xi \\ &= \int_{t_0}^{t} i_L(\xi)\left[L\frac{\mathrm{d}i_L(\xi)}{\mathrm{d}\xi}\right]\mathrm{d}\xi = L\int_{i_L(t_0)}^{i_L(t)} i_L(\xi)\mathrm{d}i_L(\xi) \\ &= \frac{1}{2}Li_L^2(\xi)\Big|_{t_0}^{t} = \frac{1}{2}L[i_L^2(t) - i_L^2(t_0)] \\ &= \frac{1}{2}Li_L^2(t) - \frac{1}{2}Li_L^2(t_0) \end{aligned}$$

若设 $i(t_0)=0$，则电感元件在任何时刻 t 储存的磁场能量 $W_L(t)$ 为

$$W_L(t)=\frac{1}{2}Li_L^2(t) \tag{5-15}$$

式(5-15)表明，电感任一时刻的储能只取决于该时刻的电感电流值，而与该时刻电感电压值无关。任一时刻电感储能与该时刻电感电流的平方成正比，无论电流 $i_L(t)$ 为正值还是负值，电感储存的能量 $W_L(t)$ 均大于零。

时间从 t_1 到 t_2 期间，电感元件吸收的磁场能量为

$$\begin{aligned}W_L(t)&=L\int_{i_L(t_1)}^{i_L(t_2)} i_L\,\mathrm{d}i_L=\frac{1}{2}Li_L^2(t_2)-\frac{1}{2}Li_L^2(t_1)\\&=W_L(t_2)-W_L(t_1)\end{aligned}$$

当电感电流增加时，$|i_L(t_2)|>|i_L(t_1)|$，$W_L(t_2)>W_L(t_1)$，$W_L(t)>0$，表明在此时间内电感元件吸收能量，并以磁场能量的形式储存在电感中；当电感电流减小时，$|i_L(t_2)|<|i_L(t_1)|$，$W_L(t_2)<W_L(t_1)$，$W_L(t)<0$，表明在此时间内电感元件释放原先存储的磁场能量。由此可见，电感元件在电流增加时所吸收并储存起来的能量，一定又在电流减小时释放掉，它不消耗能量，所以电感元件是一种储能元件。

6. 电感是无源元件

电感元件也不会释放出多于它吸收或储存的能量，因此它又是一种无源元件。

例 5-2 在图 5-7(a)所示中，已知 $L=2\ \mathrm{H}$，$i_L(t)$ 的波形如图 5-7(b)所示，试计算并绘出 $t>0$ 时电感电压 $i_L(t)$ 的波形，电感的瞬时功率。

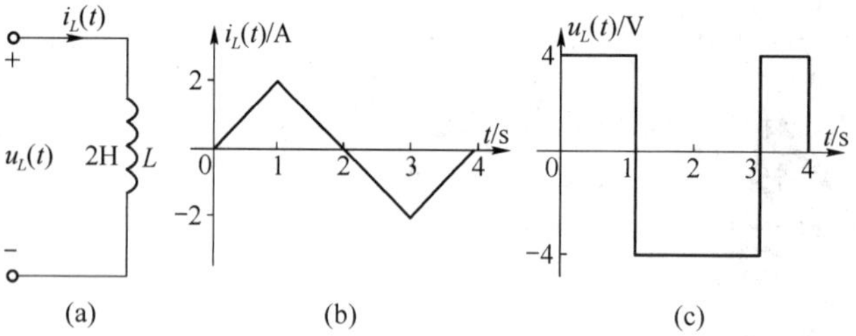

图 5-7 例 5-2 图

解：(1)电流 $i_L(t)$ 的表达式可分段写出

$$i_L(t)=\begin{cases}2t & 0\ \mathrm{s}\leqslant t\leqslant 1\ \mathrm{s}\\-2\mathrm{t}+4 & 1\ \mathrm{s}\leqslant t\leqslant 3\ \mathrm{s}\\2t-8 & 3\ \mathrm{s}\leqslant t\leqslant 4\ \mathrm{s}\end{cases}$$

由 $u_L=L\dfrac{\mathrm{d}i_L}{\mathrm{d}t}$ 得

$$u_L(t)=\begin{cases}4\ \mathrm{V} & 0\ \mathrm{s}\leqslant t\leqslant 1\ \mathrm{s}\\-4\ \mathrm{V} & 1\ \mathrm{s}\leqslant t\leqslant 3\ \mathrm{s}\\4\ \mathrm{V} & 3\ \mathrm{s}\leqslant t\leqslant 4\ \mathrm{s}\end{cases}$$

$u_L(t)$ 的波形如图 5-7(c)所示。

(2) 根据 $p(t)=u_L(t)i_L(t)$ 求得

$$p_L(t)=\begin{cases}8t & 0\ \text{s}\leqslant t\leqslant 1\ \text{s}\\ 8(t-2) & 1\ \text{s}\leqslant t\leqslant 3\ \text{s}\\ 8(t-4) & 3\ \text{s}\leqslant t\leqslant 4\ \text{s}\end{cases}$$

5.2.3　电感元件的等效变换

1. 电感的串联

电感 L_1 与电感 L_2 串联电路如图 5-8(a)所示。其等效电感为

$$L=L_1+L_2$$

等效电路如图 5-8(b)所示。

类似地，若有 n 个电感相串联，同理可推得其等效电感为

$$L=L_1+L_2+\cdots+L_n=\sum_{k=1}^{n}L_k \tag{5-16}$$

式(5-16)表明，串联电感的等效电感等于各个电感之和。

2. 电感的并联

图 5-9(a)所示为两个电感 L_1 与 L_2 的并联电路。其等效电感 L 为

$$\frac{1}{L}=\frac{1}{L_1}+\frac{1}{L_2}\quad 或\quad L=\frac{L_1L_2}{L_1+L_2} \tag{5-17}$$

等效电路如图 5-9(b)所示。

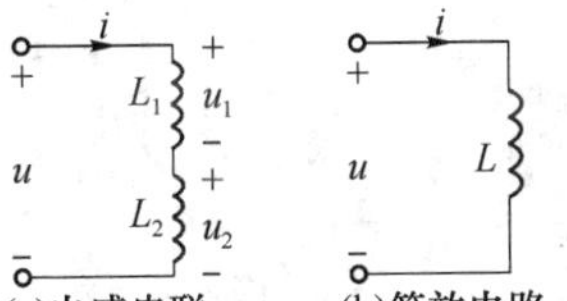

(a)电感串联　(b)等效电路

图 5-8　电感串联及其等效电路

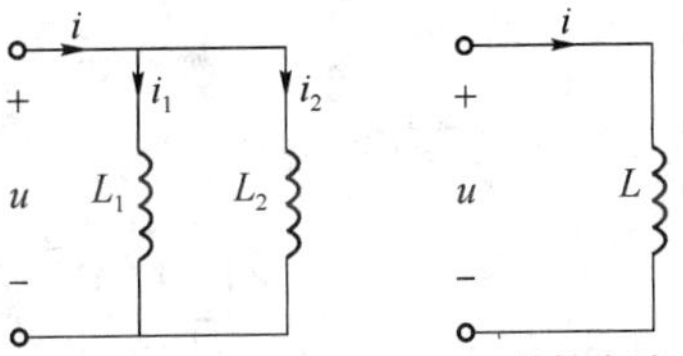

(a)电感并联　(b)等效电路

图 5-9　电感并联及其等效电路

类似地，若有 n 个电感相并联，同理可推得其等效电感为

$$\frac{1}{L}=\frac{1}{L_1}+\frac{1}{L_2}+\cdots+\frac{1}{L_n}=\sum_{k=1}^{n}\frac{1}{L_k} \tag{5-18}$$

式(5-18)表明，并联电感的等效电感的倒数等于各个电感的倒数之和。并联电感越多，等效电感越小。

5.3　动态电路及其初始条件

5.3.1　动态电路的基本概念

含有电容或电感这一类动态元件的电路称为动态电路。动态电路有稳定状态和过渡状态两种工作状态。凡电路中的响应(电压、电流)或是恒定不变，或是按周期规律变化，电路的这种工作状态称为稳定状态，简称稳态。前面讨论的电阻电路就处于这种工作状态。当动态电

路的工作条件发生变化时，可能使电路由原来的稳定状态转变到另一个新的稳定状态。由于动态电路中存在储能元件，使这种转变通常不能立刻完成，需要经过一个过程逐步转变，逐步转变的过程称为电路的过渡过程。由于过渡过程是短暂的，因此也称为暂态过程。电路处于过渡过程的工作状态称为过渡状态。

动态电路的过渡过程可以通过实验加以说明。图 5-10 所示为一实验电路，电路中小灯泡与一元件并联，经过电阻 R_0 接到端电压为 U 的直流电源上。当开关 S 闭合时，小灯泡处于正常发光状态；当开关 S 断开时，小灯泡随并联元件的不同，熄灭时间和状态也不一样。

(1) 若与小灯泡并联的是电阻元件 R，当开关 S 断开时，小灯泡立即熄灭。这说明电路没有经历过渡过程，立即进入新的稳态。

(2) 若与小灯泡并联的是电容元件 C，当开关 S 断开时，小灯泡并不立即熄灭，而是逐渐暗淡而熄灭的。这说明电路从一种状态到另一种状态经历了过渡过程。

(3) 若与小灯泡并联的是电感元件 L，当开关 S 断开时，小灯泡会突然亮一下，随后逐渐变暗直至熄灭。说明电路也经历了过渡过程。

动态电路工作状态的改变，是由电路开关的接通或断开，电路结构或元件参数的突然改变等原因引起的，这些变化统称为换路。通常规定换路发生在 $t=0$ 时刻，如图 5-11 所示。$t \leqslant 0$ 表示换路前，$t \geqslant 0$ 表示换路后。$t=0_-$ 表示换路前最终时刻，这时电路还没换路；$t=0_+$ 表示换路后最初时刻，此时电路刚刚换路，0_- 和 0_+ 在数值上虽然都等于零，但对于动态电路来说，已经有了本质的区别。换路经历的瞬间为 $[0_-, 0_+]$ 区间。

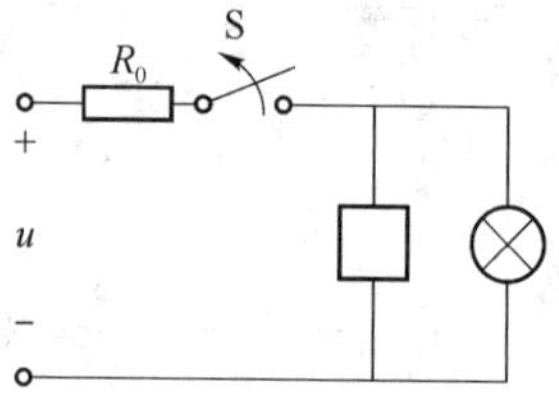

图 5-10　实验电路

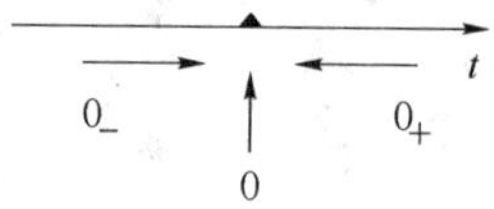

图 5-11　$t=0$ 时刻的划分

5.3.2　换路定则

由前面的介绍可知，在电容电流为有限值的条件下，电容电压 u_C 不能跃变；在电感电压为有限值的条件下，电感电流 i_L 不能跃变，即在换路瞬间，u_C 和 i_L 保持不变，用数学表达式表述为

$$\begin{aligned} u_C(0_-) &= u_C(0_+) \\ i_L(0_-) &= i_L(0_+) \end{aligned} \tag{5-19}$$

式(5-19)称为换路定则。

需要注意：虽然电容电压、电感电流不能跃变，但是电容电流、电感电压以及电阻电压和电流均是可以跃变的，它们不遵循式(5-19)的换路定则，是否跃变视具体电路而定。换路定则仅在电容电流 i_C 和电感电压 u_L 为有限值条件下才成立。在某些理想情况下，电容电流和电感电压可以无限大，这时电容电压和电感电流就可以跃变。

综上所述，由于动态电路中储能元件的存在，使电路在换路时有能量发生变化，而能量的储存和释放都需要一定的时间来完成，这就产生了动态电路的暂态过程。电阻元件是耗能元件，在电阻电路中各部分电压和电流是可能跃变的，换路时不会产生暂态过程。因此也可以说，换路是电路产生暂态过程的外因，而电路中含有储能元件是引起暂态过程的内因。

5.3.3　初始值的确定

由于电容、电感的伏安关系是微分或积分关系，因此在含有电容、电感的动态电路中，描述响应与激励的方程是一组以电压、电流为变量的微分方程。例如，图 5-12 所示 RC 动态电路，应用 KVL 和电容的 VCR 有

$$\begin{cases} Ri + u_C = U_S \\ i = C\dfrac{\mathrm{d}u_C}{\mathrm{d}t} \end{cases}$$

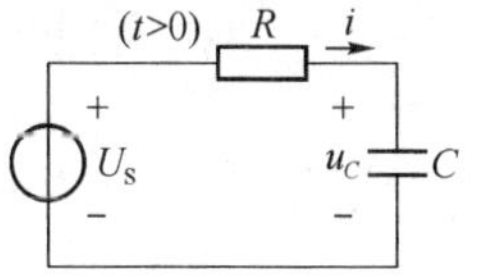

图 5-12　RC 动态电路

若以电容电压为变量，则电路的方程为

$$RC\frac{\mathrm{d}u_C}{\mathrm{d}t} + u_C = U_S$$

如果电路中的电阻、电容和电感都是线性非时变的常数，则电路方程为线性常系数微分方程。

在求解微分方程时，解答中的待定常数需要根据初始条件来确定。由于电路中的响应是电压和电流，故电路微分方程的初始条件为电压、电流在初始时刻 $t=0_+$ 的值 $f(0_+)$，简称初始值。其中，电容电压 u_C 和电感电流 i_L 的初始值由电路的初始储能决定，即由换路定则来确定，称为独立初始值或初始状态；而其余变量的初始值称为非独立初始值或相关初始值，它们由电路的外施激励和独立初始值共同确定。

求初始值的一般步骤如下。

(1) 由换路前 $t=0_-$ 时刻的电路(一般为稳定状态)求出 $u_C(0_-)$ 或 $i_L(0_-)$；

(2) 由换路定则得 $u_C(0_+)$ 或 $i_L(0_+)$；

(3) 画 $t=0_+$ 时刻的等效电路，电容用电压源替代，电感用电流源替代(取 0_+ 时刻值，方向与原假定的电容电压、电感电流方向相同)；

(4) 由 $t=0_+$ 时刻的等效电路，求出所需各变量的 0_+ 值。

例 5-3　电路如图 5-13(a)所示，已知 $R_1=2\ \Omega$，$R_2=1\ \Omega$，$R_3=2\ \Omega$，换路前电路已处稳态。试确定在 $t=0$ 时开关 S 从 a 打到 b 瞬间的电压 u_C、u_L，电流 i_R、i_C 及 i_L 的初始值。

解：换路前的电路如图 5-13(b) 所示，由于是直流稳态电路，电容可视为开路，电感可视为短路。所以由图 5-13(b)所示知

$$u_C(0_-) = 10\ \mathrm{V}$$

$$i_L(0_-) = \frac{10}{R_3} = 5\ \mathrm{A}$$

根据换路定则，有

$$u_C(0_-) = u_C(0_+) = 10\ \mathrm{V}$$

$$i_L(0_-) = i_L(0_+) = 5\ \mathrm{A}$$

换路后 $t=0_+$ 的等效电路如图 5-13(c)所示。在此图中，电容用 10 V 的电压源替代，电感用 5 A 的电流源替代，根据此电路可得 $i_R(0_+)=0$ (由于 R_1 两端电压为零)，其余两条支路与短路线构成闭合回路，根据 KVL 有

$$R_2 i_C(0_+) + u_C(0_+) = 0$$

$$R_3 i_L(0_+) + u_L(0_+) = 0$$

解得

$$i_C(0_+)=-\frac{u_C(0_+)}{R_2}=-10\ \text{A}$$

$$u_L(0_+)=-i_L(0_+)R_3=-10\ \text{V}$$

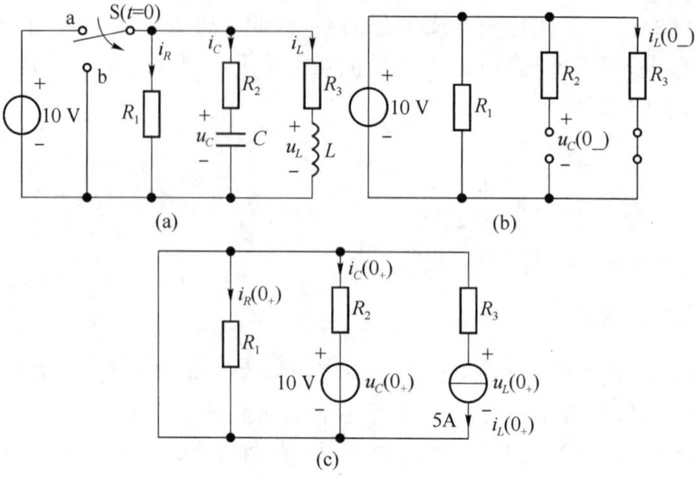

图 5-13　例 5-3 图

例 5-4　图 5-14(a)所示电路中的开关闭合已经很久，$t=0$ 时断开开关，试求开关转换前和转换后瞬间的电容电压和电感电流。

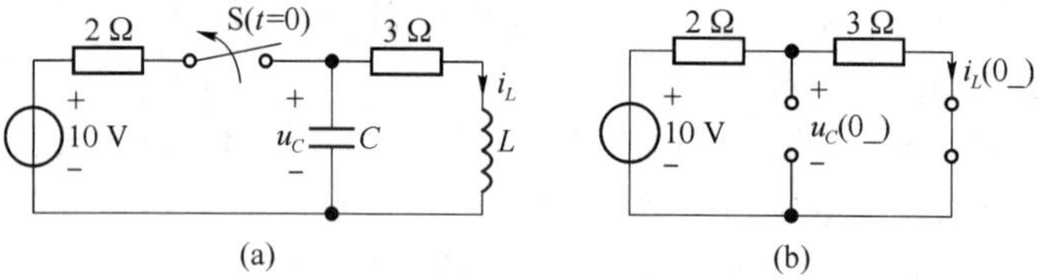

图 5-14　例 5-4 图

解：换路前开关闭合已久，电路处于稳态，电容可视为开路，电感可视为短路，换路前稳态电路如图 5-14(b)所示。由图可求得换路前电容电压和电感电流为

$$u_C(0_-)=\frac{3}{2+3}\times 10=6\ \text{V}$$

$$i_L(0_-)=\frac{10}{2+3}=2\ \text{A}$$

根据换路定则，可求得换路后瞬间电容电压和电感电流为

$$u_C(0_-)=u_C(0_+)=6\ \text{V}$$

$$i_L(0_-)=i_L(0_+)=2\ \text{A}$$

本章小结

1. 电容元件的 VCR 为 $i_C=C\frac{\mathrm{d}u_C}{\mathrm{d}t}$ 或 $u_C(t)=\frac{1}{C}\int_{-\infty}^{t}i_C(\xi)\mathrm{d}\xi$

电容是线性动态元件，储存电场能，具有记忆性，电容电压不能突变，电容具有隔断直流的作用，在直流稳态时相当于开路。

2. 电感元件的 VCR 为 $u_L = L\dfrac{\mathrm{d}i_L}{\mathrm{d}t}$ 或 $i_L(t) = \dfrac{1}{L}\int_{-\infty}^{t} u(\xi)\mathrm{d}\xi$

电感是线性动态元件，储存磁场能，具有记忆性，电感电流不能突变，在直流稳态时相当于短路。

3. 含有动态元件的电路称为动态电路。动态电路在换路时，需要经过一个过程逐步达到另一个新的稳定工作状态，这个过程称为过渡过程或暂态过程。

4. 换路定则

$$u_C(0_-) = u_C(0_+)$$
$$i_L(0_-) = i_L(0_+)$$

5. 描述动态电路的方程是以电压或电流为变量的微分方程。在求解微分方程时，需要根据初始条件来确定积分常数。初始条件（初始值）是指电压、电流在 $t = 0_+$ 的值。

本章内容延展与工程应用实例

1. 用于信号的选择

信号在传输的过程中，不可避免地要受到一定的干扰，即信号中混入了一些不需要的干扰信号。利用谐振特性，可以将大部分干扰信号滤除。在串联电路中，除谐振频率以外，电路对信号电流有一定阻抗。而回路谐振时，L 的感抗与 C 的容抗相等并相互抵消。对谐振频率来说，仅有电感线圈本身很小的电阻影响，谐振频率信号可以顺利通过，而谐振频率以外的频率信号不能通过。在并联电路中，当谐振在某一频率时，回路呈现的阻抗最大。它相当于一个大电阻，信号电流最小，而回路两端的电压却达到最大值。也就是说，并联谐振电路阻止交流电流通过而通过交流信号电压。衡量谐振电路性能的一个重要指标是选择性，选择性越好，选频特性就越“尖锐”。但信号的通频带允许通过的频率范围就越窄。如收音机的选择性越好其选台能力越强。选择性好坏与收音机中的输入调谐回路、中频变压器的品质有很大关系。

例如，接收机里用来选择信号输入电路的主要部分是天线线圈 L_1 和由电感线圈 L 与可变电容器 C 组成的串联谐振线路。天线所收到的各种频率不同的信号都会在 LC 谐振电路中感应出相应的感生电压 $u_{e1}, u_{e2}, u_{e3}, \cdots$，如图 5-15所示，图中的 R 是线圈 L 的电阻。改变 C，将所需信号频率调到串联谐振，那么这时 LC 回路中该频率的电流最大，在可变电容器两端的这种频率的电压也就较高。其他各种不同频率的信号虽然也在接收机里出现，但由于它们没有达到谐振，在回路中引起的电流很小。这样就起到了选择信号和抑制干扰的作用。

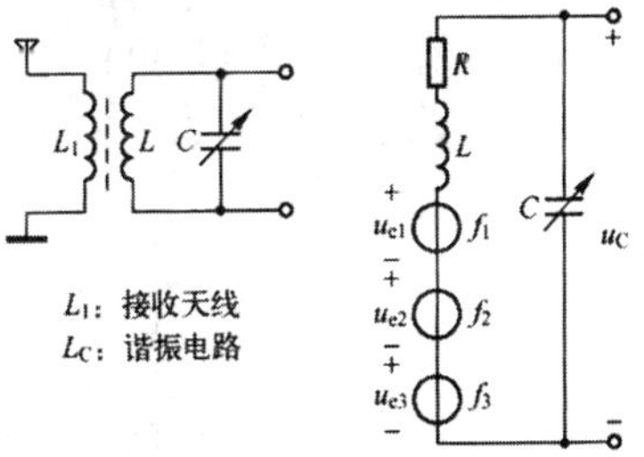

图 5-15　收音机天线接收电路

2. 用于元器件的测量

谐振电路可以用于电路元件参数测试，其方法称为谐振测试法，就是根据谐振回路的谐振特性建立起来的测量电路元件参数的方法。谐振法电路简单，且符合高频电路元件参数测试的主要方法。例如，利用谐振测电感。

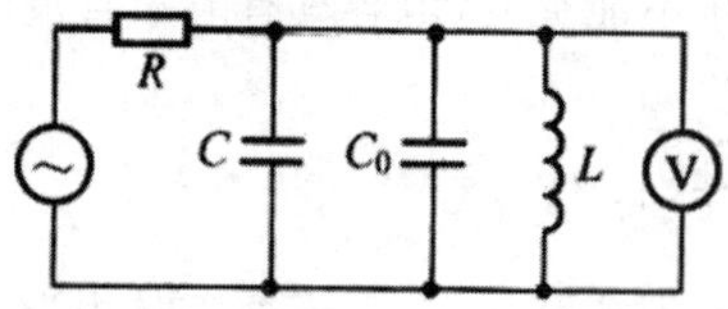

图 5-16　测电感电路

图 5-16 所示为并联谐振法测电感的电路。其中，C 为标准电容；L 为被测电感；C_0 为被测电感的分布电容。测量时，调节信号源频率，使电路谐振，即电压表指示最大，记下此时的信号源频率 f，则

$$L=\frac{1}{(2\pi f)^2(C+C_0)}$$

由此可见，还需要测出分布电容 C_0。不接标准电容 C，调节信号源的频率，使电路自然谐振，设此频率为 f_1，则

$$C_0=\frac{f^2}{f_1^2-f^2}C$$

由上述两式可得

$$L=\frac{1}{(2\pi f)^2C_0}$$

把 C_0 代入 L 的表达式，即可得到被测电感的值。

3. 提高功率的传输效率

利用谐振状态下电感的磁场能量与电容的电场能量实现完全交换这一特点，电源输出的功率全部消耗在负载电阻上，从而实现最大功率传输。由此，我们将谐振电路应用到了谐振功率放大器。谐振功率放大器是一种用谐振系统作为匹配网络的功率放大器，主要应用在无线电发射机中，用来对载波信号或高频已调波信号进行功率放大。顾名思义，高频功率放大器用于放大高频信号并获得足够大的输出功率，常又称为射频功率放大器。它广泛用于发射机、高频加热装置和微波功率源等电子设备中。

习　题　5

5-1　题 5-1 图是电容元件的端电压 u_C 波形，已知 $C=2\text{F}$，求与电压关联参考方向的电容电流 $i_C(t)$、功率 $p(t)$ 和储能 $W_C(t)$。

5-2　设有两个电容串联，$C_1=10\,\mu\text{F}$，$C_2=100\,\mu\text{F}$，外加电压 $u=200\text{ V}$。求等效电容 C 和每个电容储存的电荷量及电压。

5-3　设有三个电容组成的串并联电路，如题 5-3 图所示。若外加电压为 180 V，各电容分别为 $C_1=30\,\mu\text{F}$，$C_2=50\,\mu\text{F}$，$C_3=10\,\mu\text{F}$。求电路的等效电容及各电容的电压。

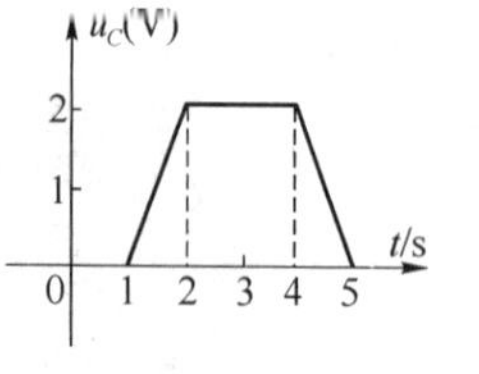

题 5-1 图

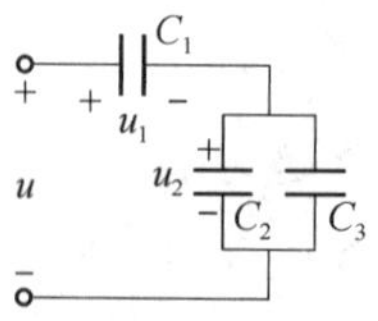

题 5-3 图

5-4　已知电路中的电容 $C=0.5\text{ F}$，其中电容电流 $i_C(t)$ 的波形如题 5-4 图所示。求 $t>0$ 时电容电压 $u_C(t)$，并画出其波形。

5-5　电路如题 5-5(a)图所示，将电感接于电压源 $u_S(t)$，$u_S(t)$ 波形如题 5-5(b)图所示。已知电感 $L=0.5\text{ H}$，$i(0)=0$，试求电感中的电流 $i(t)$ 并画出其波形。

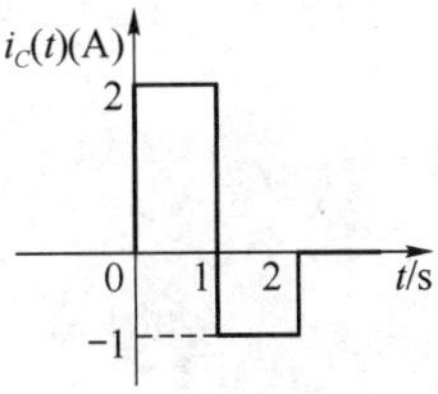

题 5-4 图

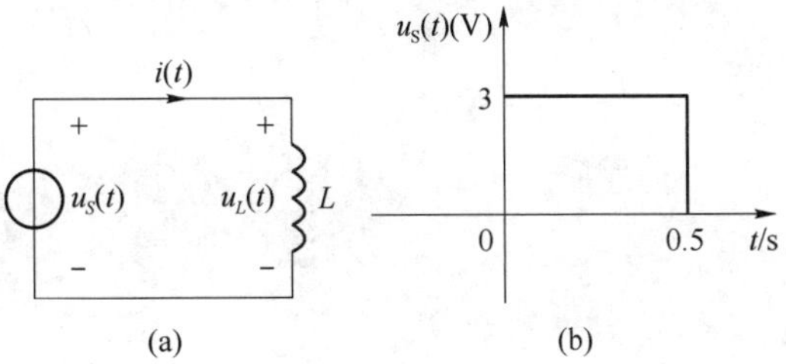

题 5-5 图

5-6　电路如题 5-6 图所示，电路已进入直流稳定状态，求电容、电感中的能量。

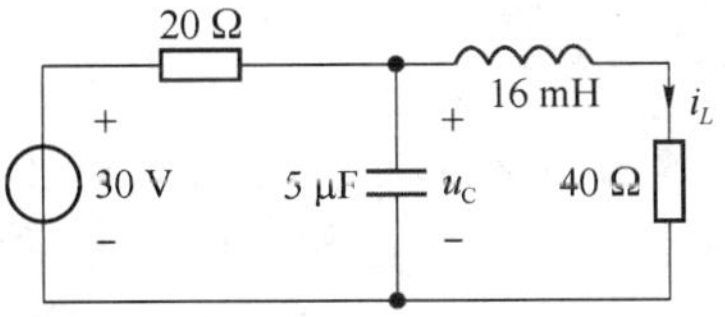

题 5-6 图

5-7　两个电容器分别为 $C_1=2\ \mu F$，额定电压 160 V（即电容正常工作时所能承受的最高电压）；$C_2=10\ \mu F$，额定电压 250 V。求：

(1) C_1 和 C_2 并联时的等效电容 $C_{并}$ 以及并联后的最高工作电压为多少？

(2) C_1 和 C_2 串联时的等效电容 $C_{串}$；如果串联后接在 200 V 的直流电压源上，每个电容所承受的电压是多少？是否安全？

5-8　对于题 5-8 图所示电路，开关闭合前电容电压 $u_C(0_-)=0$ 开关 S 在 $t=0$ 时闭合。求在开关 S 闭合后，各电压和电流的初始值。

5-9　题 5-9 图所示电路中的开关断开已经很久，$t=0$ 时闭合开关，试求开关转换前和转换后瞬间的电感电流和电感电压。

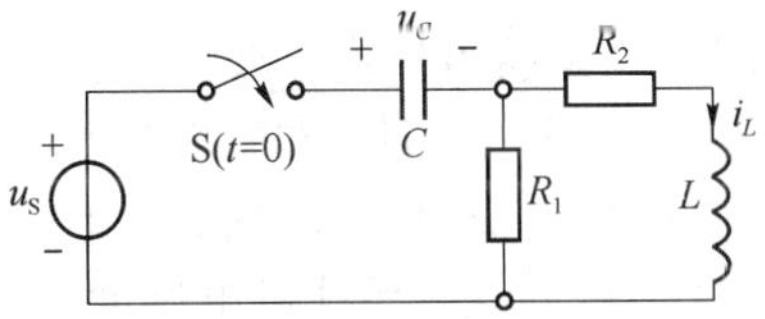

题 5-8 图

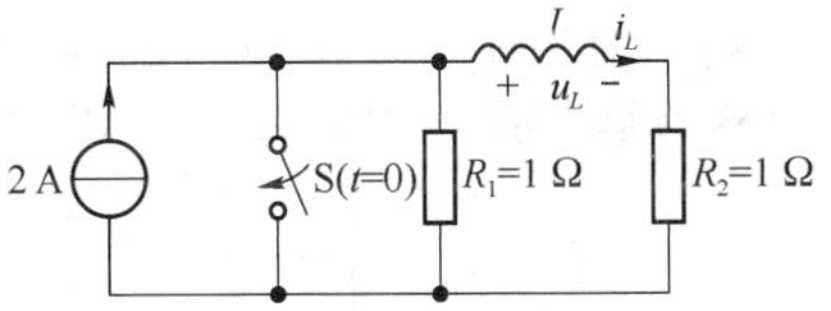

题 5-9 图

5-10　题 5-10 图所示电路中的开关闭合已经很久，$t=0$ 时断开开关，试求开关转换前和转换后瞬间的电容电压和电容电流。

5-11　题 5-11 图所示电路中的开关已经闭合很久，$t=0$ 时断开开关，试求 $u_C(0_+)$ 和 $i_L(0_+)$。

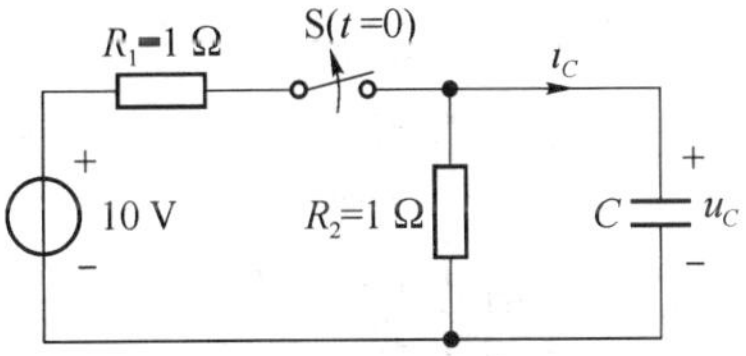

题 5-10 图

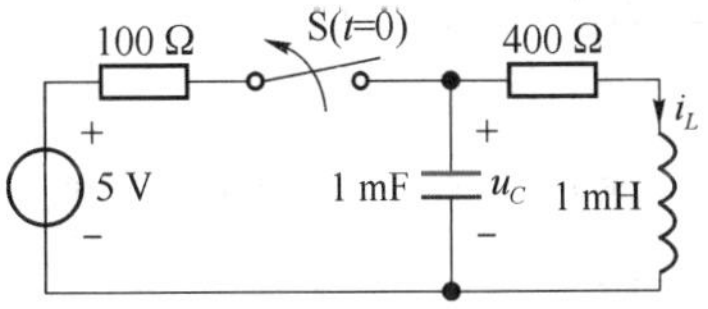

题 5-11 图

第 6 章

动态电路的时域分析

教学提示：分析动态电路就是要分析和研究过渡过程中电压与电流的变化规律。根据KCL、KVL和各元件的VCR，在时间域下建立以电压 u 或电流 i 为变量的线性微分方程，通过直接求解微分方程得到所求电压 u 或电流 i 在时间域的变化规律，这种方法称为经典分析法。由于经典分析法是在时间域中分析动态电路响应随时间变化的规律，故也称为动态电路的时域分析法。

本章首先介绍一阶电路的零输入响应、零状态响应和全响应分析方法，然后介绍一阶电路阶跃响应和冲激响应的分析方法，最后介绍二阶电路的时域分析法。

6.1 一阶电路的零输入响应

描述只含一个动态元件的动态电路状态的微分方程是一阶微分方程，因此称这样的电路为一阶动态电路。动态电路的阶数与描述电路的微分方程一致。一般而言，如果电路中含有 n 个独立的动态元件，那么描述它的将是 n 阶微分方程，该电路可称为 n 阶动态电路。

一阶电路的基本形式如图 6-1(a)、(d)所示，是仅含一个电容元件或电感元件的电路，即一阶电路只包含一个动态元件。电路中若含有多个电容元件或电感元件，但应用电容或电感的串并联变换方法可以等效变换成一个电容元件或电感元件，则仍可构成一阶电路。另外，由图 6-1(a)、(d)所示可见，动态元件两端以外的电路，都可以利用戴维宁定理或诺顿定理等效变换成一个电阻元件与独立电源组成的有源二端网络。因此，对于任意一阶电路，换路后总可以用图 6-1(b)、(c)、(e)、(f)所示之一来描述，即一阶电路总可以看成一个有源二端电阻网络 N_S 外接一个动态元件所组成。对一阶电路的分析，就可以简单归结为求解如图 6-1(b)、(c)、(e)、(f)所示之一电路的相应电压、电流响应的表达式。

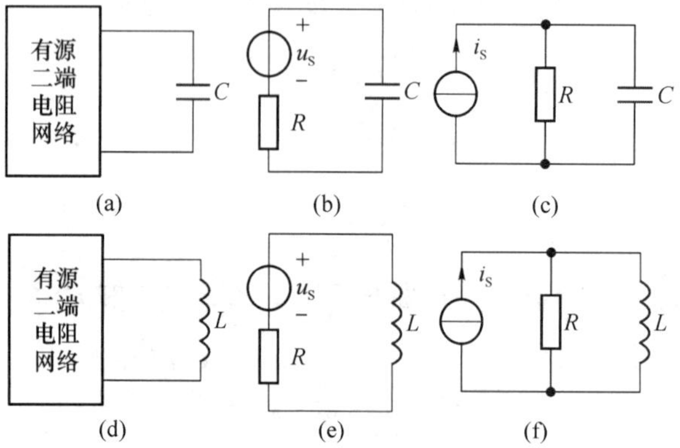

图 6-1 一阶电路的基本形式

动态电路换路后，在没有外施激励（输入为零）的情况下，仅由电路中动态元件的初始储能所引起的响应，称为零输入响应。其变化规律仅由电路的结构和元件参数决定，反映了动态电路本身所固有的特性，所以零输入响应也称为电路的自然响应或固有响应。

根据一阶电路所含储能元件不同，可分为 RC 一阶电路和 RL 一阶电路。

6.1.1　*RC* 电路的零输入响应

图 6-2(a)所示电路中的开关原来连接在 1 端，电压源 U_0 通过电阻 R_0 对电容充电，假设在开关转换以前，电路已处于稳定状态，电容电压已经达到 U_0。在 $t=0$ 时开关迅速由 1 端转换到 2 端。已经充电的电容脱离电压源而与电阻 R 并联，如图 6-2(b)所示。

首先，定性分析 $t>0$ 后电容电压的变化过程。当开关倒向 2 端的瞬间，电容电压不能跃变，即

$$u_C(0_+)=u_C(0_-)=U_0$$

电容的初始储能为 $\frac{1}{2}Cu_C^2(0_+)$。由图 6-2(b)可见，在开关 S 动作后，R、C 形成回路，电路无外加激励作用，仅靠电容的初始储能通过电阻 R 放电，从而在电路中引起电压、电流的变化，故为零输入响应。由于电阻 R 是耗能元件，且电路在零输入条件下得不到能量的补充，电阻消耗的能量需要电容来提供，这造成电容电压将逐渐下降，引起放电电流也将逐渐减小，功率也随之逐渐减小，随着时间的增长，电容电压的降低变得越来越缓慢，但只要电容上有电压和储存有能量，电阻中就有电流并且要消耗能量，一直到电容储能全部被电阻耗尽，电路中的电压、电流也趋向于零。综上所述，图 6-2(b)所示电路是电容中储存的全部电场能量 $\frac{1}{2}Cu_C^2(0_+)$ 逐渐释放出来并消耗在电阻元件上的过程，与此相应的是电容电压从初始值 $u_C(0_+)=U_0$ 逐渐减小到零的变化过程。这一过程变化的快慢取决于电阻消耗能量的速率，其具体的变化规律要通过下面定量的数学分析来得到。

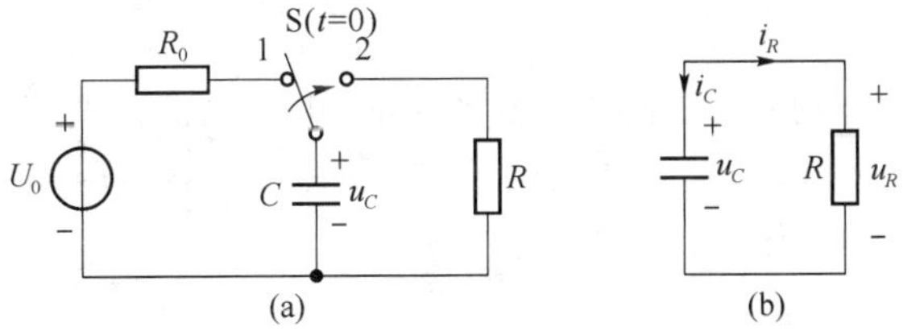

图 6-2　*RC* 电路的零输入响应

1. *RC* 电路的一阶微分方程的建立及求解

对于图 6-2(b)所示换路后的电路，在图示电压、电流参考方向下，根据 KVL 可得

$$-u_R+u_C=0$$

由电阻、电容的 VCR 方程得到

$$u_R=Ri_R,\ i_R=-C\frac{\mathrm{d}u_C}{\mathrm{d}t}$$

代入上式，得到以下方程

$$RC\frac{\mathrm{d}u_C}{\mathrm{d}t}+u_C=0\quad(t\geqslant 0)\tag{6-1}$$

式(6-1)是一个常系数线性一阶齐次微分方程。其通解为

$$u_C(t)=A\mathrm{e}^{pt}$$

将上式代入式(6-1)中，得到特征方程

$$RCp+1=0$$

其解为

$$p = -\frac{1}{RC} \tag{6-2}$$

于是电容电压变为

$$u_C(t) = A\mathrm{e}^{-\frac{t}{RC}}$$

式中，A 是一个常量，可由初始条件 $u_C(0_+)$ 确定。当 $t = 0_+$ 时上式变为

$$u_C(0_+) = A\mathrm{e}^{-\frac{t}{RC}} = A$$

根据初始条件

$$u_C(0_+) = u_C(0_-) = U_0$$

求得

$$A = U_0$$

最后得到图 6-2(b)电路的零输入响应为

$$u_C(t) = U_0\mathrm{e}^{-\frac{t}{RC}} \quad (t \geqslant 0) \tag{6-3}$$

式(6-3)说明，在 $t = 0$ 的瞬间，电容仍保持电压 U_0，随着时间的增长，电容电压逐渐减小，当 $t \to \infty$ 时，电容电压衰减为零。由于电容电压 $u_C(t)$ 与流过该电容的电流 $i_C(t)$ 为关联参考方向，故电路中的放电电流为

$$i_C(t) = C\frac{\mathrm{d}u_C}{\mathrm{d}t} = -\frac{U_0}{R}\mathrm{e}^{-\frac{t}{RC}} \quad (t > 0) \tag{6-4}$$

$$i_R(t) = -i_C(t) = \frac{U_0}{R}\mathrm{e}^{-\frac{t}{RC}} \quad (t > 0) \tag{6-5}$$

式(6-4)和式(6-5)说明，电流 $i_C(t)$ 在 $t = 0$ 的瞬间，由零跃变到 $-U_0/R$，而后随着放电过程的进行，电流也按指数规律衰减，直至放电结束时趋于零。式(6-4)中的负号表明电容中的放电电流实际方向与图 6-2(b)所示中的参考方向相反。

$u_C(t)$ 和 $i_C(t)$ 的变化曲线如图 6-3 所示。

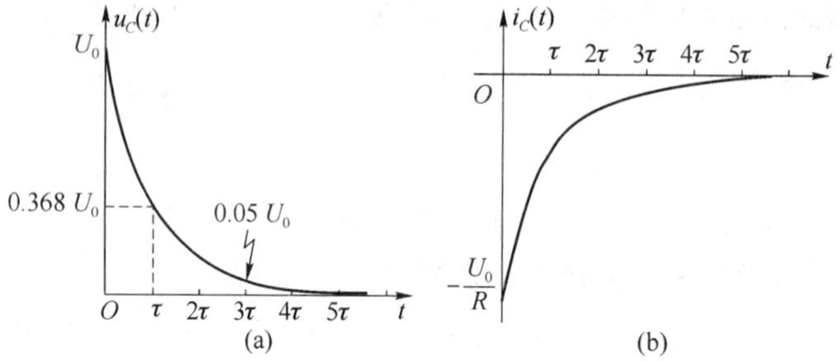

图 6-3　RC 电路的零输入响应的波形曲线

2. RC 电路的时间常数 τ

从式(6-3)～式(6-5)可见，RC 电路零输入响应中的各电压电流变量具有相同的变化规律，即都是以各自的初始值为起点，按相同的指数规律 $\mathrm{e}^{-\frac{t}{RC}}$ 衰减到零，达到新的稳定状态。衰减的快慢是由特征根 $p = -\frac{1}{RC}$ 的大小来决定的。特征根 p 具有频率的量纲(1/秒)，它的数值取决于电路的结构和元件参数值 R 和 C 的乘积，故 p 称为电路的固有频率。令

$$\tau = RC \tag{6-6}$$

式中，τ 具有时间的量纲，称为 RC 电路的时间常数。当电阻 R 单位为欧姆(Ω)、电容 C 单位为法拉(F)时，τ 的单位为秒(s)。

引入 τ 后，式(6-3)～式(6-5)可表示为

$$u_C(t) = U_0 e^{-\frac{t}{\tau}} \qquad (t \geqslant 0) \tag{6-7}$$

$$i_C(t) = C\frac{du_C}{dt} = -\frac{U_0}{R}e^{-\frac{t}{\tau}} \qquad (t>0) \tag{6-8}$$

$$i_R(t) = -i_C(t) = \frac{U_0}{R}e^{-\frac{t}{\tau}} \qquad (t>0) \tag{6-9}$$

时间常数 τ 是反映一阶电路过渡过程进展速度的一个重要参数，它的大小表征了过渡过程进行的快慢。对于式(6-7)中的 $u_C(t)$，经计算得到

$t=0$ 时　　$u_C(0) = U_0 e^{-\frac{0}{\tau}} = U_0$

$t=\tau$ 时　　$u_C(\tau) = U_0 e^{-\frac{\tau}{\tau}} = U_0 e^{-1} = 0.368U_0$

即经过一个时间常数 τ 后，电容电压 $u_C(t)$ 衰减到初始值 U_0 的 36.8%，所以，电路的时间常数是在过渡过程中各零输入响应衰减到其初始值的 36.8%所需要的时间，如图 6-3 所示。

时间常数 τ 越大，过渡过程进行时间就越长，或者说响应衰减到同一百分比值所需的时间越长，响应衰减速度越慢。由于时间常数 $\tau=RC$，τ 的大小由 R 与 C 的大小决定，τ 越大，意味着 R 大或 C 大。在一定的初始值(即 U_0 确定)情况下，C 越大，意味着电容储存的电场初始能量越多，放电过程就越长；而 R 越大，意味着对电流的阻碍就越大，放电电流就越小，衰减也就越慢。反之，τ 越小，则衰减得越快。因此在实际电路中，适当选择 R 或 C，可以改变电路的时间常数 τ，以控制过渡过程中各响应变化的速度。图 6-4 所示给出了三个不同的时间常数 τ 下 $u_C(t)$ 的变化曲线。

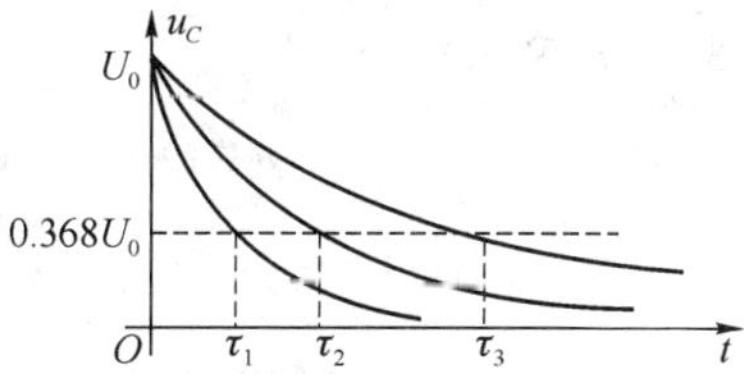

图 6-4　不同 τ 值下的 u_C 曲线

表 6-1 所示给出了在一些 τ 的整数倍时刻上的 $u_C(t)$ 数值，以表示 $u_C(t)$ 的衰减程度。

表 6-1　电容电压随时间的衰减情况

t	0	τ	2τ	3τ	4τ	5τ	…	∞
$u_C(t)$	U_0	$0.368U_0$	$0.135U_0$	$0.05U_0$	$0.018U_0$	$0.007U_0$	…	0

从表 6-1 中可以看到，从理论上讲，要经过无限长的时间，即 $t\to\infty$ 时，电容电压才能衰减为零，u_C 才能达到稳态值。但从实际应用的角度来看，当 $t=5\tau$ 时，$u_C(t)$ 已衰减为初始值的 0.7%，通常认为这时电路的过渡过程已经结束。因此，工程上一般认为经过(3～5)τ 时间后，暂态过程结束，从而进入新的稳定工作状态。

时间常数 τ 还可以从 $u_C(t)$ 的变化曲线上用几何方法求得。将 $\tau=RC$ 代入式(6-1)，得

$$\tau\frac{du_C}{dt} + u_C = 0$$

即

$$\tau = -\frac{u_C}{\frac{du_C}{dt}}$$

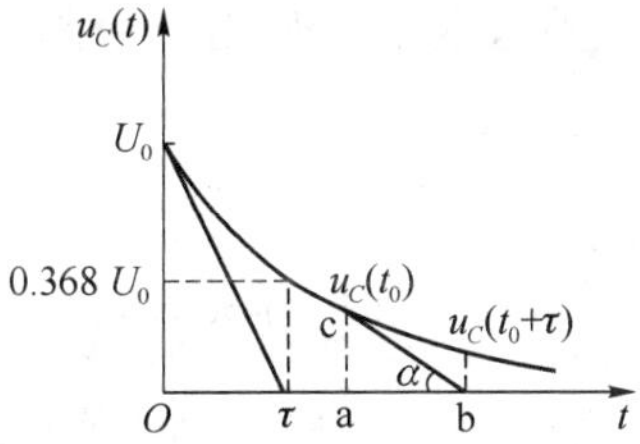

图 6-5　τ 的几何意义

上式说明，$u_C(t)$ 曲线上任一点以该点的斜率直线地衰减，经过时间 τ 之后衰减到零，或者说，$u_C(t)$ 曲线上任一点的次切距等于时间常数 τ，如图 6-5 所示。

3. *RC* 电路的能量转换

RC 电路的零输入响应过程实质上是电容的放电过程，在此期间电阻 R 消耗的总能量为

$$W_R = \int_0^\infty i_R^2(t)R\mathrm{d}t = \int_0^\infty \left(\frac{U_0}{R}\mathrm{e}^{-\frac{t}{RC}}\right)^2 R\mathrm{d}t = \frac{1}{2}CU_0^2$$

其值正好等于电容的初始储能。可见，电容中原先储存的电场能量 W_C 全部被电阻吸收而转换为热能。

例 6-1 在图 6-6 中，开关 S 长期接在位置 1，如在 $t=0$ 时把 S 接到位置 2，试求电容电压 $u_C(t)$ 及放电电流 $i(t)$ 的表达式，并绘出它们的曲线。

解：换路前电路处于直流稳态，电容相当于开路，1 kΩ 电阻中的电流为零，其电压也为零，此时电容两端的电压等于电流源在 2 kΩ 电阻上产生的电压，即

$$u_C(0_-) = 3\times10^{-3}\times2\times10^3 = 6\ \mathrm{V} = U_0$$

根据电容电压不能跃变的性质，得换路后初始时刻的电容电压值

$$u_C(0_+) = u_C(0_-) = 6\ \mathrm{V} = U_0$$

换路后的电路的时间常数为

$$\tau = RC = 3\times10^3\times1\times10^{-6} = 0.003\ \mathrm{s}$$

由式(6-7)和式(6-9)得

$$u_C(t) = U_0\mathrm{e}^{-\frac{t}{\tau}} = 6\mathrm{e}^{-\frac{t}{0.003}} = 6\mathrm{e}^{-333t}\ \mathrm{V}\quad(t\geqslant0)$$

$$i(t) = -i_C(t) = \frac{U_0}{R}\mathrm{e}^{-\frac{t}{\tau}} = \frac{6}{3\times10^3}\mathrm{e}^{-\frac{t}{0.003}} = 2\mathrm{e}^{-333t}\ \mathrm{mA}\quad(t>0)$$

$u_C(t)$ 及 $i(t)$ 的变化曲线如图 6-7 所示。

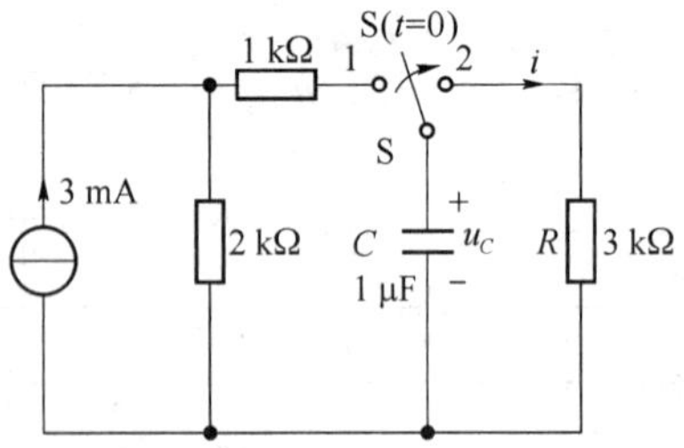

图 6-6 例 6-1 图

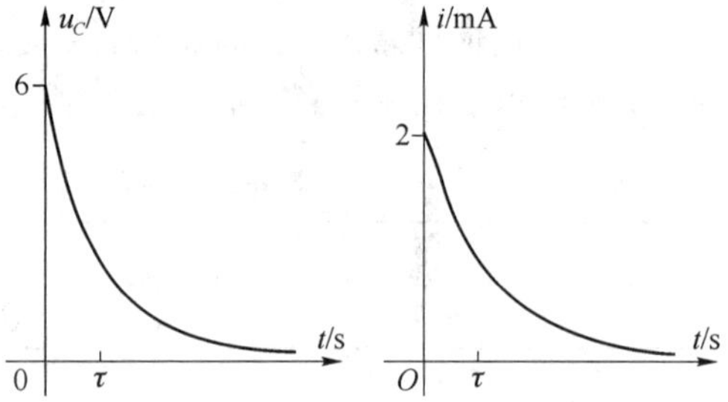

图 6-7 $u_C(t)$及 $i(t)$的曲线

6.1.2 *RL* 电路的零输入响应

1. *RL* 电路的一阶微分方程的建立及求解

图 6-8(a)所示电路中开关 S 原来闭合，换路前电路已达直流稳态，故电感相当于短路，流过电感 L 的电流为 I_0，即

$$i_L(0_-) = I_0$$

因而换路前电感 L 中储存了 $W_L(t)=\frac{1}{2}Li_L^2(t)$ 的初始磁场能量。当 $t=0$ 时，开关 S 断开，电路如图 6-8(b)所示。这时电感电流不能跃变，即 $i_L(0_+)=i_L(0_-)=I_0$，这个电感电流通过电阻 R 时要引起能量的消耗，而电阻消耗的能量要由电感储存的初始能量 $W_L(t)=\frac{1}{2}Li_L^2(t)$ 来

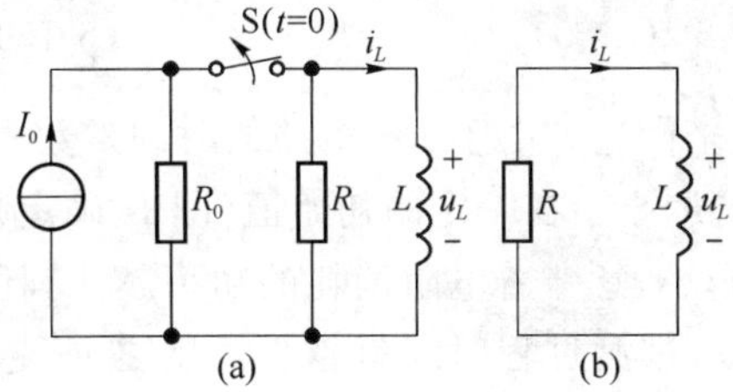

图 6-8　RL 电路的零输入响应

提供，这就会造成电感电流的不断减少，直到电感 L 通过电阻 R 释放出全部换路前储存的能量为止。由此可知，RL 放电回路中的电流、电压是由电感 L 的初始储能产生的，故也是零输入响应。RL 电路的零输入响应的变化规律，可以通过下面的数学分析得到。

列写换路后电路的 KVL 方程，得

$$u_L + R i_L = 0$$

将 $u_L(t) = L\dfrac{\mathrm{d}i_L(t)}{\mathrm{d}t}$ 代入上式，得

$$L\frac{\mathrm{d}i_L(t)}{\mathrm{d}t} + R i_L(t) = 0 \tag{6-10}$$

上式为一阶齐次微分方程，其通解为

$$i_L(t) = A\mathrm{e}^{pt}$$

其特征方程和特征根分别为

$$p + \frac{R}{L} = 0,\ p = -\frac{R}{L}$$

故电感电流为

$$i_L(t) = A\mathrm{e}^{-\frac{R}{L}t} \tag{6-11}$$

根据换路定则 $i_L(0_+) = i_L(0_-) = I_0$，将之代入式(6-11)可确定待定常数 A，即 $i_L(0_+) = A = I_0$，最后得到电感电流和电感电压的表达式为

$$i_L(t) = I_0\mathrm{e}^{-\frac{R}{L}t} \quad (t \geqslant 0) \tag{6-12}$$

$$u_L(t) = L\frac{\mathrm{d}i_L(t)}{\mathrm{d}t} = -RI_0\mathrm{e}^{-\frac{R}{L}t} \quad (t > 0) \tag{6-13}$$

从以上各表达式也可以看出，RL 电路中电流 $i_L(t)$ 及电压 $u_L(t)$ 都是按同样的指数规律衰减的。电感电流 $i_L(t)$ 是个连续函数，在 $t=0$ 时，即开关 S 动作进行换路时，$i_L(t)$ 没有跃变，而电感上的电压 $u_L(t)$ 发生了跃变，电感电流和电感电压随时间变化的曲线如图 6-9 所示。

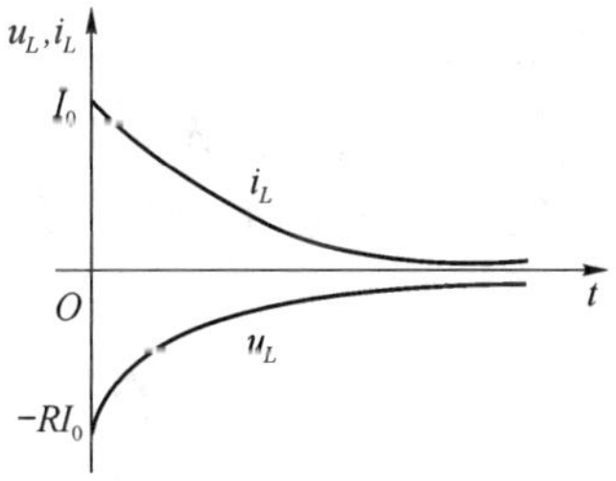

图 6-9　RL 电路零输入响应曲线

2. RL 电路的时间常数

与 RC 电路相类似，RL 电路各变量都是以各自的初始值为起点，按同样的指数规律 $\mathrm{e}^{-\frac{R}{L}t}$ 衰减到零。衰减的快慢由固有频率 $p = -\dfrac{R}{L}$ 的大小来决定。令

$$\tau = \frac{L}{R}$$

式中，τ 为 RL 电路的时间常数。当电感 L 单位为亨利（H），电阻 R 单位为欧姆（Ω）时，τ 的单位为秒(s)。

引入时间常数 τ 后，电感电流 $i_L(t)$ 和电感电压 $u_L(t)$ 分别为

$$i_L(t) = I_0\mathrm{e}^{-\frac{t}{\tau}} \quad (t \geqslant 0) \tag{6-14}$$

$$u_L(t) = L\frac{\mathrm{d}i_L(t)}{\mathrm{d}t} = -RI_0\mathrm{e}^{-\frac{t}{\tau}} \quad (t>0) \tag{6-15}$$

对于 RL 电路，零输入响应的快慢也可用时间常数 τ 来衡量。由于 RL 电路的时间常数 $\tau = L/R$ 的大小由 L 与 R 的大小决定，τ 大意味着 L 大或 R 小。在一定的初始值(即 I_0 确定)情况下，L 越大，意味着电感储存的磁场能量越多；而 R 越小，意味着电阻消耗的功率越小，耗尽相同的能量需要的时间越长，因此 τ 越大衰减也就越慢，过渡过程时间就越长。反之，τ 越小，衰减得越快，电路的过渡过程时间就越短。

3. *RL* 电路的能量转换

RL 电路的零输入响应过程实质上是电感放电过程，在此期间电阻 R 消耗的总能量为

$$W_R = \int_0^\infty i_R^2(t)R\mathrm{d}t = \int_0^\infty \left(I_0\mathrm{e}^{-\frac{R}{L}t}\right)^2 R\mathrm{d}t = \frac{1}{2}LI_0^2$$

其值正好等于电感的初始储能。可见电感中原先储存的电场能量 $W_L = \frac{1}{2}LI_0^2$ 全部被电阻吸收而转换为热能。

6.1.3　一阶电路零输入响应的一般公式

尽管一阶电路的结构和元件参数可以千差万别，但零输入响应均是以其初始值为起点按指数 $\mathrm{e}^{-\frac{t}{\tau}}$ 的规律衰减至零。如果用 $y_{zi}(t)$ 表示零输入响应，其初始值为 $y_{zi}(0_+)$，则一阶电路的零输入响应均可表示为

$$y_{zi}(t) = y_{zi}(0_+)\mathrm{e}^{-\frac{t}{\tau}} \quad (t \geqslant 0) \tag{6-16}$$

式中，τ 为一阶电路的时间常数。具体地说，对于一阶 RC 电路，$\tau = R_{eq}C$；对于一阶 RL 电路，$\tau = L/R_{eq}$。其中，R_{eq} 为换路后从动态元件 C 或 L 两端看进去的戴维宁等效电阻。

由式(6-16)可知，只要确定 $y_{zi}(0_+)$ 和 τ，无须列写和求解电路的微分方程，就可写出需求的零输入响应表达式。

例 6-2　电路如图 6-10 所示，换路前开关 S_2 断开，开关 S_1 连接至 1 端已经很久。$t=0$ 时开关 S_1 由 1 端倒向 2 端，开关 S_2 也同时闭合。求 $t \geqslant 0$ 时的电感电流 $i_L(t)$ 和电感电压 $u_L(t)$。

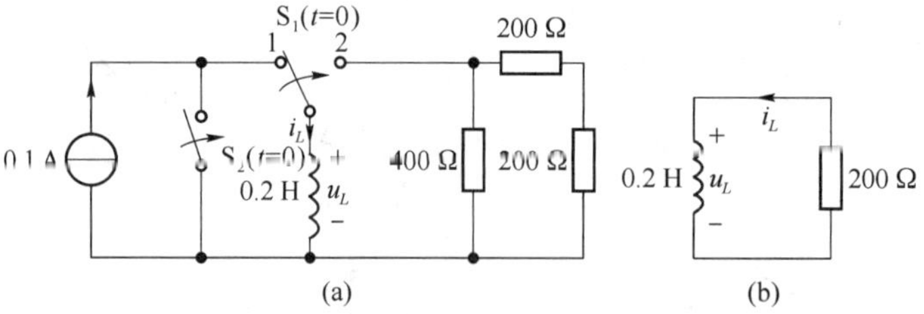

图 6-10　例 6-2 图

解: 换路前，电路处于稳态，电感相当于短路，电感电流 $i_L(0_-) = 0.1\ \mathrm{A}$，根据换路定则有

$$i_L(0_+) = i_L(0_-) = 0.1\ \mathrm{A}$$

换路后电路如图 6-10(b)所示。该电路的时间常数为

$$\tau = \frac{L}{R} = \frac{0.2}{200} = 10^{-3}\ \mathrm{s} = 1\ \mathrm{ms}$$

根据式(6-16)得换路后电感电流为

$$i_L(t)=i_L(0_+)\mathrm{e}^{-\frac{t}{\tau}}=0.1\mathrm{e}^{-10^3t}\ \mathrm{A}\quad(t\geqslant 0)$$

根据电感 VCR 得电感电压为

$$u_L(t)=L\frac{\mathrm{d}i_L(t)}{\mathrm{d}t}=-0.2\times 0.1\times 10^3\mathrm{e}^{-10^3t}=-20\mathrm{e}^{-10^3t}\ \mathrm{V}\quad(t>0)$$

6.2　一阶电路的零状态响应

动态电路中，如果所有储能元件的初始储能为零，即电容元件的初始电压为零 $u_C(0_-)=0$ 或电感元件的初始电流为零 $i_L(0_-)=0$，则称电路为零状态。外施激励作用于零状态电路产生的响应称为零状态响应。本节讨论一阶电路的零状态响应。

6.2.1　*RC* 电路的零状态响应

直流电压源通过电阻对电容充电的电路，如图 6-11(a)所示。开关闭合前，电容原来未充电，$u_C(0_-)=0$，故电路为零状态。开关闭合瞬间，$u_C(0_+)=u_C(0_-)=0$，电源电压全部加到电阻两端，使充电电流由零跃变为最大值 $i(0_+)=U_S/R$。随着充电过程的进行，该电流通过电容使电容电压和电场能量逐渐增加，电阻端电压不断下降，电流逐渐减小，直到电容电压等于电压源电压，充电电流下降到零时，充电过程结束，电路达到稳定状态。

根据 KVL，在图 6-11(a)所示参考方向下，有

$$RC\frac{\mathrm{d}u_C}{\mathrm{d}t}+u_C=U_S \tag{6-17}$$

这是一个常系数线性非齐次一阶微分方程。u_C 的通解由两部分组成，即

$$u_C=u'_C+u''_C$$

式中，u'_C 是式(6-17)的一个特解，u''_C 是与式(6-17)对应的齐次方程通解。由于式(6-17)适用于换路后的所有时刻，故可以将电路处于稳态时的电容电压 U_S 作为式(6-17)的一个特解，即

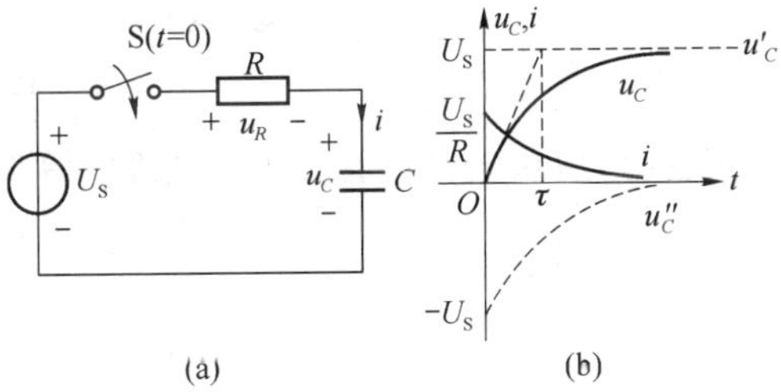

图 6-11　*RC* 电路的零状态响应

$$u'_C=U_S$$

对应齐次方程的通解为

$$u''_C=A\mathrm{e}^{-\frac{t}{\tau}}$$

式中，$\tau=RC$，于是电容电压的通解为

$$u_C=U_S+A\mathrm{e}^{-\frac{t}{\tau}}$$

代入初始值 $u_C(0_+)=0$，可求得 $A=-U_S$，故

$$u_C(t)=U_S-U_S\mathrm{e}^{-\frac{t}{\tau}}=U_S(1-\mathrm{e}^{-\frac{t}{\tau}}) \tag{6-18}$$

$$i_C(t)=C\frac{\mathrm{d}u_C}{\mathrm{d}t}=\frac{U_S}{R}\mathrm{e}^{-\frac{t}{\tau}}$$

RC 电路零状态响应曲线如图 6-11(b)所示。

直流激励的 RC 电路零状态响应中，电容电压的特解是在电路到达稳态时求得的，如果用 $u_C(\infty)$ 表示稳态值（$t \to \infty$ 到达稳态），则特解为 $u'_C = u_C(\infty)$，式(6-18)改写为

$$u_C(t) = u_C(\infty)(1 - e^{-\frac{t}{\tau}}) \tag{6-19}$$

式中，$\tau = RC$，对于一般电路来说，R 为换路后电容两端的戴维宁等效电阻。

电源向电容充电时，电流要流过电阻，所以电源提供的能量一方面存储在电容中，使电容电压提高，另一方面也被电阻消耗。充电结束时，电阻消耗的能量为

$$W_R = \int_0^{\infty} i_R^2(t)R\mathrm{d}t = \int_0^{\infty}\left(\frac{U_S}{R}e^{-\frac{t}{RC}}\right)^2 R\mathrm{d}t = \frac{1}{2}CU_S^2$$

可见，整个充电过程中电阻消耗的能量与电容存储的能量相等，即电源的充电效率只有 50%。这一结论与 R 和 C 的量值无关。

例 6-3 在图 6-12(a)所示电路中，换路前电路已达稳态，$t = 0$ 时开关 S 闭合，求换路后的 $u_C(t)$ 和 $i_C(t)$。

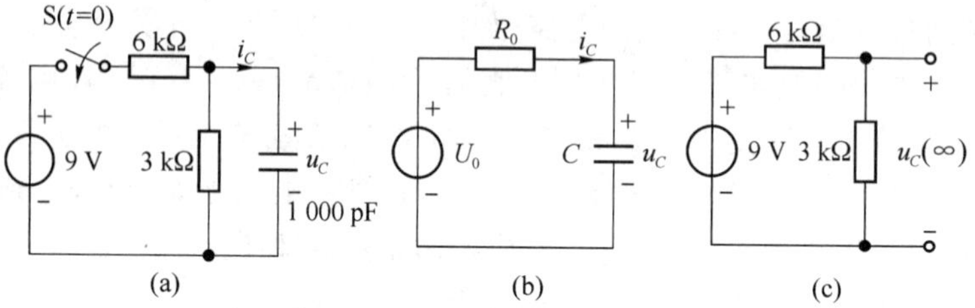

图 6-12 例 6-3 图

解：换路后从电容 C 看过去的戴维宁等效电路如图 6-12(b)所示，其等效电源的电压和电阻分别为

$$U_0 = \frac{3}{6+3} \times 9 = 3\ \text{V}$$

$$R_0 = \frac{3 \times 6}{6+3} = 2\ \text{k}\Omega$$

电路的时间常数为

$$\tau = R_0C = 2 \times 10^3 \times 1\,000 \times 10^{-12} = 2 \times 10^{-6}\ \text{s}$$

换路后电路达到新的直流稳态时，电路如图 6-12(c)所示。此时电容电压为

$$u_C(\infty) = U_0 = 3\ \text{V}$$

根据式(6-19)可得电容电压为

$$u_C(t) = u_C(\infty)\left(1 - e^{-\frac{t}{\tau}}\right) = 3 \times \left(1 - e^{-\frac{t}{2\times10^{-6}}}\right)$$
$$= (3 - 3e^{-5\times10^5})\ \text{V} \quad (t \geqslant 0)$$

电容电流为

$$i_C(t) = C\frac{\mathrm{d}u_C}{\mathrm{d}t} = \frac{u_C(\infty)}{R}e^{-\frac{t}{\tau}}$$
$$= \frac{3}{2\times10^3}e^{-5\times10^5 t}\text{A} = 1.5e^{-5\times10^5 t}\ \text{mA} \quad (t > 0)$$

6.2.2　RL 电路的零状态响应

RL 一阶电路的零状态响应与 RC 一阶电路零状态响应相似。图 6-13(a)所示电路在开关转换前，电感电流为零，即 $i_L(0_-)=0$，电路处于零状态。当 $t=0$ 时开关闭合，电感电流不能跃变，即 $i_L(0_+)=i_L(0_-)=0$。此时，电路电流全部流过电阻，使电感电压由零跃变为 U_S。因为电感电压对时间的积分得到电流，随着时间的增加，电感电流由零逐渐增加，直到等于 U_S/R，电路达稳定状态。

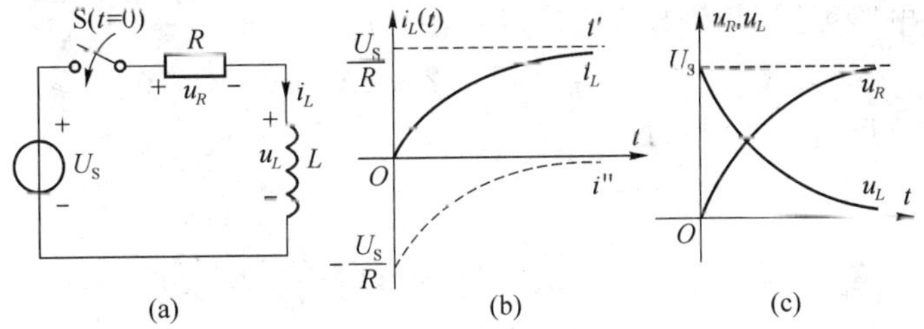

图 6-13　RL 电路的零状态响应

以电感电流作为变量，对图 6-13(a)所示电路列出电路方程

$$\frac{L}{R}\frac{\mathrm{d}i_L(t)}{\mathrm{d}t}+i_L(t)=U_S \tag{6-20}$$

这是常系数非齐次一阶微分方程，与式(6-17)相似。其解与 RC 电路相似，即 RL 一阶电路的零状态响应为

$$i_L(t)=i_L(\infty)\left(1-\mathrm{e}^{-\frac{t}{\tau}}\right)=\frac{U_S}{R}\left(1-\mathrm{e}^{-\frac{t}{\tau}}\right)\qquad(t\geqslant 0) \tag{6-21}$$

$$u_L(t)=L\frac{\mathrm{d}i_L(t)}{\mathrm{d}t}=U_S\mathrm{e}^{-\frac{t}{\tau}}\qquad(t>0) \tag{6-22}$$

式中，$\tau=L/R$ 是该电路的时间常数。其波形曲线如图 6-13(b)、(c)所示。

例 6-4　在图 6-14 所示电路中，换路前电路已达稳态，电感为零状态。$t=0$ 时开关 S 打开，求换路后 $i_L(t)$、$u_L(t)$ 和 $i_{R1}(t)$，并分别绘出 $i_L(t)$ 和 $u_L(t)$ 的变化曲线。

解：该问题为零状态响应。应用戴维宁定理，把换路后从电感看过去的电路化简为图 6-14(b)所示，其中

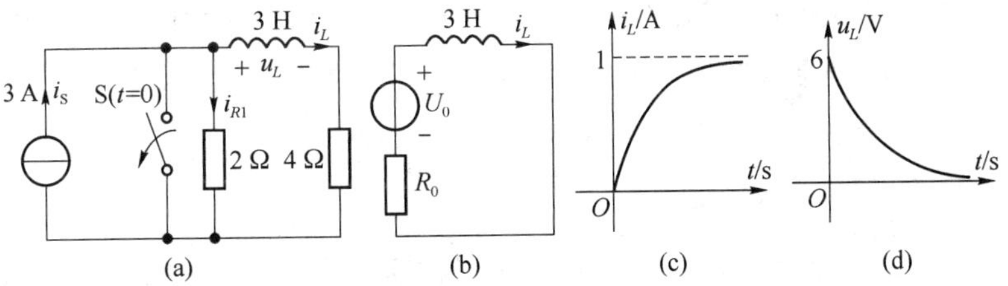

图 6-14　例 6-4 图

$$U_0=2\times 3=6\ \mathrm{V}$$

$$R_0=2+4=6\ \Omega$$

当电路进入新的稳态后，电感相当于短路，求得

$$i_L(\infty)=\frac{U_0}{R_0}=\frac{6}{6}=1\text{ A}$$

时间常数 τ 为

$$\tau=\frac{L}{R_0}=\frac{3}{6}=\frac{1}{2}\text{s}$$

则

$$i_L(t)=i_L(\infty)(1-e^{-\frac{t}{\tau}})=(1-e^{-2t})\text{ A}\qquad(t\geqslant0)$$

$$u_L(t)=U_0-R_0i_L(t)$$

$$=6-6(1-e^{-2t})=6e^{-2t}\text{ V}\quad(t>0)$$

由图 6-14(a)所示电路可知，开关 S 打开后，根据 KCL 有

$$i_{R1}(t)=I_S-i_L(t)=(2+e^{-2t})\text{ A}\quad(t>0)$$

$i_L(t)$和 $u_L(t)$波形曲线如图 6-14(c)、(d)所示。

6.3 一阶电路的全响应

在储能元件的初始储能不为零的同时，又外加激励信号，这种情况下电路产生的响应称为全响应。本节以 *RC* 电路为例讨论一阶电路在直流电压源作用下的全响应。电路如图 6-15 所示，已知开关 S 闭合前电容电压为 U_0，即 $u_C(0_-)=U_0$，在 $t=0$ 时开关 S 闭合，电容的端电压 $u_C(t)$ 是在初始储能 U_0 和电压源 U_S 共同作用产生的。若将动态元件的初始储能看作电路的内部激励，那么根据叠加定理，电路的全响应可看成内部激励和外部激励各自单独作用所产生响应的叠加。内部激励(初始状态)单独作用时所产生的响应就是零输入响应，而外加激励单独作用时所产生的响应就是零状态响应。一阶电路的全响应可以表示为

全响应＝零输入响应＋零状态响应

因此图 6-15 所示电路的全响应为

$$u_C(t)=U_0e^{-\frac{t}{\tau}}+U_S(1-e^{-\frac{t}{\tau}})\qquad(t\geqslant0)\tag{6-23}$$

式(6-23)右边的第一项是外加激励 $U_S=0$ 时，由初始状态 $u_C(0_+)$ 所产生的零输入响应；第二项是初始状态 $u_C(0_+)=0$ 时，由外加激励 U_S 产生的零状态响应。响应的曲线如图 6-16 所示。

将式(6-23)整理可得

$$u_C(t)=U_S+(U_0-U_S)e^{-\frac{t}{\tau}}\qquad(t\geqslant0)\tag{6-24}$$

式(6-24)中，U_S 称为稳态响应(强制分量)，$(U_0-U_S)e^{-\frac{t}{\tau}}$ 称为暂态响应(自由分量)，响应的曲线如图 6-16 所示，水平直线即稳态响应，对应式(6-24)第一项，瞬态曲线即暂态响应，对应式(6-24)第二项。

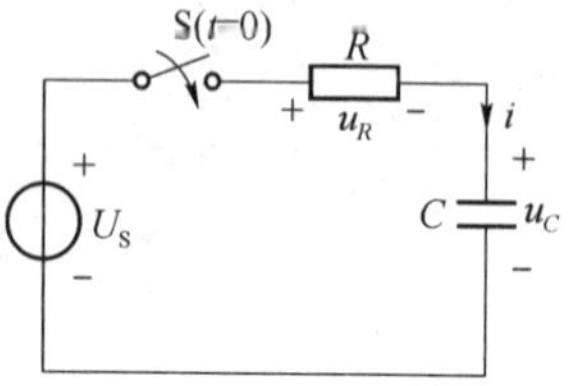

图 6-15　*RC* 电路全响应

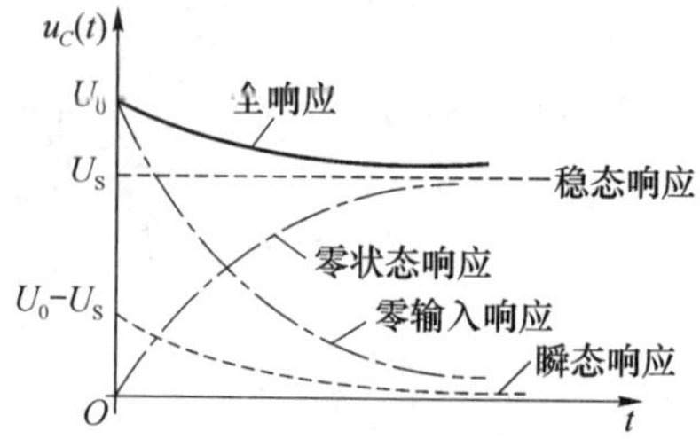

图 6-16　*RC* 电路全响应波形图

由此可见，直流激励作用于 RC 电路响应会出现两个分量，暂态与稳态分量，因此，全响应还可以表示为

全响应＝稳态响应＋暂态响应

响应的暂态分量持续时间就是电路的动态过程，这期间电路要从原有状态过渡到与直流激励相适应的直流稳态（即 u_C 要从 U_0 变为 U_S ）。经 3～5 τ 后，暂态分量消失，电路由过渡状态进入到稳定状态，此时电路的响应便完全由响应的稳态分量决定。把全响应分解为暂态响应分量和稳态响应分量正是为了反映动态电路这两种工作状态。

6.4　一阶电路的三要素法

通过前面分析可知，对于含有一个储能元件的线性电路，不论它的结构和参数如何，换路后电路任一响应与激励之间的关系均可用一个一阶常系数线性微分方程来描述。设 $t=0$ 时换路，换路后在恒定激励下，任一响应的解 $f(t)$ 为

$$f(t)=f(\infty)+[f(0_+)-f(\infty)]e^{-\frac{t}{\tau}} \qquad (t\geqslant 0) \qquad (6\text{-}25)$$

式(6-25)为恒定激励下一阶电路任一响应的公式。其中 $f(t)$ 表示电路的全响应（电压或电流）；$f(0_+)$ 表示 $f(t)$ 在换路后初始时刻（即 $t=0_+$ ）的值，称为初始值；$f(\infty)$ 表示 $f(t)$ 在电路换路后进入新稳态（即 $t\rightarrow\infty$ ）时的值，称为稳态值；τ 为一阶电路的时间常数。由此式可知，在上述的一阶电路中，任一响应（电压或电流）都是由初始值 $f(0_+)$ 、稳态值 $f(\infty)$ 和时间常数 τ 三个要素确定的。

式(6-25)的波形曲线如图 6-17 所示。由图 6-17 可以看出：

(1) 当 $f(0_+)<f(\infty)$ 时，$f(t)$ 的曲线由初始值 $f(0_+)$ 按指数规律上升到稳态值 $f(\infty)$，属于充电情况，即储能从少到多的过程。零状态响应作为该情况的一个特例，其初始值 $f(0_+)=0$，如图 6-17(a)所示。

(2) 当 $f(0_+)>f(\infty)$ 时，$f(t)$ 的曲线是由初始值 $f(0_+)$ 按指数规律下降到稳态值 $f(\infty)$，相当于放电情况，即储能由多到少的过程。零输入响应作为全响应的一个特例，其稳态值 $f(\infty)=0$，如图 6-17(b)所示。

(3) 当 $f(0_+)=f(\infty)$ 时，瞬态响应为零，这说明电路在换路后不经历瞬态过程而直接进入稳态，此时 $f(t)=f(0_+)=f(\infty)$。

综上所述，直流激励下一阶电路中任一响应总是从初始值 $f(0_+)$ 开始，按照指数规律增长或衰减到稳态值 $f(\infty)$，响应变化的快慢取决于电路的时间常数 τ。

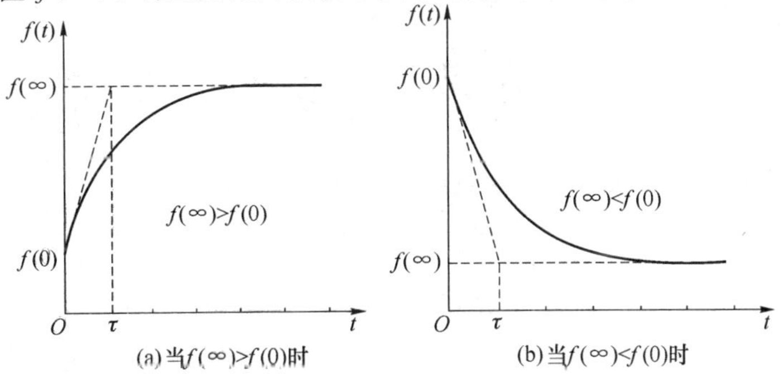

图 6-17　直流激励下一阶电路全响应的波形图

从式(6-25)和图 6-17 的曲线还可以看出，直流激励下一阶电路的全响应取决于 $f(0_+)$、$f(\infty)$ 和 τ 这三个要素。只要分别计算出这三个要素，就能够确定全响应，而不必建立和求解微分方程，并且式(6-25)不仅适用于计算一阶电路的全响应，而且也适用于计算一阶电路的零输入响应和零状态响应。这种计算直流激励下一阶电路响应的方法称为三要素法，式(6-25)称为直流激励下一阶电路的三要素计算公式。

应用三要素法求解一阶电路响应的步骤如下。

(1) 初始值 $f(0_+)$ 的确定。

① 根据换路前，即 $t=0_-$ 时电路所处的状态求出 $u_C(0_-)$ 或 $i_L(0_-)$。在直流稳态下，电容按开路处理来求 $u_C(0_-)$；电感按短路处理来求 $i_L(0_-)$。

② 根据储能元件的换路定则，求出独立初始值 $u_C(0_-)=u_C(0_+)$ 或 $i_L(0_-)=i_L(0_+)$。

(2) 稳态值 $f(\infty)$ 的确定。

换路后在直流激励下，当 $t\to\infty$ 时电路进入直流稳态，此时电容相当于开路，电感相当于短路，画出 $t\to\infty$ 时的等效电路，在此电路中求解响应的稳态值。

(3) 时间常数 τ 的确定。

对于一阶 RC 电路，$\tau=R_{eq}C$；对于一阶 RL 电路，$\tau=L/R_{eq}$。其中，R_{eq} 为换路后从动态元件 C 或 L 两端看过去的戴维宁等效电阻。

例 6-5 在图 6-18 所示电路中，$t=0$ 时开关 S 闭合，开关闭合前电路已经稳定。试求 $t>0$ 时的电容电压 $u_C(t)$ 和电阻 R_2 中的电流 $i_2(t)$。

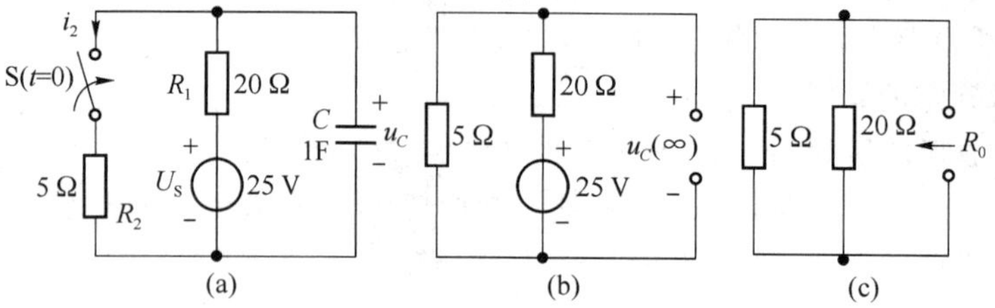

图 6-18 例 6-5 图

解：(1) 求 $u_C(0_+)$。

开关闭合前电路已处于稳态，电容相当于开路，$u_C(0_-)=25\text{ V}$。因此独立初始值 $u_C(0_+)$ 为

$$u_C(0_+)=u_C(0_-)=25\text{ V}$$

(2) 求 $u_C(\infty)$。

换路后 $t\to\infty$ 时的直流稳态电路如图 6-18(b)所示，此时电容又相当于开路，其两端的电压就是电阻 R_2 的端电压，即

$$u_C(\infty)=\frac{R_2U_S}{(R_1+R_2)}=\frac{5\times 25}{(20+5)}=5\text{ V}$$

(3) 求 τ。

换路后从 C 看过去的戴维宁等效电阻如图 6-18(c)所示，即

$$R_0=\frac{R_1R_2}{(R_1+R_2)}=\frac{5\times 20}{(20+5)}=4\ \Omega$$

故时间常数为

$$\tau=R_0C=4\times 1=4\text{ s}$$

(4) 根据三要素公式求 $u_C(t)$。

$$u_C(t)=u_C(\infty)+[u_C(0_+)-u_C(\infty)]e^{-\frac{t}{\tau}}=[5+(25-5)e^{-\frac{t}{4}}]$$

$$= 5 + 20e^{-\frac{t}{4}}\ \text{V} \quad (t \geqslant 0)$$

根据欧姆定律得

$$i_2(t) = \frac{u_C(t)}{R_2} = \frac{5 + 20e^{-\frac{t}{4}}}{5} = 1 + 4e^{-\frac{t}{4}}\ \text{A} \quad (t > 0)$$

$u_C(t)$和 $i_2(t)$的变化曲线如图 6-19 所示。

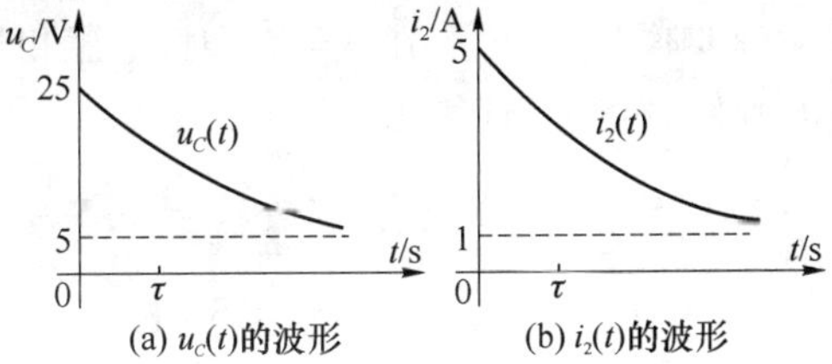

图 6-19　$u_C(t)$ 和 $i_2(t)$ 的波形

例 6-6　在图 6-20(a)所示电路中，$U_S = 6\ \text{V}$，$R_1 = 6\ \Omega$，$L = 0.5\ \text{H}$，$I_S = 2\ \text{A}$，$R_2 = 3\ \Omega$。开关 S 闭合前，电路已达稳态，$t = 0$ 时开关闭合。试求换路后 $i(t)$ 和 $u(t)$。

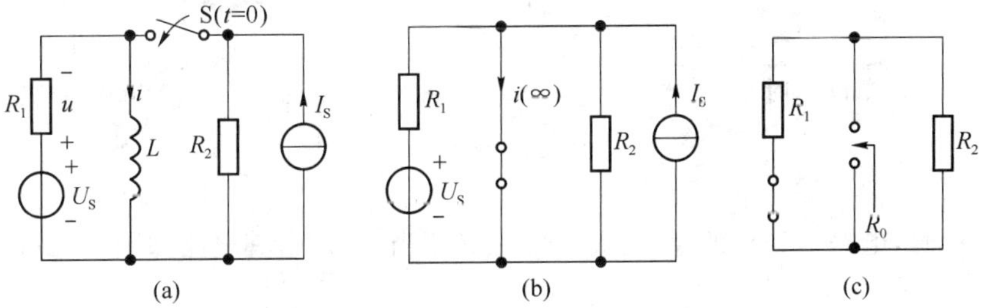

图 6-20　例 6-6 图

解：(1) 求换路后的独立初始值。

开关 S 闭合前，即 0_- 时刻，电路已达稳态，电感元件相当于短路，故 $i(0_-) = U_S/R = 6/6\text{A} = 1\ \text{A}$，$i(0_+) = i(0_-) = 1\ \text{A}$。

(2) 求换路后 $t \to \infty$ 时的 $i(t)$ 稳态值 $i(\infty)$。

换路后电路达到新稳态时，电感 L 相当于短路，$t \to \infty$ 时的等效电路如图 6-20(b)所示，此时

$$i(\infty) = \frac{U_S}{R_1} + I_S = \frac{6}{6} + 2 = 3\ \text{A}$$

(3) 求换路后的时间常数 τ。

换路后从 L 看过去的等效电阻如图 6-20(c)所示。

$$R_0 = \frac{R_1 R_2}{(R_1 + R_2)} = \frac{6 \times 3}{(6 + 3)} = 2\ \Omega$$

故时间常数
$$\tau = \frac{L}{R} = \frac{0.5}{2} = 0.25\ \text{s}$$

(4) 由三要素公式求全响应：

$$i(t) = i(\infty) + [i(0_+) - i(\infty)]e^{-\frac{t}{\tau}} = [3 + (1 - 3)e^{-\frac{t}{0.25}}]$$
$$= (3 - 2e^{-4t})\ \text{A} \quad (t \geqslant 0)$$

由电感元件的电压电流关系求得电感电压 $u_L(t)$（设 u_L 与 i 取关联参考方向）

$$u_L = L\frac{di(t)}{dt} = 4e^{-4t}\ \text{V} \quad (t > 0)$$

取 KVL 求得电阻 R 上的电压 u 为

$$u(t) = u_S - u_L(t) = (6 - 4e^{-4t})\ \text{V} \quad (t > 0)$$

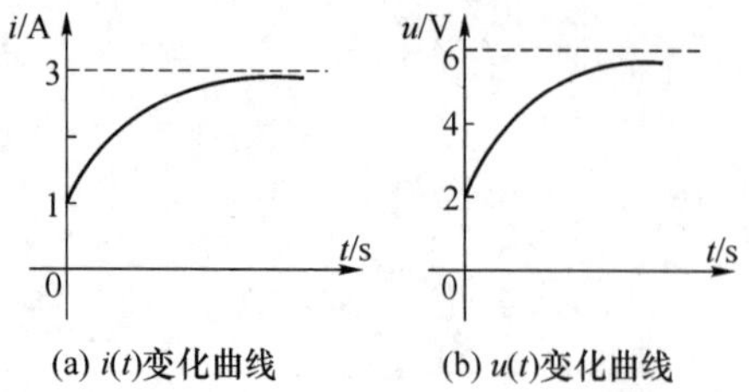

图 6-21 例 6-6 图 $i(t)$和 $u(t)$的变化曲线

$i(t)$ 和 $u(t)$ 的变化曲线如图 6-21 所示。

例 6-7 电路如图 6-22(a)所示，$t<0$ 时电路已达稳态。$t=0$ 时 S_1 闭合，S_2 打开。求 $t>0$ 时的 $i_L(t)$ 和 $u(t)$。

解：(1) 求 $i_L(0_+)$。

在 $t=0_-$ 时，电感相当于短路，由图 6-22(a)可计算出

$$i_L(0_-)=\frac{1}{2}i(0_-)=\frac{1}{2}\times\frac{1}{2}I_S=0.5\ \text{A}$$

由此求得

$$i_L(0_+)=i_L(0_-)=0.5\ \text{A}$$

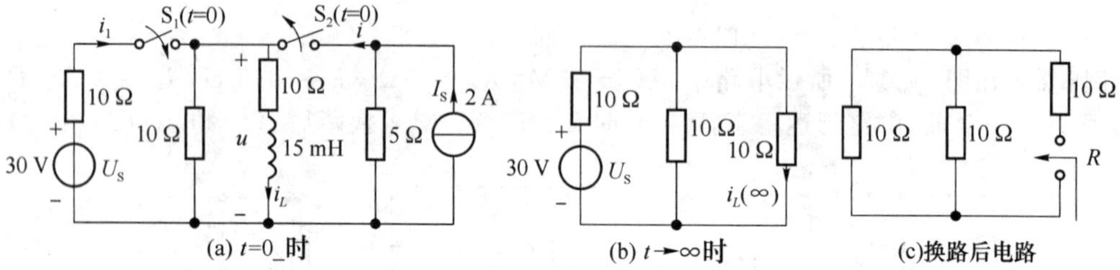

图 6-22 例 6-7 图

(2) 求 $i_L(\infty)$。

在 $t\to\infty$ 时，电路达到新的稳态，此时电感又相当于短路，其电路如图 6-22(b)所示。

$$i_L(\infty)=\frac{1}{2}\times\frac{U_S}{10+\frac{10\times10}{10+10}}=1\ \text{A}$$

(3) 求 τ。

换路后从 L 看过去的等效电阻如图 6-22(c)所示。

$$R=10+\frac{10\times10}{10+10}=15\ \Omega$$

故时间常数为

$$\tau=\frac{L}{R}=\frac{15\times10^{-3}}{15}=10^{-3}\ \text{s}$$

(4) 求 $i_L(t)$。

利用三要素公式得

$$\begin{aligned}i_L(t)&=i_L(\infty)+[i_L(0_+)-i_L(\infty)]e^{-\frac{t}{\tau}}=1+(0.5-1)e^{-1\,000t}\\&=(1-0.5e^{-1\,000t})\ \text{A}\qquad(t\geqslant0)\end{aligned}$$

设电感电压 u_L 与 i_L 为关联参考方向，则由 u_L 与 i_L 的关系得

$$u_L(t)=L\frac{\mathrm{d}i_L(t)}{\mathrm{d}t}=15\times10^{-3}\times0.5\times1\,000e^{-1\,000t}=7.5e^{-1\,000t}\ \text{V}\quad(t>0)$$

根据 KVL 求得 $u(t)$

$$\begin{aligned}u(t)&=u_L(t)+10i_L(t)\\&=7.5e^{-1\,000t}+10(1-0.5e^{-1\,000t})\\&=(10+2.5e^{-1\,000t})\text{V}\quad(t>0)\end{aligned}$$

$i_L(t)$和 $u(t)$ 的变化曲线如图 6-23 所示。

例 6-8　电路如图 6-24(a)所示，$t<0$ 时电路已处于稳态。在 $t=0$ 时闭合开关，求 $t>0$ 时的电容电压 $u_C(t)$。

解：首先将电路中含受控源的部分等效成电压源与电阻串联支路，然后再利用三要素公式求 $u_C(t)$。

(1) 断开电路 ab 以右电路，如图 6-24(b)所示，由于要满足 $i_1+0.5i_1=0$，则必有 $i_1=0$，因此，$u_{OC}=u_S=6\text{ V}$。

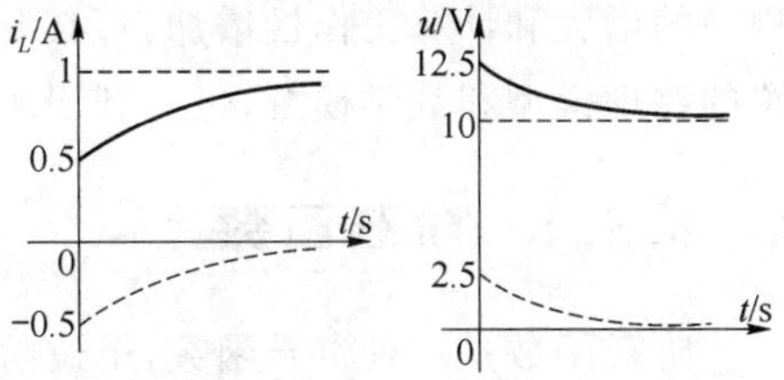

(a) $i_L(t)$的波形　　(b) $u(t)$的波形

图 6-23　$i_L(t)$ 和 $u(t)$ 的波形

(2) 求从 ab 往左看过去的等效电阻 R_0。由图 6-24(c)可求得 $i_{SC}=i_1+0.5i_1=1.5i_1$，而 $i_1=6/3=2\text{ A}$

于是　$$i_{SC}=1.5\times 2=3\text{ A}$$

等效电阻 R_0 为　$$R_0=u_{OC}/i_{SC}=2\ \Omega$$

画出原电路的等效电路如图 6-24(d)所示。由图可求得三要素。

$$u_C(0_-)=u_C(0_+)=u_{OC}=6\text{ V}$$

$$u_C(\infty)=\frac{4}{2+2+4}u_{OC}=3\text{ V}$$

$$\tau=RC=\frac{4\times(2+2)}{4+(2+2)}\times\frac{1}{2}=1\text{ s}$$

故

$$u_C(t)=u_C(\infty)+[u_C(0_+)-u_C(\infty)]e^{-\frac{t}{\tau}}=3+(6-3)e^{-t}$$
$$=(3+3e^{-t})\text{ V}\qquad(t\geqslant 0)$$

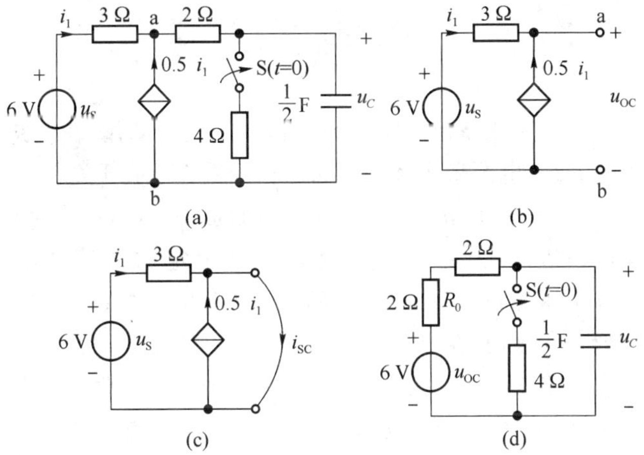

图 6-24　例 6-8 图

6.5　一阶电路的阶跃响应

通过 6.4 节的讨论可以看到，直流一阶电路中的各种开关可以起到将直流电压源和电流源接入电路或脱离电路的作用，这种作用可以描述为分段恒定信号对电路的激励。随着电路规模的增大和计算工作量增加，有必要引入阶跃函数来描述这些物理现象，以便更好地建立电路的物理模型和数学模型，也有利于用计算机分析和设计电路。

6.5.1 阶跃函数

阶跃函数是一种奇异函数，单位阶跃函数用 $\varepsilon(t)$ 表示，其定义为

$$\varepsilon(t)=\begin{cases}0, & t\leqslant 0_-\\ 1, & t\geqslant 0_+\end{cases} \tag{6-26}$$

其波形如图 6-25(a)所示，$\varepsilon(t)$ 在 $t=0$ 时发生了跃变，由 0 值跳跃到 1，所以称为单位阶跃函数。在突跳点 $t=0$ 处，函数值未定义。当跃变量不是一个单位，而是 A 个单位时，可以用阶跃函数 $A\varepsilon(t)$ 来表示，其波形如图 6-25(b)所示。当跃变不是发生在 $t=0$ 时刻，而是发生在 $t=t_0$ 时刻，可以用延迟单位阶跃函数 $\varepsilon(t-t_0)$ 表示，其波形如图 6-25(c)所示。显然，函数 $\varepsilon(-t)$ 表示 $t<0$ 时，$\varepsilon(-t)=1$，$t>0$ 时，$\varepsilon(-t)=0$，如图 6-25(d)所示。

延迟单位阶跃函数 $\varepsilon(t-t_0)$ 可表示为

$$\varepsilon(t-t_0)=\begin{cases}0, & t\leqslant t_{0_-}\\ 1, & t\geqslant t_{0+}\end{cases} \tag{6-27}$$

阶跃函数本身的量纲为 1，当它用来表示电压或电流时量纲分别为 V 和 A，并统称为阶跃信号。

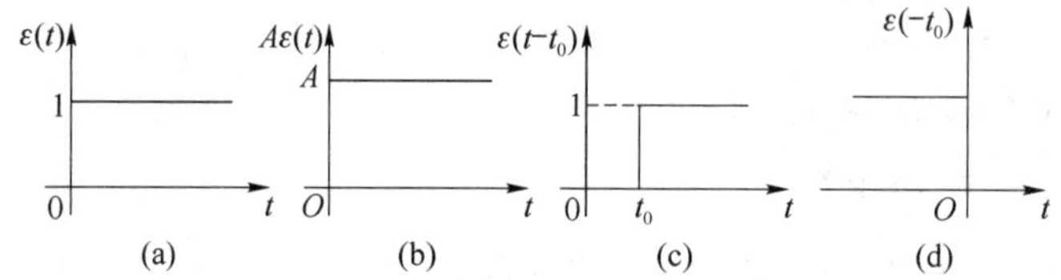

图 6-25 阶跃函数

在动态电路分析中，可以利用单位阶跃函数来描述开关的动作，在电路图中通常不画开关，而以阶跃函数作为激励的阶跃电源来代替。例如，图 6-26(a)所示开关电路，就其端口 ab 所产生的电压波形 $u(t)$ 来说，在 $t<0$ 时，$u(t)=0$；在 $t>0$ 时，$u(t)=U_0$；而在开关转换的时刻，即在 $t=0$ 时刻，电压 $u(t)$ 从 0 跃变到 U_0，没有一个确定的数值。开关的这种作用可用图 6-26(b)所示中的阶跃电压源 $U_0\varepsilon(t)$ 来表示，两者是等效的。图 6-26(c)所示开关电路，就其端口 ab 所产生的电流波形 $i(t)$ 来说，在 $t<0$ 时，$i(t)=0$；在 $t>0$ 时，$i(t)=I_0$；而在开关转换的时刻，即在 $t=0$ 时刻，电流 $i(t)$ 从 0 跃变到 I_0，没有一个确定的数值。这种作用等效于图 6-26(d)所示的阶跃电流源 $I_0\varepsilon(t)$；与此相似，图 6-26(e)所示电路等效于图 6-26(f)所示阶跃电压源 $U_0\varepsilon(-t)$；图 6-26(g)所示电路等效于图 6-26(h)所示阶跃电流源 $I_0\varepsilon(-t)$；引入阶跃电压源和阶跃电流源，可以省去电路中的开关，使电路的分析研究更加方便，下面举例加以说明。

一阶电路的激励为阶跃函数 $A\varepsilon(t)$ 时，相当于在 $t=0$ 时将量值为 A 的直流激励作用于电路中。因此，阶跃响应与直流激励下的零状态响应没有本质区别。利用阶跃函数和延迟阶跃函数，通过分解的方法，可将时间上分段恒定的电压或电流信号表示为一系列阶跃信号之和。

如图 6-27(a)所示矩形脉冲信号，可以看作是图 6-27(b)所示两个不同起点的阶跃信号的叠加组成，即

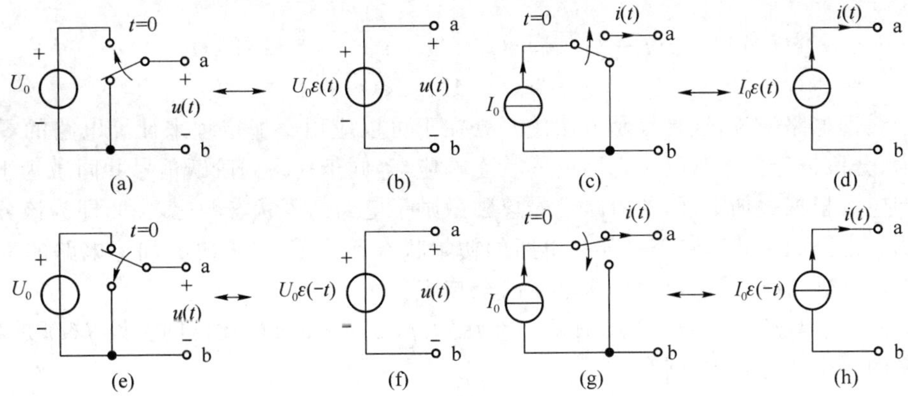

图 6-26　用阶跃电源表示开关的作用

$$f(t) = f_1(t) + f_2(t) = A\varepsilon(t) - A\varepsilon(t - t_0) = A[\varepsilon(t) - \varepsilon(t - t_0)]$$

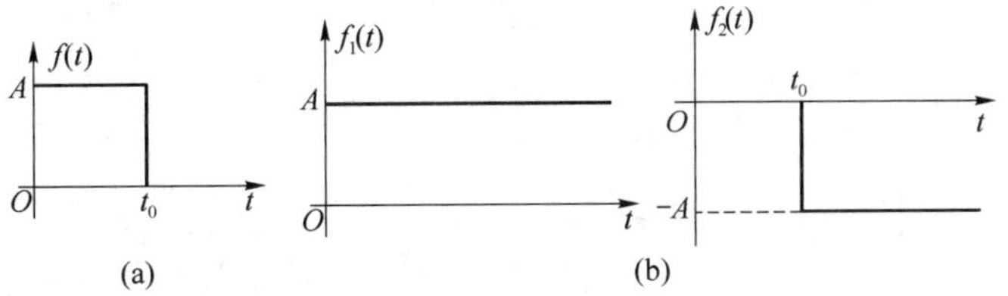

图 6-27　用阶跃信号表示矩形脉冲

同理,对于一个如图 6-28(a)所示矩形脉冲,可写作

$$f(t) = A\varepsilon(t - t_1) - A\varepsilon(t - t_2) = A[\varepsilon(t - t_1) - \varepsilon(t - t_2)]$$

相应的两个阶跃信号如图 6-28(b)所示。

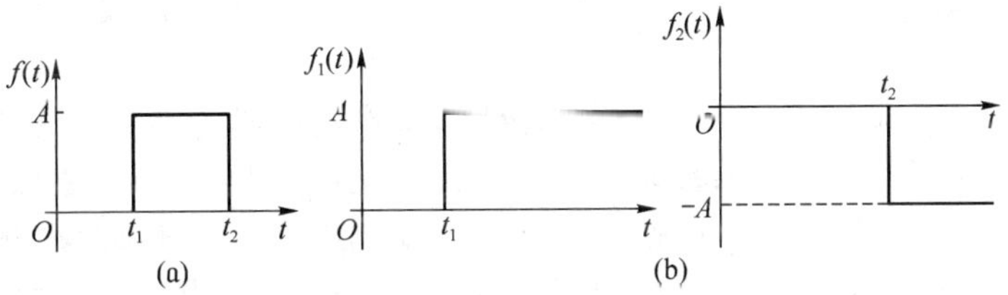

图 6-28　矩形脉冲的分解

例 6-9　试写出如图 6-29 所示的分段恒定信号的阶跃函数表达式。

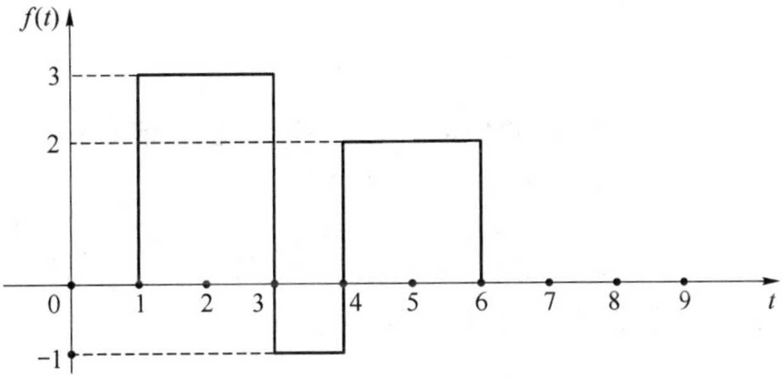

图 6-29　用阶跃信号表示分段恒定信号示例

解：

$$f(t)=3[\varepsilon(t-1)-\varepsilon(t-3)]-[\varepsilon(t-3)-\varepsilon(t-4)]+2[\varepsilon(t-4)-\varepsilon(t-6)]$$
$$=3\varepsilon(t-1)-4\varepsilon(t-3)+3\varepsilon(t-4)-2\varepsilon(t-6)$$

对于线性电路来说，这种表示方法的好处在于可以应用叠加定理来计算电路的零状态响应。因为，分段恒定信号激励于电路的零状态响应，等同于一系列阶跃信号共同激励于电路的零状态响应。根据叠加定理，各阶跃信号单独激励于电路的零状态响应之和，即为该分段常量信号激励于电路的零状态响应。如果电路的初始状态不为零，只需再叠加上电路的零输入响应，即可求得电路在分段恒定信号激励下的全响应。

单位阶跃函数还可用来"起始"任意一个函数 $f(t)$，表示其作用区间。设 $f(t)$ 是对所有 t 都有定义的一个任意函数，则有

$$f(t)\varepsilon(t-t_0)=\begin{cases}0 & (t<t_0)\\ f(t) & (t>t_0)\end{cases}$$

如果需使 $f(t)$ 在 $t<0$ 时为零，则可以把 $f(t)$ 乘以单位阶跃函数 $\varepsilon(t)$，如图 6-30(a)所示。如果需使 $f(t)$ 在 $t<t_0$ 时为零，则将 $f(t)$ 乘以 $\varepsilon(t-t_0)$ 即可，如图 6-30(b)所示。

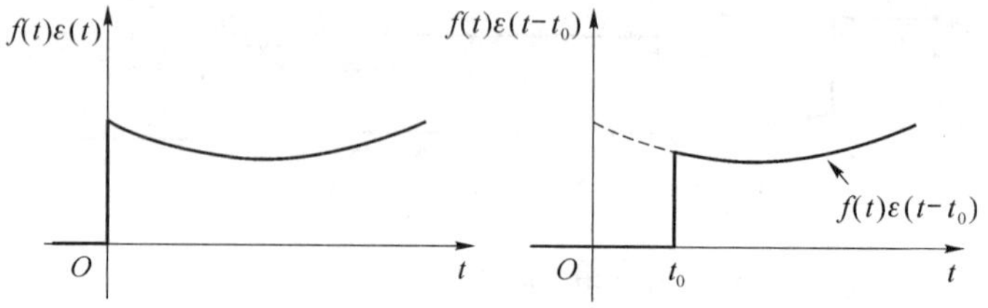

(a) $f(t)$在$t<0$时为零　　(b) $f(t)$在$t<t_0$时为零

图 6-30　单位阶跃函数的起始作用

6.5.2　阶跃响应

一阶电路在零状态条件下，由单位阶跃函数 $\varepsilon(t)$ 作用引起的响应称为单位阶跃响应，简称阶跃响应，用 $s(t)$ 表示。单位阶跃函数 $\varepsilon(t)$ 作用于电路，相当于单位直流电压源 1 V 或单位直流电流源 1 A 在 $t=0$ 时接入电路，因此单位阶跃响应与单位直流激励下的零状态响应是相同的。对于一阶电路，电路的阶跃响应仍可用三要素法进行求解。例如，图 6-31(a)所示 RC 串联电路处于零状态，直流输入在 $t=0$ 时施加于电路，利用阶跃函数表示输入信号为 $u_S(t)=\varepsilon(t)$，其初始值 $u_C(0_+)=0$，稳态值 $u_C(\infty)=1$，时间常数为 $\tau=RC$。用三要素公式得到电容电压 $u_C(t)$ 的阶跃响应为

$$s(t)=\left(1-e^{-\frac{t}{RC}}\right)\varepsilon(t)$$

对于图 6-31(b)所示 RL 并联电路，其初始值 $i_L(0_+)=0$，稳态值 $i_L(\infty)=1$，时间常数为 $\tau=L/R$。利用三要素公式得到电感电流 $i_L(t)$ 的阶跃响应为

$$s(t)=\left(1-e^{-\frac{R}{L}t}\right)\varepsilon(t)$$

以上两个式子可以用一个表达式表示为

$$s(t)=\left(1-e^{-\frac{t}{\tau}}\right)\varepsilon(t)\tag{6-28}$$

式中，时间常数为 $\tau=RC$ 或 $\tau=L/R$。

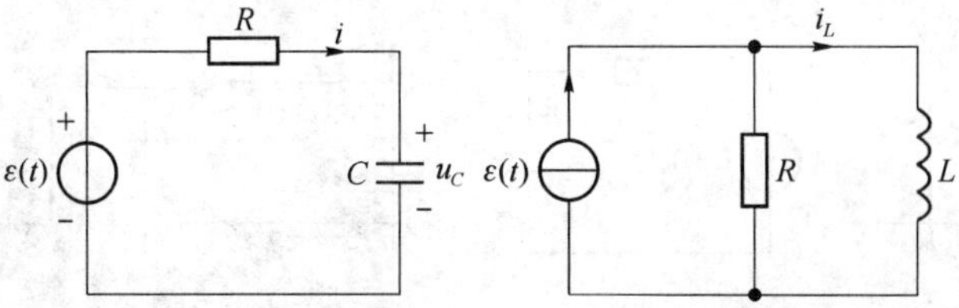

(a)RC串联电路的阶跃响应　　(b)RL并联电路的阶跃响应

图 6-31　阶跃响应

式(6-28)中所求的阶跃响应已包含有 $\varepsilon(t)$ 因子，这就清楚地表明响应所对应的时域范围(即 $t \geqslant 0_+$)，故无须在表达式后注明 $t \geqslant 0_+$。

如果线性电路的结构和元件参数均不随时间变化，则称该电路为线性时不变电路。线性电路具有两个重要性质，就是齐次性和叠加性。

在线性时不变动态电路中，若单位阶跃函数 $\varepsilon(t)$ 激励下的零状态响应是 $s(t)$，则在阶跃函数 $A\varepsilon(t)$ 激励下的零状态响应是 $As(t)$，这是线性电路齐次性质的具体体现。而在延迟阶跃函数 $A\varepsilon(t-t_0)$ 激励下的响应是 $As(t-t_0)$，这反映了时不变电路的时不变性质。上述性质可用图 6-32 表示。

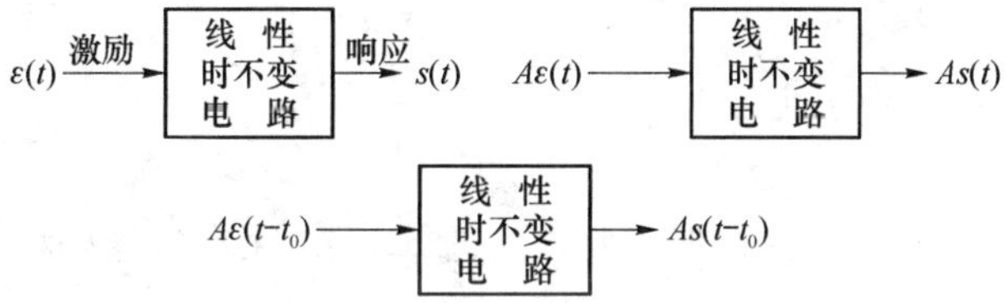

图 6-32　阶跃激励与响应

根据线性电路的叠加性质，如果同时有几个单位阶跃激励共同作用于电路时，其零状态响应等于各个激励单独作用产生的零状态响应之和，即

$$\varepsilon_1(t)+\varepsilon_2(t)\Rightarrow s_1(t)+s_2(t)$$

对于线性动态电路，零状态响应与外施激励满足线性性质(齐次性、叠加性)。如果线性动态电路既满足齐次性又满足叠加性，则有

$$A_1\varepsilon_1(t)+A_2\varepsilon_2(t)\Rightarrow A_1 s_1(t)+A_2 s_2(t)$$

线性电路的时不变性质，给电路的分析计算带来许多方便。当脉冲形式的激励作用于线性动态电路时，可先求出电路的单位阶跃响应，然后根据齐次定理和叠加定理求解电路对脉冲激励的响应，也可以根据脉冲激励信号的分段连续性，按时间分段求解。

例 6-10　求如图 6-33(a)所示的脉冲电压 $u_S(t)$ 作用于图 6-33(b)所示 RC 电路产生的零状态响应 $u_C(t)$。

解：(1) 利用阶跃响应计算。

先将脉冲电压 $u_S(t)$ 分解为图 6-33(c)所示两个阶跃函数，即

$$u_S(t)=U_S\varepsilon(t)-U_S\varepsilon(t-t_0)=u_{S1}+u_{S2}$$

式中　$$u_{S1}=U_S\varepsilon(t),\ u_{S2}=-U_S\varepsilon(t-t_0)$$

在 u_{S1} 作用下电路的零状态响应 u_{C1} 为

$$u_{C1}(t)=U_S\left(1-e^{-\frac{t}{\tau}}\right)\varepsilon(t)$$

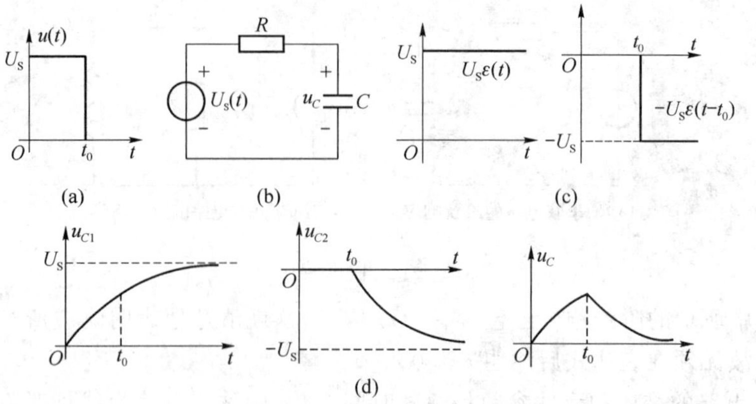

图 6-33　例 6-10 图

上式中 $\tau=RC$。根据齐次性质和时不变性质，在 u_{S2} 作用下电路的零状态响应 u_{C2} 为

$$u_{C2}(t)=-U_S\left(1-e^{-\frac{t-t_0}{\tau}}\right)\varepsilon(t-t_0)$$

由线性电路的叠加性质得输出电压为

$$u_C(t)=u_{C1}(t)+u_{C2}(t)=U_S\left(1-e^{-\frac{t}{\tau}}\right)\varepsilon(t)-U_S\left(1-e^{-\frac{t-t_0}{\tau}}\right)\varepsilon(t-t_0)$$

u_{C1}、u_{C2}、u_C 的波形如图 6-33(d)所示。

(2) 按照物理意义时间顺序分段求解。

按时间分段，在每个时间段内根据三要素法进行求解：在 $0<t<t_0$ 时，电路为零状态响应，$u_C(0_+)=u_C(0_-)=0$，$u_C(\infty)=U_S$，$\tau=RC$，故有

$$u_C(t)=U_S(1-e^{-\frac{t}{RC}})\quad(0<t<t_0)$$

在 $t\geqslant t_0$ 时，电路为零输入响应，在 $t=t_0$ 时刻的电容电压为 $u_C(t_{0+})=u_C(t_{0-})=U_S(1-e^{-\frac{t_0}{RC}})$，$t\to\infty$ 时电容电压为 $u_C(\infty)=0$，$\tau=RC$，故有

$$\begin{aligned}u_C(t)&=u_C(t_{0+})e^{-\frac{t-t_0}{\tau}}=U_S\left(1-e^{-\frac{t_0}{RC}}\right)e^{-\frac{t-t_0}{RC}}\\&=U_S\left(1-e^{-\frac{t_0}{RC}}\right)-U_S\left(1-e^{-\frac{t-t_0}{RC}}\right)\quad(t\geqslant t_{0+})\end{aligned}$$

6.6　一阶电路的冲激响应

在前面分析动态电路时，外加激励都是采用幅值有限的电源，在此种情况下，电容元件中的电流将是有限值，电容电压是连续函数，满足换路定则 $u_C(0_-)=u_C(0_+)$；而电感元件中的电压将是有限值，电感电流是连续函数，满足换路定则 $i_L(0_-)=i_L(0_+)$。但当外加激励的幅值不是有限值时，动态电路中的响应将如何进行过渡呢？本节将对此进行简要介绍。

6.6.1　冲激函数

冲激函数又称为 δ 函数，也是一种奇异函数。单位冲激函数用 $\delta(t)$ 表示，其定义为

$$\begin{cases}\delta(t)=0 & (t\neq 0)\\ \int_{-\infty}^{\infty}\delta(t)\mathrm{d} & (t=1)\end{cases}\tag{6-29}$$

单位冲激函数 $\delta(t)$ 可以看作是单位脉冲函数的极限情况。图 6-34(a)所示为一个单位矩形脉冲函数 $p(t)$ 的波形，它定义为

$$p(t)=\begin{cases}0 & \left(t<-\dfrac{\Delta}{2}\text{ 或 }t>\dfrac{\Delta}{2}\right)\\ \dfrac{1}{\Delta} & \left(-\dfrac{\Delta}{2}<t<\dfrac{\Delta}{2}\right)\end{cases}$$

它的宽度为 Δ，高度为 $\frac{1}{\Delta}$，面积为 1。当宽度越来越窄时，它的高度就越来越大，但其波形与横轴所包围的面积总保持为 1。当脉冲宽度 $\Delta\to 0$ 时，脉冲高度 $\frac{1}{\Delta}\to\infty$，在此极限情况下，可以得到一个宽度趋于零，幅度趋于无限大而面积仍为 1 的脉冲，此极限脉冲就是单位冲激函数 $\delta(t)$，可记为

$$\lim_{\Delta\to 0}p(t)=\delta(t)\tag{6-30}$$

其波形用图 6-34(b)表示。冲激函数所含的面积称为冲激函数的强度，单位冲激函数即强度为 1 的冲激函数，在冲激函数波形箭头旁边标注的数字“1”表示它的强度。应当指出，用来表征冲激函数的量是它的强度而不是幅度。例如单位冲激电流是指其强度为 1 C 而不是幅度为 1 A 的电流。也就是说，在极短（0_- 到 0_+）的瞬间，有 1 C 电荷被转移到零状态的电容上，使电容电压发生了跃变，因此只有其电流幅度趋于无限大才能完成。因为当电流为有限值时，电容电压是不能跃变的。

一般的冲激函数，可以用单位冲激函数乘以常量 A 来表示，其中 A 为冲激强度。A 常带有单位，如对上述冲激电流而言，A 应具有电荷的单位。冲激函数的积分为

$$\int_{-\infty}^{\infty}A\delta(t)\mathrm{d}t=A\int_{-\infty}^{\infty}\delta(t)\mathrm{d}t-A$$

冲激函数用冲激量为 A 的粗箭头表示，同样在箭头旁标注着它的冲激强度 A，如图 6-35(a)所示。若冲激不是 $t=0$ 时刻，而是发生在 t_0 时刻，则称为延时冲激函数，记作 $A\delta(t-t_0)$，如图 6-35(b)所示，其定义为

$$\begin{cases}A\delta(t-t_0)=0 & (t\neq t_0)\\ \int_{-\infty}^{\infty}A\delta(t-t_0)\mathrm{d}t=A\end{cases}\tag{6-31}$$

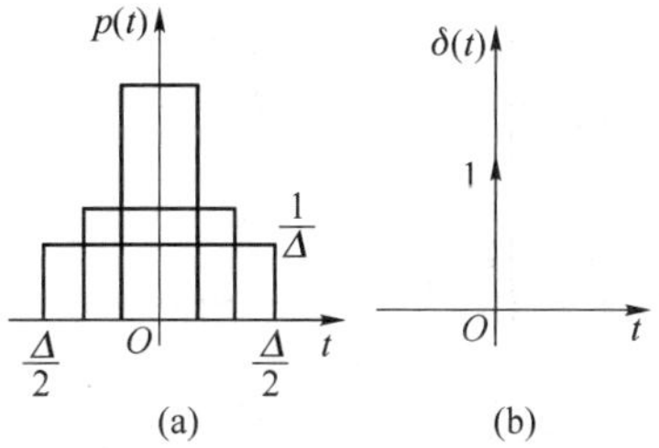

图 6-34　脉冲函数与单位冲激函数

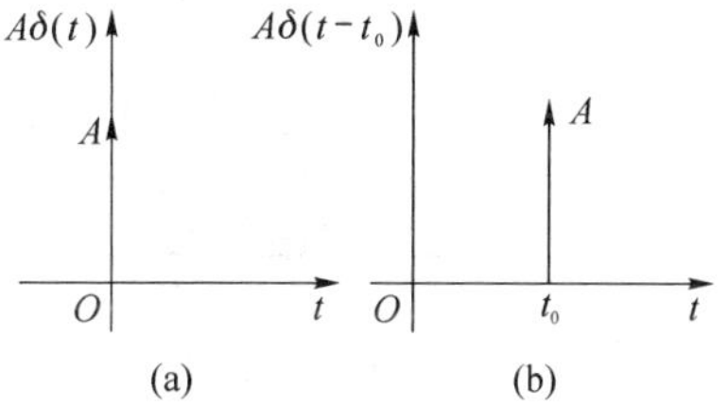

图 6-35　冲激函数与延时冲激函数

冲激函数本身的量纲为1，当用它表示电压或电流时，量纲分别为伏[特]和安[培]，并统称为冲激信号。

冲激函数有如下两个重要性质。

(1) 单位冲激函数 $\delta(t)$ 是单位阶跃函数 $\varepsilon(t)$ 的导数。

根据单位冲激函数的定义，可得

$$\int_{-\infty}^{t}\delta(\xi)\mathrm{d}\xi=\begin{cases}0 & (t<0)\\ 1 & (t>0)\end{cases}$$

而阶跃函数的定义为

$$\varepsilon(t)=\begin{cases}0 & (t<0)\\ 1 & (t>0)\end{cases}$$

显然以上两式相等，即

$$\varepsilon(t)=\int_{-\infty}^{t}\delta(\xi)\mathrm{d}\xi \tag{6-32}$$

式(6-32)表明单位冲激函数的积分等于单位阶跃函数。反过来，单位阶跃函数对时间的一阶导数等于单位冲激函数，即

$$\delta(t)=\frac{\mathrm{d}\varepsilon(t)}{\mathrm{d}t} \tag{6-33}$$

式(6-32)和式(6-33)是单位冲激函数 $\delta(t)$ 与单位阶跃函数 $\varepsilon(t)$ 之间存在的重要关系。

(2) 筛分性质。

由于 $t\neq0$ 时 $\delta(t)=0$，所以对任意在 $t=0$ 时连续的函数 $f(t)$，将有

$$f(t)\delta(t)=0\quad(t\neq0)$$

而在 $t=0$ 时因 $f(t)=f(0)$，有

$$f(t)\delta(t)=f(0)\delta(t)\quad(t=0)$$

因此

$$\int_{-\infty}^{\infty}f(t)\delta(t)\mathrm{d}t=\int_{-\infty}^{\infty}f(0)\delta(t)\mathrm{d}t=f(0)\int_{-\infty}^{\infty}\delta(t)\mathrm{d}t=f(0) \tag{6-34}$$

同理，对任意在 $t=t_0$ 处连续的函数 $f(t)$，则有

$$\int_{-\infty}^{\infty}f(t)\delta(t-t_0)\mathrm{d}t=f(t_0) \tag{6-35}$$

式(6-34)和式(6-35)表明，冲激函数能把一个函数 $f(t)$ 在某一时刻的值筛选或取样出来，这一性质称为冲激函数的筛分性质，或称取样特性，如图6-36所示。

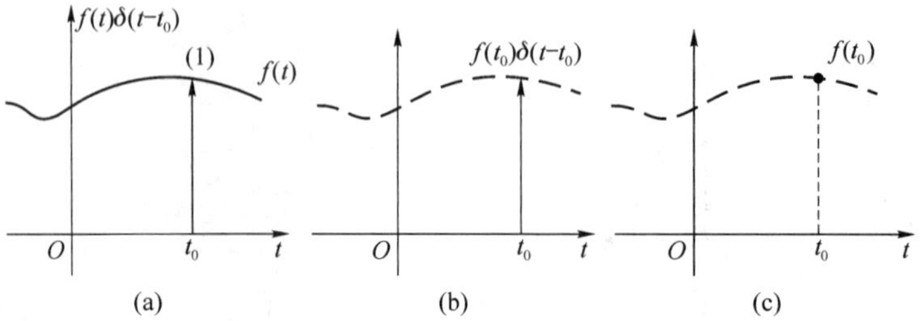

图6-36　冲激函数的筛分性质

6.6.2　冲激响应

电路在单位冲激信号作用下的零状态响应称为单位冲激响应，简称冲激响应，用符号 $h(t)$ 表示。

对于线性动态电路，描述响应与激励关系的是一个线性常系数微分方程。如果设这种电路的激励为 $e(t)$ 时的响应为 $r(t)$，则当激励为 $e(t)$ 的导数或积分时，所得响应必定为 $r(t)$ 的导数或积分。

因为单位冲激函数与单位阶跃函数之间存在如下的关系。

$$\begin{cases}\delta(t) = \dfrac{\mathrm{d}\varepsilon(t)}{\mathrm{d}t} \\ \varepsilon(t) = \displaystyle\int_{-\infty}^{t} \delta(\xi)\mathrm{d}\xi\end{cases}$$

所以，线性电路的单位冲激响应与单位阶跃响应之间也存在类似的依从关系，即

$$\begin{cases}h(t) = \dfrac{\mathrm{d}s(t)}{\mathrm{d}t} \\ s(t) = \displaystyle\int_{-\infty}^{t} h(\xi)\mathrm{d}\xi\end{cases} \tag{6-36}$$

这就是，单位冲激响应 $h(t)$ 是单位阶跃响应 $s(t)$ 的一阶导数。

由此可以得到求解冲激响应的一种方法，即先求出电路的阶跃响应 $s(t)$，然后求其导数，便可得到冲激响应 $h(t)$。

例 6-11　电路如图 6-37(a)所示，试求电路在零状态下的 u_C 和 i_C。

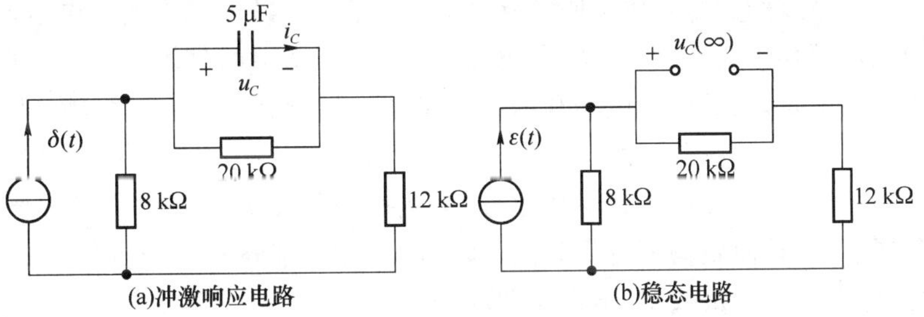

图 6-37　例 6-11 图

解：先求电容电压的单位阶跃响应。将激励设为 $\varepsilon(t)$，电路到达稳态时，电容相当于开路，如图 6-37(b)所示，由图得

$$u_C(\infty) = \frac{8}{20+8+12}\varepsilon(t) \times 20 = 4\varepsilon(t)\ \mathrm{kV}$$

时间常数 τ 为　　$\tau = RC = 10 \times 10^3 \times 5 \times 10^{-6} = 0.05\ \mathrm{s}$

则由三要素法求得电容电压的单位阶跃响应为

$$s(t) = u_C(\infty)\left(1 - \mathrm{e}^{-\frac{t}{\tau}}\right) = 4(1 - \mathrm{e}^{-20t})\varepsilon(t)\ \mathrm{kV}$$

于是，电容电压的冲激响应为

$$u_C(t) = \frac{\mathrm{d}}{\mathrm{d}t}s(t) = 4 \times 20\mathrm{e}^{-20t}\varepsilon(t) + 4(1 - \mathrm{e}^{-20t})\delta(t) = 80\mathrm{e}^{-20t}\varepsilon(t)\ \mathrm{kV}$$

电容电流的冲激响应为

$$i_C(t)=[-8e^{-20t}\varepsilon(t)+0.4\delta(t)]\ \mathrm{A}$$

6.7 二阶电路的零输入响应

用二阶微分方程来描述的电路称为二阶电路。从电路的结构来看,二阶电路包含有两个独立的动态元件。所谓独立,是指当两个元件同为电容或电感时,它们不能通过串、并联等效为一个电容或电感,否则仍属于一阶电路。动态元件可以性质相同(如两个电感 L 或两个电容 C),也可以性质不同(如一个电感 L 和一个电容 C)。分析二阶电路的方法与分析一阶电路类似,首先根据 KCL 或 KVL 建立描述响应与激励关系的微分方程,然后求解满足初始条件的方程的解。对于二阶电路的动态响应,需要确定两个待定常数,它们由储能元件的初始值(即电感电流的初始值和电容电压的初始值)及输入共同决定。本节以简单的 RLC 串联电路为例,讨论 $t\geqslant 0$ 时该二阶电路的零输入响应。

6.7.1 二阶电路微分方程及求解

图 6-38 所示为 RLC 串联电路。设开关闭合前,有 $u_C(0_-)=U_0$,$i_L(0_-)=0$。在 $t=0$ 时开关 S 闭合,在 $t\geqslant 0$ 后,电容 C 将通过电阻 R、电感 L 放电,由于电路中有耗能元件 R,且无外激励补充能量。可以推断,电容的初始储能将被电阻耗尽,电路各电压、电流最终趋于零。但这与一阶电路零输入响应的 RC 放电过程有所不同,原因是图 6-38 电路中有储能元件 L,电容在放电过程中释放的能量除供电阻消耗外,还有部分电场能量将随放电电流流过电感而被转换成磁场能量储存于电感之中。随着电流的减小,电感中的磁场能量又可能转换为电容的电场能量而释放出来,从而形成电场和磁场能量的来回交换,这种能量交换视 R、L、C 参数相对大小不同可以出现两种可能性:一是,当电流减小时,电场还在继续放出能量,于是电容和电感一起将能量送给电阻,变成热能消耗掉,这就是所谓的非振荡放电;二是,当电流减小时,电场能量已全部消耗掉,而磁场还有部分能量,这部分磁场能量给电容器反向充电,到磁场能量全部耗尽时,电场又将能量放出,出现所谓的振荡放电。

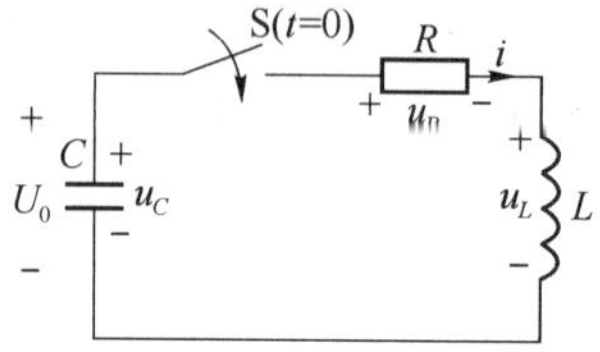

图 6-38 RLC 串联电路零输入响应

下面将对这些情况进行定量的数学分析。按图 6-38 所示的电压、电流参考方向,可列写 KVL 方程

$$u_L+u_R-u_C=0\qquad(t\geqslant 0)$$

由于

$$i=-C\frac{\mathrm{d}u_C}{\mathrm{d}t}$$

$$u_R=Ri=-RC\frac{\mathrm{d}u_C}{\mathrm{d}t}$$

$$u_L=L\frac{\mathrm{d}i}{\mathrm{d}t}=-LC\frac{\mathrm{d}^2u_C}{\mathrm{d}t^2}$$

将它们代入 KVL 方程,得到

$$\frac{\mathrm{d}^2u_C}{\mathrm{d}t^2}+\frac{R}{L}\frac{\mathrm{d}u_C}{\mathrm{d}t}+\frac{1}{LC}u_C=0\quad(t\geqslant 0)\tag{6-37}$$

这是一个以 u_C 为响应变量的二阶常系数线性微分方程，其解仍为 $u_C = Ae^{pt}$，代入式(6-37)，得特征方程为

$$p^2 + \frac{R}{L}p + \frac{1}{LC} = 0 \tag{6-38}$$

这一方程有两个根，称为特征根，它们是

$$p_{1,2} = -\frac{R}{2L} \pm \sqrt{\left(\frac{R}{2L}\right)^2 - \frac{1}{LC}} \tag{6-39}$$

令

$$\alpha = \frac{R}{2L},\ \omega_0 = \frac{1}{\sqrt{LC}}$$

则

$$p_{1,2} = -\alpha \pm \sqrt{\alpha^2 - \omega_0^2} \tag{6-40}$$

式(6-39)表明，特征根仅由电路本身的参数 R、L、C 的数值确定，与激励和初始值无关，它反映了电路的固有特性，且具有频率的量纲。与一阶电路类似，特征根 p_1、p_2 称为电路的固有频率。式(6-40)中的 α 称为衰减常数或阻尼系数；ω_0 称为 RLC 串联电路的谐振角频率或振荡角频率。

6.7.2 固有频率的三种情况及其响应形式

由于 R、L、C 相对数值不同，电路的固有频率(特征根)可能出现以下三种情况。

(1) 当 $\left(\frac{R}{2L}\right)^2 > \frac{1}{LC}$，即 $R > 2\sqrt{\frac{L}{C}}$ 时，p_1、p_2 为不相等的负实根；

(2) 当 $\left(\frac{R}{2L}\right)^2 = \frac{1}{LC}$，即 $R = 2\sqrt{\frac{L}{C}}$ 时，p_1、p_2 为相等的负实根；

(3) 当 $\left(\frac{R}{2L}\right)^2 < \frac{1}{LC}$，即 $R < 2\sqrt{\frac{L}{C}}$ 时，p_1、p_2 为一对共轭复根，其实部为负数。

在上述特征根的三种表述中，$2\sqrt{\frac{L}{C}}$ 具有电阻的量纲，称为 RLC 串联电路的阻尼电阻，记为 R_d，即

$$R_d = 2\sqrt{\frac{L}{C}}$$

当串联电路 R 大于、等于、小于阻尼电阻 R_d 时，分别称为过阻尼、临界、欠阻尼过程。

由微分方程理论可知，特征根在复平面上的位置将决定齐次微分方程解的形式，或者说电路的固有频率将决定电路响应的模式。针对以上三种特征根的不同形式，其零输入响应也相应地出现如下三种形式。

1. $\alpha > \omega_0$，即 $R > 2\sqrt{\frac{L}{C}}$，非振荡放电过程

此时 p_1、p_2 为两个不相等的负实根，即

$$\begin{aligned} p_1 &= -\frac{R}{2L} + \sqrt{\left(\frac{R}{2L}\right)^2 - \frac{1}{LC}} = -\alpha + \sqrt{\alpha^2 - {\omega_0}^2} \\ p_2 &= -\frac{R}{2L} - \sqrt{\left(\frac{R}{2L}\right)^2 - \frac{1}{LC}} = -\alpha - \sqrt{\alpha^2 - {\omega_0}^2} \end{aligned} \tag{6-41}$$

根据微分方程解的结构,式(6-37)的通解为

$$u_C(t)=A_1e^{p_1t}+A_2e^{p_2t}\qquad(t\geqslant0)\tag{6-42}$$

电路电流 i 为

$$i(t)=-C\frac{du_C}{dt}=-C(p_1A_1e^{p_1t}+p_2A_2e^{p_2t})$$

式中,A_1、A_2 为待定的积分常数。为求 A_1 和 A_2,将初始条件 $u_C(0_-)=u_C(0_+)=U_0$,$i_L(0_-)=i_L(0_+)=0$ 代入以上两式,得

$$\begin{cases}u_C(0_+)=A_1+A_2=U_0\\ \left.\dfrac{du_C}{dt}\right|_{t=0_+}=p_1A_1+p_2A_2=0\end{cases}$$

联立求解上述两式,解得积分常数

$$\begin{cases}A_1=\dfrac{p_2}{p_2-p_1}U_0\\ A_2=-\dfrac{p_1}{p_2-p_1}U_0\end{cases}$$

将 A_1、A_2 代入式(6-42)得电容电压为

$$u_C(t)=\frac{U_0}{p_2-p_1}(p_2e^{p_1t}-p_1e^{p_2t})\qquad(t\geqslant0)\tag{6-43}$$

电路电流为

$$i(t)=\frac{-U_0}{L(p_2-p_1)}(e^{p_1t}-e^{p_2t})\qquad(t>0)\tag{6-44}$$

在上式的推导中,用到了关系 $p_1p_2=1/LC$。

电感电压为

$$u_L(t)=L\frac{di}{dt}=\frac{-U_0}{(p_2-p_1)}(p_1e^{p_1t}-p_2e^{p_2t})\qquad(t>0)\tag{6-45}$$

$u_C(t)$、$i(t)$ 和 $u_L(t)$ 的波形如图 6-39 所示。

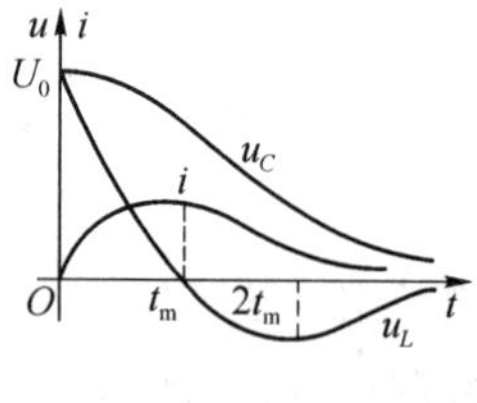

图 6-39 RLC 串联电路非振荡放电过程中 u_C、i 和 u_L 曲线

在 $u_C(t)$ 表达式中,p_1、p_2 均为负数,且 $|p_2|>|p_1|$,因此 $u_C(t)$ 中的第二项比第一项衰减得快。分析各电压、电流波形可知,在 $t\geqslant0$ 时 u_C 从 U_0 开始下降,在整个过程中,有 $u_C\geqslant0$,$i\geqslant0$,即电容电压、电流的实际方向与图 6-39 所示中电流的参考方向相同,说明电流的方向不变,电容始终处于放电状态,并且一直是单调下降的。由于 u_C 和 i 实际方向相反,表明电容始终在释放电场能量。

在 $i(t)$ 响应式中还可看出,$t=0$ 时,$i(0_+)=0$,当 $t\to\infty$ 放电结束后,$i(\infty)=0$,这说明 $i(t)$ 在 0~∞之间的整个放电过程中必在某一时刻有一个极大值。设极大值出现的时刻为 t_m,令 $\dfrac{di}{dt}=0$,得

$$t_m=\frac{\ln(p_2/p_1)}{p_1-p_2}$$

在 $0<t<t_m$ 时,i 和 u_L 方向相同,电流上升,表明电感吸收能量。在 $t=t_m$ 时,电流变化率为零,电流达到最大值,电感电压过零点,电感的储能也达到最大值。故在此期间,电容释放的能

量除一部分供电阻消耗外，另一部分被转换成了磁场能量。在 $t > t_m$ 后，u_L 改变了方向，u_L 和 i 方向相反，电流下降，表明电感释放原先储存的能量，这也说明在此期间电容和电感共同放出能量供电阻消耗，直到消耗完全部储能放电结束。整个放电过程是一个非振荡的放电过程。

以上讨论了当 $u_C(0_+) = U_0$，$i_L(0_+) = 0$ 时的响应，当 $u_C(0_+) = 0$，$i_L(0_+) \neq 0$ 或 $u_C(0_+) \neq 0$，$i_L(0_+) \neq 0$ 时，电容和电感之间的能量交换情况会更复杂些。但只要当 $R > 2\sqrt{L/C}$ 时，无论初始条件如何改变，其响应都是非振荡的。这是因为电阻较大，电阻耗能迅速而造成的非振荡现象，这种情况称为过阻尼情况。

2. $\alpha=\omega_0$，即 $R=2\sqrt{\dfrac{L}{C}}$，临界情况

此时 p_1、p_2 为两个相等的负实根，即

$$p_1 = p_2 = -\frac{R}{2L} = -\alpha$$

式(6-37)的通解为

$$u_C(t) = (A_1 + A_2)\mathrm{e}^{-\alpha t} \qquad (t \geqslant 0_+) \tag{6-46}$$

电流为

$$i(t) = -C\frac{\mathrm{d}u_C}{\mathrm{d}t} = -C(-\alpha A_1 - \alpha A_2 t + A_2)\mathrm{e}^{-\alpha t}$$

将初始条件 $u_C(0_+) = U_0$，$i_L(0_+) = 0$ 代入，得

$$\begin{cases} u_C(0_+) = A_1 = U_0 \\ \left.\dfrac{\mathrm{d}u_C}{\mathrm{d}t}\right|_{t=0_+} = -\alpha A_1 + A_2 = 0 \end{cases}$$

联立求解上述两式，解得积分常数

$$A_1 = U_0 \qquad A_2 = \alpha U_0$$

将 A_1、A_2 代入式(6-46)得电容电压为

$$u_C(t) = U_0(1 + \alpha t)\mathrm{e}^{-\alpha t} \qquad (t \geqslant 0) \tag{6-47}$$

电路电流为

$$i(t) = -C\frac{\mathrm{d}u_C}{\mathrm{d}t} = \frac{U_0}{L}t\mathrm{e}^{-\alpha t} \qquad (t > 0) \tag{6-48}$$

电感电压为

$$u_L(t) = L\frac{\mathrm{d}i}{\mathrm{d}t} = U_0(1 - \alpha t)\mathrm{e}^{-\alpha t} \qquad (t > 0) \tag{6-49}$$

从以上各表达式可以看出，u_C 的变化情况是从 U_0 开始保持正值逐渐衰减到零；i 先从零开始，保持正值，最后为零。因此虽然电路是临界情况但仍处于非振荡单向放电状态，u_C 及 i 的波形与图 6-39 所示的相似，其能量转换过程亦与之相同。然而这种过程是处于非振荡与振荡过程的分界线，所以 $R = 2\sqrt{L/C}$ 时的过渡过程称为临界非振荡过程，此时电阻 R 称为 RLC 串联电路的临界电阻，把这种情况称为临界阻尼情况。

3. $\alpha<\omega_0$，即 $R<2\sqrt{\dfrac{L}{C}}$，振荡放电过程

此时 p_1、p_2 为一对共轭复根，即

$$p_1=-\frac{R}{2L}+\mathrm{j}\sqrt{\frac{1}{LC}-\left(\frac{R}{2L}\right)^2}=-\alpha+\mathrm{j}\sqrt{\omega_0{}^2-\alpha^2}=-\alpha+\mathrm{j}\omega$$

$$p_2=-\frac{R}{2L}-\mathrm{j}\sqrt{\frac{1}{LC}-\left(\frac{R}{2L}\right)^2}=-\alpha-\mathrm{j}\sqrt{\omega_0{}^2-\alpha^2}=-\alpha-\mathrm{j}\omega$$

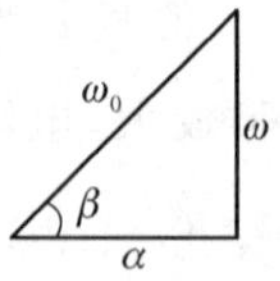

图 6-40　α、ω、ω_0 的关系

式中，$\omega=\sqrt{\omega_0^2-\alpha^2}$ 为衰减振荡角频率，不难看出：α、ω、ω_0 构成一个直角三角形，这个三角形由 R、L、C 唯一确定，如图 6-40 所示。且有

$$\tan\beta=\frac{\omega}{\alpha} \tag{6-50}$$

对应式(6-37)的通解为

$$u_C(t)=A\mathrm{e}^{-\alpha t}\sin(\omega t+\beta)\qquad(t\geqslant 0) \tag{6-51}$$

式中，α 和 β 为待定积分参数。

电路电流 i 为

$$i(t)=-C\frac{\mathrm{d}u_C}{\mathrm{d}t}=-CA\mathrm{e}^{-\alpha t}[\omega\cos(\omega t+\beta)-\alpha\sin(\omega t+\beta)]$$

将初始条件 $u_C(0_+)=U_0$，$i_L(0_+)=0$ 代入以上两式，得

$$\begin{cases}u_C(0_+)=A\sin\beta=U_0\\ \left.\dfrac{\mathrm{d}u_C}{\mathrm{d}t}\right|_{t=0_+}=\omega A\cos\beta-\alpha A\sin\beta=0\end{cases}$$

联立求解上述两式，解得积分常数

$$A=\frac{\omega_0}{\omega}U_0\qquad \beta=\arctan\frac{\omega}{\alpha}$$

将 A、β 代入式(6-47)得电容电压：

$$u_C(t)=\frac{\omega_0}{\omega}U_0\mathrm{e}^{-\alpha t}\sin\left(\omega t+\arctan\frac{\omega}{\alpha}\right)\qquad(t\geqslant 0) \tag{6-52}$$

电流为

$$i(t)=-\frac{U_0}{\omega L}\mathrm{e}^{-\alpha t}\sin(\omega t)\qquad(t>0) \tag{6-53}$$

电感电压为

$$u_L(t)=-\frac{\omega_0}{\omega}U_0\mathrm{e}^{-\alpha t}\sin(\omega t-\beta)\ (t>0) \tag{6-54}$$

$u_C(t)$、$i(t)$ 和 $u_L(t)$ 的波形如图 6-41 所示。

从图 6-41 所示中可以看到 u_C、i 的振幅都是按指数规律衰减的正弦函数，所以这种放电过程称为振荡放电，图中虚线构成衰减振荡的包络线。振荡幅度衰减的快慢取决于特征根的实部 a 的大小。a 越小，则衰减得越慢，故称 a 为衰减系数。而衰减振荡又是按周期规律变化的，振荡周期 $T=2\pi/\omega$，因此振荡周期的大小取决于特征根的虚部 ω 的大小。ω 越大，振荡周期 T 就越小，振荡就越快，故称 ω 为振荡角频率。之所以形成这种振荡放电现象，从物理现象上看，由

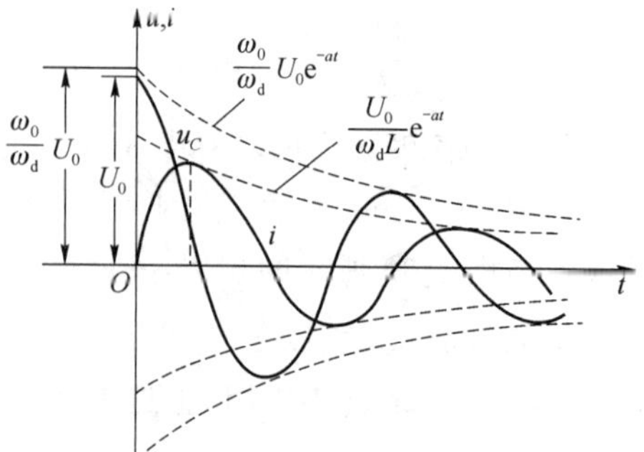

图 6-41　振荡放电过程中 u_C 和 i 的波形

于电路中 $R<2\sqrt{L/C}$，电阻 R 较小，电容放电时，被电阻消耗的能量比过阻尼时要小，耗能较慢，致使电容释放的电能大部分被电感吸收并转变为磁场能量储存于电感中。当 u_C 为零时，电容储能释放完毕，电感开始放电，将所得到能量的大部分又回馈给电容（除一小部分被电阻消耗外），电容被反向充电。当电流 i 为零时，电感储能释放完毕，这时电容又开始放电。于是，电路中的电磁场能量便在电感和电容之间进行往复的能量交换。由于电容在反复的充放电过程中，电阻始终在消耗能量，致使 u_C 和 i 的振幅越来越小，从而造成了衰减振荡的过渡过程。这种情况称为欠阻尼情况。

$R=0$ 是欠阻尼情况的特例，这时有

$$\alpha=\frac{R}{2L}=0,\ \omega=\sqrt{\omega_0{}^2-\alpha^2}=\omega_0=\frac{1}{\sqrt{LC}},\ \beta=\frac{\pi}{2}$$

此时特征根 p_1、p_2 为一对共轭虚根，即

$$p_1=\mathrm{j}\omega_0 \qquad\qquad p_2=-\mathrm{j}\omega_0$$

由式(6-52)～式(6-54)可知，这时 $u_C(t)$、$i(t)$ 和 $u_L(t)$ 的表达式为

$$u_C(t)=U_0\sin\left(\omega t+\frac{\pi}{2}\right)\qquad(t\geqslant 0)\tag{6-55}$$

$$i(t)=\frac{U_0}{\omega L}\sin(\omega t)=\frac{U_0}{\sqrt{\frac{L}{C}}}\sin(\omega t)\qquad(t>0)\tag{6-56}$$

$$u_L(t)=U_0\sin\left(\omega t+\frac{\pi}{2}\right)=u_C(t)\qquad(t>0)\tag{6-57}$$

从以上各式可以看到，在 $R=0$ 时，$u_C(t)$、$i(t)$ 和 $u_L(t)$ 都是振幅不衰减的正弦函数，是一种等幅振荡的放电过程。这种等幅振荡放电的产生，是由于电路中没有电阻能量的损耗，因此电容的电场能在放电时全部转变成电感中的磁场能，而当电流减小时，电感中的磁场能又向电容充电而又全部转变为电容中的电场能，如此反复而无能量损耗形成了等幅振荡。故角频率 ω 称为振荡角频率，这种情况称为无阻尼情况。

以上讨论都是针对图 6-38 所示的 RLC 串联零输入响应电路所进行的。当电阻 R 从大到小变化时，电路的工作状态也从过阻尼、临界阻尼到欠阻尼变化，直至 $R=0$ 时的无阻尼状态。对应不同的工作状态，电路的响应分别为非振荡过程、衰减振荡过程和等幅振荡过程。电路的过渡过程属于哪一种情况，是由电路的参数所决定的。

前面讨论了仅由电容的初始储能引起的零输入响应的变化规律，其分析方法可推广到 $u_C(0_+)$ 和 $i_L(0_+)$ 为任意值的情况，区别仅在于因初始条件不同其待定常数不同。

综上所述，电路零输入响应的模式仅取决于电路的固有频率，而与初始条件无关。此结论可推广到任意高阶电路。

例 6-12　图 6-38 所示电路中，设 $R=12\ \Omega$，$C=0.1\ \mathrm{F}$，$L=2\ \mathrm{H}$，$u_C(0_-)=U_0=10\ \mathrm{V}$，$i(0_-)=0$，在 $t=0$ 时合上开关 S，试求 $u_C(t)$ 和 $i(t)$。

解：先判断响应的性质

$$R=12\ \Omega,\ 2\sqrt{\frac{L}{C}}=2\times\sqrt{\frac{2}{0.1}}=2\sqrt{20}$$

由于 $R>2\sqrt{\frac{L}{C}}$，因此电路为非振荡放电即过阻尼情况。求固有频率和积分常数

$$p_1 = -\alpha + \sqrt{\alpha^2 - \omega_0{}^2} = -3 + \sqrt{9-5} = -1$$

$$p_2 = -\alpha - \sqrt{\alpha^2 - \omega_0{}^2} = -3 - \sqrt{9-5} = -5$$

$$A_1 = \frac{p_2}{p_2 - p_1}U_0 = \frac{-5}{-5-(-1)} \times 10 = 12.5$$

$$A_2 = \frac{p_1}{p_1 - p_2}U_0 = \frac{-1}{-1-(-5)} \times 10 = -2.5$$

$$\begin{aligned} u_C(t) &= \frac{U_0}{p_2 - p_1}(p_2 e^{p_1 t} + p_1 e^{p_2 t}) \\ &= \frac{10}{-5-(-1)}[-5e^{-t} - (-1)e^{-5t}] \\ &= 2.5(5e^{-t} - e^{-5t})\ \text{V} \end{aligned}$$

$$\begin{aligned} i(t) &= -C\frac{du_C}{dt} = -0.1 \times 2.5(1 - 5e^{-t} + 5e^{-5t}) \\ &= 1.25(e^{-t} - e^{-5t})\ \text{A} \end{aligned}$$

例 6-13 在例 6-12 中，若其他参数不变，仅电阻减小为 4 Ω，求 $u_C(t)$ 和 $i(t)$。

解：(1) 先求 α，ω_0 以便判断瞬态过程的性质：

$$\alpha = \frac{R}{2L} = \frac{4}{2\times 2} = 1 \qquad \omega_0 = \sqrt{\frac{1}{LC}} = \sqrt{5}$$

(2) 求固有频率：

$$p_{1,2} = -\alpha \pm j\omega = -1 \pm j\sqrt{5-1} = -1 \pm j2$$

(3) $\alpha < \omega_0$ 属于振荡(欠阻尼)放电过程，

$$\begin{aligned} u_C(t) &= \frac{\omega_0}{\omega}U_0 e^{-\alpha t}\sin(\omega t + \arctan\frac{\omega}{\alpha}) \\ &= \frac{\sqrt{5}}{2} \times 10e^{-t}\sin\left(2t + \arctan\frac{2}{1}\right) \\ &= 5\sqrt{5}e^{-t}\sin(2t + 63.43°)\text{V} \end{aligned}$$

$$\begin{aligned} i(t) &= -\frac{U_0}{\omega L}e^{-\alpha t}\sin(\omega t) \\ &= -\frac{10}{2\times 2}e^{-t}\sin(2t) \\ &= -2.5e^{-t}\sin(2t)\text{A} \end{aligned}$$

本章小结

1. 动态电路的响应由独立电源和储能元件的初始状态共同决定。仅由初始状态引起的响应称为零状态响应；仅由独立电源引起的响应称为零输入响应。线性动态电路的全响应等于零输入响应与零状态响应之和。

2. 直流激励下一阶电路中任一响应的通用表达式为

$$f(t) = f(\infty) + [f(0_+) - f(\infty)]e^{-\frac{t}{\tau}}$$

式中，$\tau = R_0 C$ 或 $\tau = L/R_0$

只要能够计算出某个响应的初始值 $f(0_+)$，稳态值 $f(\infty)$ 和电路的时间常数 τ 这三个要素，利用以上通用公式就能得到响应的表达式，并画出波形曲线。这种计算一阶电路响应的方法，称为三要素法。

3. 阶跃响应是电路在单位阶跃电压或电流激励下的零状态响应，一阶电路的阶跃响应可以用三要素法求得。

4. 冲激响应是电路在单位冲激电压或电流激励下的零状态响应，线性时不变电路的冲激响应可以用阶跃响应对时间求导数的方法求得。

5. 线性含源二阶电路的零输入响应是仅由初始状态引起的响应。

本章内容延展与工程应用实例

固体火箭发动机作为导弹这类打击武器的动力装置，在导弹上发挥了重要作用。为了提高导弹的机动性和可控性，可以在导弹上装配多个小型发动机，根据飞行需要，点燃指定的部分小发动机，对飞行过程中的导弹进行姿态控制：由于多个小发动机同时点火，需要提供很大的点火电流，如果只由弹上的电源同时提供这么大的电流，则需要电源的功率足够大，从而导致导弹上的电源体积和重量较大，这对导弹本身是不利的，因此需要系统合理地设计点火储能电路，减小对导弹上电源功率的要求。

针对每一个小发动机都配套一个单元点火电路，在对小发动机点火之前，为了在点火单元中储存足够点火的电能，需要由导弹上电源通过小电流来对点火电路中的储能元件进行储能充电，而一般的储能元件就是电感器或电容器，由于电感器只有在电流动态变化的过程中才能进行储能，而电容则无论电流是动态还是静态，都可以进行储能，所以可以利用电容器作为主要的储能元件：在点火时，通过电容放电来引爆小发动机的发火元件，从而点燃小发动机。

图 6-42 是点火电路中电容充电的等效电路。图 6-43 是点火电路中电容放电的等效电路。图中 U_S 是点火电源，C 储能电容，R 是限流电阻，R_1 是发火元件的等效电阻，S_1 是控制充电的等效开关，S_2 是控制点火放点的等效开关。

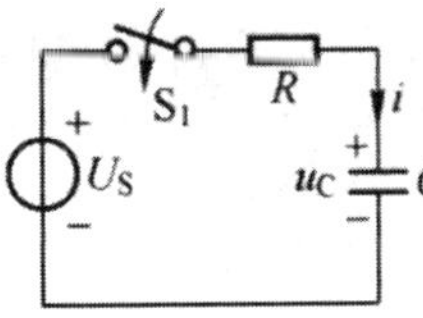

图 6-42

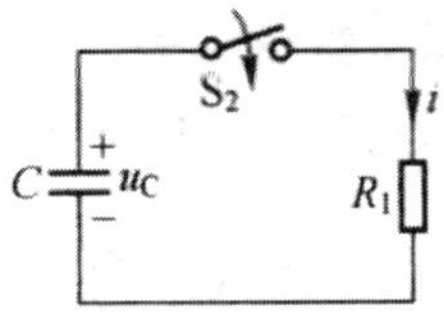

图 6-43

储能电容 C 充电时，应闭合 S_1，断开 S_2，电容的端电压 $u_C(t)=U_S(1-e^{-\frac{t}{RC}})$，充电电流 $i(t)=C\dfrac{du_C}{dt}=\dfrac{U_S}{R}e^{-\frac{t}{RC}}$，所以 C 是以指数形式趋近于它的最终恒定值 U_S 的。

储能电容 C 放电时，应将 S_1 断开，S_2 闭合，由于 C 已充电，其起始电压 $u_C=u_S$，电容在放电过程中，其端电压 $u_C(t)=U_Se^{-\frac{t}{R_1C}}$，放电电流 $i(t)=-C\dfrac{du_C}{dt}=\dfrac{U_S}{R_1}e^{-\frac{t}{R_1C}}$。在放电过程中，电容不断发出能量被发火元件等效电阻 R_1 消耗，最后储存在电容中的能量都被电阻 R_1 吸收而转化为热能。

习　题　6

6-1　电路如题 6-1 图所示，已知电容电压 $u_C(0_-)=6$ V。$t=0$ 闭合开关，求 $t>0$ 的电容电压 $u_C(t)$ 和电容电流 $i_C(t)$。

6-2　题 6-2 图所示电路中，开关 S 接在 1 处时电路已达稳态，在 $t=0$ 时，S 由 1 接至 2。求换路后的电流 $i_L(t)$、电压 $u_L(t)$，并绘出它们的变化曲线。

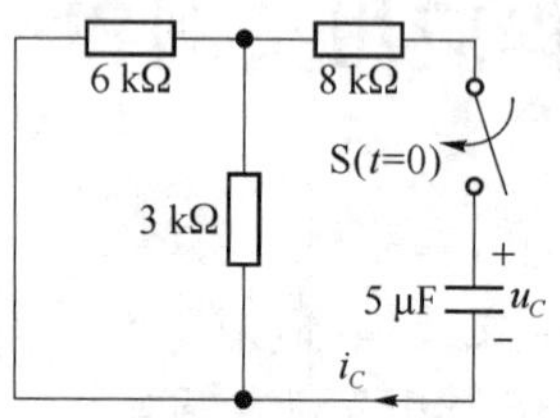

题 6-1 图

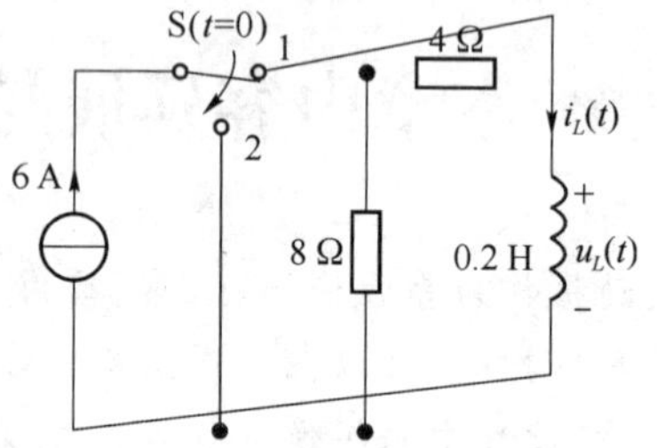

题 6-2 图

6-3　电路如题 6-3 图所示，已知电容电压 $u_C(0_-)=0$ V。$t=0$ 时断开开关，求 $t\geqslant 0$ 的电容电压 $u_C(t)$，电容电流 $i_C(t)$ 以及电阻电流 $i_1(t)$。

6-4　电路如题 6-4 图所示，已知电感电流 $i_L(0_-)=0$。$t=0$ 时闭合开关，求 $t\geqslant 0$ 的电感电流和电感电压。

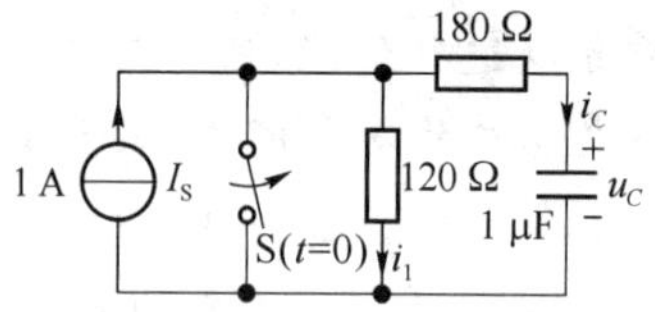

题 6-3 图

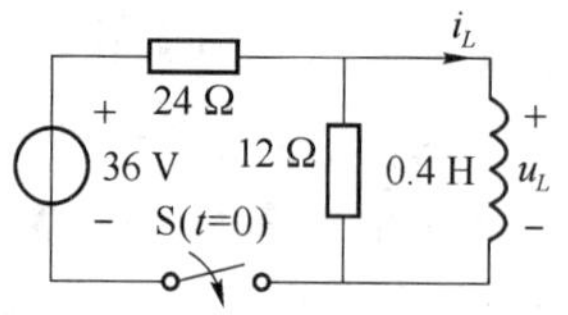

题 6-4 图

6-5　题 6-5 图所示电路在 $t=0$ 时闭合开关，求电容电压 $u_C(t)$ 和 $i_2(t)$ 的零状态响应。

6-6　题 6-6 图所示电路中，当 $t=0$ 时将开关 S 闭合，求零状态响应 $u_C(t)$。

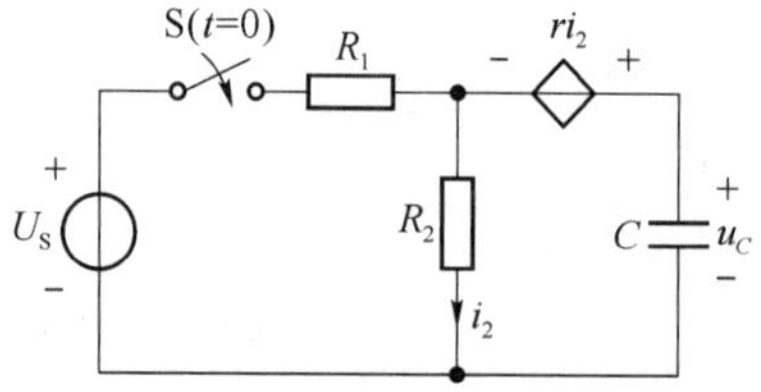

题 6-5 图

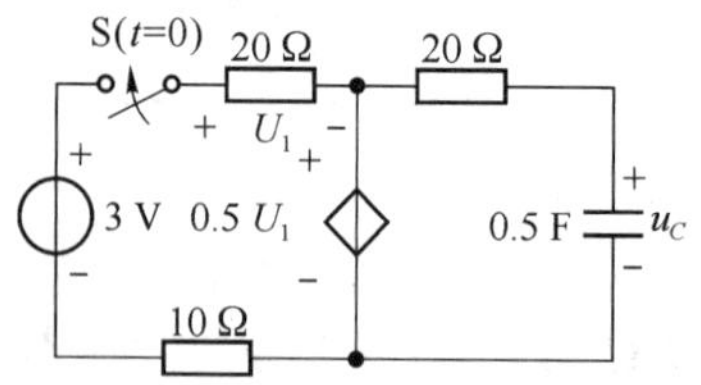

题 6-6 图

6-7　题 6-7 图所示电路原处于稳定状态。$t=0$ 时开关闭合，求 $t>0$ 的电容电压 $u_C(t)$ 和电流 $i_C(t)$。

6-8　在题 6-8 图所示电路中，开关 S 已闭合于 1 端达稳态，$t=0$ 时接至 2 端。求 $t>0$ 的电容电压 $u_C(t)$ 和电流 $i(t)$。

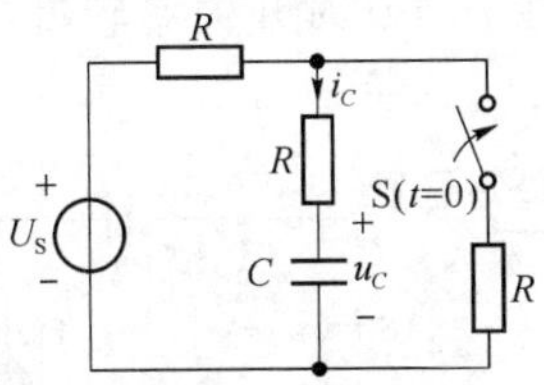

题 6-7 图

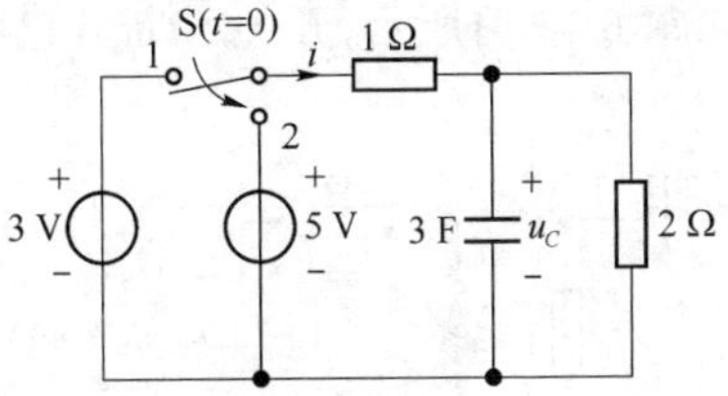

题 6-8 图

6-9　在题 6-9 图所示电路中，$t<0$ 时开关 S 位于 1，电路已处于稳定状态。$t=0$ 时开关 S 由 1 端接至 2 端。求 $t>0$ 时的电感电流 $i_L(t)$ 和电压 $u(t)$ 的全响应。

6-10　题 6-10 图所示电路原处于稳定状态。$t=0$ 时开关闭合，求 $t>0$ 的电容电压 $u_C(t)$ 和电流 $i(t)$。

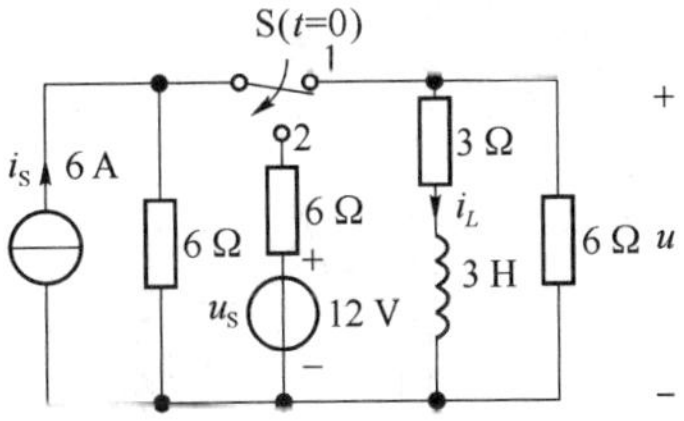

题 6-9 图

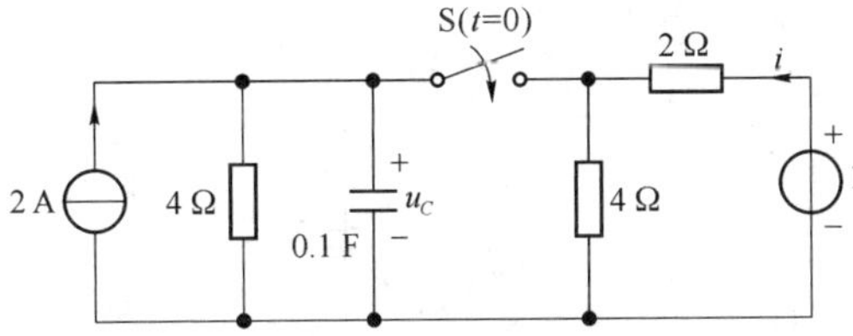

题 6-10 图

6 11　题 6-11 图所示电路中，开关转换前电路已处于稳态，$t=0$ 时开关 S 由 1 端接至 2 端，求 $t>0$ 时的电感电流 $i_L(t)$，电阻电流 $i_1(t)$ 、$i_2(t)$ 和电感电压 $u_L(t)$。

6-12　题 6-12 图所示电路，$t=0$ 时开关由 1 投向 2，设换路前电路已处于稳态，试求换路后电流 $i(t)$ 和 $i_L(t)$。

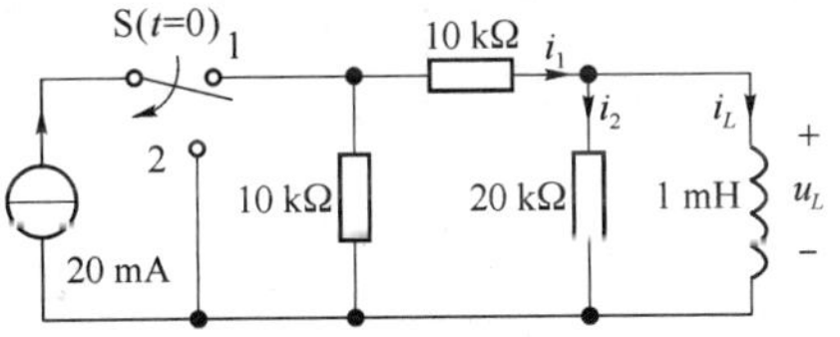

题 6-11 图

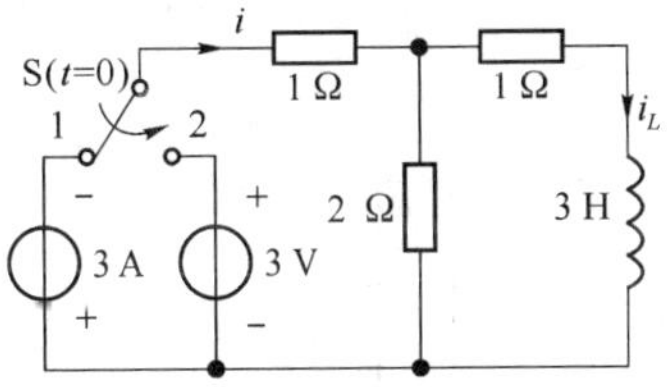

题 6-12 图

6-13　在题 6-13 图电路中，开关 S 闭合于 1 端已经很久，$t=0$ 时开关 S 由 1 端接至 2 端，求 $t>0$ 的电容电压 $u_C(t)$ 和电流 $i(t)$。

6-14　电路如题 6-14 图所示，$t=0$ 时开关 S 闭合，开关闭合前电路已经稳定。试求 $t>0$ 时的 $i_L(t)$、$i_1(t)$ 及 $i_2(t)$。

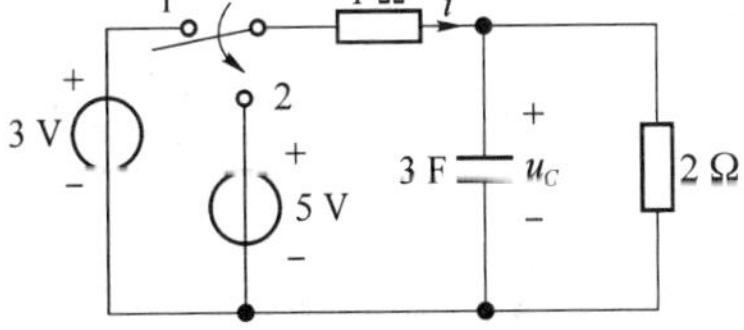

题 6-13 图

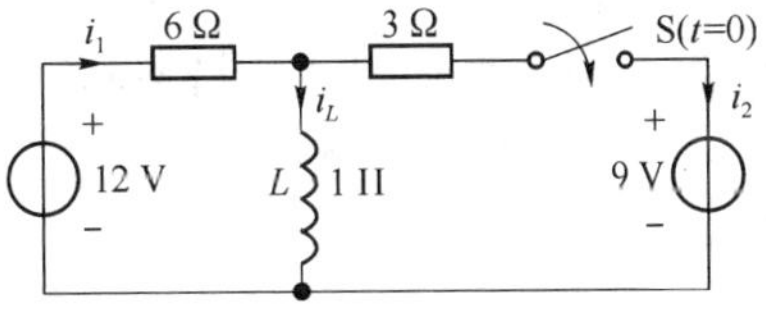

题 6-14 图

6-15　电路如题 6-15 图所示，在 $t<0$ 时，电路已处于稳态；在 $t=0$ 时开关 S 闭合，求 $t\geqslant 0$ 时开关上的电流 $i(t)$。

6-16　电路如题 6-16 图所示，开关 S 断开已很久，在 $t=0$ 时开关 S 转换，求 $t\geqslant 0$ 时的电流 $i(t)$。

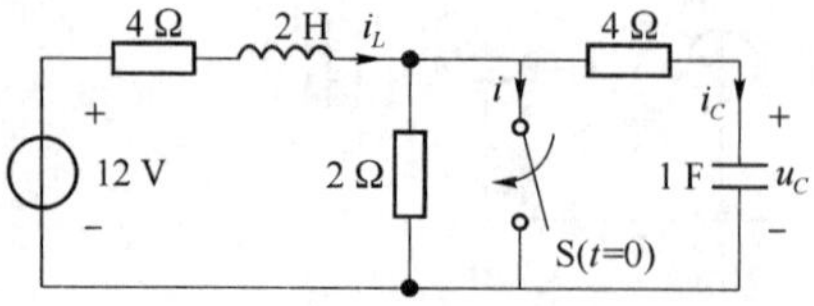

题 6-15 图

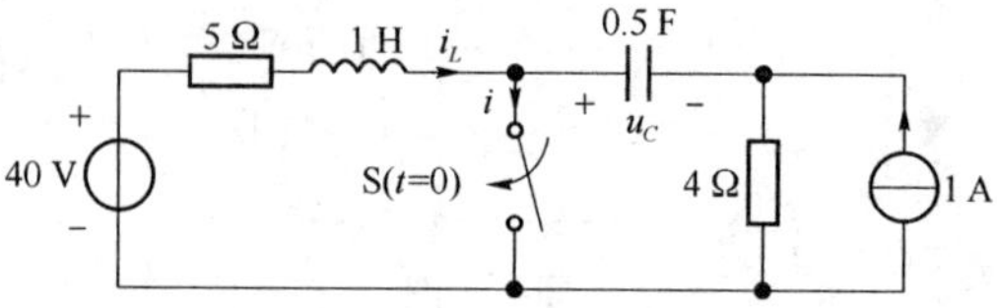

题 6-16 图

6-17　电路如题 6-17 图所示，在 $t<0$ 时，电路已处于稳态，$t=0$ 时开关 S 由 1 端接至 2 端，求 $t>0$ 的电容电压 $u_C(t)$。

6-18　电路如题 6-18 图所示（图中 $r=5\ \Omega$），开关 S 断开已很久，在 $t=0$ 时开关 S 闭合，求 $t\geqslant 0$ 时电感电流 $i_L(t)$。

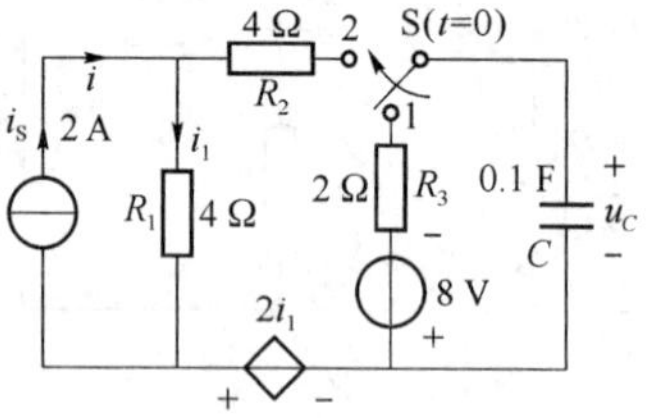

题 6-17 图

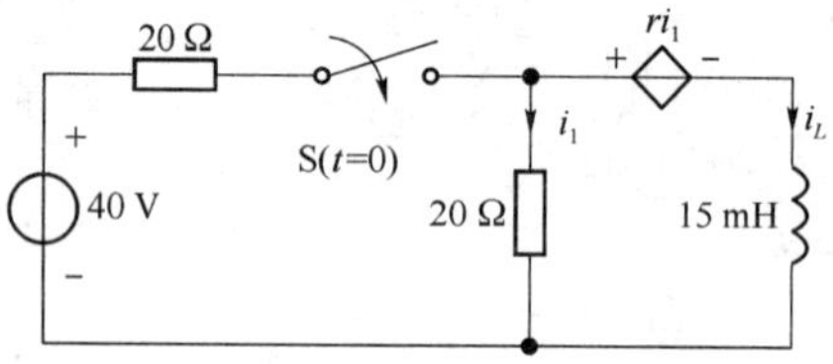

题 6-18 图

6-19　试写出如题 6-19 图所示的分段恒定信号的阶跃函数表达式。

6-20　试写出如题 6-20 图所示的分段恒定信号的阶跃函数表达式。

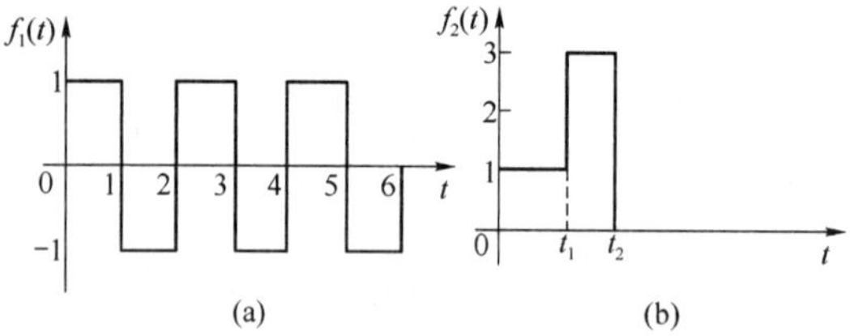

题 6-19 图

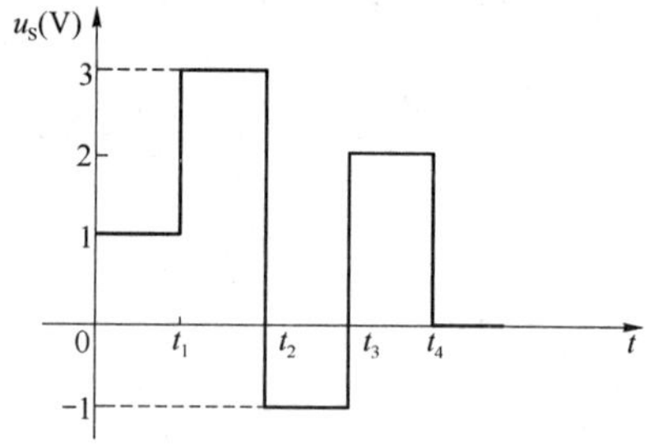

题 6-20 图

6-21　用阶跃电流源表示题 6-21(b)图所示的方波电流，再求解图(a)电路中电感电流的响应，并画出波形曲线。

6-22　如题 6-22(a)图所示，已知 $R_1=3\ \Omega$，$R_2=6\ \Omega$，$C=0.5$ F，以 $u_C(t)$ 为输出。

(1) 求电路的阶跃响应。

(2) 若激励 u_S 的波形如图 6-22(b)所示，且 $u_C(0_-)=4$ V，求 $u_C(t)$ 的全响应。

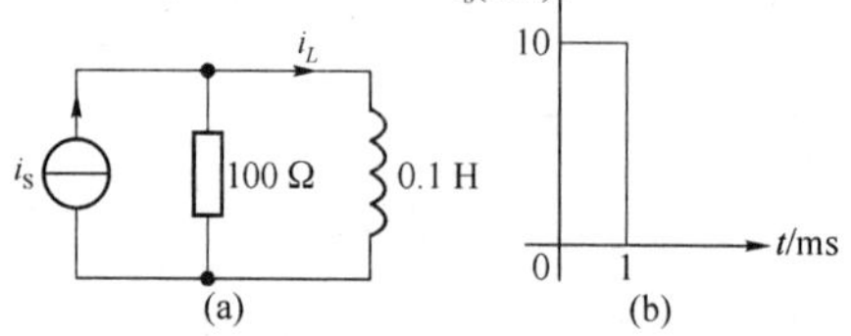

题 6-21 图

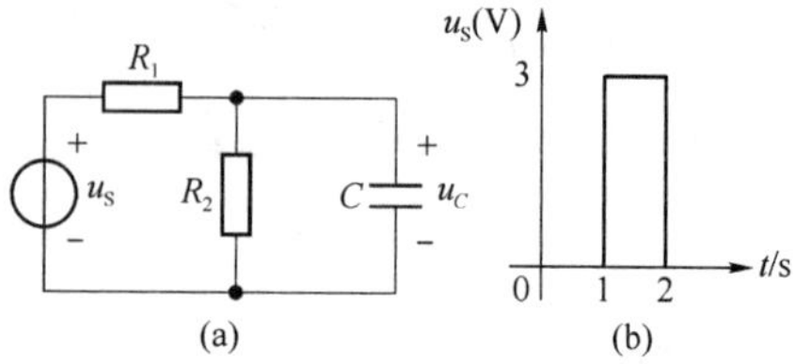

题 6-22 图

6-23　题 6-23 图为 RL 串联电路。试求此电路的冲激响应 $h_{i_L}(t)$ 和 $h_{u_L}(t)$（冲激激励下的电感电流和电感电压）。

6-24　题 6-24 图所示 RC 并联电路，若以电容电压 u_C 和电流 i_C 作为输出，求冲激响应 $h_{u_C}(t)$ 和 $h_{i_C}(t)$。

6-25　电路如题图 6-25 所示，开关 S 闭合已久，在 $t=0$ 时 S 打开，求 $t \geqslant 0$ 的 $u_C(t)$、$i_L(t)$。

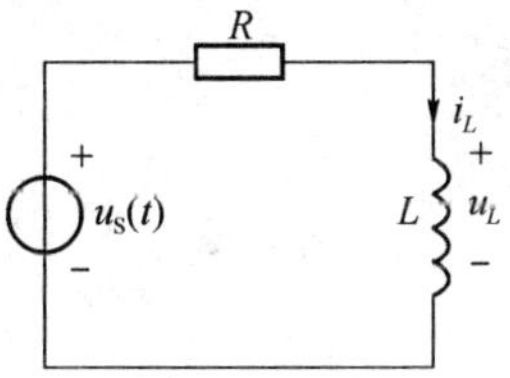

题 6-23 图

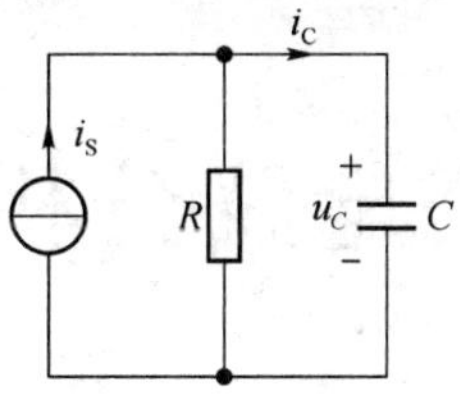

题 6-24 图

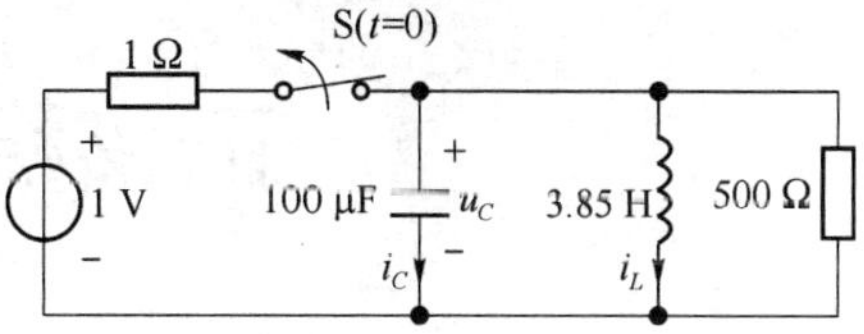

题 6-25 图

第 7 章

正弦稳态电路分析

教学提示：正弦稳态电路在工程上泛称正弦交流电路，它是指电路中的电源(激励)和电路中各部分产生的电压、电流(响应)均按正弦规律变化的电路。在生产和日常生活中，正弦交流电得到了广泛的应用。因此，研究正弦交流电路具有重要的现实意义。

本章主要讨论正弦交流电路的基本概念、基本理论和基本分析方法。主要内容有正弦量的三要素，正弦量的相量表示法，正弦交流电路中的电阻、电感和电容上电压、电流关系，正弦稳态电路的分析，正弦稳态电路的功率及正弦交流电路的谐振。

7.1 正　弦　量

电路中随时间按正弦规律变化的电压、电流，统称为正弦量。正弦量可以用正弦函数表示，也可用余弦函数表示，但两者不能同时混用。本书采用余弦函数表示正弦量。这意味着电压和电流总以余弦函数表示，如果电压(或电流)是以正弦函数形式给出，应该在电路分析前，首先将其转换为具有正的幅值的余弦形式。由正弦函数转换到余弦函数可以通过表 7-1 实现。

表 7-1　常用的三角恒等式

$\sin x = \pm\cos(x \mp 90°)$	$\cos x = -\cos(x \pm 180°)$
$\cos x = \pm\sin(x \pm 90°)$	$\sin(-x) = -\sin x$
$\sin x = -\sin(x \pm 180°)$	$\cos(-x) = \cos x$

图 7-1 所示的是一段正弦交流电路，在图示参考方向下，电流的函数表达式为

$$i = I_m\cos(\omega t + \varphi_i) \tag{7-1}$$

式(7-1)也称为正弦量的瞬时值表达式，在不同的时间 t，电流 i 的值不同。正弦量的瞬时值用小写字母表示，如 u、i 等。

正弦量的波形如图 7-2 所示，其横坐标可以用角度 ωt (单位：弧度，rad)或时间 t (单位：秒，s)表示。波形图能形象和直观地反映正弦量的变化情况。

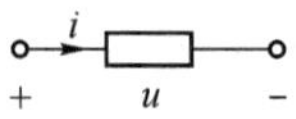

图 7-1　一段正弦交流电路

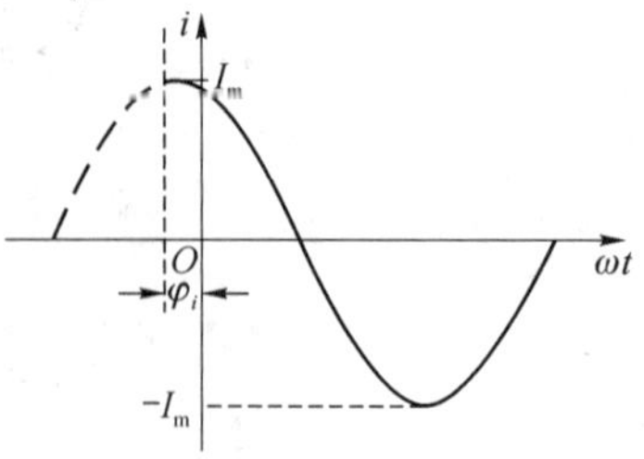

图 7-2　正弦电流波形

7.1.1　正弦量的三要素

式(7-1)中，I_m 为正弦电流的幅值(又称最大值)，ω 为正弦电流的角频率，φ_i 为正弦电流的初相角。一个正弦量可以由幅值、角频率和初相角来确定，这三个物理量称为正弦量的三要素。正弦量的三要素是正弦量之间进行比较和区分的主要依据。

1. 角频率 ω

$(\omega t+\varphi_i)$ 反映了正弦量变化的进程，称为正弦量的相位角，简称相位，单位为弧度(rad)或度(°)。

相位角随时间变化的速率称为角频率，用 ω 表示，即

$$\omega=\frac{\mathrm{d}(\omega t+\varphi_i)}{\mathrm{d}t}$$

式中，ω 单位为弧度/秒(rad/s)。

每秒内正弦量变化的循环次数称为频率，用 f 表示，单位为赫兹(Hz)。正弦量重复变化一次所需的时间称为周期，用 T 表示，单位为秒(s)。

由于正弦信号变化一周，其相位变化了 2π 弧度，于是有 ω 与 f、T 之间的关系为

$$\omega=\frac{2\pi}{T}=2\pi f \tag{7-2}$$

式中，ω、f 和 T 都是表示正弦量变化快慢的参数，已知其中一个量，就可以根据式(7-2)求出其余两个量。

我国采用 50 Hz 作为电力标准频率，这种频率在工业上应用广泛，通常称为工业频率，简称工频。美国和日本的工频是 60 Hz。

2. 幅值与有效值

瞬时值中最大的值称为幅值或最大值，用带 m 下标的大写字母表示，如 I_m，U_m 分别表示电流，电压的幅值。从 I_m 到 $-I_m$，称为正弦量的峰-峰值。

工程上常将周期电压或电流在一个周期内产生的平均效应，换算为在效应上与之相等的直流量，以衡量和比较周期电压或电流的效应，这一直流量称为有效值，用大写字母来表示，如 I、U 分别表示电流、电压的有效值。

有效值是这样定义的：设交流电流 i 和直流电流 I 分别通过阻值相同的电阻 R，在一个周期的时间内产生的热量相等，则这一直流电流的数值 I 就称为交流电流 i 的有效值。即

$$\int_0^T Ri^2\mathrm{d}t=RI^2T$$

由此可得出周期电流的有效值

$$I=\sqrt{\frac{1}{T}\int_0^T i^2\mathrm{d}t} \tag{7-3}$$

式(7-3)又称为根均方值，适用于所有周期性变化的量。

当周期电流为正弦量时，即 $i=I_m\cos(\omega t+\varphi_i)$，则

$$I=\sqrt{\frac{1}{T}\int_0^T I_m^2\cos^2(\omega t+\varphi_i)\mathrm{d}t}=\frac{I_m}{\sqrt{2}}=0.707I_m$$

故

$$I=\frac{I_m}{\sqrt{2}}=0.707I_m \tag{7-4}$$

同理，正弦电压的有效值为

$$U=\frac{U_{\mathrm{m}}}{\sqrt{2}}=0.707U_{\mathrm{m}} \tag{7-5}$$

值得注意的是，式(7-4)和式(7-5)中有效值与最大值之间的关系只适用于正弦量。

引入有效值概念后，正弦电流和电压的函数表达式也可写成

$$i=\sqrt{2}I\cos(\omega t+\varphi_i)$$

$$u=\sqrt{2}U\cos(\omega t+\varphi_u)$$

可见，有效值也可替代幅值作为正弦量三要素中的一个要素。

在日常生活和工程使用中，交流电气产品标注的额定电压、电流的数值是有效值，交流电表测量的电压和电流一般也是有效值。

3. 初相位

$t=0$ 时的相位称为初相位，简称初相，即

$$(\omega t+\varphi_i)\big|_{t=0}=\varphi_i$$

初相 φ_i 的大小与计时起点有关，所取的起点不同，正弦量的初相就不同。初相可以为正值，也可以为负值。图 7-3 所示为计时起点选在波形不同位置时初相的情况。原则上，计时起点可以任意选择，但在同一个电路中所有的正弦量只能有一个共同的计时起点。工程上为了方便，初相 φ_i 常用角度表示。

由于正弦量是周期函数，故初相 φ_i 是多值的，一般在 $|\varphi_i|\leqslant\pi$ 主值范围内取值。

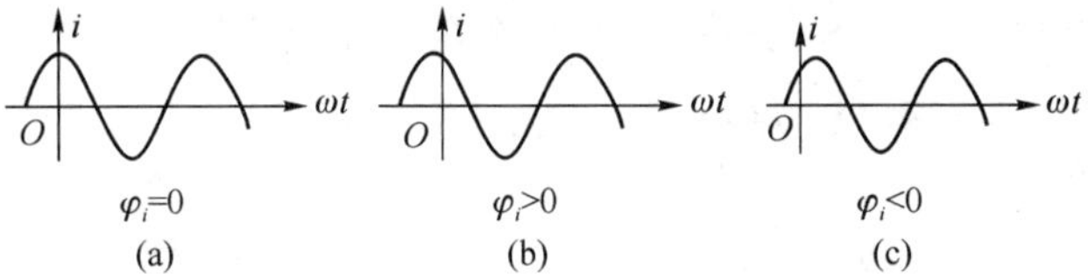

图 7-3 初相

例 7-1 一正弦电流波形如图 7-3(c)所示，已知电流的有效值 $I=50\sqrt{2}$ A，角频率 $\omega=10^3$ rad/s，在 $t=0$ 时电流值为 50 A。试求：(1)电流 i 的函数表达式；(2)电流达到第 1 个正最大值的时间。

解：(1) 正弦电流 i 的函数表达式应为

$$i=\sqrt{2}I\cos(\omega t+\varphi_i)$$

由题知，$I=50\sqrt{2}$ A，$\omega=10^3$ rad/s，在 $t=0$ 时，$50=100\cos\varphi_i$，解得 $\varphi_i=\pm\frac{\pi}{3}$。由于电流 i 的正最大值发生在时间起点之后，初相角为负值，所以 $\varphi_i=-\frac{\pi}{3}$。故电流 i 的函数表达式为

$$i=100\cos\left(10^3t-\frac{\pi}{3}\right)\mathrm{A}$$

(2) 当 $10^3t_1=\frac{\pi}{3}$ 时，电流达到第 1 个正最大值，即

$$t_1=\frac{\pi}{3}\times10^{-3}=1.047\ \mathrm{ms}$$

7.1.2 相位差

电路中常采用相位差来描述两个同频率正弦量之间的相位关系。相位差是指两个同频率正弦量之间相位角之差，用 φ 表示。

若电压和电流表示为

$$u = \sqrt{2}U\cos(\omega t + \varphi_u)$$

$$i = \sqrt{2}I\cos(\omega t + \varphi_i)$$

则 u 与 i 的相位差为

$$\varphi = (\omega t + \varphi_u) - (\omega t + \varphi_i) = \varphi_u - \varphi_i \tag{7-6}$$

式(7-6)表明，对于两个同频率的正弦量来说，其相位差在任何瞬间都是常数，并等于初相位之差，而与时间 t 无关，相位差 φ 的值也取主值范围。

正弦量的相位关系也可以用“超前”和“滞后”来描述。

若 $\varphi > 0$，则称电压 u 超前电流 i（或称电流 i 滞后电压 u）φ 角，即 u 较 i 先到达正的幅值，如图 7-4 所示的波形；

若 $\varphi < 0$，则称电压 u 滞后电流 i（或称电流 i 超前电压 u）φ 角；

若 $\varphi = 0$ 时，u 和 i 具有相同的初相位，则称两者同相位或同相，如图 7-5 所示的波形 i_1 与 i_2 所示；

若 $\varphi = 180°$ 时，u 和 i 具有相反的初相位，则称两者反相位或反相，如图 7-5 所示的波形 i_1 与 i_3 所示。

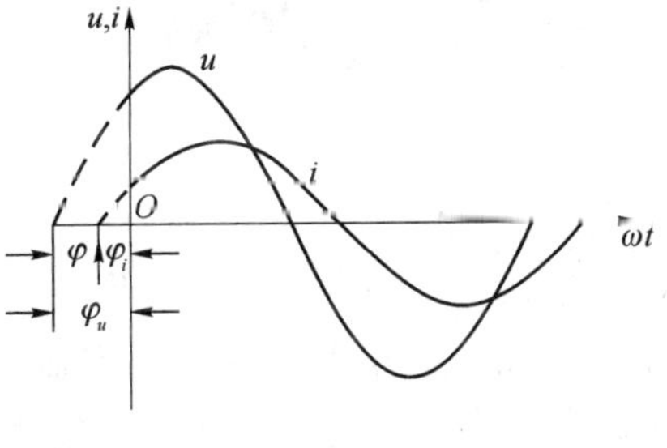

图 7-4　正弦量的相位差

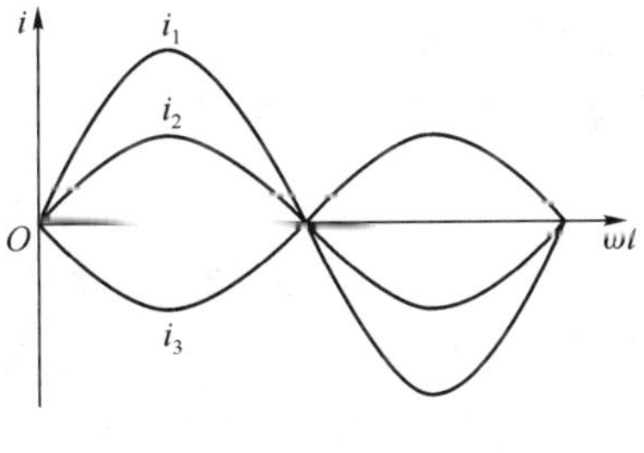

图 7-5　正弦量的同相和反相

值得注意的是，在求两个正弦量相位差时，必须保证两个正弦量频率相同，函数式相同，初相的单位相同，否则不能比较。

例 7-2　已知 $u_1 = 10\sin(314t - 120°)$ V，$u_2 = 100\cos(314t + \frac{\pi}{6})$ V，$u_3 = 50\cos(100t + 30°)$ V。求：(1) u_1 与 u_2 的相位差，并说明 u_1 和 u_2 的相位关系；(2) u_1 与 u_3 的相位差。

解：(1) u_1、u_2 是同频正弦量，可以进行相位比较。将 u_1、u_2 化成相同的函数式和相同的初相单位，即

$$u_1 = 10\sin(314t - 120°) = 10\cos(314t - 210°)$$

$$= 10\cos(314t + 150°)\ \text{V}$$

$$u_2 = 100\cos(314t + 30°)\ \text{V}$$

由上式可知，u_1 和 u_2 两同频正弦量的相位差为

$$\varphi = 150^\circ - 30^\circ = 120^\circ$$

故 u_1 相位超前 u_2 相位 120°，或 u_2 相位滞后 u_1 相位 120°。

(2) 由于 u_1 与 u_3 的频率不同，所以它们的相位差不能比较。

7.2 相量分析法基础

在线性电路中，如果激励是正弦量，其稳态响应也是同频正弦量。如果电路有多个激励且都是同一频率的正弦量，根据叠加定理，电路总的稳态响应也是同一频率的正弦量。处于这种稳定状态的电路，称为正弦稳态电路，也称为正弦交流电路。电力工程中遇到的大多数问题都可以按正弦稳态电路分析处理。许多电气、电子设备的设计和性能指标通常也是按照正弦稳态考虑的。

在对正弦交流电路进行分析和计算时，经常需要对几个频率相同的正弦量进行加、减、乘、除运算。如果采用三角函数运算或作波形图法都不太方便。因此，在对正弦稳态电路分析时，常用相量来表示正弦量，也就是用复数来表示正弦量，这样就可以把三角函数运算简化为复数运算，并且能使直流电阻电路的分析方法和定理移植到正弦稳态电路的分析中。下面首先对复数有关知识进行简单介绍。

7.2.1 复数简介

1. 复数的表示方法

(1) 代数形式。复数 A 的代数形式为

$$A = a + \mathrm{j}b \tag{7-7}$$

式中，a 为复数的实部，b 为复数的虚部，j 为虚数单位，且 $\mathrm{j} = \sqrt{-1}$。在几何上，一个复数可以用复平面上的一条从原点 O 指向 A 点的有向线段表示，如图 7-6 所示。OA 在实轴上的投影就是复数 A 的实部 a，在虚轴上的投影就是复数 A 的虚部 b；OA 线段的长度就是复数 A 的模 r，OA 与实轴正方向之间的夹角是复数 A 的幅角 ψ。由图 7-6 可得复数 A 的实部、虚部、模和幅角之间的关系为

$$\left.\begin{aligned} a &= r\cos\psi \\ b &= r\sin\psi \\ r &= \sqrt{a^2 + b^2} \\ \psi &= \arctan\frac{b}{a} \end{aligned}\right\} \tag{7-8}$$

(2) 三角函数形式。由复数 A 在直角坐标上的投影可得复数 A 的三角函数形式为

$$A = r\cos\psi + \mathrm{j}r\sin\psi = r(\cos\psi + \mathrm{j}\sin\psi) \tag{7-9}$$

(3) 指数形式。根据欧拉公式 $\mathrm{e}^{\mathrm{j}\psi} = \cos\psi + \mathrm{j}\sin\psi$，可以从三角函数式推导得到复数 A 的指数形式为

$$A = re^{j\psi} \tag{7-10}$$

（4）极坐标形式。复数 A 的极坐标形式为

$$A = r\angle\psi \tag{7-11}$$

电路分析中常用的主要复数表示形式有代数形式和极坐标形式。

例 7-3　写出下列复数的各种形式。

（1）$A = 3 - 4\mathrm{j}$；（2）$A = 4\angle 30°$。

解：用极坐标形式表示复数时，必须根据式（7-8）求出复数的模和辐角。其模总为正值，在求辐角时，要根据实部 a 和虚部 b 的符号，才能正确确定辐角，如图 7-7 所示。

（1）极坐标式：$A = 3 - 4\mathrm{j} = \sqrt{3^2 + 4^2}\angle -\arctan\dfrac{4}{3} = 5\angle -53.13°$。

指数形式：$A = 5e^{-j53.13°}$。

三角函数式：$A=5\cos(53.13°)-5\sin(53.13°)$。

（2）指数形式：$A=4e^{j30°}$。

三角函数式：$A=4\angle 30°=4(\cos 30°+\mathrm{j}\sin 30°)$。

代数式：$A=4(\cos 30°+\mathrm{j}\sin 30°)=2\sqrt{3}+\mathrm{j}2$。

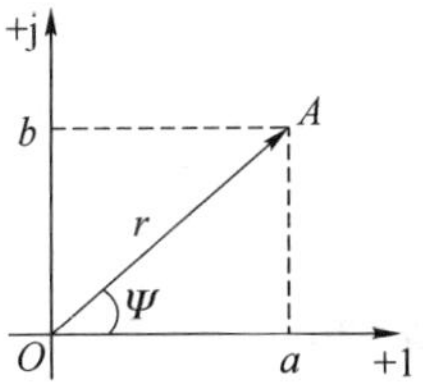

图 7-6　复数

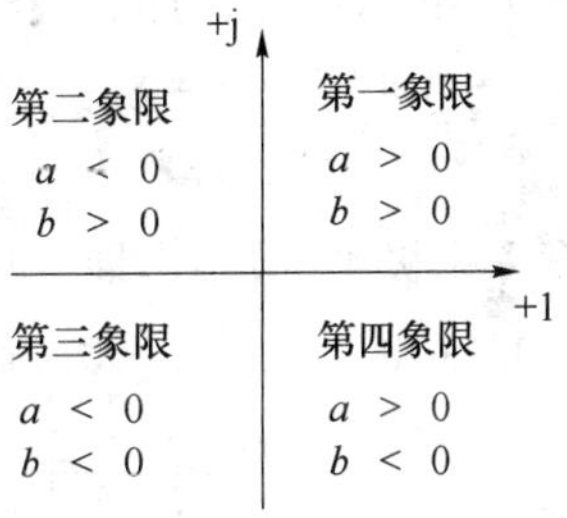

图 7-7　辐角的判断

2．复数的运算

（1）复数的加减运算。两个复数的加法和减法，通常采用代数形式进行运算，实部与实部相加减，虚部与虚部相加减，得到一个新的复数。例如，两个复数

$$A_1 = a_1 + \mathrm{j}b_1,\ A_2 = a_2 + \mathrm{j}b_2$$

则

$$A = A_1 \pm A_2 = (a_1 \pm a_2) + \mathrm{j}(b_1 \pm b_2) = a \pm \mathrm{j}b \tag{7-12}$$

复数的加减运算也可以在复平面上按平行四边形法则求得，如图 7-8 所示。

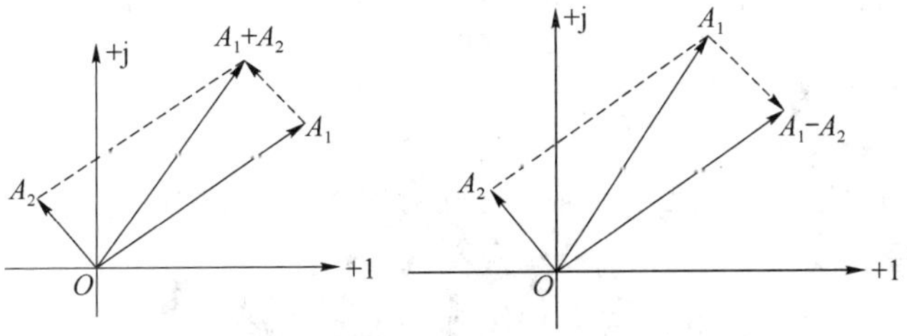

(a)A_1+A_2　　(b)A_1-A_2

图 7-8　复数代数和图解法

(2) 复数的乘除运算。两个复数的乘法和除法,通常采用极坐标形式进行运算。

两个复数相乘时,产生的新复数的模是两个复数模的乘积,新复数的幅角是两个复数幅角的和,即

$$A_1 = r_1\angle\psi_1,\ A_2 = r_2\angle\psi_2$$

则

$$A = A_1A_2 = r_1\angle\psi_1 \cdot r_2\angle\psi_2 = r_1 \cdot r_2\angle(\psi_1 + \psi_2) \tag{7-13}$$

两个复数相除时,产生的新复数的模是两个复数模的商,新复数的幅角是两个复数幅角的差,即

$$A = \frac{A_1}{A_2} = \frac{r_1\angle\psi_1}{r_2\angle\psi_2} = \frac{r_1}{r_2}\angle(\psi_1 - \psi_2) \tag{7-14}$$

(3) 有用的关系式

$$1 = 1\angle 0°;\ -1 = 1\angle 180°;\ \mathrm{j} = 1\angle 90°;\ -\mathrm{j} = 1\angle -90°;\ -\mathrm{j} = \frac{1}{\mathrm{j}}$$

例 7-4 已知复数 $A = -8 + \mathrm{j}6$ 和 $B = 3 + \mathrm{j}4$。求 $A+B$,$A-B$,AB,A/B。

解:首先写出复数 A 和复数 B 的极坐标形式,即

$$A = 10\angle 143.13°,\ B = 5\angle 53.13°$$

求复数的代数和采用代数形式,即

$$A + B = (-8 + \mathrm{j}6) + (3 + \mathrm{j}4) = -5 + \mathrm{j}10$$

$$A - B = (-8 + \mathrm{j}6) - (3 + \mathrm{j}4) = -11 + \mathrm{j}2$$

求复数的积和商采用极坐标形式,即

$$AB = 10\angle 143.13° \times 5\angle 53.13° = 50\angle 196.26° = 50\angle -163.74°$$

$$\frac{A}{B} = \frac{10\angle 143.13°}{5\angle 53.13°} = 2\angle 90°$$

7.2.2 相量和相量图

1. 相量

正弦交流电路中正弦激励的响应仍然是同频正弦量,这些同频正弦量之间不同的只是初相位和有效值(或最大值)。为便于计算,引入相量的概念。

在复数 $A = |A|\mathrm{e}^{\mathrm{j}\psi}$ 中,当辐角 $\psi = \omega t + \varphi$,即 $A(t) = |A|\mathrm{e}^{\mathrm{j}(\omega t+\varphi)}$ 时,则 $A(t)$ 称为复指数函数。根据欧拉公式,复指数函数 $A(t) = \sqrt{2}I\mathrm{e}^{\mathrm{j}(\omega t+\varphi)}$ 可以展开为

$$A(t) = \sqrt{2}I\mathrm{e}^{\mathrm{j}(\omega t+\varphi)} = \sqrt{2}I\cos(\omega t + \varphi) + \mathrm{j}\ \sqrt{2}I\sin(\omega t + \varphi)$$

$A(t)$ 实部为

$$\mathrm{Re}[A(t)] = \sqrt{2}I\cos(\omega t + \varphi) = i \tag{7-15}$$

可见,对于任意一个正弦时间函数都有唯一与其对应的复指数函数。

式(7-15)也可写成

$$i = \mathrm{Re}[\sqrt{2}I\mathrm{e}^{\mathrm{j}(\omega t+\varphi_i)}] = \mathrm{Re}[\sqrt{2}I\mathrm{e}^{\mathrm{j}\varphi_i}\mathrm{e}^{\mathrm{j}\omega t}] \tag{7-16}$$

式(7-16)中,$I\mathrm{e}^{\mathrm{j}\varphi_i}$ 是以正弦量有效值为模,以初相为辐角的复常数,这个复常数定义为正弦量的相量,记为 $\dot{I}$。即

$$\dot{I} = Ie^{j\varphi_i} = I\angle\varphi_i \tag{7-17}$$

为了与一般的复数相区别，相量用大写字母上方加“·”来表示。式(7-17)的相量是按正弦量有效值定义的，也称为“有效值”相量。如果用正弦量幅值定义相量，那么称为“幅值”相量。式(7-15)的幅值相量为

$$\dot{I}_m = I_m\angle\varphi_i$$

今后如果不加特殊说明，相量是指有效值相量。

相量是正弦量的另一种表示形式，可以直接根据正弦量的瞬时表达式写出与之对应的相量；反之，若已知相量，也可以直接写出它的瞬时表达式，但必须给出正弦量的角频率。

2. 相量图

把正弦量的有效值和初相位用有向线段画在复平面上的图形，成为相量图。有向线段的长度表示正弦量的有效值，有向线段与实轴的夹角表示正弦量的初相，如图 7-9 所示。在相量图上能直观地看出各个正弦量的大小和相互间的相位关系。例如，图 7-9 所示中电压超前电流$(\varphi_u-\varphi_i)$。

注意，只有正弦周期量才能用相量表示，只有同频率的正弦量才能画在同一个相量图上。

例 7-5　已知电流 $i=1.414\cos(314t+30°)$ A 和电压 $u=311.1\sin(314t+30°)$ V，求相量 $\dot{I}$ 及 $\dot{U}$，并画出相量图。

解：电流 i 的相量为

$$\dot{I} = \frac{1.414}{\sqrt{2}}\angle 30° = 1\angle 30°\text{A}$$

将电压 u 表达式化成余弦函数，即

$$\begin{aligned} u &= 311.1\sin(314t+30°) \\ &= 220\sqrt{2}\cos(314t+30°-90°) = 220\sqrt{2}\cos(314t-60°)\ \text{V} \end{aligned}$$

电压 u 的相量为

$$\dot{U} = 220\angle -60°\text{V}$$

相量图如图 7-10 所示。

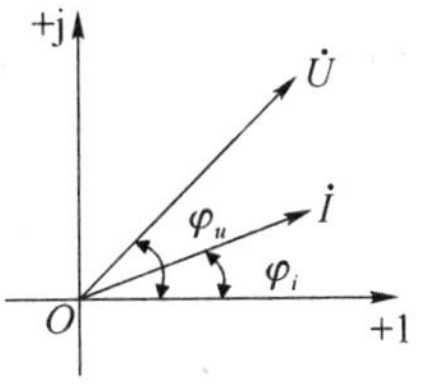

图 7-9　相量图

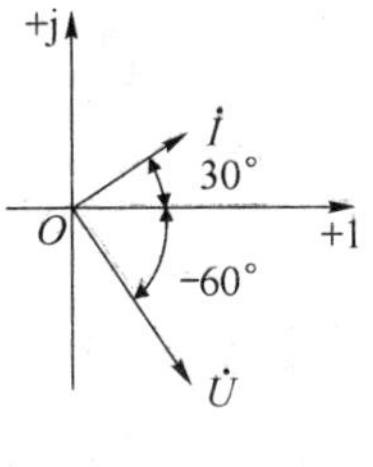

图 7-10　例 7-5 相量图

例 7-6　已知两个频率均为 50 Hz 的电流，对应相量 $\dot{I}_1=100\angle -60°$ A，$\dot{I}_2=10\angle 150°$ A，试求电流的瞬时表达式 i_1 和 i_2。

解：角频率 $\omega=2\pi f=2\pi\times 50=314$ rad/s

故

$$i_1 = 100\sqrt{2}\cos(314t-60°)\text{A}$$

$$i_2 = 10\sqrt{2}\cos(314t+150°)\text{A}$$

7.2.3 基尔霍夫定律的相量形式

基尔霍夫定律仍然是分析正弦稳态电路的基本依据。由于正弦稳态电路中的各支路电流和电压都是同频正弦量，所以可以用相量法将 KCL 和 KVL 转换为相量形式。

KCL

时域　　　　相量

$$\sum i = 0 \qquad \sum \dot{I} = 0 \tag{7-18}$$

式(7-18)表明，在正弦稳态情况下，对任一节点，各支路电流相量的代数和恒等于零。

KVL

时域　　　　相量

$$\sum u = 0 \qquad \sum \dot{U} = 0 \tag{7-19}$$

式(7-19)表明，在正弦稳态电路中，沿任意闭合回路绕行一周，各支路电压相量的代数和恒等于零。

可以证明，两个同频正弦量和的相量，等于这两个正弦量所对应的相量的和。这样在求两个同频率正弦量的和差时，就可以借助求相量的和差来计算，为分析正弦交流电路提供了很大方便。

例 7-7　电路如图 7-11 所示。已知电压 $u_1 = 100\sqrt{2}\cos(314t+30°)$ V，$u_2 = 100\sqrt{2}\sin(314t)$ V。求电压 u，并画出相量图。

解：写出电压 u_1、u_2 的相量，即

$$\dot{U}_1 = 100\angle 30°\ \text{V}$$

$$\dot{U}_2 = 100\angle -90°\ \text{V}$$

根据图 7-11 所示中的参考方向，可得

$$\begin{aligned}\dot{U} = \dot{U}_1 + \dot{U}_2 &= 100\angle 30° + 100\angle -90° \\ &= 100[(\cos 30° + \text{j}\sin 30°) - \text{j}] \\ &= 100\left(\frac{\sqrt{3}}{2} - \frac{1}{2}\text{j}\right) \\ &= 100\angle -30°\ \text{V}\end{aligned}$$

电压的瞬时表达式为

$$u = 100\sqrt{2}\cos(314t - 30°)\ \text{V}$$

相量图如图 7-12 所示。

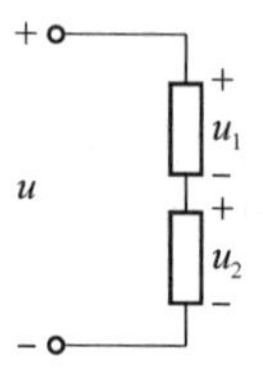

图 7-11　例 7-7 图

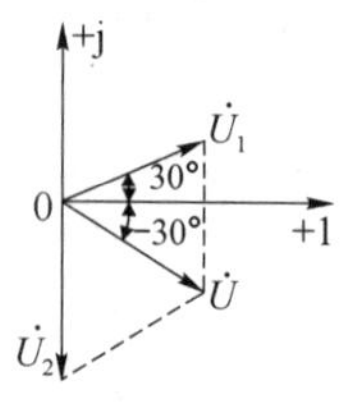

图 7-12　例 7-7 相量图

7.2.4　电阻、电感和电容元件 VCR 的相量形式

1. 电阻元件

图 7-13(a)所示是一个线性电阻元件的交流电路。

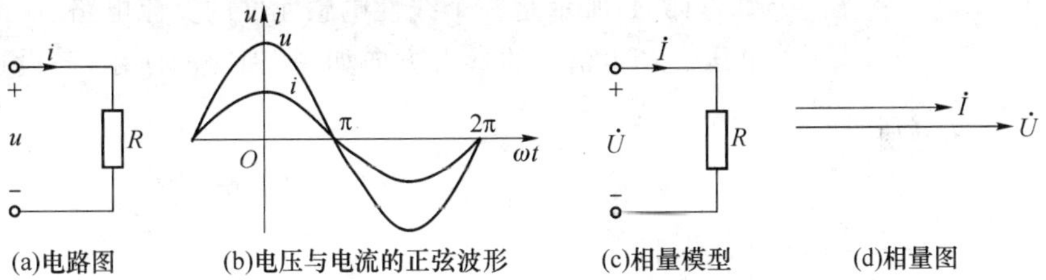

图 7-13　电阻元件的交流电路

电压 u 和电流 i 的参考方向如图 7-13(a)所示，若设通过电阻元件 R 的电流为

$$i = \sqrt{2} I\cos(\omega t + \varphi_i) \tag{7-20}$$

根据欧姆定律，则电阻的端电压为

$$u = Ri = \sqrt{2} RI\cos(\omega t + \varphi_i) = \sqrt{2} U\cos(\omega t + \varphi_u) \tag{7-21}$$

式(7-21)中

$$U = RI,\ \varphi_u = \varphi_i \qquad (7\ 22)$$

比较式(7-20)和式(7-21)可知，在正弦稳态电路中，电阻元件上的电压与电流均为同频率的正弦量，且两者同相(相位差 $\varphi = 0$)，表示电压与电流的波形如图 7-13(b)所示。

由式(7-20)可得电流 i 的相量为

$$\dot{I} = I\angle\varphi_i$$

由式(7 21)可得电流 u 的相量为

$$\dot{U} = U\angle\varphi_u \tag{7-23}$$

将式(7-22)代入式(7-23)中，则有

$$\dot{U} = RI\angle\varphi_i = R\dot{I} \tag{7-24}$$

式(7-24)是电阻元件 VCR 的相量形式。

用相量表示的电阻电路模型称为相量模型，如图 7-13(c)所示。电阻元件中电压和电流的相量图如图 7-13(d)所示。

例 7-8　已知 2Ω 电阻的端电压 $u = 5\sqrt{2}\cos(314t + 60°)$V。试求流过电阻的电流 i 并画出相量图。

解：分为以下三个步骤。

(1) 写出正弦量 u 的相量：

$$\dot{U} = 5\angle 60°\ \text{V}$$

(2) 由电阻 VCR 的相量形式可得：

$$\dot{I} = \frac{\dot{U}}{R} = \frac{5\angle 60°}{2} = 2.5\angle 60°\ \text{A}$$

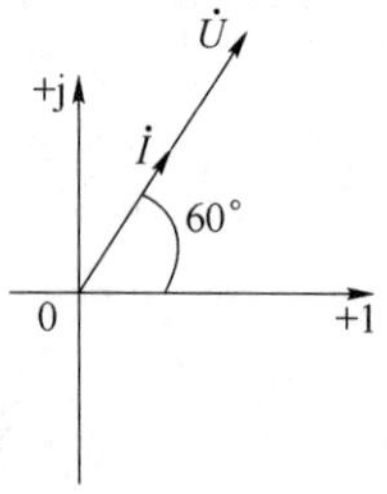

图 7-14　例 7-8 相量图

(3) 根据 $\dot{I}$ 写出 i：

$$i = 2.5\sqrt{2}\cos(314t + 60°)\ \text{A}$$

相量图如图 7-14 所示。

2. 电感元件

图 7-15(a)所示是一个线性电感元件的交流电路。

电压 u 和电流 i 的参考方向如图 7-15(a)所示，若设通过电感元件 L 的电流为

$$i = \sqrt{2}I\cos(\omega t + \varphi_i) \tag{7-25}$$

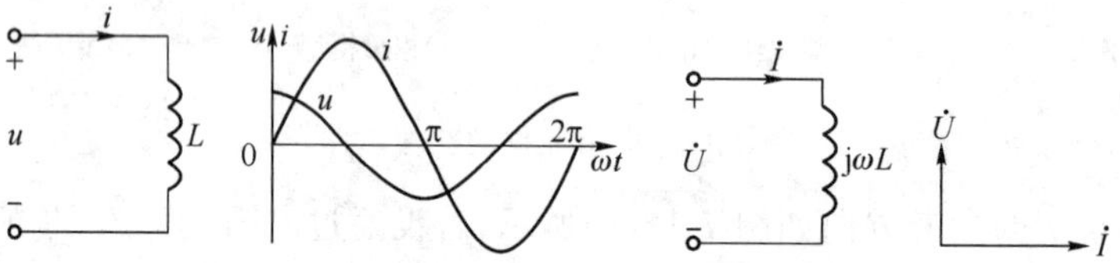

(a)电路图　(b)电压与电流的正弦波形　(c)相量模型　(d)相量图

图 7-15　电感元件的交流电路

根据电感元件的 VCR，电感元件的端电压为

$$u = L\frac{\mathrm{d}i}{\mathrm{d}t} = L\frac{\mathrm{d}}{\mathrm{d}t}[\sqrt{2}I\cos(\omega t + \varphi_i)] = -\sqrt{2}\omega LI\sin(\omega t + \varphi_i)$$

$$= \sqrt{2}\omega LI\cos(\omega t + \varphi_i + 90°) = \sqrt{2}U\cos(\omega t + \varphi_u) \tag{7-26}$$

式(7-26)中

$$U = \omega LI,\ \varphi_u = \varphi_i + 90° \tag{7-27}$$

比较式(7-25)和式(7-26)可知，在正弦稳态电路中，电感元件上的电压与电流均为同频率的正弦量，但在相位上电压超前电流 90°（相位差 $\varphi = 90°$）。表示电压与电流的正弦波形如图 7-15(b)所示。

由式(7-25)可得电流 i 的相量为

$$\dot{I} = I\angle\varphi_i$$

由式(7-26)可得电流 u 的相量为

$$\dot{U} = U\angle\varphi_u \tag{7-28}$$

将式(7-27)代入式(7-28)中，则有

$$\dot{U} = \omega LI\angle(\varphi_i + 90°) = \omega L\angle 90° \cdot I\angle\varphi_i = \mathrm{j}\omega L\dot{I} \tag{7-29}$$

式(7-29)是电感元件 VCR 的相量形式，式中 $\mathrm{j} = 1\angle 90°$。

用相量表示的电感电路模型称为相量模型，如图 7-15(c)所示。电感元件中电压和电流的相量图如图 7-15(d)所示。

式(7-27)中，参数 ωL 称为电感电抗，简称感抗，记为 X_L，即

$$X_L = \omega L = 2\pi fL$$

X_L 单位为欧姆(Ω)。若电压 U 一定，ωL 越大，电流 I 越小，可见感抗 X_L 反映了电感对正弦电流的阻碍作用。

与电阻元件不同，电感元件对交流电流阻碍作用 X_L 的大小与电源频率 f 成正比，流过电

感电流的频率越高，电感对交流电流的阻碍作用越大。可见，电感线圈对高频电流的阻碍作用很大；对于直流电流而言，由于频率 $f=0$，$X_L=0$，故电感线圈对直流可视为短路。

采用感抗后电感元件的 VCR 可写成

$$\dot{U}=\mathrm{j}X_L\dot{I} \tag{7-30}$$

例 7-9　某电感线圈的电感 $L=0.01\mathrm{H}$，接于 $u=220\sqrt{2}\cos(\omega t+60°)\mathrm{V}$ 的电源上，电源频率为 10 kHz。试求：(1)电感的感抗；(2)通过线圈的电流值，并写出电流的函数表达式。

解：(1) 当 $f=10$ kHz 时，

$$\omega=2\pi f=2\times3.14\times10^4=6.28\times10^4\ \mathrm{rad/s}$$

$$X_L=\omega L=628\times10^2\times0.01=628\ \Omega$$

(2) $$\dot{I}=\frac{\dot{U}}{\mathrm{j}\omega L}=\frac{220\angle 60°}{628\times10^2\times0.01\angle 90°}=0.35\angle-30°\ \mathrm{A}$$

所以通过线圈的电流值为 0.35 A。

电流的函数表达式为

$$i=0.35\sqrt{2}\cos(6.28\times10^4t-30°)\ \mathrm{A}$$

3. 电容元件

图 7-16(a)所示是一个线性电容元件的交流电路。

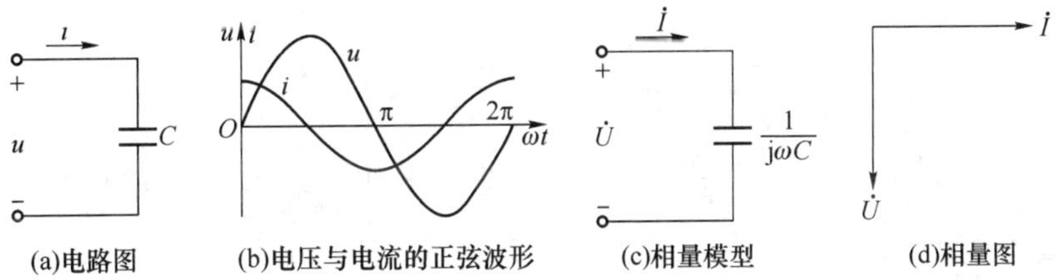

图 7-16　电容元件的交流电路

电压 u 和电流 i 的参考方向如图 7-16(a)所示，若设通过电容元件 C 的电压为

$$u=\sqrt{2}U\cos(\omega t+\varphi_u) \tag{7-31}$$

根据电容元件的 VCR，则电容元件上的电流为

$$\begin{aligned}i&=C\frac{\mathrm{d}u}{\mathrm{d}t}=C\frac{\mathrm{d}}{\mathrm{d}t}[\sqrt{2}U\cos(\omega t+\varphi_u)]=-\sqrt{2}\omega CU\sin(\omega t+\varphi_u)\\&=\sqrt{2}\omega CU\cos(\omega t+\varphi_u+90°)=\sqrt{2}I\cos(\omega t+\varphi_i)\end{aligned} \tag{7-32}$$

式(7-32)中

$$I=\omega CU=\frac{U}{\dfrac{1}{\omega C}},\ \varphi_i=\varphi_u+90° \tag{7-33}$$

比较式(7-31)和式(7-32)可知，在正弦稳态电路中，电容元件上的电压与电流均为同频率的正弦量，但在相位上电流超前电压 90°（相位差 $\varphi=-90°$）。表示电压与电流的正弦波形如图 7-16(b)所示。

类似电感元件 VCR 相量形式推导，可得电容元件 VCR 的相量形式为

$$\dot{I}=\mathrm{j}\omega C\dot{U} \tag{7-33a}$$

或
$$\dot{U} = \frac{1}{\mathrm{j}\omega C}\dot{I} \tag{7-33b}$$

用相量表示的电容电路模型称为相量模型，如图 7-16(c)所示。电容元件中电压和电流的相量图如图 7-16(d)所示。

式(7-33b)中，参数 $\frac{1}{\omega C}$ 称为电容电抗，简称容抗，记为 X_C，即

$$X_C = \frac{1}{\omega C} = \frac{1}{2\pi fC}$$

X_C 单位为欧姆(Ω)。若电压 U 一定，$\frac{1}{\omega C}$ 越大，电流 I 越小，可见容抗 X_C 反映了电容对正弦电流的阻碍作用。

与电感元件不同，电容元件对交流电流阻碍作用 X_C 的大小与电源频率 f 成反比，电容两端电压的频率越高，电容对交流电流的阻碍作用越小。可见，电容对高频电流的阻碍作用很小；而对于直流电压而言，由于频率 $f=0$，$X_C \to \infty$，故电容对直流可视为开路。

例 7-10 一电容 $C = 40\ \mu\mathrm{F}$，接入 220 V 、初相为 30° 的正弦交流电源上。试求：当电源频率为 50Hz 时的容抗及电流值，并写出电流的函数表达式。

解： 根据已知条件，电压相量为

$$\dot{U}_C = 220\angle 30°\ \mathrm{V}$$

容抗
$$X_C = \frac{1}{\omega C} = \frac{1}{2\pi \times 50 \times 40 \times 10^{-6}} = 79.6\ \Omega$$

电容电流
$$\dot{I} = \mathrm{j}\frac{\dot{U}_C}{X_C} = \mathrm{j}\frac{220\angle 30°}{79.6} = 2.76\angle(30° + 90°) = 2.76\angle 120°\ \mathrm{A}$$

所以其电流值为 2.76 A。

电流的函数表达式为
$$i = 2.76\sqrt{2}\cos(314t + 120°)\ \mathrm{A}$$

表 7-2 列出了电阻 R、电感 L 和电容 C 在正弦交流电路中的电压、电流关系。

表 7-2 R、L、C 电压、电流关系

类别	相量模型	伏安关系相量形式	阻抗	相量图	直流等效	高频等效
R	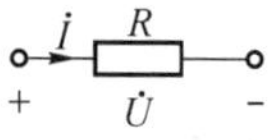	$\dot{U} = R\dot{I}$	R	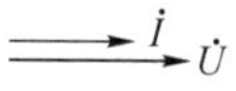	R	R
L	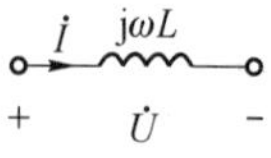	$\dot{U} = \mathrm{j}\omega L\dot{I}$	$\mathrm{j}\omega L$	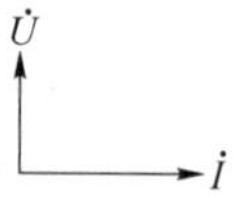	短路	开路
C	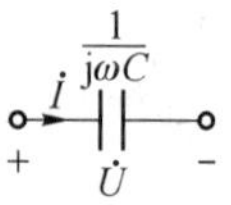	$\dot{U} = \frac{1}{\mathrm{j}\omega C}\dot{I}$	$\frac{1}{\mathrm{j}\omega C}$	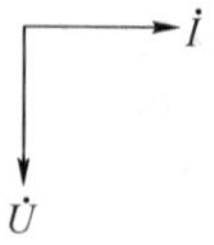	开路	短路

7.3　阻抗和导纳

7.3.1　阻抗和导纳

1. 阻抗

图 7-17(a)所示的是一个含线性电阻、电感和电容元件的无源一端口 N_0，在正弦激励下，其端口的电压相量 $\dot{U}$ 与电流相量 $\dot{I}$ 之比定义为该一端口的阻抗，记为 Z，即

$$Z = \frac{\dot{U}}{\dot{I}} = \frac{U\angle\varphi_u}{I\angle\varphi_i} = \frac{U}{I}\angle\varphi_u - \varphi_i = |Z|\angle\varphi_Z \tag{7-34}$$

式(7-34)中，$|Z| = \dfrac{U}{I}$，$\varphi_Z = \varphi_u - \varphi_i$。$Z$ 也称为复阻抗，单位为欧姆(Ω)，其图形符号如图 7-17(b)所示。

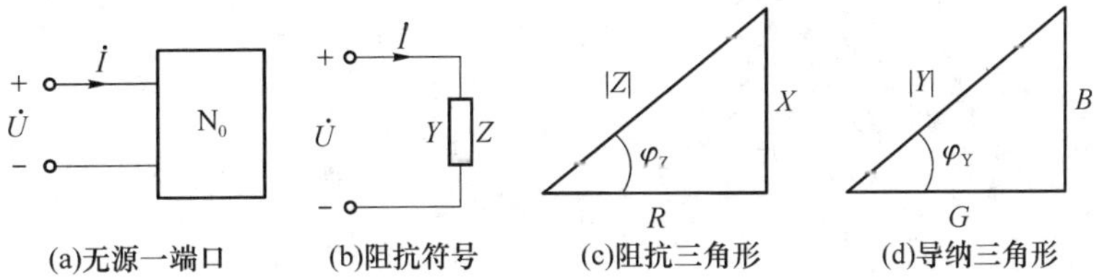

图 7-17　阻抗和导纳

阻抗是正弦稳态电路中的一个重要参数，它是一个复数，但不是表示正弦量的复数，所以在上不加圆点。式(7-34)中，$|Z|$ 称为阻抗的模；φ_Z 称为阻抗角。

阻抗既然是复数，它也可表示成代数形式，即

$$Z = |Z|(\cos\varphi_Z + \mathrm{j}\sin\varphi_Z) = R + \mathrm{j}X \tag{7-35}$$

式(7-35)中，R 称为阻抗的电阻分量，$R = |Z|\cos\varphi_Z$；X 称为阻抗的电抗分量，$X = |Z|\sin\varphi_Z$，R 和 X 单位均为欧姆(Ω)；阻抗角 $\varphi_Z = \arctan\dfrac{X}{R}$。$R$、$X$ 和 $|Z|$ 之间的关系可以用一个直角三角形表示，如图 7-17(c)所示，该三角形称为阻抗三角形。

2. 导纳

图 7-17(a)所示的端口电流相量 $\dot{I}$ 与电压相量 $\dot{U}$ 之比定义为该一端口的导纳，记为 Y，即

$$Y = \frac{\dot{I}}{\dot{U}} = \frac{I\angle\varphi_i}{U\angle\varphi_u} = \frac{I}{U}\angle\varphi_i - \varphi_u = |Y|\angle\varphi_Y \tag{7-36}$$

式(7-36)中，$|Y| = \dfrac{I}{U}$，$\varphi_Y = \varphi_i - \varphi_u$。$Y$ 也称为复导纳，单位为西门子(S)，其图形符号如图 7-17(b)所示。阻抗 Z 和导纳 Y 互为倒数关系，即

$$Y = \frac{1}{Z}$$

式(7-36)中，$|Y|$ 称为导纳的模；φ_Y 称为导纳角。导纳的代数形式为

$$Y = |Y|(\cos\varphi_Y + \mathrm{j}\sin\varphi_Y) = G + \mathrm{j}B \tag{7-37}$$

式(7-37)中，G 称为导纳的电导分量，$G = |Y|\cos\varphi_Y$；B 称为导纳的电纳分量，$B = |Y|\sin\varphi_Y$，G 和 B 单位均为西门子(S)；导纳角 $\varphi_Y = \arctan\dfrac{B}{G}$。$G$、$B$ 和 Y 之间的关系可以用一个直角三角形表示，如图 7-17(d)所示，该三角形称为导纳三角形。

对一端口来说，根据电抗 X（电纳 B）或阻抗角 φ_Z（导纳角 φ_Y）可以判断该无源一端口负载的性质。

当 $X > 0(B < 0)$，即 $\varphi_Z > 0(\varphi_Y < 0)$ 时，在相位上端口电压 $\dot{U}$ 超前电流 $\dot{I}$，该一端口呈现出电感性质，这时称电路为感性电路。

当 $X < 0(B > 0)$，即 $\varphi_Z < 0(\varphi_Y > 0)$ 时，在相位上端口电压 $\dot{U}$ 滞后电流 $\dot{I}$，该一端口呈现出电容性质，这时称电路为电容性电路。

当 $X = 0(B = 0)$，即 $\varphi_Z = 0(\varphi_Y = 0)$ 时，在相位上端口电压 $\dot{U}$ 与电流 $\dot{I}$ 同相，该一端口呈现出电阻性质，这时称电路为电阻性电路。

如果一端口 $\mathrm{N_0}$ 内部仅含有单个元件 R、L 或 C，则对应的阻抗和导纳分别为

$$Z_R = R \qquad Y_R = \frac{1}{R} = G$$

$$Z_L = \mathrm{j}\omega L \qquad Y_L = \frac{1}{\mathrm{j}\omega L} = -\mathrm{j}\frac{1}{\omega L}$$

$$Z_C = \frac{1}{\mathrm{j}\omega C} = -\mathrm{j}\frac{1}{\omega C} \qquad Y_C = \mathrm{j}\omega C$$

7.3.2 欧姆定律的相量形式

在引入阻抗 Z 和导纳 Y 的概念后，对于正弦稳态电路中无源一端口电路(含单个 R、L、C 元件)，其端口 VCR 的相量形式为

$$\dot{U} = Z\dot{I} \quad 或 \quad \dot{I} = Y\dot{U} \tag{7-38}$$

式(7-38)称为欧姆定律的相量形式，该式在形式上与线性电阻电路的欧姆定律相同。

7.3.3 阻抗的等效变换

在正弦稳态电路中，阻抗的串联、并联和混联的计算，形式上与电阻的串联、并联和混联计算相似。

1. 阻抗的串联

对于 n 个阻抗串联的电路，如图 7-18(a)所示，其等效阻抗为

$$Z_{\mathrm{eq}} = Z_1 + Z_2 + \cdots + Z_n = \sum_{k=1}^{n} Z_k = \sum_{k=1}^{n}(R_k + \mathrm{j}X_k) \tag{7-39a}$$

分压公式为

$$\dot{U}_k = \frac{Z_k}{Z_{\mathrm{eq}}}\dot{U} \tag{7-39b}$$

式(7-39b)中，$\dot{U}$ 为 n 个串联阻抗的总电压相量；$\dot{U}_k$ 为第 k 个阻抗上的电压相量。

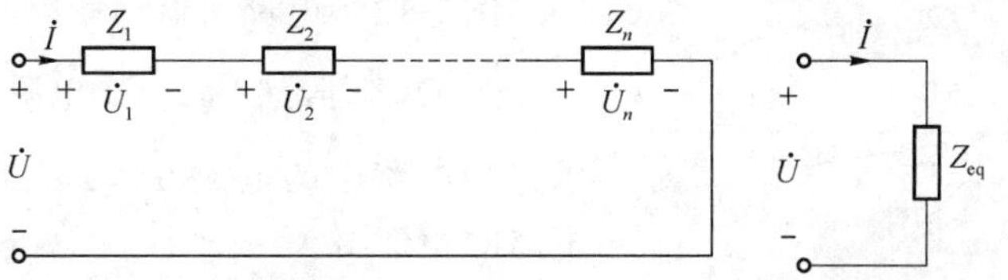

(a)阻抗串联电路　　(b)串联等效阻抗

图 7-18　阻抗的串联

例 7-11　电路如图 7-19(a)所示。已知 $Z_1=(6.66+j3)\ \Omega$，$Z_2=(2+j2)\ \Omega$，电源电压 $\dot{U}=220\angle30^\circ$ V。求：(1)电路的等效阻抗；(2)电路中的电流 $\dot{I}$ 及各阻抗上的电压 $\dot{U}_1$ 和 $\dot{U}_2$；(3)画出电路的相量图。

解：(1) 此电路为两个阻抗串联，首先计算出电路的等效阻抗，即

$$Z=Z_1+Z_2=(6.66+2)+j(3+2)=8.66+j5=10\angle30^\circ\ \Omega$$

(2) 根据给定电压，由欧姆定律计算出电路的电流，即

$$\dot{I}=\frac{\dot{U}}{Z}=\frac{220\angle30^\circ}{10\angle30^\circ}=22\angle0^\circ\ \text{A}$$

各阻抗上电压为

$$\dot{U}_1=Z_1\dot{I}=(6.66+j3)\times22=7.3\angle24^\circ\times22=160.6\angle24^\circ\ \text{V}$$

$$\dot{U}_2=Z_2\dot{I}=(2+j2)\times22=2.8\angle45^\circ\times22=61.6\angle45^\circ\ \text{V}$$

(3) 相量图如图 7-19(b)所示。

2. 阻抗(导纳)的并联

对于 n 个阻抗(导纳)并联的电路，如图 7-20(a)所示，其等效阻抗(导纳)为

$$\frac{1}{Z_{eq}}=\frac{1}{Z_1}+\frac{1}{Z_2}+\cdots+\frac{1}{Z_n}=\sum_{k=1}^{n}\frac{1}{Z_k}$$

或

$$Y_{eq}=Y_1+Y_2+\cdots+Y_n=\sum_{k=1}^{n}Y_k=\sum_{k=1}^{n}(G_k+jB_k)\tag{7-40a}$$

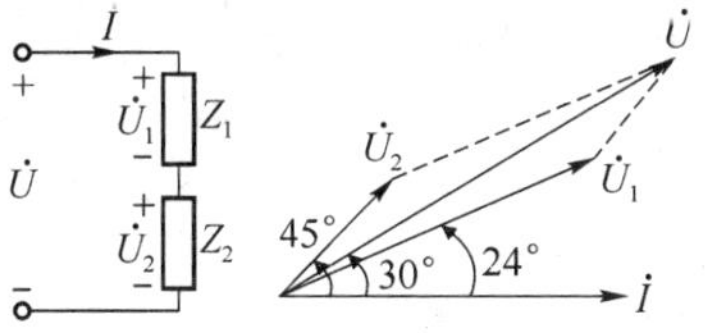

(a)电路图　　(b)相量图

图 7-19　例 7-11 图

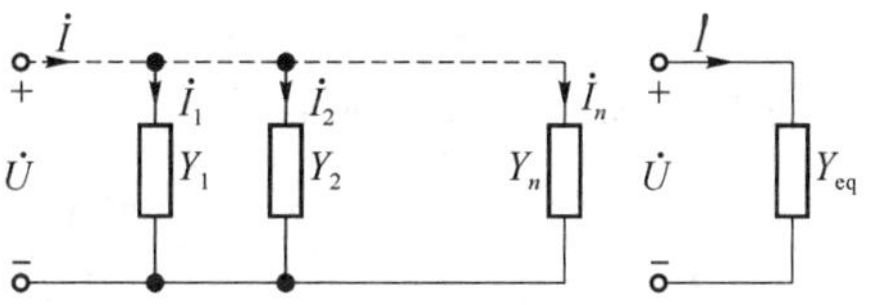

(a)导纳(阻抗)并联电路　　(b)并联等效导纳

图 7-20　导纳的并联

分流公式为

$$\dot{I}_k=\frac{\frac{1}{Z_k}}{\frac{1}{Z_{eq}}}\dot{I}=\frac{Y_k}{Y_{eq}}\dot{I}\tag{7-40b}$$

式(7-40b)中，$\dot{I}$ 为 n 个并联导纳的总电流相量；$\dot{I}_k$ 为第 k 个导纳上的电流相量。

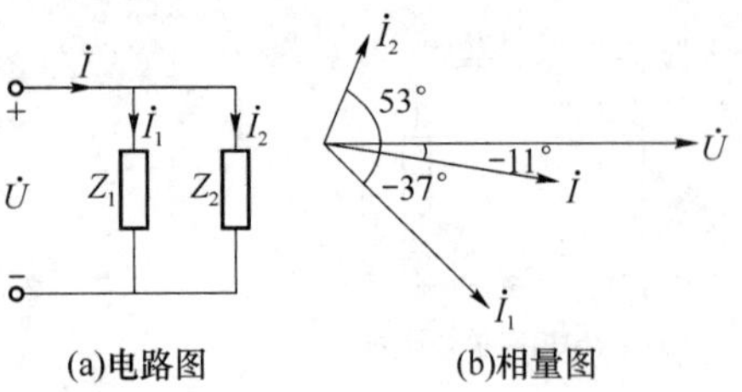

图 7-21　例 7-12 图

例 7-12　电路如图 7-21(a)所示。已知 $Z_1=(4+j3)\,\Omega$，$Z_2=(6-j8)\,\Omega$，电源电压 $\dot{U}=220\angle 0°\text{ V}$。求：(1)电路中的电流 $\dot{I}_1$，$\dot{I}_2$ 和总电流 $\dot{I}$；(2)画出电路的相量图。

解：(1) 由于电路的结构为并联，各支路电压均为电源电压，所以有

$$\dot{I}_1=\frac{\dot{U}}{Z_1}=\frac{220\angle 0°}{4+j3}=\frac{220\angle 0°}{5\angle 37°}=44\angle -37°\text{ A}$$

$$\dot{I}_2=\frac{\dot{U}}{Z_2}=\frac{220\angle 0°}{6-j8}=\frac{220\angle 0°}{10\angle -53°}=22\angle 53°\text{ A}$$

等效阻抗为

$$Z_1=4+j3=5\angle 37°\,\Omega$$

$$Z_2=6-j8=10\angle -53°\,\Omega$$

$$Z=\frac{Z_1Z_2}{Z_1+Z_2}=\frac{5\angle 37°\times 10\angle -53°}{(4+j3)+(6-j8)}=\frac{50\angle -16°}{10-j5}=4.46\angle 11°\,\Omega$$

所以

$$\dot{I}=\frac{\dot{U}}{Z}=\frac{220\angle 0°}{4.46\angle 11°}=49.3\angle -11°\text{ A}$$

(2) 相量图如图 7-22(b)所示。

例 7-13　图 7-22(a)所示电路为 RLC 串联电路，电路的角频率 $\omega=10\text{ rad/s}$。求：(1)电路的等效阻抗和导纳；(2)判断阻抗的性质；(3)等效并联电路参数；(4)等效串联电路参数。

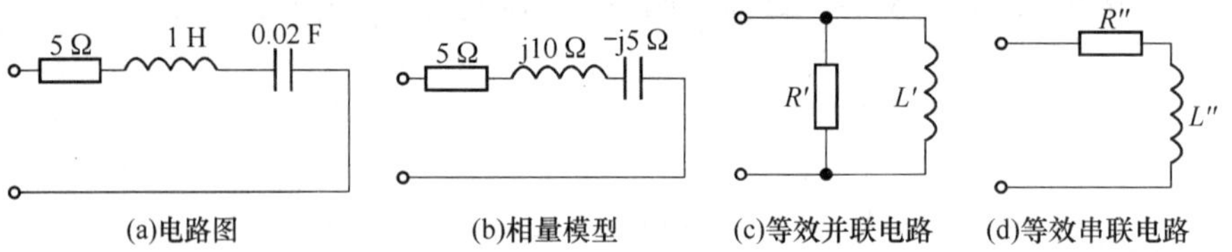

图 7-22　　例 7-13 图

解：(1) 计算电路中各元件阻抗：

$$Z_L=j\omega L=j10\,\Omega\qquad Z_C=\frac{1}{j\omega C}=-j5\,\Omega$$

画出相量模型的电路如图 7-22(b)，则串联电路的等效阻抗为

$$Z=5+j10-j5=5+j5=5\sqrt{2}\angle 45°\,\Omega$$

电路的等效导纳为

$$Y=\frac{1}{Z}=\frac{1}{5\sqrt{2}\angle 45°}=0.1\sqrt{2}\angle -45°\text{S}$$

(2) 由等效阻抗角 $\varphi_Z=45°>0$，可以判断阻抗呈感性。

(3) 将等效导纳化成代数形式：

$$Y=0.1\sqrt{2}\angle -45°=0.1\sqrt{2}(\cos 45°-j\sin 45°)=(0.1-j0.1)\text{S}$$

可以得出等效电路是一个电阻和一个电感相并联的电路如图 7-22(c)所示，其中

$$R' = \frac{1}{0.1} = 10\ \Omega$$

由 $\frac{1}{\omega L'} = 0.1$ 得

$$L' = \frac{1}{0.1\omega} = 1\ \text{H}$$

(4) 由等效阻抗 $Z = (5 + \text{j}5)\Omega$ 知，等效电路为一个电阻和一个电感相串联，如图 7-22(d)所示，其中

$$R'' = 5\ \Omega$$

由 $\omega L'' = 5\ \Omega$ 得

$$L'' = \frac{5}{10} = 0.5\ \text{H}$$

7.4　正弦稳态电路的分析

对正弦稳态电路的分析可以采用相量解析法和相量图法。针对不同的问题，两种方法可以单独使用，也可混合使用。

7.4.1　相量解析法

相量解析法是利用基尔霍夫定律的相量形式和各元件 VCR 的相量形式列写相量方程，并求解未知数的方法。由前面的分析可以看出，基尔霍夫定律的相量形式和各元件 VCR 的相量形式与线性电阻电路中两类约束关系在形式上相似，其差别在于用电压和电流相量代替了电压和电流的时域表达式，用阻抗(导纳)代替电阻(电导)。因此，分析线性电阻电路的各种定律、定理和分析方法，如 KCL、KVL，电阻串、并联的规则和等效变换方法、支路电流法、网孔(回路)电流法、节点电压法、叠加定理及戴维宁(诺顿)定理等均可推广应用于正弦交流电路。所不同的是电阻电路得到的方程为代数方程，运算为代数运算；而正弦交流电路得到的方程为相量形式的代数方程(复数方程)，运算为复数运算。

分析正弦稳态电路的步骤为

(1) 写出已知正弦电压、电流对应的相量；

(2) 画出与时域电路对应的电路的相量模型；

(3) 建立电路的相量形式的方程，并求相量形式的响应；

(4) 将相量形式的响应转换成对应的正弦量的函数表达式(没有要求时，也可用相量形式表示)。

需要注意的是，正确做出电路的"相量模型"是运用相量法解题的关键。在电路的时域模型中，电路元件一般以 R、L、C 等参数来表征，u、i 用正弦量的瞬时表达式表示。在电路的相量模型中，需要将 R、L、C 用 R、$\text{j}\omega L$ 和 $\frac{1}{\text{j}\omega C}$ 表示；u、i 用相量表示，参考方向不变；电路的拓扑结构不变。另外，在正弦交流电路中，当有两个以上电源时，其频率必须相同，否则不能运用相量法。

例 7-14 电路如图 7-23(a)所示，已知 $R=60\ \Omega$，$L=254.8\ \text{mH}$，$C=20\ \mu\text{F}$，电源电压 $u=220\sqrt{2}\cos(314t)\ \text{V}$。求：(1)电路的等效阻抗，并说明电路的性质；(2)电流的瞬时值；(3)画出相量图。

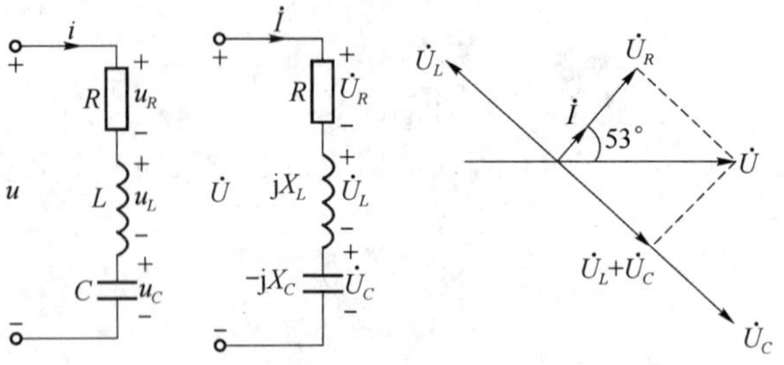

(a)电路图　(b)相量模型　(c)相量图

图 7-23　例 7-14 图

解：(1)写出已知正弦电压对应的相量

$$\dot{U}=220\angle 0^\circ\ \text{V}$$

计算电路各元件的阻抗

$$Z_L=\text{j}\omega L=\text{j}314\times 254.8\times 10^{-3}=\text{j}80\ \Omega$$

$$Z_C=-\text{j}\frac{1}{\omega C}=-\text{j}\frac{1}{314\times 20\times 10^{-6}}=-\text{j}160\ \Omega$$

画出电路的相量模型如图 7-23(b)所示，根据电路图，电路的等效阻抗为

$$Z=R+\text{j}(X_L-X_C)=60+\text{j}(80-160)$$
$$=60-\text{j}80=100\angle-53^\circ\ \Omega$$

由于 $X=-80<0$，所以电路呈容性。

(2) 根据欧姆定律的相量形式得电流相量为

$$\dot{I}=\frac{\dot{U}}{Z}=\frac{220\angle 0^\circ}{100\angle-53^\circ}=2.2\angle 53^\circ\ \text{A}$$

将电流的相量形式转换成电流的瞬时表达式为

$$i=2.2\sqrt{2}\cos(314t+53^\circ)\text{A}$$

(3) 相量图如图 7-23(c)所示。

例 7-15 电路如图 7-24 所示。已知 $\dot{U}_1=220\angle 0^\circ\ \text{V}$，$\dot{U}_2=227\angle 0^\circ\ \text{V}$，$Z_1=(0.1+\text{j}0.5)\ \Omega$，$Z_2=(0.1+\text{j}0.5)\ \Omega$，$Z_3=(5+\text{j}5)\ \Omega$。分别利用节点电压法和网孔电流法，求电流 $\dot{I}_3$。

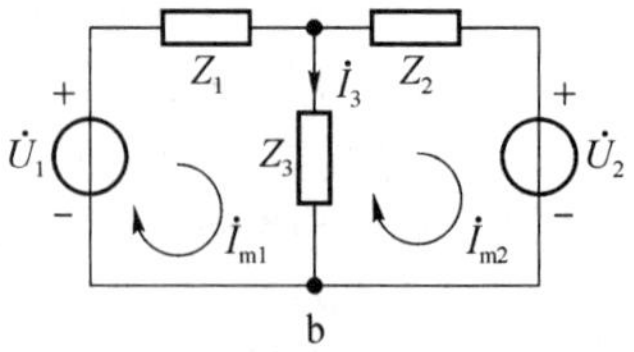

图 7-24　例 7-15 图

解：(1) 采用节点电压法求解。

以 b 为参考节点，列节点电压方程为

$$\left(\frac{1}{Z_1}+\frac{1}{Z_2}+\frac{1}{Z_3}\right)\dot{U}_a=\frac{\dot{U}_1}{Z_1}+\frac{\dot{U}_2}{Z_2}$$

即

$$\dot{U}_a = \frac{\dfrac{\dot{U}_1}{Z_1}+\dfrac{\dot{U}_2}{Z_2}}{\dfrac{1}{Z_1}+\dfrac{1}{Z_2}+\dfrac{1}{Z_3}} = \frac{\dfrac{220\angle 0^\circ}{0.1+j0.5}+\dfrac{227\angle 0^\circ}{0.1+j0.5}}{\dfrac{1}{0.1+j0.5}+\dfrac{1}{0.1+j0.5}+\dfrac{1}{5+j5}} = 217\angle -1.1^\circ\ \text{V}$$

所以

$$\dot{I}_3 = \frac{\dot{U}_a}{Z_3} = \frac{217\angle -1.1^\circ}{5+j5} = 30.7\angle -46.1^\circ\ \text{A}$$

(2) 采用网孔电流法求解。

网孔电流如图 7-24 所示，列网孔电流方程为

$$\begin{cases}(Z_1+Z_3)\dot{I}_{m1} - Z_3\dot{I}_{m2} = \dot{U}_1 \\ -Z_3\dot{I}_{m1} + (Z_2+Z_3)\dot{I}_{m2} = -\dot{U}_2\end{cases}$$

代入数据，得

$$\begin{cases}(5.1+j5.5)\dot{I}_{m1} - (5+j5)\dot{I}_{m2} = 220\angle 0^\circ \\ -(5+j5)\dot{I}_{m1} + (5.1+j5.5)\dot{I}_{m2} = -227\angle 0^\circ\end{cases}$$

$$\begin{aligned}\dot{I}_3 &= \dot{I}_{m1} - \dot{I}_{m2} \\ &= \frac{447\angle 0^\circ}{10.1+j10.5} = \frac{447\angle 0^\circ}{14.57\angle 46.1^\circ} = 30.7\angle -46.1^\circ\ \text{A}\end{aligned}$$

例 7-16　分别用叠加定理和戴维宁定理求图 7-24 中的电流 $\dot{I}_3$。电路中元件参数如例 7-15题。

解：(1) 用叠加定理求解。

电压源 $\dot{U}_1$ 和电压源 $\dot{U}_2$ 单独作用时的电路如图 7-25(a)、(b)所示。

在图 7-25(a)中

$$\dot{I}'_3 = \frac{\dot{U}_1}{Z_1+\dfrac{Z_2\cdot Z_3}{Z_2+Z_3}}\cdot\frac{Z_2}{Z_2+Z_3}$$

在图 7-25(b)中

$$\dot{I}''_3 = \frac{\dot{U}_2}{Z_2+\dfrac{Z_1\cdot Z_3}{Z_1+Z_3}}\cdot\frac{Z_1}{Z_1+Z_3}$$

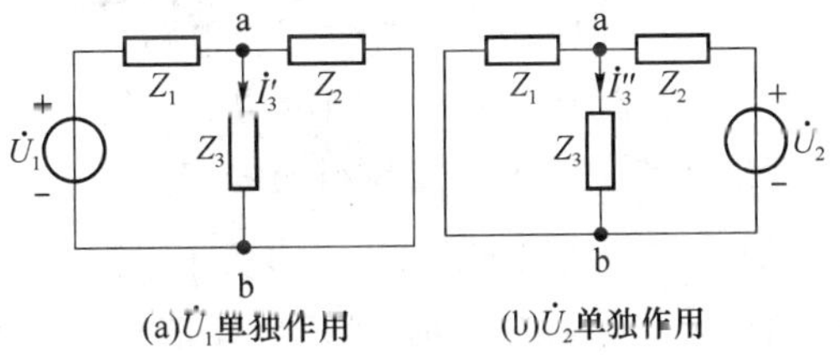

图 7-25　例 7-16 图

代入数据得

$$\dot{I}_3 = \dot{I}'_3 + \dot{I}''_3 = 30.7\angle -46.1^\circ\ \text{A}$$

(2) 采用戴维宁定理求解。

将被求支路断开，计算出断点的开路电压 $\dot{U}_{OC}$，如图 7-26(a)所示。

$$\dot{U}_{OC} = \frac{\dot{U}_1-\dot{U}_2}{Z_1+Z_2}\times Z_2+\dot{U}_2 = \left[\frac{220\angle 0^\circ - 227\angle 0^\circ}{2(0.1+j0.5)}\times(0.1+j0.5)+227\angle 0^\circ\right] = 223.5\angle 0^\circ\ \text{V}$$

将网络中所有独立电源除去(理想电压源短路；理想电流源开路)计算从断口看进去的等效阻抗 Z_{eq}，如图 7-26(b)所示。

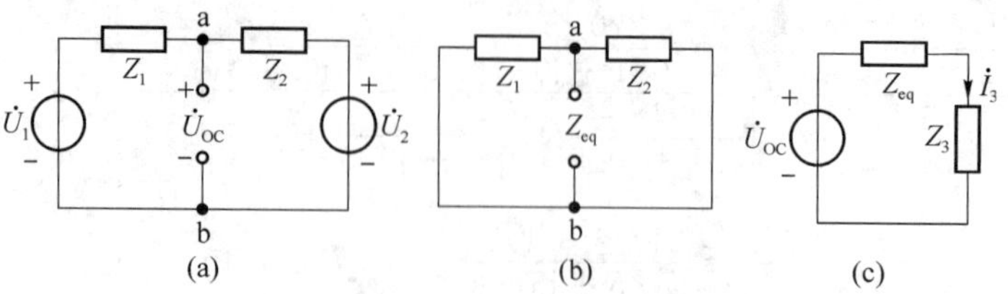

图 7-26　例 7-16 图

$$Z_{eq} = \frac{Z_1 Z_2}{Z_1 + Z_2} = \frac{Z_1}{2} = \frac{0.1 + j0.5}{2} = (0.05 + j0.25)\Omega$$

根据图 7-26(c)所示的目标电路求得 $\dot{I}_3$ 为

$$\dot{I}_3 = \frac{\dot{U}_{OC}}{Z_0 + Z_3} = \frac{223.5\angle 0^\circ}{(0.05 + j0.25) + (5 + j5)} = 30.7\angle -46.1^\circ\ \text{A}$$

7.4.2　电路的相量图法

在相量解析法中也有画相量图,那是根据电路计算结果画出的,起着验证和陪衬作用。这里讲解的相量图法是利用电路的相量图求解正弦稳态电路的方法。它是先定性的画出电路的相量图,利用相量图的几何关系来帮助分析和简化计算,从而求得未知量。在相量图上,除了用有向线段按比例表示各相量的模(有效值)外,最重要的是根据各相量的相位确定各相量在图上的位置。一般做法是:

(1) 若是并联电路,首先选择电路并联部分的电压作为参考相量,根据支路的 VCR 确定各并联支路的电流相量与电压参考相量之间的夹角;再根据节点上的 KCL 方程,运用复数的平行四边形法则,画出节点上各支路电流相量组成的多边形。

(2) 若是串联电路,首先选择电路串联部分的电流作为参考相量,根据 VCR 确定相关电压相量与电流参考相量之间的夹角;再根据回路上的 KVL 方程,运用复数的平行四边形法则,画出回路上各电压相量组成的多边形。

例 7-17　电路如图 7-27(a)所示,已知 $u(t) = 120\sqrt{2}\cos(5t)$,求 $i(t)$。

解:计算各元件阻抗,画出电路的相量模型如图 7-27(b)所示。写出电压的相量形式为

$$\dot{U} = 120\angle 0^\circ\ \text{V}$$

选择电压作为参考相量,根据各元件电流与电压的相量关系,画出相量图如图 7-27(c)所示。其中

$$I_R = \frac{120}{15} = 8\ \text{A},\ I_L = \frac{120}{20} = 6\ \text{A},\ I_C = \frac{120}{10} = 12\ \text{A}$$

由图 7-27(c)所示可以得出电流相量 $\dot{I}$ 为

$$\begin{aligned}\dot{I} &= \dot{I}_R + \dot{I}_L + \dot{I}_C \\ &= \sqrt{8^2 + (12-6)^2}\angle\arctan\frac{6}{8} = 10\angle 36.9^\circ\ \text{A}\end{aligned}$$

瞬时表达式为

$$i(t) = 10\sqrt{2}\cos(5t + 36.9^\circ)\ \text{A}$$

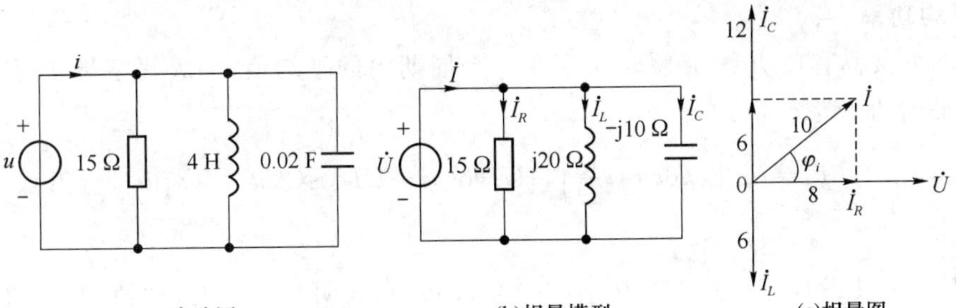

(a)电路图　　(b)相量模型　　(c)相量图

图 7-27　例 7-17 图

7.5　正弦稳态电路的功率

7.5.1　正弦稳态电路的功率

正弦交流电路的负载一般可等效为无源一端口，如图 7-28 所示。设该无源一端口电路由 R、L、C 元件构成，其端口电压和电流分别为

$$u=\sqrt{2}U\cos(\omega t+\varphi_u),\ i=\sqrt{2}I\cos(\omega t+\varphi_i)$$

因此电压与电流的相位差为 $\varphi=\varphi_u-\varphi_i$，且 $0\leqslant|\varphi|\leqslant 90°$。

为使问题简单化，可以设端口电压和电流分别为

$$u=\sqrt{2}U\cos(\omega t+\varphi),\ i=\sqrt{2}I\cos(\omega t)$$

可见，φ 既是电压与电流的相位差，也是一端口的等效阻抗角，随电路性质的不同可以正、可以负，也可为零。

1. 瞬时功率

电路在某一瞬时吸收或发出的功率称为瞬时功率，用小写字母 p 表示。图 7-28 所示一端口的瞬时功率为

$$\begin{aligned}p=ui&=\sqrt{2}U\cos(\omega t+\varphi)\cdot\sqrt{2}I\cos(\omega t)\\&=UI\cos\varphi+UI\cos(2\omega t+\varphi)\end{aligned}\tag{7-41}$$

式(7-41)中，第一项 $UI\cos\varphi$ 的值始终大于或等于零，是瞬时功率中不可逆部分；第二项值正负交替，是瞬时功率中可逆部分，说明能量在电源和一端口电路之间来回交换。瞬时功率的波形如图 7-29 所示。由于瞬时功率总是随时间变化，不便于测量，所以在工程中实际使用价值不大。

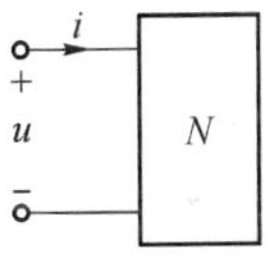

图 7-28　无源一端口

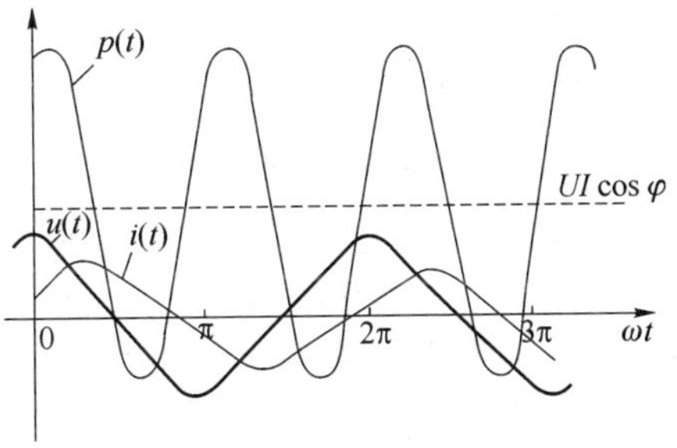

图 7-29　瞬时功率波形

2. 平均功率

平均功率又称有功功率，是瞬时功率在一个周期内的平均值，用大写字母 P 表示。无源一端口的平均功率为

$$P = \frac{1}{T}\int_0^T p\mathrm{d}t = \frac{1}{T}\int_0^T [UI\cos\varphi + UI\cos(2\omega t+\varphi)]\mathrm{d}t$$
$$= UI\cos\varphi \tag{7-42}$$

式(7-42)是计算正弦稳态电路平均功率的一般公式，它表明一端口电路实际消耗的功率不仅同电压、电流的大小有关，而且同电压与电流的相位差有关。式中，$\cos\varphi$ 称为功率因数，用 λ 表示，即 $\lambda = \cos\varphi$；相位差 φ 也称为该一端口的功率因数角。平均功率的单位为瓦特(W)。通常所说的功率都是指平均功率。例如，60 W 灯泡是指灯泡的平均功率为 60 W。

3. 无功功率

无功功率用 Q 表示，其表达式为

$$Q = UI\sin\varphi \tag{7-43}$$

无功功率与瞬时功率的可逆部分有关，它不是实际做功的功率，而是反映了一端口电路与外部电路能量交换的规模。无功功率的单位与平均功率相同，为区别起见，单位为乏(var)。

4. 视在功率

电气设备的容量是由其额定电压与额定电流的乘积决定的，为此引入视在功率的概念，用大写字母 S 表示，其表达式为

$$S = UI \tag{7-44}$$

视在功率表征了电气设备容量的大小，是电气设备允许提供的最大平均功率，其单位为伏安(V・A)。

5. 功率三角形

平均功率、无功功率和视在功率之间的关系为

$$P = S\cos\varphi \qquad Q = S\sin\varphi$$

所以 $$S = \sqrt{P^2+Q^2} \qquad \varphi = \arctan\frac{Q}{P}$$

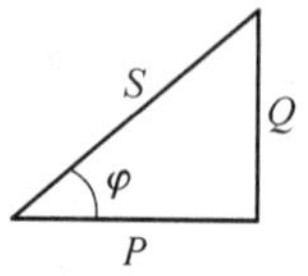

图 7-30　功率三角形

可以用一个直角三角形来描述它们的关系如图 7-30 所示，该三角形称为功率三角形。上述各个功率算式不仅适用于无源一端口，也适用于单个电路元件或任何一段电路。

7.5.2　各元件功率

若一端口分别是 R、L、C 单个元件，各元件有功功率、无功功率和视在功率如下。

对于电阻元件，$\varphi = 0$，所以各功率为

$$P = UI = RI^2 = GU^2 \quad Q = 0 \quad S = P$$

说明电阻消耗有功功率，无功功率为零。

对于电感元件，$\varphi = 90°$，所以各功率为

$$P = 0 \quad Q = UI = \omega LI^2 = \frac{U^2}{\omega L} \quad S = Q$$

说明电感不消耗能量，所以它不是耗能元件，而是储能元件，只与外电路或电源进行能量交换，故平均功率等于零。

对于电容元件，$\varphi = -90°$，所以各功率为

$$P = 0 \quad Q = -UI = -\omega CU^2 = -\frac{I^2}{\omega C} \quad S = -Q$$

说明电容不消耗能量，所以它也不是耗能元件，而是储能元件，只与外电路或电源进行能量交换，故平均功率等于零。

可以推论，对于感性电路($\varphi > 0$)，$Q > 0$；对于容性电路($\varphi < 0$)，$Q < 0$。习惯上，常把电感视作"消耗"无功功率，电容被视作"产生"无功功率。

根据能量守恒原理，无源一端口吸收的总平均功率应为各支路吸收的平均功率之和，而各支路只有电阻元件的平均功率不等于零，所以无源一端口的平均功率是电路中各电阻元件吸收的平均功率的总和，即

$$P = \sum_{k=1}^{n} P_k = \sum_{k=1}^{n} R_k I_k^2 \tag{7-45}$$

式(7-45)中，R_k 为一端口电路中第 k 个电阻元件的电阻；I_k 是流过该电阻元件的电流。

可以证明，无源一端口的无功功率也守恒，无源一端口无功功率等于各储能元件无功功率的代数和，即

$$Q = \sum_{k=1}^{n} Q_k = \sum_{k=1}^{n_1} X_{Lk} I_{Lk}^2 - \sum_{k=1}^{n_2} X_{Ck} I_{Ck}^2 \tag{7-46}$$

式(7-46)中，X_{Lk} 为一端口中第 k 个电感元件的感抗；I_{Lk} 是通过该电感元件的电流；X_{Ck} 为一端口中第 k 个电容元件的容抗；I_{Ck} 是通过该电容元件的电流。

例 7-18　求例 7-14 中 RLC 串联电路的有功功率、无功功率和视在功率。

解：由例 7-14 得电路电流 $\dot{I} = 2.2\angle 53°$ A，电路的端电压 $\dot{U} = 220\angle 0°$ V，则

有功功率

$$P = UI\cos\varphi = 220 \times 2.2 \times \cos(-53°) = 290.4 \text{ W}$$

无功功率

$$Q = UI\sin\varphi = 220 \times 2.2 \times \sin(-53°) = -387.2 \text{ var}$$

视在功率

$$S = UI = 220 \times 2.2 = 484 \text{ V} \cdot \text{A}$$

7.5.3　功率因数的提高

1. 提高功率因数的意义

在一定的电源额定容量(即视在功率 S)下，对于直流电路，电源的功率为 $P = UI$。对于交流电路，电源的平均功率为

$$P = UI\cos\varphi$$

可见，电源输出的平均功率与 $\cos\varphi$ 有关，这个 $\cos\varphi$ 就是电路的功率因数。功率因数 $\cos\varphi$ 表示了交流电源从其额定容量 S 中能够输出的有功功率 P 的比值。

电路的功率因数取决于电路(负载)的参数。在电阻负载(如白炽灯等)情况下，电压与电流同相，$\varphi = \varphi_u - \varphi_i = 0$，功率因数为 1。对感性或电容性负载，电压与电流不同相，$\varphi = \varphi_u -$

$\varphi_i \neq 0$，功率因数均介于 0 与 1 之间。这说明电路中发生了电源与负载之间的能量互换，出现无功功率 $Q = UI\sin\varphi$。这将引起以下两个问题。

(1) 电源设备的容量不能充分利用。在电源设备额定容量一定时，负载的 $\cos\varphi$ 大，则电源输出的有功功率也大；$\cos\varphi$ 小，则电源输出的有功功率也小。例如容量为 1 000 kV·A 的电源，如果负载的 $\cos\varphi = 1$，电源可以发出 1 000 kW 的有功功率，而在负载的 $\cos\varphi = 0.6$ 时，电源只能发出 600 kW 的有功功率。这说明供电给 $\cos\varphi$ 低的负载时，交流电源的利用率将降低。

(2) 增加供电线路和电源设备的功率损耗。当电源电压 U 和输出功率 P 一定时，线路中的电流 I 为

$$I = \frac{P}{U\cos\varphi}$$

显然，功率因数越低，线路电流越大，线路和电源绕组上的功率损耗 $\Delta P = rI^2$ 也增大。

综上所述，提高供电系统的功率因数，不仅可以提高电源设备的利用率，而且可以减少电能在传输中的损耗。

2. 提高功率因数的方法

由于工农业生产中用电负载多为感性负载，提高感性负载电路功率因数常用的方法就是与感性负载并联静电电容，其电路图和相量图如图 7-31(a)所示。

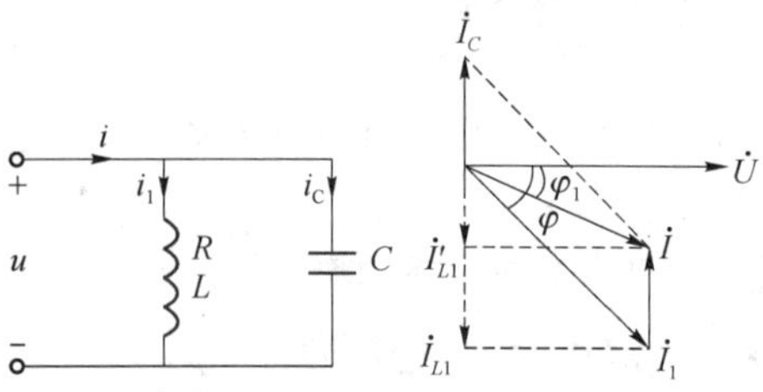

(a)电路图　　(b)相量图

图 7-31　电路图及相量图

并联电容前后，电路电压和感性负载参数并没有变化，感性负载的电流 $I_1 = \dfrac{U}{\sqrt{R^2 + X_L^{\ 2}}}$ 和功率因数 $\cos\varphi = \dfrac{R}{\sqrt{R^2 + X_L^{\ 2}}}$ 也都保持不变。但因为电容电流 $\dot{I}_C$ 与感性负载电流的无功分量 $\dot{I}_{L1}$ 反相，如图 7-31(b)所示，即电容的无功功率与电感的无功功率相互补偿，使原来由电源提供的无功电流 I_{L1} 减少为 $I'_{L1} = I_{L1} - I_C$。这样一来，电源的总电流 $\dot{I}$ 就减少了，电路电压 u 与电源电流 i 之间的相位差 φ 变小了，即 $\cos\varphi$ 变大了。

通过上述分析可见，所谓功率因数的提高，并不是使感性负载的功率因数提高，而是使感性负载与电容并联的电路的功率因数，比原来单独的感性负载的功率因数提高了。并联电容提高功率因数，不仅使电路的总电流减少，使线路上的损耗减小，而且会提高电源设备容量的利用率。这一点，可以通过下面的例题来说明。

例 7-19　某感性负载，已知 $Z = (3+\mathrm{j}4)\ \Omega$，电源电压 $U = 220$ V，电源的频率 $f = 50$ Hz，电源的容量 $S = 97$ kV·A。求：(1)电路中的电流、有功功率、无功功率和功率因数；(2)用并联电容的方法将功率因数提高至 0.9，计算应并联电容的容量；(3)若将功率因数从 0.9 提高至 1。问还需再增加多少电容？

解：(1) 根据已知条件得

$$|Z| = \sqrt{3^2 + 4^2} = 5\ \Omega, \qquad \cos\varphi = \frac{R}{|Z|} = \frac{3}{5} = 0.6$$

电路中电流　$I = \frac{U}{|Z|} = \frac{220}{5} = 44\ \text{A}$

有功功率　$P = S\cos\varphi = 97 \times 0.6 = 58.2\ \text{kW}$

因为 $\cos\varphi = 0.6$，所以

$$\varphi = 53^\circ,\ \sin 53^\circ = 0.8$$

无功功率　$Q = S\sin\varphi = 97 \times 0.8 = 77.6\ \text{kvar}$

(2) 并联电容后，将功率因数提高至 0.9，即 $\cos\varphi_1 = 0.9$，得功率因数角 $\varphi_1 = 25.8^\circ$。

由相量图 7-31(b)可得

$$I_C = \frac{P}{U}(\tan\varphi - \tan\varphi_1)$$

又因为

$$I_C = \frac{U}{X_C} = U\omega C$$

所以

$$C = \frac{P}{U^2\omega}(\tan\varphi - \tan\varphi_1)$$

$$= \frac{5\,820}{220^2 \times 2\pi \times 50}(\tan 53^\circ - \tan 25.8^\circ) = 324\ \mu\text{F}$$

此时电路的电流为

$$I = \frac{P}{U\cos\varphi_1} = \frac{5\,820}{220 \times 0.9} = 29.4\ \text{A}$$

表明与提高功率因数前的线路电流小了很多。

(3) 若将功率因数从 0.9 提高至 1，再增加的电容值为

$$C = \frac{5\,820}{220^2 \times 2\pi \times 50}(\tan 25.8^\circ - \tan 0^\circ) = 184\ \mu\text{F}$$

7.5.4　最大功率传输

同线性电阻电路一样，正弦稳态电路也存在负载阻抗满足什么条件才能从给定电源获得最大功率的问题。

图 7-32(a)所示含源一端口电路 N_S 向负载 Z_L 传输功率，利用戴维宁定理将含源一端口简化成图 7-32(b)所示电路。

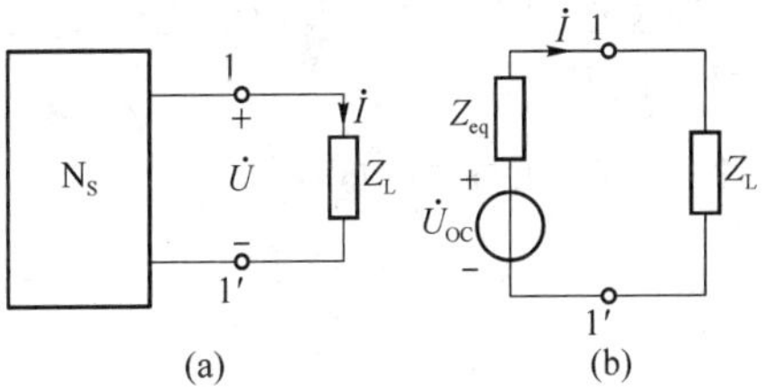

图 7-32　最大功率传输

设 $Z_{eq} = R_{eq} + jX_{eq}$，$Z_L = R_L + jX_L$，则图 7-32(b)所示电路中的电流为

$$\dot{I} = \frac{\dot{U}_{OC}}{Z_{eq} + Z_L} = \frac{\dot{U}_{OC}}{(R_{eq} + R_L) + j(X_{eq} + X_L)}$$

电流的有效值为

$$I = \frac{U_{OC}}{\sqrt{(R_{eq} + R_L)^2 + (X_{eq} + X_L)^2}}$$

负载吸收的有功功率为

$$P_L = I^2 R_L = \frac{U_{OC}^2 R_L}{(R_{eq} + R_L)^2 + (X_{eq} + X_L)^2}$$

若负载电阻 R_L 和电抗 X_L 均可变时，负载吸收最大功率的条件为

$$\begin{cases} X_{eq}+X_L=0 \\ \dfrac{d}{dR_L}\left[\dfrac{U_{OC}^2R_L}{(R_{eq}+R_L)^2}\right]=0 \end{cases}$$

解得

$$\begin{cases} X_L=-X_{eq} \\ R_L=R_{eq} \end{cases}$$

即

$$R_L+jX_L=R_{eq}-jX_{eq}$$

或

$$Z_L=Z_{eq}^* \tag{7-47}$$

式(7-47)是负载获得最大功率的条件，表明当负载阻抗等于电源内阻抗的共轭复数时，负载能获得最大功率。这就是最大功率传输定理，该条件也称为最大功率匹配或共轭匹配。

此时 P_L 获得的最大值为

$$P_{Lmax}=\frac{U_{OC}^2}{4R_{eq}}$$

例 7-20　正弦稳态电路如图 7-33(a)所示。求负载阻抗 Z_L 为何值时，它能获得最大功率，并求最大功率。

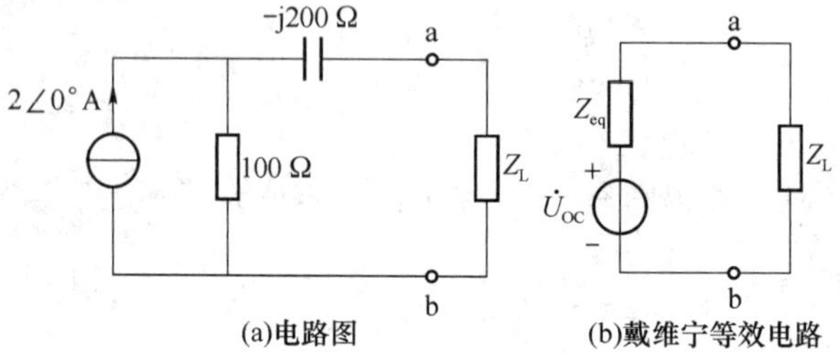

图 7-33　例 7-20 图

解：运用戴维宁定理求出从图 7-33(a)电路 a、b 端看进去的戴维宁等效电路，如图 7-33(b)所示，其中 $\dot{U}_{OC}=200\angle 0°\text{V}$，$Z_{eq}=(100-j200)\ \Omega$。

为了使 Z_L 获得最大功率，Z_L 应与 Z_{eq} 共轭匹配，即

$$Z_L=Z_{eq}^*=(100+j200)\ \Omega$$

此时 Z_L 获得的最大功率为

$$P_{Lmax}=\frac{U_{OC}^2}{4R_{eq}}=\frac{200^2}{4\times 100}=100\ \text{W}$$

7.6　交流电路中的谐振

在含有电感和电容的交流电路中，如果调节电路参数或电源频率，而使电路两端的电压与其中流过的电流同相位，这一现象称为谐振。根据谐振电路的不同，谐振现象可分为串联谐振和并联谐振。

7.6.1　串联谐振

1. 串联谐振的条件

图 7-34(a)所示的电路为 RLC 串联电路，在角频率为 ω 的正弦交流电压源作用下，其等效阻抗为

$$Z = R + \mathrm{j}\left(\omega L - \frac{1}{\omega C}\right) = R + \mathrm{j}\left(X_L - X_C\right) = |Z|\angle\varphi_Z$$

当感抗和容抗相等（即 $X_L = X_C$）时，电路的阻抗角 $\varphi_Z = 0$，此时电路的电压与电流同相，电路呈纯阻性，RLC 串联电路发生了谐振，也称为串联谐振。所以

$$X_L = X_C \quad \text{或} \quad \omega L = \frac{1}{\omega C}$$

称为 RLC 串联谐振的谐振条件。

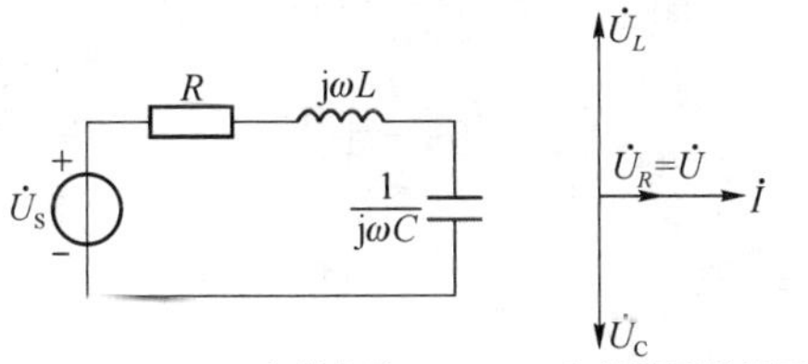

(a)RLC串联电路　(b)串联谐振相量图

图 7-34　串联谐振

根据谐振条件可得

$$\left.\begin{aligned} \omega_0 &= \frac{1}{\sqrt{LC}} \\ f_0 &= \frac{1}{2\pi\sqrt{LC}} \end{aligned}\right\} \tag{7-48}$$

ω_0 和 f_0 称为电路的谐振角频率和谐振频率。

由式(7-48)可见，可以通过以下两种方法实现串联谐振。

(1) 当外加电源频率一定时，调节电路参数 L 或 C；

(2) 当电路参数 L、C 一定时，调节电源频率。

2. 串联谐振电路的特性

(1) 电路的阻抗值最小。$|Z| = \sqrt{R^2 + (X_L - X_C)^2} = R$，电路呈电阻性。

(2) 电路中的电流达到最大值。在电路在电源电压 U 不变的情况下，电路中的电流 $I = I_0 = \dfrac{U_S}{R}$，I_0 也称为谐振电流。

(3) 电阻上的电压等于电源电压。电路谐振时，由于 $X_L = X_C$，使得 $\dot{U}_L + \dot{U}_C = 0$，$L$、$C$ 串联组合的支路相当于短路，电源电压全部加在电阻上，因此有 $\dot{U}_R = \dot{U}_S$。

(4) 电感电压和电容电压大小相等。由于 $\dot{U}_L + \dot{U}_C = 0$，所以 $\dot{U}_L = -\dot{U}_C$，即 $\dot{U}_L$ 与 $\dot{U}_C$ 大小相等，相位相反，相量图如图 7-34(b)所示。

电感电压和电容电压值为

$$U_L = \frac{U_S}{R}X_L = U_C = \frac{U_S}{R}X_C$$

当 $X_L = X_C \gg R$ 时，则有 $U_L = U_C \gg U_S$，即 U_L 和 U_C 都大大高于电源电压 U，因此串联谐振又称为电压谐振。在电力系统中应尽量避免发生这种由谐振引发的过电压，以防止电气设备损坏；在电子线路中，则需要利用它来获得比输入信号高得多的电压信号。

在工程上，常用品质因数来衡量谐振电路的品质，用 Q 表示，它是电感电压 U_L 或电容电压 U_C 与电源电压 U_S 的比值，即

$$Q=\frac{U_L}{U_S}=\frac{\omega_0 L}{R}=\frac{U_C}{U_S}=\frac{\frac{1}{\omega_0 C}}{R}$$

在输入电压一定的条件下，Q 值越高，U_L 和 U_C 越高，电路的品质越好，这是电子工程所希望的。

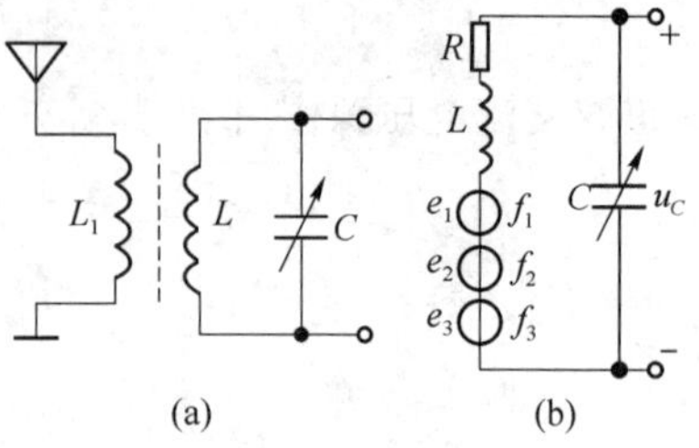

图 7-35　例题 7-21 图

例 7-21　某收音机接收电路如图 7-35 所示。已知 $L=0.5\ \text{mH}$，$R=18\ \Omega$，若收听频率为 820 kHz 某电台节目，计算此时电容的容量。

解：由图 7-35 可知该电路为串联结构，则有

$$f_0=\frac{1}{2\pi\sqrt{LC}}$$

所以

$$C=\frac{1}{(2\pi f_0)^2 L}=\frac{1}{(2\pi\times 820\times 10^3)^2\times 0.5\times 10^{-3}}=75\ \text{pF}$$

3. 串联电路的频率特性

RLC 串联电路的等效阻抗为

$$Z=R+\mathrm{j}\left(\omega L-\frac{1}{\omega C}\right)$$

当 R、L、C 确定时，等效阻抗 Z 是角频率 ω 的函数，因此等效阻抗可以写成

$$Z(\mathrm{j}\omega)=R+\mathrm{j}(\omega L-\frac{1}{\omega C})=|Z(\mathrm{j}\omega)|\angle\varphi(\omega) \tag{7-49}$$

其中

$$|Z(\mathrm{j}\omega)|=\sqrt{R^2+(\omega L-\frac{1}{\omega C})^2} \tag{7-50}$$

$$\varphi(\omega)=\arctan\frac{\omega L-\frac{1}{\omega C}}{R} \tag{7-51}$$

在电路中各量随频率变化的特性，称为频率特性，或称为频率响应。$Z(\mathrm{j}\omega)$、$Y(\mathrm{j}\omega)$、$I(\mathrm{j}\omega)$、$U(\mathrm{j}\omega)$ 随 ω 变化的特性分别称为阻抗、导纳、电流、电压的频率特性。式(7-49)称为 RLC 串联电路阻抗的频率特性。

频率特性包括幅频特性和相频特性。各量的模(大小)随频率变化的关系称为该量的幅频特性，式(7-50)称阻抗的幅频特性；各量的幅角随频率变化的关系称为该量的相频特性，式(7-51)称为阻抗的相频特性。

为了突出电路的频率特性，常常用输出量与输入量之比随频率变化的关系来分析频率特性，如 $\frac{U_R(\omega)}{U_S}$、$\frac{U_L(\omega)}{U_S}$、$\frac{U_C(\omega)}{U_S}$ 等。

令 $\eta=\frac{\omega}{\omega_0}$，则式(7-49)可以变为

$$Z(\mathrm{j}\omega)=R+\mathrm{j}\left(\omega L-\frac{1}{\omega C}\right)=R\left[1+\mathrm{j}Q(\eta-\frac{1}{\eta})\right]=Z(\mathrm{j}\eta)$$

电阻电压 U_R 随 η 的变化关系为

$$U_R(\eta)=\frac{U_S}{|Z(j\omega)|}\cdot R=\frac{U_S}{\sqrt{1+Q^2\left(\eta-\frac{1}{\eta}\right)^2}}$$

即

$$\frac{U_R(\eta)}{U_S}=\frac{1}{\sqrt{1+Q^2\left(\eta-\frac{1}{\eta}\right)^2}} \tag{7-52}$$

式(7-52)适用于不同的 RLC 串联电路。

各量随频率变化的曲线称为频率特性曲线，也称为谐振曲线。式(7-52)的谐振曲线如图 7-36所示。这是一簇谐振曲线，也称通用谐振曲线。每给一个品质因数 Q，就有一个谐振曲线与之对应，图 7-36 所示中给出 3 个不同 Q 值的谐振曲线，可以明显看出 Q 值对谐振曲线的影响。

从图 7-36 可以看出，利用串联谐振电路的输出与输入之比的频率特性，对输出具有明显的选择性能。在 $\eta=1$（谐振点）时，曲线出现峰值，此时输出电压达到最大值，即 $U_R=U_S$；在 $\eta<1$ 和 $\eta>1$（偏离谐振点）时，输出电压逐渐下降，随着 $\eta\to0$ 和 $\eta\to\infty$，输出电压逐渐下降到零。说明串联谐振电路对偏离谐振点的输出具有较强的抑制能力，只有在谐振点附近的频域内，才有较大的输出幅度，电路的这种性能称为选择性。电路选择性的优劣取决于对非谐振频率输入信号的抑制能力，Q 值越大，曲线在谐振点附近的形状越尖锐，选择性越好，对非谐振频率输入信号的抑制能力越强；Q 值越小，曲线在谐振点附近的形状越平缓，选择性越差，对非谐振频率输入信号的抑制能力越弱。

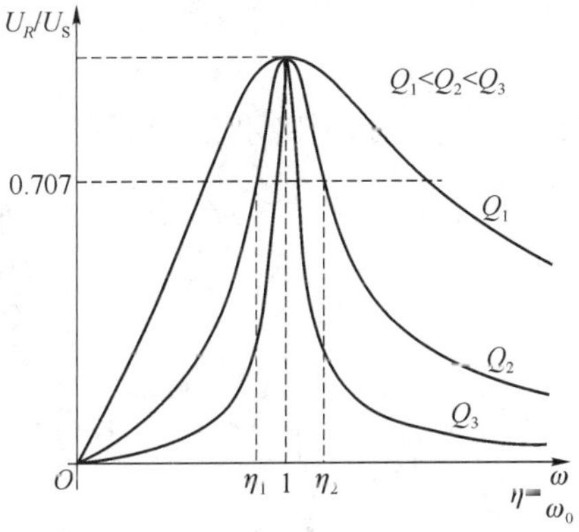

图 7-36　电阻电压的谐振曲线

在工程上，将发生在 $\frac{U_R(\eta)}{U_S}=\frac{1}{\sqrt{2}}$ 时对应的角频率 ω_2 与 ω_1 的差定义为通频带，即

$$\Delta\omega=\omega_2-\omega_1$$

可以证明

$$\eta_2-\eta_1=\frac{1}{Q}\quad \omega_2-\omega_1=\frac{\omega_0}{Q}$$

可见，通频带宽度与 Q 成反比，Q 值越大，通频带越窄，选择性越好；Q 值越小，通频带越宽，选择性越差。

7.6.2　并联谐振

在串联谐振电路中，信号源内阻与电路串联，当信号源内阻较大时，会使串联谐振电路的品质因数大大降低，从而影响谐振电路的选择性。因此，当信号源内阻较高时，可以采用并联谐振电路。下面以工程上常用的电感线圈与电容并联的电路为例，研究并联谐振问题。

1. 并联谐振的条件

电感线圈与电容并联的电路模型如图 7-37(a)所示。其等效导纳为

$$\begin{aligned}Y&=j\omega C+\frac{1}{R+j\omega L}\\&=\frac{R}{R^2+(\omega L)^2}+j\left(\omega C-\frac{\omega L}{R^2+(\omega L)^2}\right)\end{aligned} \tag{7-53}$$

当电路发生谐振时，电压 $\dot{U}$ 与电流 $\dot{I}$ 同相，电路呈纯阻性，则式(7-53)的虚部应为零，即

$$\omega_0 C - \frac{\omega_0 L}{R^2 + (\omega_0 L)^2} = 0 \tag{7-54}$$

式(7-54)称为并联电路的谐振条件。

根据谐振条件得谐振角频率为

$$\omega_0 = \sqrt{\frac{1}{LC} - \left(\frac{R}{L}\right)^2} \tag{7-55}$$

由式(7-55)可以看出，电路发生谐振是有条件的，在电路参数一定时，满足

$$\frac{1}{LC} - \left(\frac{R}{L}\right)^2 > 0$$

即 $R < \sqrt{\frac{L}{C}}$ 时，电路才发生谐振。

一般线圈电阻 $R \ll \omega L$，则等效导纳为

$$\begin{aligned} Y &= \frac{R}{R^2 + (\omega L)^2} + \mathrm{j}\left(\omega C - \frac{\omega L}{R^2 + (\omega L)^2}\right) \\ &\approx \frac{R}{(\omega L)^2} + \mathrm{j}\left(\omega C - \frac{1}{\omega L}\right) \end{aligned}$$

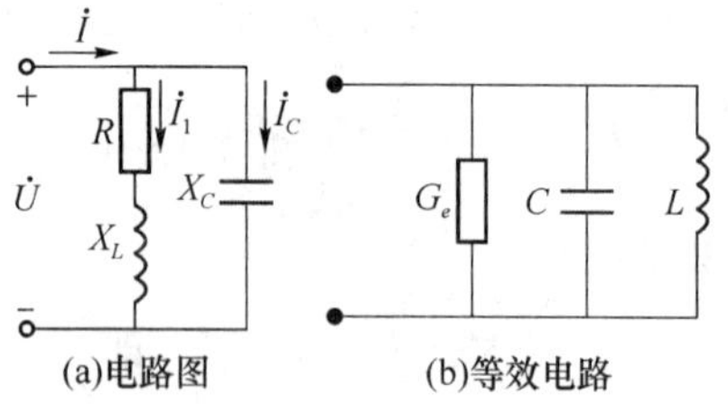

图 7-37 并联谐振电路

因此，谐振角频率为

$$\omega_0 \approx \frac{1}{\sqrt{LC}} \tag{7-56}$$

其等效电路可以用图 7-37(b)表示，其中 $R_e = \frac{1}{G_e} \approx \frac{(\omega_0 L)^2}{R}$。

并联谐振的品质因数为

$$Q = \frac{\omega_0 C}{G_e} = \frac{\omega_0 C}{R/(\omega_0 L)^2} = \frac{\omega_0^3 C L^2}{R} = \frac{\omega_0 L}{R}$$

2. 并联谐振的特性

(1) 由于电源电压与电路中的电流同相位，因此电路呈电阻性。谐振时电路的等效阻抗模 $|Z_0|$ 相当于一个电阻，且其值最大。

(2) 由于谐振时电路的等效阻抗模 $|Z_0|$ 最大，当电源电压保持不变的情况下，流过电路端口的总电流最小。

(3) 两并联支路的电流，相位相反，大小近于相等，且比总电流大得多。

例 7-22 某线圈参数为 $R = 5\ \Omega$，$L = 0.5\ \mathrm{mH}$。与一只 80 pF 的电容并联。求谐振频率和谐振时的阻抗。

解：并联谐振时，若忽略线圈电阻，则谐振频率为

$$f_0 \approx \frac{1}{2\pi\sqrt{LC}} = \frac{1}{2\pi\sqrt{0.5\times10^{-3}\times80\times10^{-12}}} = 796\ \mathrm{kHz}$$

谐振阻抗为

$$Z_0=\frac{L}{RC}=\frac{0.5\times10^{-3}}{5\times80\times10^{-12}}=1\,250\ \text{k}\Omega$$

本章小结

电路中用正弦或余弦函数表示的电压、电流，统称为正弦量。正弦量的幅值(有效值)、角频率和初相称为正弦量的三要素，是表示正弦量的基本参数，若已知一个正弦量，意味着三要素为已知量。用相位差来描述两个同频正弦量的相位关系，相位差等于它们的初相之差，在两个正弦量进行相位比较时应满足同频率、同函数、同符号，且在主值范围比较。

将正弦量的有效值和初相构成的复常数称为相量。相量是正弦量的另一种表示形式，它和正弦量之间有一一对应的关系。引入相量后可以使正弦交流电路的计算简化。根据计算需要相量可表示为复数的四种表示形式：代数式、三角函数式、极坐标式和指数形式，常用的是代数式和极坐标式。

在正弦交流电路中基尔霍夫定律有其相量形式；电阻 R 、电容 C 和电感 L 各有其特点，其电压、电流关系如表 7-2 所示。

无源线性一端口的端口电压相量与端口电流相量的比定义为该一端口的等效阻抗，阻抗的倒数定义为导纳。在正弦稳态电路中，阻抗的串联、并联和混联的计算，形式上与电阻的串联、并联和混联计算相似。

正弦稳态电路采用相量分析法，直流电路中所介绍的定理、定律、方法在交流电路中都适用，区别在于计算量为复数。相量图有助于各相量幅值和相位的比较，对简化电路计算有一定作用。

正弦稳态电路的功率包括：有功功率 P(W)；无功功率 Q(var)；视在功率 S(V·A)。电路中的有功功率仅消耗电阻上，无功功率仅体现在储能元件上。功率因数的大小说明电源有功功率的转化率，感性负载提高功率因数常常需要并联适当的电容。共轭匹配可以使负载获得最大功率。

谐振是正弦交流电路中的一种特殊现象，当电路两端的电压与其中流过的电流同相位则发生谐振。串联谐振的条件是等效阻抗的虚部为零，并联谐振的条件是等效导纳的虚部为零。谐振电路的品质由品质因数来衡量，品质因数越大，通频带越窄，选择性越好。

本章内容延展与工程应用实例

无功功率补偿

电网中的电力负荷如电动机、变压器等，大部分属于感性电抗，在运行过程中需要向这些设备提供相应的无功功率。在电网中安装并联电容器、同步调相机等容性设备以后，可以降低输电线路因输送无功功率造成的电能损耗，改善电网的运行条件。这种做法称为无功补偿。

配电网中常用的无功补偿方式为：在系统的部分变、配电所中，在各个用户中安装无功补偿装置；在高低压配电线路中分散安装并联电容器；在配电变压器低压侧和车间配电屏间安装并联电容器，以及在单台电动机附近安装并联电容器，进行集中或分散的就地补偿。

电力系统中现有的无功补偿设备有无功静止补偿装置和无功动态补偿装置两类，前者包括并联电容器和并联电抗器，后者包括同步补偿机（调相机）和静止无功动态补偿装置（SVS）。并联电容器是电网中用得最多的一种无功功率补偿设备，目前国内外电力系统中90%的无功补偿设备是并联电容器。

无功补偿按投切方式可分为：

(1) 延时投切方式，即“静态”补偿方式。这种投切依靠接触器的动作，延时投切的目的在于防止接触器过于频繁动作时，对电容器造成损坏，更重要的是防备电容不停地投切导致供电系统振荡。通过补偿装置的控制器检测供电系统的功率因数或无功电流或无功功率，来决定电容器的投切。

(2) 瞬时投切方式，即“动态”补偿方式，它是半导体电力器件与数字技术综合的技术结晶，控制器一般能在半个周波至1个周波内完成采样、计算，在第2个周期到来时，控制器已经发出控制信号了。通过脉冲信号使晶闸管导通，投切电容器组20～30 ms内就完成一个全部动作，这种控制方式是机械动作的接触器类所无法实现的。动态补偿方式作为新一代的补偿装置有着广泛的应用前景。

动态补偿的线路方式有：

(1) LC串接法，原理如图7-38所示。这种方式采用电感与电容的串联接法，调节电抗以达到补偿无功损耗的目的。从原理上分析，这种方式响应速度快，闭环使用时，可做到无差调节，使无功损耗降为零。从元件的选择上来说，根据补偿量选择一组电容器即可，不需要再分成多路。但由于要求选用的电感量值大，要在很大的动态范围内调节，所以体积也相对较大，价格也要高一些，再加上一些技术的原因，使这项技术到目前来说还没有被广泛采用或使用者很少。

(2) 采用电力半导体器件作为电容器组的投切开关，较常采用的接线方式如图7-39所示。图中BK为半导体器件，C_1为电容器组。这种接线方式采用两组开关，另一相直接接电网省去一组开关，有很多优越性。

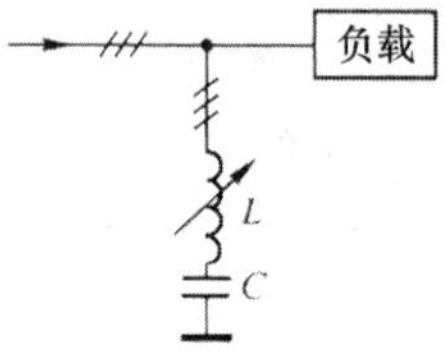

图7-38　LC串接法无功补偿

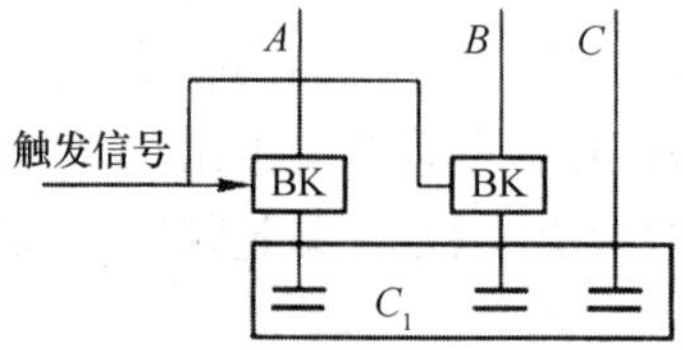

图7-39　半导体可控型无功补偿

作为补偿装置所采用的半导体器件一般都采用晶闸管，所以保护措施要完善。需要强调的是晶闸管导通的条件必须满足其所在相的电容器的端电压为零，以避免涌流造成元件的损坏，半导体器件应该是无涌流投切。当控制指令撤销时，触发脉冲随即消失，晶闸管零电流自然关断。关断后的电容器电压为线路电压交流峰值，必须由放电电阻尽快放电，以备电容器再次投入。

(3) 混合投切方式。实际上就是静态与动态补偿的混合，一部分电容器组使用接触器投切，而另一部分电容器组使用电力半导体器件，在一定程度上可做到优势互补。

在无功功率补偿装置的应用方面，选择哪一种补偿方式，还要依电网的状况而定。对于负荷较大且变化较快的工况，电焊机、电动机的线路采用动态补偿，节能效果明显。对于负荷相对平稳的线路应采用静态补偿方式，也可使用动态补偿装置。对于一些特殊的工作环境就要慎重选择补偿方式，尤其线路中含有瞬变高电压、大电流冲激的场合是不能采用动态补偿的。

习　题　7

7-1　试求下列正弦波的周期、频率、初相和有效值。

(1) $u = 20\cos(6t + 70°)$ V；(2) $u = 10\sin(314t)$ V；(3) $u = -100\cos(314t - 60°)$ V。

7-2　已知一正弦电压的幅值 $U_m = 10$ mA，$f = 1$ Hz，初相 $\varphi_u - 45°$。试写出该电压的函数表达式，并求当 $t = 0.5$ s 时电压的瞬时值。

7-3　已知正弦电压 $U = 220$ V，$\varphi_u = -30°$，正弦电流 $I = 3$ A，$\varphi_i = 45°$，频率均为 $f = 50$ Hz，试求 u 和 i 的函数表达式及两者的相位差。

7-4　试计算下列正弦量的相位差。

(1) $i_1 = 10\cos\left(100\pi t + \dfrac{3\pi}{4}\right)$ A，$i_2 = 10\cos\left(100\pi t - \dfrac{\pi}{2}\right)$ A

(2) $i_1 = 5\cos(100\pi t - 30°)$ A，$i_2 = -3\cos(100\pi t + 30°)$ A

(3) $i_1 = 10\cos(100\pi t + 30°)$ A，$i_2 = 10\sin(100\pi t - 15°)$ A

(4) $u_1 = 10\cos(100\pi t + 30°)$ V，$u_2 = 10\cos(200\pi t + 45°)$ V

7-5　将下列复数化成极坐标形式。

(1) $A = 3 + 3\text{j}$；(2) $A = 3 - \sqrt{3}\text{j}$；(3) $A = -4 - 3\text{j}$；(4) $A = 3\text{j}$。

7-6　将下列复数化成代数形式。

(1) $5\angle -30°$；(2) $10\angle 120°$；(3) $10\angle -90°$；(4) $3\angle 180°$。

7-7　已知复数 $A_1 = 6 - 8\text{j}$，$A_2 = 5\angle 30°$。试求 $A + B$，$A - B$，AB，A/B。

7-8　已知正弦电流 $i_1 = \sqrt{2}\cos(\omega t + 90°)$A，$i_2 = -\sqrt{6}\cos\omega t$A。试(1)写出 i_1、i_2 的相量形式；(2)求 $i = i_1 + i_2$ 及其有效值。

7-9　下列元件的电压、电流关联参考方向，已知电压 $u = 24\sqrt{2}\cos(50t + 30°)$V，求电流 i。

(1) 电阻 $R = 8$ kΩ；(2) 电感 $L = 10$ mH；(3) 电容 $C = 100$ μF。

7-10　某一元件的电压、电流如下，参考方向关联。试求其阻抗，判断是什么元件，元件参数为多少？

(1) $\begin{cases} u = 10\sin(10t)\ \text{V} \\ i = 2\cos(10t - 90°)\ \text{A} \end{cases}$　(2) $\begin{cases} u = -10\cos(10t)\ \text{V} \\ i = -\sin(10t)\ \text{A} \end{cases}$　(3) $\begin{cases} u = 10\sin(10t + 45°)\ \text{V} \\ i = 2\cos(10t + 45°)\ \text{A} \end{cases}$

7-11　求题 7-11 图所示电路的等效阻抗和等效导纳。

7-12　题 7-12 图所示无源一端口的电压、电流如下列各式所示，试求每种情况下的等效阻抗和等效导纳；画出等效电路图并求出等效电路参数。

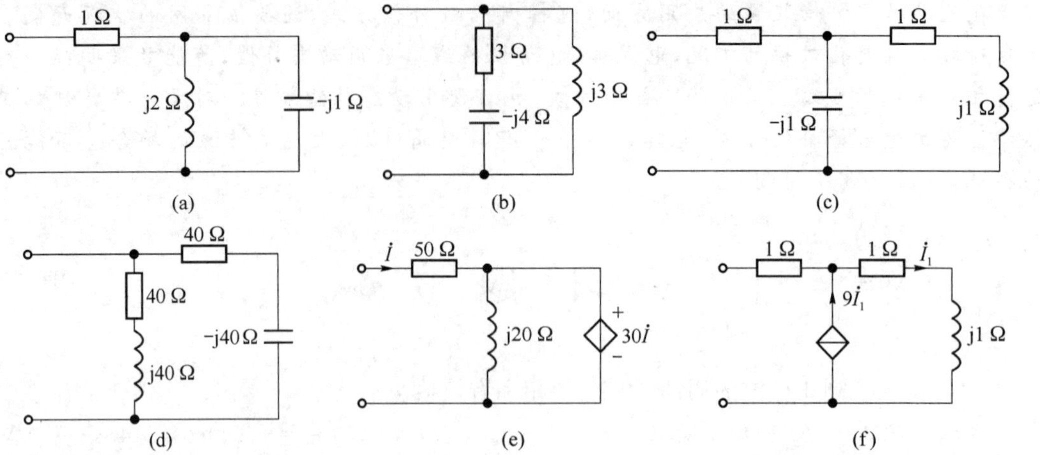

题 7-11 图

(1) $\begin{cases} u = 100\cos(10t + 60^\circ)\ \text{V} \\ i = 2\cos(10t + 30^\circ)\ \text{A} \end{cases}$　　　(2) $\begin{cases} u = 40\cos(2t - 45^\circ)\ \text{V} \\ i = 8\sin(2t + 90^\circ)\ \text{A} \end{cases}$

7-13　题 7-13 图所示 RL 串联电路。已知 $R=50\ \Omega$，$L=25\ \mu\text{H}$，$u_S = 10\cos(10^6 t)$ V。求电流 i，并画出相量图。

7-14　RC 并联电路如题 7-14 图所示。已知 $R=5\ \Omega$，$C=0.1$ F，$u_S = 10\sqrt{2}\cos(2t)$ V。求电流 i 并画出相量图。

7-15　电路如题 7-15 图所示，已知 $i_S = 50\sqrt{2}\cos(10^3 t + 30^\circ)$ V，试求：(1)电路的等效阻抗；(2)判断阻抗的性质；(3)电压 u；(4)等效并联电路参数；(5)等效串联电路参数。

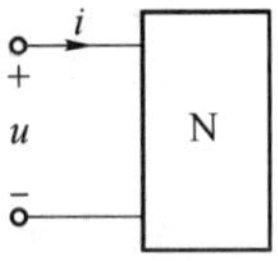

题 7-12 图

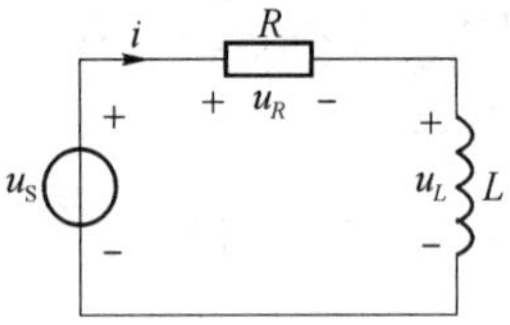

题 7-13 图

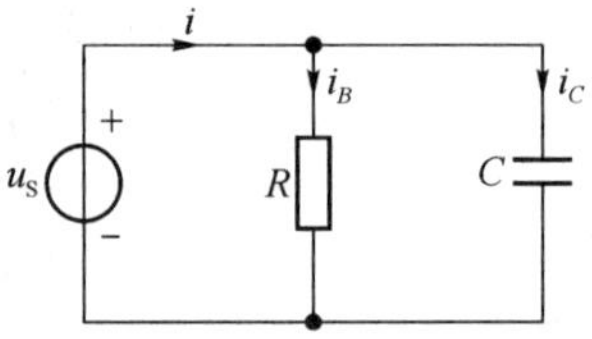

题 7-14 图

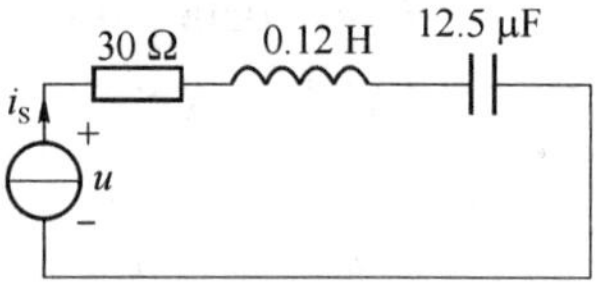

题 7-15 图

7-16　在题 7-16 图所示电路中，各表读数均为有效值，标有示数表的电压、电流为已知。求未标示数表的读数。

7-17　电路如题 7-17 图所示，已知 $I_2 = 10$ A，$U_0 = 5\sqrt{2}$ V。试求：(1) ωL；(2)电流 I 和电压 U_S；(3)画出相量图。

7-18　电路如题 7-18 图所示，已知 $i_S = \sqrt{2}\cos(2 \times 10^5 t)$ A。求：(1)电压 u_R；(2)电路的输入阻抗。

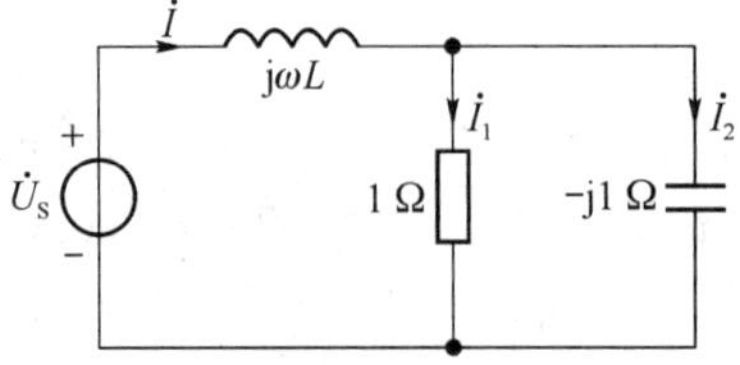

题 7-17 图

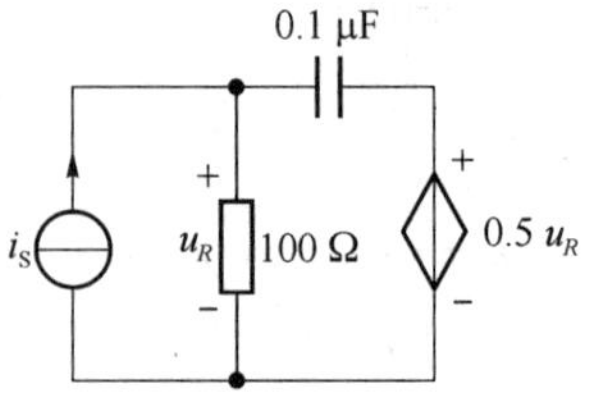

题 7-18 图

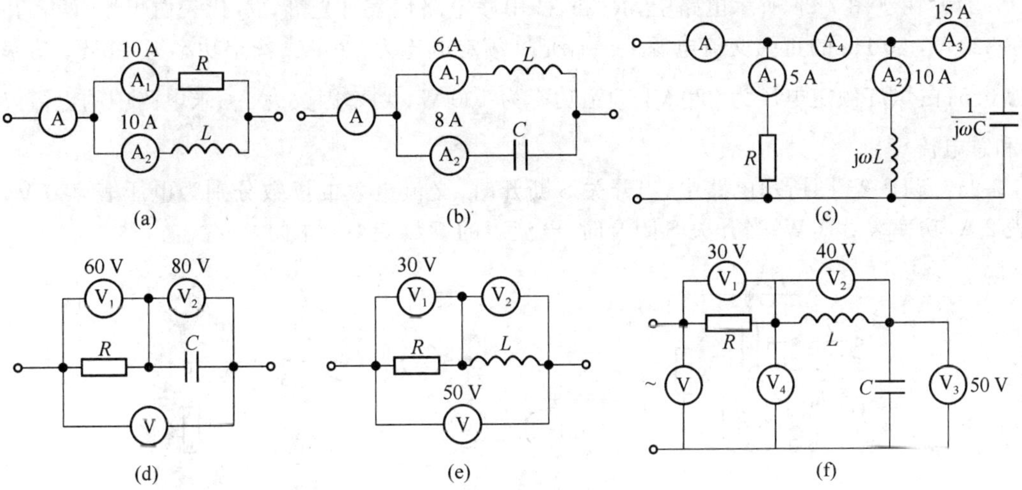

题 7-16 图

7-19　电路如题 7-19 图所示，用网孔电流法和节点电压法求图示各支路电流。

7-20　电路如题 7-20 图所示，已知电压源电压 $u_S = 4\sqrt{2}\cos 10t$ V，电流源电流 $i_S = 4\sqrt{2}\cos 10t$ A。用网孔电流法和节点电压法求各支路电流。

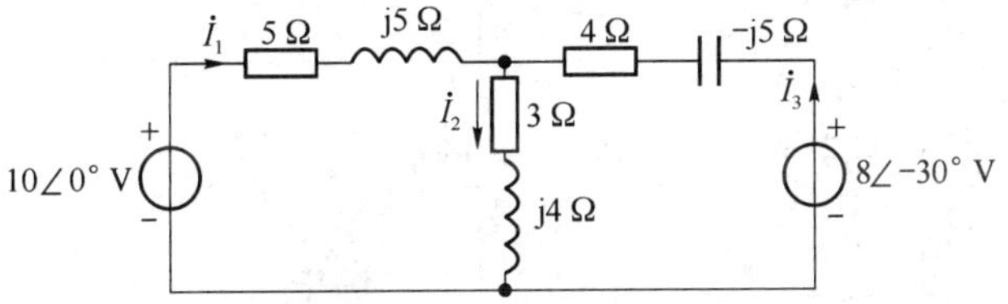

题 7-19 图

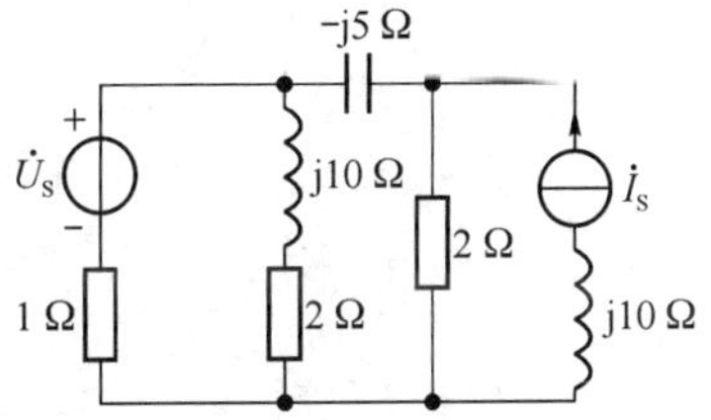

题 7-20 图

7-21　电路如题 7-21 图所示，已知 $\dot{U}_S = 10.39\angle -30°$ V，$\dot{I}_S = 3\angle -30°$ A。利用叠加定理和戴维宁定理求电流 $\dot{I}_L$。

7-22　无源二端网络如题 7-22 图所示，其输入端的电压和电流分别为

$$u = 220\sqrt{2}\cos(314t + 20°)\ \text{V}$$

$$i = 4.4\sqrt{2}\cos(314t - 40°)\ \text{A}$$

试求此二端网络由两个元件串联的等效电路和元件的参数值，并求二端网络的有功功率 P 和无功功率 Q。

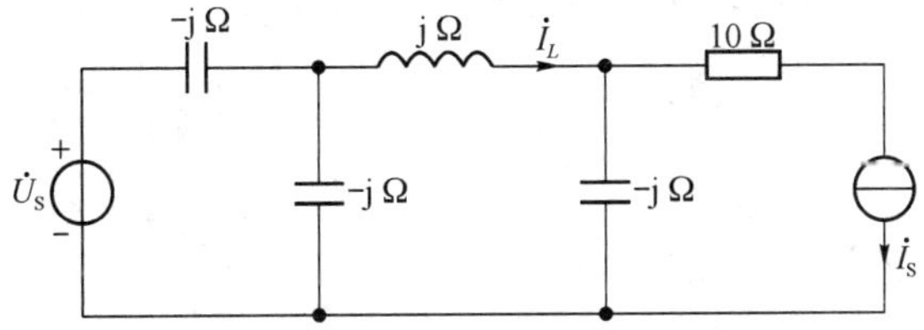

题 7-21 图

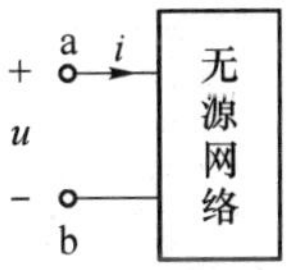

题 7-22 图

7-23　在电阻、电感和电容元件串联的交流电路中，已知 $R = 3\ \Omega$，$X_L = 4\ \Omega$，$X_C = 8\ \Omega$，电源电压 $U = 10$ V。试求：(1) 串联电路中电流的有效值 I；(2) 功率 P、Q 及 S。

7-24 在题图 7-24 所示电路中，R_1 和 X_1 串联电路代表日光灯，R_2 代表白炽灯，两者并连接在 220 V，50 Hz 的正弦交流电源上。日光灯额定电压为 220 V，额定功率为 40 W，功率因数为 0.5；白炽灯额定电压为 220 V，额定功率为 100 W，功率因数为 1。求电路中的电流 $\dot{I}_1$、$\dot{I}_2$ 和总电流 $\dot{I}$。

7-25 题 7-25 图所示电路中，当开关 S 断开时，交流电表的读数分别为电压表 220 V，电流表 2 A，功率表 381 W；当开关 S 闭合时，电流表的读数变小。求阻抗 Z。

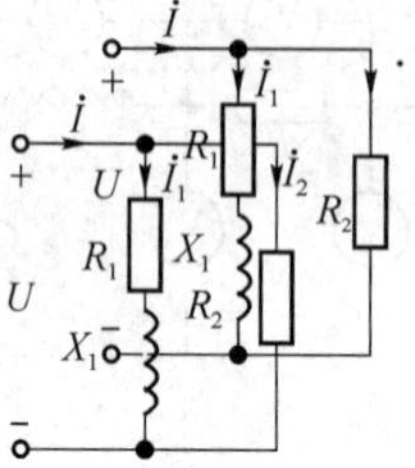

题 7-24 图

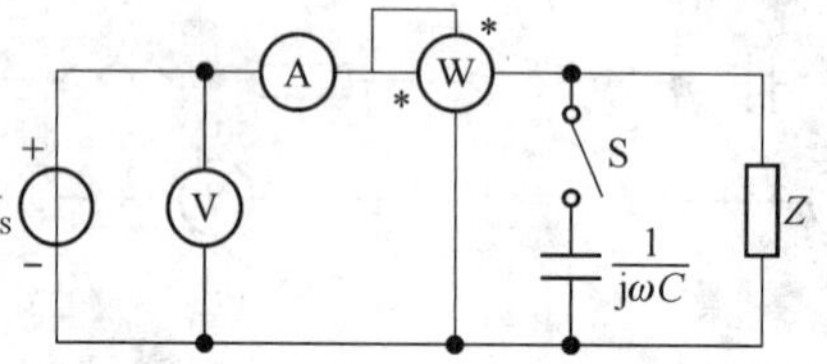

题 7-25 图

7-26 电路如题 7-26 图所示，求负载阻抗 Z_L 为多少时，可获得最佳匹配？并求最大功率。

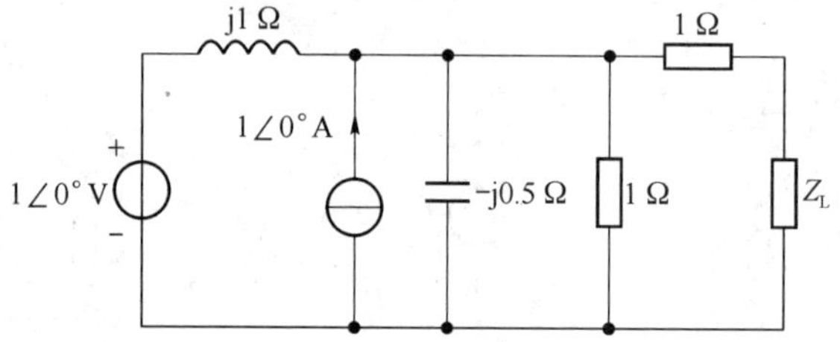

题 7-26 图

7-27 某感性负载，已知 $Z=(2.9+\mathrm{j}3.87)\ \Omega$，电源电压 $U=220$ V，电源频率 $f=50$ Hz，电源容量 $S=10$ kV·A。求：(1)电路中的电流、有功功率、无功功率和功率因数；(2)用并联电容的方法将功率因数提高至 0.9，计算应并联电容的容量；(3)若将功率因数从 0.9 提高至 1。问还需再增加多少电容？

7-28 RLC 串联电路中，已知电感 $L=2$ mH，电阻 $R_L=10\ \Omega$，电容 $C=0.65\ \mu$F。求：(1)谐振角频率 ω_0；(2)品质因数 Q。

7-29 当电压源的角频率为 $\omega=5\,000$ rad/s 时，RLC 串联电路发生谐振，已知 $R=5\ \Omega$，$L=400$ mH，电源电压 $U=1$ V。求：(1)电容 C 的值；(2)谐振时电路中的电流；(3)品质因数；(4)各元件电压的有效值。

第 8 章

三 相 电 路

教学提示：在电力系统输配电过程中，普遍采用三相电路。因为三相交流电在生产、传输和配电等方面既方便又经济，因此在工农业生产中获得了广泛的应用。由三相交流电源供电的电路称为三相交流电路，简称三相电路。

本章着重讨论三相电路中电源和负载的特点、连接形式，三相电路中电压、电流关系，对称和不对称三相电路的分析、计算方法及三相电路的功率问题。

8.1 三相电路的基本概念

在工业化社会中，电能的产生和分配是交流电路的一种特殊应用。采用三相交流发电机产生交流电压，经由三相传输线进行传输，是我国电力系统输配电的主要方式。第 7 章讨论的正弦稳态电路可以称为单相电路。与单相电路相比，三相电路在发电、输电和电能转换等方面都具有明显的优势。实际上单相交流电也是三相系统中的一相提供的，所以正弦稳态电路的分析方法都可应用于三相电路的分析和计算中。但是，三相电路又有其自身特点，在分析三相电路时需要注意。

8.1.1 三相电路的组成

三相电路是由三相电源、三相负载和三相传输线组成的电路。下面重点介绍对称三相电源和三相负载的有关概念。

1. 对称三相电源

三相电源通常是由三相交流发电机产生的。若所产生的三个电压源具有频率相同、振幅相同、相位彼此相差 120°的正弦交流电源连接成星形(Y)或三角形(△)的形式，则称为对称三相电源。每一个电压源称为一相，三个电压源分别称为 A 相、B 相、C 相。对称三相电源的波形如图 8-1(a)所示。工程上一般将三相电源的正极端(首端)分别记为 A、B、C，对应的负极端(末端)分别记为 X、Y、Z，如图 8-1(b)所示，并用黄、绿、红分别表示 A 相、B 相、C 相。

若以 A 相电压作为参考相量，则对称三相电源中各相电压的瞬时表达式为

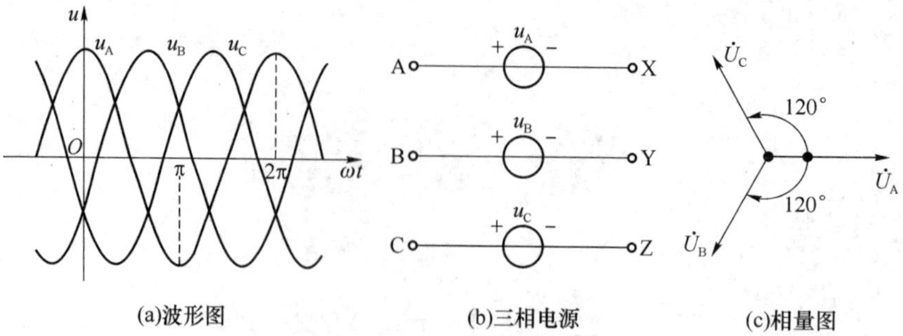

图 8-1　对称三相电源

$$\left.\begin{aligned} u_A &= \sqrt{2}U\cos\omega t \\ u_B &= \sqrt{2}U\cos(\omega t - 120°) \\ u_C &= \sqrt{2}U\cos(\omega t + 120°) \end{aligned}\right\} \tag{8-1}$$

对应的相量表达式为

$$\left.\begin{aligned} \dot{U}_A &= U\angle 0° \\ \dot{U}_B &= U\angle -120° \\ \dot{U}_C &= U\angle 120° \end{aligned}\right\} \tag{8-2}$$

对称三相电源的相量图如图 8-1(c)所示。

根据对称性,对称三相电源满足

$$\left.\begin{aligned} u_A + u_B + u_C &= 0 \\ \dot{U}_A + \dot{U}_B + \dot{U}_C &= 0 \end{aligned}\right\}$$

这是三相电路的一个重要特点。

相电压依次出现最大值的顺序称为相序。图 8-1(c)中的这种顺时针顺序如 A→B→C→A 称为正相序,简称正序;逆时针的顺序,如 B→A→C→B 称为负(逆)相序,简称负(逆)序。电力系统一般采用正序。

2. 三相负载

在三相电路中,负载是三相负载,分别以 Z_A、Z_B、Z_C 表示。当三个负载阻抗相等时,即 $Z_A = Z_B = Z_C$ 称为对称三相负载;反之,称为不对称三相负载。

8.1.2　三相电路的连接

三相电源和负载的连接方式有星形(Y)和三角形(△)两种连接方式。图 8-2 所示的是三相电源的两种连接方式;图 8-3 所示的是三相负载的两种连接方式。其中图 8-2(a)、图 8-3(a)所示为星形连接,图 8-2(b)、图 8-3(b)所示为三角形连接。

三相电源的星连接就是将三相电源的末端 X、Y、Z 连接在一起,形成公共端点 N,从三个始端 A、B、C 引出三根导线至负载。从每一相的始端引出的导线称为端线,俗称火线;公共端点 N 也称中性点或中点,如果将 N 点与大地相连,则称为零点;从中性点 N 引出的导线称为中性线或中线,中性线与大地相连也称为零线。

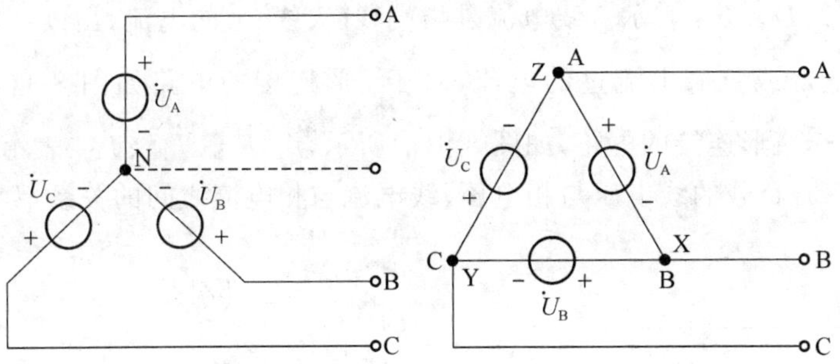

(a)Y连接　(b)△连接

图 8-2　三相电源的连接

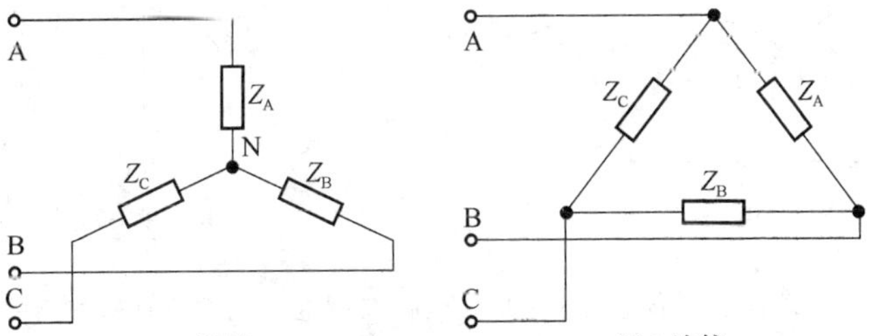

(a)Y连接　(b)△连接

图 8-3　负载的连接

三相电源的三角形连接是将三相电源的始、末端分别连在一起，即 X 与 B，Y 与 C，Z 与 A 相连形成一个回路，再从各相始端 A、B、C 引出三根导线至负载。三角形连接使三相电源构成一个回路，理论上由于电源的对称性，即 $\dot{U}_A+\dot{U}_B+\dot{U}_C=0$，所以回路中电流为零。但是实际应用中，三相电源各相首末段不能接错，因为电源的内阻很小，接错会在电源回路中产生很大的环路电流，危及电源安全。因此，实际应用时三相对称电源极少接成△形。

三相电路就是三相电源和三相负载相互连接构成的系统。根据电源与负载接法的不同，理论上分为五种连接方式，即

(1) Y_0—Y_0连接方式。电源Y连接，负载Y连接，有中线；

(2) Y—Y连接方式。电源Y连接，负载Y连接，无中线；

(3) Y—△连接方式。电源Y连接，负载△连接；

(4) △—Y连接方式。电源△连接，负载Y连接；

(5) △—△连接方式。电源△连接，负载△连接。

以上三相电路的连接方式中，没有中线的三相输电系统称为三相三线制系统；有中线的三相输电系统称为三相四线制系统。可见，只有Y_0—Y_0连接方式属于三相四线制系统。在我国，低压配电系统大都采用三相四线制。

8.2　三相电路线电压(电流)与相电压(电流)关系

线电压是指端线(火线)之间的电压，用 $\dot{U}_{AB}$、$\dot{U}_{BC}$、$\dot{U}_{CA}$ 表示。相电压是指每一相电源或负

载的端电压，用 $\dot{U}_A$、$\dot{U}_B$、$\dot{U}_C$ 表示。线电流是指端线（火线）上的电流，用 $\dot{I}_A$、$\dot{I}_B$、$\dot{I}_C$ 表示。相电流是指每一相电源或负载上流过的电流，对于Y形连接的电路如图 8-4(a)所示，用 $\dot{I}_{AN}$、$\dot{I}_{BN}$、$\dot{I}_{CN}$ 表示；对于△形连接的电路，如图 8-6(a)所示，用 $\dot{I}_{AB}$、$\dot{I}_{BC}$、$\dot{I}_{CA}$ 表示。

三相电源和三相负载的线电压与相电压、线电流与相电流之间的关系都与连接方式有关。

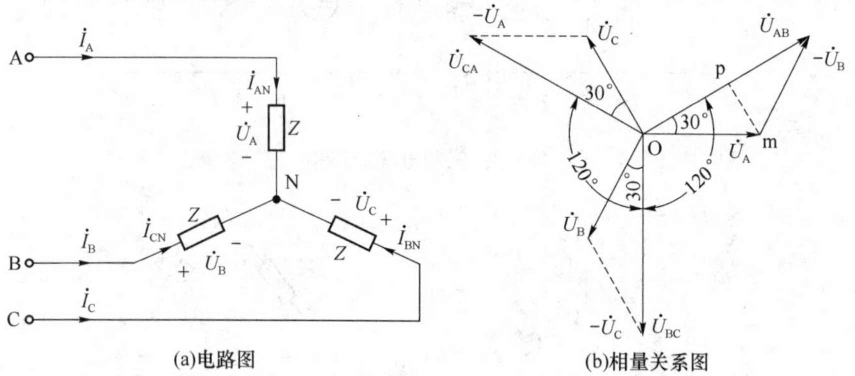

图 8-4　Y形连接线电压(电流)与相电压(电流)的关系

8.2.1　Y形连接的线电压(电流)与相电压(电流)关系

1. 电压关系

以对称Y形连接的负载为例，在图 8-4 所示的参考方向下，根据 KVL 的相量形式，有线电压与相电压的关系为

$$\left.\begin{aligned}\dot{U}_{AB} &= \dot{U}_A - \dot{U}_B \\ \dot{U}_{BC} &= \dot{U}_B - \dot{U}_C \\ \dot{U}_{CA} &= \dot{U}_C - \dot{U}_A\end{aligned}\right\}$$

相量图如图 8-4(b)所示。将式(8-2)代入上式得对称Y形连接的电路中线电压与相电压的关系为

$$\left.\begin{aligned}\dot{U}_{AB} &= \sqrt{3}\dot{U}_A\angle 30^\circ \\ \dot{U}_{BC} &= \sqrt{3}\dot{U}_B\angle 30^\circ \\ \dot{U}_{CA} &= \sqrt{3}\dot{U}_C\angle 30^\circ\end{aligned}\right\} \tag{8-3}$$

式(8-3)表明，对于对称Y形连接的负载或电源，相电压对称时，线电压也一定依序对称。若用 U_L 表示线电压有效值，U_P 表示相电压有效值，则有线电压的值是相电压值的 $\sqrt{3}$ 倍，即 $U_L = \sqrt{3}U_P$，线电压的相位超前相应的相电压相位 30°(如 $\dot{U}_{AB}$ 超前 $\dot{U}_A$ 30°)。常见的供电系统中，相电压 $U_P = 220$ V，对应线电压 $U_L = 380$ V $(380 = \sqrt{3} \times 220)$，常写作"电源电压 380/220 V"。

需要特别指出的是，凡是三相设备(包括电源和负载)铭牌上标出的额定电压指的是线电压，额定电流指的是线电流。

2. 电流关系

由图 8-4(a)可见，在Y形连接的电路中，线电流与相电流的关系为

$$\dot{I}_A = \dot{I}_{AN} \quad \dot{I}_B = \dot{I}_{BN} \quad \dot{I}_C = \dot{I}_{CN} \tag{8-4}$$

式(8-4)表明，对于对称Y形连接的负载或电源，线电流等于对应的相电流。若用 I_L 表示线电流有效值，I_P 表示相电流有效值，则 $I_L = I_P$，且相位相同。

当每相负载的额定电压等于电源的相电压，也就是电源线电压的 $\frac{1}{\sqrt{3}}$ 倍时，负载应采用Y形连接。例如，电灯的额定电压为 220 V，当三相电源的线电压为 380 V 时，电灯就应该采用Y形连接；如果三相交流电动机每相绕组的额定电压为 220 V，接在 380 V 的三相电源上，则电机的三相绕组必须采用Y形连接。电灯和电动机与电网连接示意如图 8-5 所示。

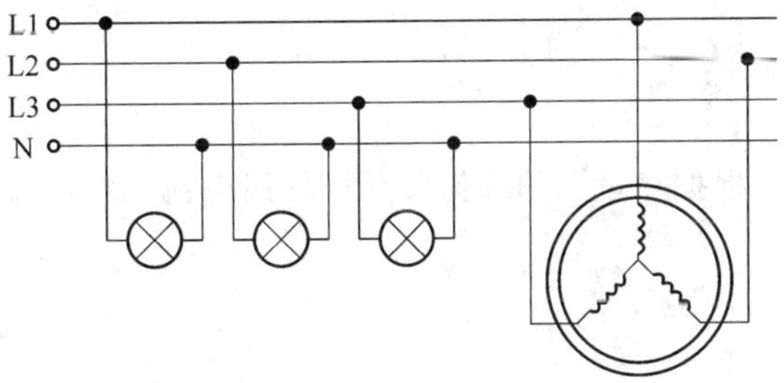

图 8-5　电灯和电动机与电网连接示意

8.2.2　△形连接的线电压(电流)与相电压(电流)关系

1. 电压关系

以对称△形连接的负载为例，由图 8-6(a)可见，在△形连接的电路中，线电压与相电压的关系为

$$\dot{U}_{AB} = \dot{U}_A \quad \dot{U}_{BC} = \dot{U}_B \quad \dot{U}_{CA} = \dot{U}_C \tag{8-5}$$

式(8-5)表明，对于对称△形连接的负载或电源，线电压等于对应的相电压，即 $U_L = U_P$，且相位相同。

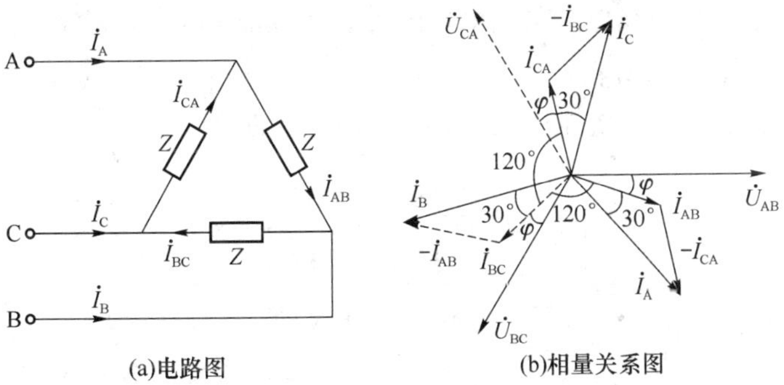

(a)电路图　　(b)相量关系图

图 8-6　△形连接线电压(电流)与相电压(电流)的关系

2. 电流关系

在图 8-6(a)所示电压、电流参考方向下，各相的相电流为

$$\left.\begin{aligned}\dot{I}_{AB}&=\frac{\dot{U}_{AB}}{Z}=\frac{\dot{U}_{A}}{Z}=\frac{U_{A}\angle 0^\circ}{Z}\\ \dot{I}_{BC}&=\frac{\dot{U}_{BC}}{Z}=\frac{\dot{U}_{B}}{Z}=\frac{U_{A}\angle -120^\circ}{Z}\\ \dot{I}_{CA}&=\frac{\dot{U}_{CA}}{Z}=\frac{\dot{U}_{C}}{Z}=\frac{U_{A}\angle 120^\circ}{Z}\end{aligned}\right\}$$

可见,在对称△形连接的电路中,由于相电压对称,各相电流也对称,即有效值大小相等,相位互差 120°。

根据 KCL,可以写出△形连接的电路中线电流与相电流的关系为

$$\left.\begin{aligned}\dot{I}_{A}&=\dot{I}_{AB}-\dot{I}_{CA}\\ \dot{I}_{B}&=\dot{I}_{BC}-\dot{I}_{AB}\\ \dot{I}_{CA}&=\dot{I}_{CA}-\dot{I}_{BC}\end{aligned}\right\}$$

相量图如图 8-6(b)所示。根据相量图的几何关系可得线电流和相电流的关系为

$$\left.\begin{aligned}\dot{I}_{A}&=\sqrt{3}\,\dot{I}_{AB}\angle -30^\circ\\ \dot{I}_{B}&=\sqrt{3}\,\dot{I}_{BC}\angle -30^\circ\\ \dot{I}_{C}&=\sqrt{3}\,\dot{I}_{CA}\angle -30^\circ\end{aligned}\right\} \tag{8-6}$$

式(8-6)表明,对于对称△形连接的负载或电源,相电流对称时,线电流也一定依序对称。线电流的值是相电流的 $\sqrt{3}$ 倍,即 $I_L=\sqrt{3}I_P$,线电流的相位滞后相应的相电流相位 30°(如 $\dot{I}_A$ 滞后 $\dot{I}_{AB}$ 30°)。

例 8-1 在Y形连接的对称三相电源中,已知 A 相的电压为 $u_A=220\sqrt{2}\cos(314t-60^\circ)$V,各相电压参考方向如图 8-2(a)所示。试求:(1)正序时各线电压相量及其瞬时值表达式;(2)负序时各线电压相量及其瞬时值表达式。

解:由于是对称电路,所以可以先求出一相对应的线电压,其他线电压根据对称关系就可得出。

由已知得 A 相电压相量为 $\dot{U}_A=220\angle -60^\circ$ V

(1) 正序时,Y形连接的线电压与相电压的关系为 $\dot{U}_{AB}=\sqrt{3}\dot{U}_A\angle 30^\circ$

所以 $$\dot{U}_{AB}=\sqrt{3}\times 220\angle -60^\circ+30^\circ=380\angle -30^\circ\text{ V}$$

各线电压相量在相位上满足依次滞后 120°,有效值相同,即

$$\dot{U}_{AB}=380\angle -30^\circ\text{ V}$$
$$\dot{U}_{BC}=380\angle -150^\circ\text{ V}$$
$$\dot{U}_{CA}=380\angle 90^\circ\text{ V}$$

对应的正弦量瞬时表达式为

$$u_{AB}=380\sqrt{2}\cos(314t-30^\circ)\text{V}$$
$$u_{BC}=380\sqrt{2}\cos(314t-150^\circ)\text{V}$$
$$u_{CA}=380\sqrt{2}\cos(314t+90^\circ)\text{V}$$

(2) 负序时，线电压有效值与正序时相同，即 $U_L = \sqrt{3}U_P$，相位可以根据图 8-7 相量图得出，若以 A 相作为参考相，则线电压 $\dot{U}_{AC}$ 滞后对应相电压 $\dot{U}_A$ 30°。所以负序时线电压与相电压关系为

$$\begin{aligned} \dot{U}_{AC} &= \sqrt{3}\dot{U}_A\angle -30^\circ \\ \dot{U}_{CB} &= \dot{U}_{AC}\angle 120^\circ \\ \dot{U}_{BA} &= \dot{U}_{AC}\angle -120^\circ \end{aligned} \tag{8-7}$$

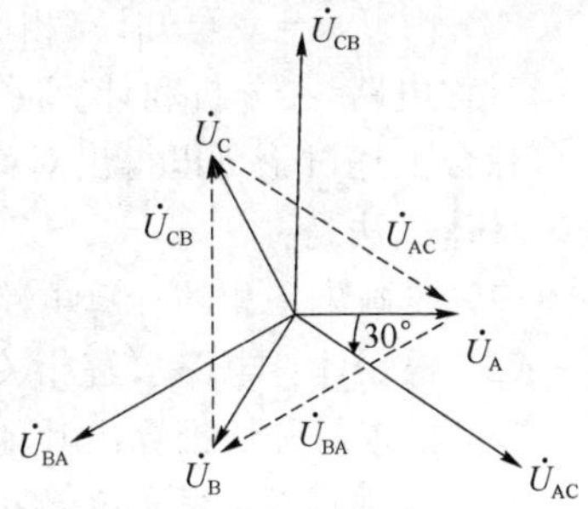

图 8-7 例 8-1 相量图

根据式(8-7)可以得出本题负序时的各线电压为

$$\dot{U}_{AC} = 380\angle -90^\circ \text{ V}$$

$$\dot{U}_{CB} = 380\angle 30^\circ \text{ V}$$

$$\dot{U}_{BA} = U_{AC}\angle 150^\circ \text{ V}$$

对应的正弦量瞬时表达式为

$$u_{AC} = 380\sqrt{2}\cos(314t - 90^\circ)\text{V}$$

$$u_{CB} = 380\sqrt{2}\cos(314t + 30^\circ)\text{V}$$

$$u_{BA} = 380\sqrt{2}\cos(314t + 150^\circ)\text{V}$$

8.3 对称三相电路分析

三相电路实际上是正弦交流电路的一种特殊形式，因此，正弦交流电路的分析方法对三相电路完全适用。由对称三相电源和对称三相负载组成的三相电路（如考虑连接导线的阻抗，3 条端线的阻抗也相等）称为对称三相电路。利用对称三相电路的特点，可以简化对称三相电路的计算。下面以三相四线制电路为例，讨论对称三相电路的分析方法。

三相四线制电路如图 8-8 所示，其中 Z_1 为端线阻抗，Z 为负载阻抗，Z_N 为中线阻抗。以 N 为参考节点，N′点的节点电压方程为

$$\left(\frac{3}{Z+Z_1} + \frac{1}{Z_N}\right)\dot{U}_{N'N} = \frac{\dot{U}_A}{Z+Z_1} + \frac{\dot{U}_B}{Z+Z_1} + \frac{\dot{U}_C}{Z+Z_1} = \frac{\dot{U}_A + \dot{U}_B + \dot{U}_C}{Z+Z_1}$$

由于对称电路中 $\dot{U}_A + \dot{U}_B + \dot{U}_C = 0$，所以 $\dot{U}_{N'N} = 0$。

各相电流为

$$\dot{I}_A = \frac{\dot{U}_A - \dot{U}_{N'N}}{Z+Z_1} = \frac{\dot{U}_A}{Z+Z_1} \qquad \dot{I}_B = \frac{\dot{U}_B}{Z+Z_1} = \dot{I}_A\angle -120^\circ \qquad \dot{I}_C = \frac{\dot{U}_C}{Z+Z_1} = \dot{I}_A\angle 120^\circ$$

中线的电流为

$$\dot{I}_N = \dot{I}_A + \dot{I}_B + \dot{I}_C = 0$$

由以上分析可得出：

(1) 由 $\dot{U}_{N'N} = 0$ 可知，电源中点与负载中点等电位，三相四线制的中线可视为一根短路线，使得每一相与中线构成闭合回路，各相电流独立，彼此无关。此时中线阻抗被强制为零。

(2) 由 $\dot{I}_N = 0$ 可知，三相四线制的中线也可视为开路。表明对于Y—Y形连接的三相三线制对称电路，在分析和计算时也可视为三相四线制电路。

综合上述讨论可以得出对称三相电路的分析方法，即对称三相电路归结为一相的计算方法。具体做法是：

(1) 先画出一相的计算电路，如图 8-9 所示(若对称三相三线制，中线视为存在)；

(2) 根据计算电路求解相关未知量；

(3) 根据对称性推算出其他两相的相关参数。

对于其他连接方式的对称电路，可以根据Y形和△形的等效互换，化成Y—Y连接的三相电路，再采用三相归结为一相的计算方法。

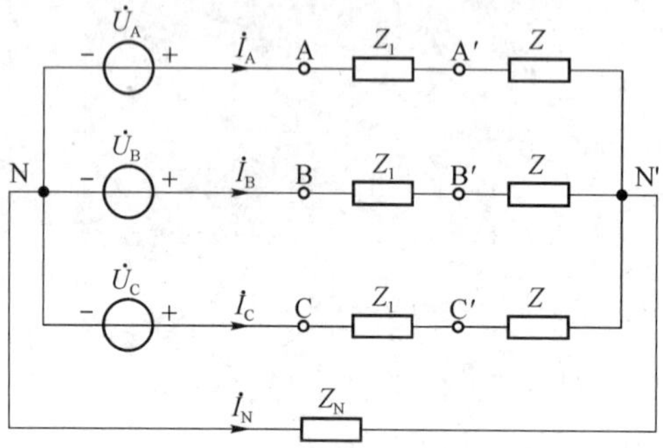

图 8-8　三相四线制电路

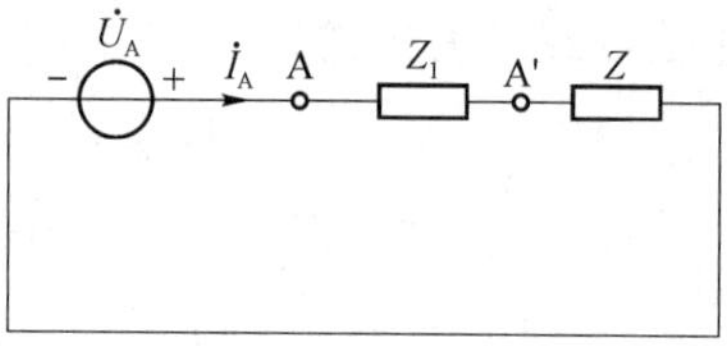

图 8-9　一相计算电路

例 8-2　有一Y形连接的三相对称负载，每相阻抗 $Z = 8 + j6\ \Omega$，接于线电压为 380 V 的对称三相电源上，试计算各相电流和中线电流。

解：由于负载对称，采用三相归结为一相计算法，如图 8-10 所示。每相阻抗均承受着电源的相电压，其相电压为

$$U_P = \frac{U_L}{\sqrt{3}} = \frac{380}{\sqrt{3}} = 220\ \text{V}$$

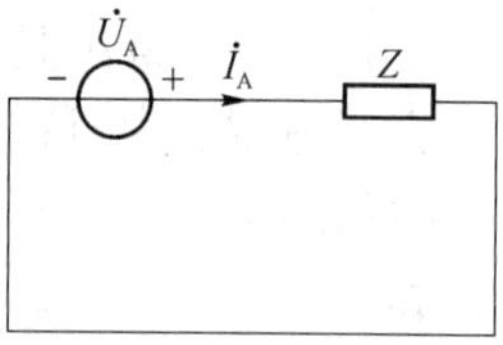

图 8-10　例 8-2 图

并设 $\dot{U}_A = 220\angle 0°\ \text{V}$，则 A 相电流为

$$\dot{I}_A = \frac{\dot{U}_A}{Z} = \frac{220\angle 0°}{8 + j6} = \frac{220\angle 0°}{10\angle 37°} = 22\angle -37°\ \text{A}$$

根据对称性，其他两相电流可直接写出为

$$\dot{I}_B = \dot{I}_A\angle -120° = 22\angle -157°\ \text{A}$$

$$\dot{I}_C = \dot{I}_A\angle 120° = 22\angle 83°\ \text{A}$$

由于三相电流是对称的，所以 $\dot{I}_N = \dot{I}_A + \dot{I}_B + \dot{I}_C = 0$

例 8-3　有一△形连接的三相对称负载，每相阻抗 $Z = 8 + j6\ \Omega$，接入三相对称电源，设电压 $u_{AB} = 380\sqrt{2}\cos(314t + 30°)\text{V}$ 。求线电流和各相的相电流。

解：因电路对称，故只需计算一相。电源的线电压为 $\dot{U}_{AB} = 380\angle 30°\ \text{V}$。

由于是△形连接，相电压等于线电压，每相负载承受电源的线电压。所以相电流为

$$\dot{I}_{AB} = \frac{\dot{U}_{AB}}{Z} = \frac{380\angle 30°}{8 + j6} = \frac{380\angle 30°}{10\angle 37°} = 38\angle -7°\ \text{A}$$

根据电路的对称性得其他的相电流为

$$\dot{I}_{BC} = \dot{I}_{AB}\angle -120^\circ = 38\angle -127^\circ \text{ A}$$

$$\dot{I}_{CA} = \dot{I}_{AB}\angle 120^\circ = 38\angle 113^\circ \text{ A}$$

负载△形连接时，其线电流是相电流的 $\sqrt{3}$ 倍，且在相位上滞后于对应相电流 30°，所以线电流为

$$\dot{I}_A = \sqrt{3}\,\dot{I}_{AB}\angle -30^\circ = \sqrt{3}\times 38\angle -30^\circ - 7^\circ = 65.82\angle -37^\circ \text{ V}$$

根据电路的对称性得其他的线电流为

$$\dot{I}_B = 65.82\angle -157^\circ \text{ V}$$

$$\dot{I}_C = 65.82\angle 83^\circ \text{ V}$$

例 8-4 对称三相电路如图 8-11 所示，已知负载阻抗 $Z = (19.2 + \text{j}14.4)\ \Omega$，端线阻抗 $Z_L = (3 + \text{j}4)\ \Omega$，对称线电压 $U_L = 380$ V。求负载端的线电压相量、线电流相量和相电流相量。

解：这是一个Y—△连接的电路，可以将负载的△形连接通过△—Y等效变换成Y形连接，图 8-11(a)就可以变成Y—Y连接的电路如图 8-11(b)所示。图 8-11(b)所示中

$$Z' = \frac{Z}{3} = (6.4 + \text{j}4.8)\ \Omega$$

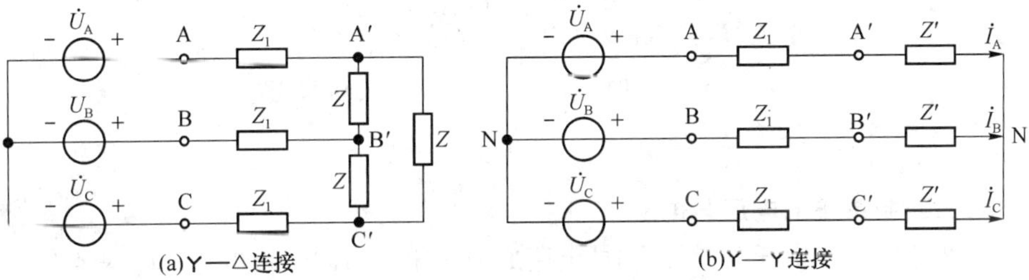

图 8-11 例 8-4 图

根据Y形连接线电压与相电压的关系，有 $U_P = \dfrac{U_L}{\sqrt{3}} = 220$ V。于是令 $\dot{U}_A = 220\angle 0^\circ$ V。根据一相计算电路得负载端的线电流为

$$\dot{I}_A = \frac{\dot{U}_A}{Z_1 + Z'} = 17.1\angle -43.2^\circ \text{ A}$$

根据对称性得 $\dot{I}_B = 17.1\angle -163.2^\circ$ A $\dot{I}_C = 17.1\angle 76.8^\circ$ A

负载端的相电压为 $\dot{U}_{A'N'} = \dot{I}_A Z' = 136.8\angle -6.3^\circ$ V

对应的线电压为 $\dot{U}_{A'B'} = \sqrt{3}\dot{U}_{A'N'}\angle 30^\circ = 236.9\angle 23.7^\circ$ V

根据对称性可以写出其余线电压为

$$\dot{U}_{B'C'} = 236.9\angle -96.3^\circ \text{ V} \quad \dot{U}_{C'A'} = 236.9\angle 143.7^\circ \text{ V}$$

在图 8-11(a)所示中可以求得 A 相负载端的相电流为

$$\dot{I}_{A'B'} = \frac{\dot{U}_{A'B'}}{Z} = 9.9\angle -13.2^\circ \text{ A}$$

根据对称性写出其余相的相电流为

$$\dot{I}_{B'C'} = 9.9\angle -133.2^\circ \text{ A} \quad \dot{I}_{C'A'} = 9.9\angle 106.8^\circ \text{ A}$$

8.4 不对称三相电路

在三相电路中，只要电源或负载端有一部分不对称，就称为不对称三相电路。在实际三相电路中，有许多小功率单相负载分别连接到各相，很难使各相负载完全对称，而且当对称三相电路发生断线、短路等故障时，也将使电路成为不对称的三相电路。对于不对称三相电路的分析与对称三相电路不同。本节只介绍由负载不对称引起的一些特点。

下面就以Y—Y连接方式，介绍三相四线制系统和三相三线制系统在负载不对称时电路的特点。图 8-12 所示三相电路中电源对称，负载不对称，各相阻抗分别为 Z_A、Z_B、Z_C，且不相等。

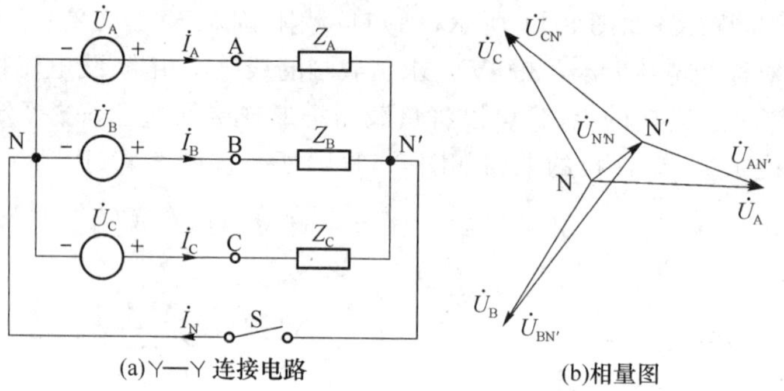

图 8-12　不对称三相电路

1. 三相三线制系统的电压与电流

当图 8-12 所示电路中开关 S 打开时，电路成为三相三线制系统电路。以 N 点作为参考节点，列节点电压方程为

$$\left(\frac{1}{Z_A}+\frac{1}{Z_B}+\frac{1}{Z_C}\right)\dot{U}_{N'N}=\frac{\dot{U}_A}{Z_A}+\frac{\dot{U}_B}{Z_B}+\frac{\dot{U}_C}{Z_C}$$

解得节点电压为
$$\dot{U}_{N'N}=\frac{\dot{U}_A Y_A+\dot{U}_B Y_B+\dot{U}_C Y_C}{Y_A+Y_B+Y_C}$$

相量图如图 8-12(b)所示。各负载的端电压为

$$\dot{U}_{AN'}=\dot{U}_A-\dot{U}_{N'N}\quad \dot{U}_{BN'}=\dot{U}_B-\dot{U}_{N'N}\quad \dot{U}_{CN'}=\dot{U}_C-\dot{U}_{N'N}$$

由于负载不对称，一般情况下 $U_{N'N}\neq 0$，即 N′点电位与 N 点电位不同，使得负载端电压也不对称。N′点与 N 点不重合称为中点位移，可以用中点位移判断负载端不对称的程度。当中点位移较大时，会造成负载端电压严重不对称，从而影响负载的正常工作。

各相电流为

$$\dot{I}_A=\frac{\dot{U}_A-\dot{U}_{N'N}}{Z_A}\quad \dot{I}_B=\frac{\dot{U}_B-\dot{U}_{N'N}}{Z_B}\quad \dot{I}_C=\frac{\dot{U}_C-\dot{U}_{N'N}}{Z_C}$$

可见，由于负载端电压的不对称，使得负载电流也不再对称。但是因为没有中线，根据 KCL 有 $\dot{I}_A+\dot{I}_B+\dot{I}_C=0$ 。

综合以上分析可以得出三相三线制系统不对称负载电路的特点。

(1) 各相间构成回路，使得各相的工作相互关联，彼此相互影响；

(2) 在分析计算不对称电路时，负载端电压和电流都不满足对称关系，不能采用三相归结为一相的计算方法；

(3) 各相电流相量的和为零。

2. 三相四线制系统的电压与电流

若图 8-12 所示电路中开关 S 闭合，则构成三相四线制系统电路。如果中线阻抗很小，视为 $Z_N \approx 0$，迫使 $\dot{U}_{N'N} = 0$，这样中线就是一根短路线，每相与中线构成闭合回路，独立计算。在电源对称，负载不对称的情况下，图 8-12 所示电路中负载端电压为电源电压，各相仍然对称。但各相电流不对称，各相电流为

$$\dot{I}_A = \frac{\dot{U}_A}{Z_A} \quad \dot{I}_B = \frac{\dot{U}_B}{Z_B} \quad \dot{I}_C = \frac{\dot{U}_C}{Z_C}$$

可见，由于负载不对称，导致各相电流不对称。

根据 KCL 得中线电流为

$$\dot{I}_N = \dot{I}_A + \dot{I}_B + \dot{I}_C \neq 0$$

综合以上分析可以得出三相四线制系统不对称负载电路的特点。

(1) 各相与中线构成闭合回路，使得各相的工作彼此独立，互不影响，克服了无中线时造成的缺点。因此，在负载不对称的情况下，中线存在是非常重要的，这也是我国低压配电系统采用三相四线制系统的主要原因。

(2) 在分析计算三相四线制不对称电路时，每相可独立计算，各相电流不满足对称关系，不能采用三相归结为一相的计算方法。

(3) 各相电流相量的和不为零，中线中有电流。

例 8-5　在如图 8-13 所示三相供电系统中，各相负载分别为 $R_A = 5\ \Omega$，$R_B = 10\ \Omega$，$R_C = 20\ \Omega$，电源线电压为 380 V，忽略中线阻抗。求负载的相电压、相电流及中线电流。

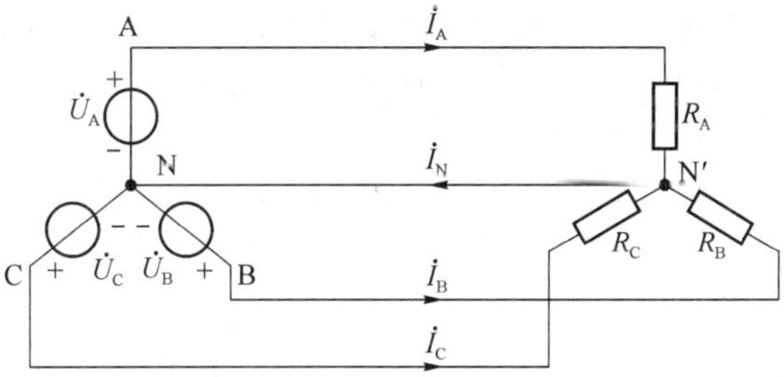

图 8-13　例 8-5 图

解：三相不对称负载，由于中线的存在，保证每相负载获得电源相电压，计算时可按各相负载的具体情况独立完成每相的计算。

(1) 负载的相电压为

$$\dot{U}_A = 220\angle 0°\ \text{V} \quad \dot{U}_B = 220\angle -120°\ \text{V} \quad \dot{U}_C = 220\angle 120°\ \text{V}$$

(2) 每相负载的电流：

$$\dot{I}_A = \frac{\dot{U}_A}{R_A} = \frac{220\angle 0°}{5} = 44\angle 0°\ \text{A}$$

$$\dot{I}_B = \frac{\dot{U}_B}{R_B} = \frac{220\angle -120^\circ}{10} = 22\angle -120^\circ \text{ A}$$

$$\dot{I}_C = \frac{\dot{U}_C}{R_C} = \frac{220\angle 120^\circ}{20} = 11\angle 120^\circ \text{ A}$$

(3) 中线电流：

$$\begin{aligned}\dot{I}_N &= \dot{I}_A + \dot{I}_B + \dot{I}_C = 44 + 22\angle -120^\circ + 11\angle 120^\circ \\ &= 44 + 22\left(-\frac{1}{2} - \mathrm{j}\frac{\sqrt{3}}{2}\right) + 11\left(-\frac{1}{2} + \mathrm{j}\frac{\sqrt{3}}{2}\right) \\ &= 27.5 - \mathrm{j}9.52 = 29.1\angle -19.1^\circ \text{ A}\end{aligned}$$

8.5 三相电路的功率

8.5.1 三相电路的功率

1. 三相电路功率的一般计算

不论负载是Y形连接还是△形连接，也不论三相负载是否对称，三相负载总的有功功率为各相有功功率之和；总的无功功率为各相无功功率之和，即

有功功率为 $P = P_A + P_B + P_C = U_A I_A \cos\varphi_A + U_B I_B \cos\varphi_B + U_C I_C \cos\varphi_C$ (8-8)

无功功率为 $Q = Q_A + Q_B + Q_C = U_A I_A \sin\varphi_A + U_B I_B \sin\varphi_B + U_C I_C \sin\varphi_C$ (8-9)

视在功率为 $S = \sqrt{P^2 + Q^2}$ (8-10)

式(8-8)和式(8-9)中，U_A、U_B、U_C 为各相电压有效值；I_A、I_B、I_C 为各相电流有效值；φ_A、φ_B、φ_C 分别为A相、B相、C相的相电压与相电流之间的相位差，即功率因数角。

2. 对称三相电路的功率

负载对称时，由于各相电流、各相电压和各相功率因数角大小均相等，所以，各相有功功率和各相无功功率相等。若用 P_P 表示一相的有功功率，用 Q_P 表示一相的无功功率，则三相电路总的有功功率、无功功率和视在功率为

$$\begin{aligned}P &= 3P_P = 3U_P I_P \cos\varphi_P \\ Q &= 3Q_P = 3U_P I_P \sin\varphi_P \\ S &= \sqrt{P^2 + Q^2} = 3U_P I_P\end{aligned} \quad (8\text{-}11)$$

不论对称负载是Y形连接还是△形连接，三相负载吸收的总功率(有功功率)P 都可以表示为

$$P = \sqrt{3} U_L I_L \cos\varphi_P \quad (8\text{-}12)$$

式(8-12)中，U_L 和 I_L 分别为线电压和线电流。

在工程实际中，设备铭牌上所标的额定电压和额定电流都是线电压和线电流。由于线电压和线电流比较容易测量，因此一般采用式(8-12)计算三相电路总有功功率，式(8-12)中 φ_P 是每相阻抗的阻抗角。

同理可以得到用线电压和线电流表示的无功功率和视在功率为

$$\begin{aligned}Q &= \sqrt{3} U_L I_L \sin\varphi_P \\ S &= \sqrt{3} U_L I_L\end{aligned} \quad (8\text{-}13)$$

例 8-6　有一三相异步电动机，每相绕组的等效电阻 $R = 29\ \Omega$，等效感抗 $X_L = 21.8\ \Omega$。试求下列两种情况下的相电流、线电流以及从电源输入的功率：(1)电动机Y连接，接于线电压 $U_L = 380$ V 的三相电源上；(2)电动机△连接，接于线电压 $U_L = 220$ V 的三相电源上。

解：(1) Y 形连接：

$$I_P = \frac{U_P}{|Z|} = \frac{220}{\sqrt{29^2 + 21.8^2}} = 6.1\ \text{A}$$

$$I_L = I_P = 6.1\ \text{A}$$

$$P = \sqrt{3}U_L I_L \cos\varphi_P = \sqrt{3} \times 380 \times 6.1 \times \frac{29}{\sqrt{29^2 + 21.8^2}} = 3\,200\ \text{W} = 3.2\ \text{kW}$$

(2) △形连接：

$$I_P = \frac{U_P}{|Z|} = \frac{220}{\sqrt{29^2 + 21.8^2}} = 6.1\ \text{A}$$

$$I_L = \sqrt{3}I_P = \sqrt{3} \times 6.1 = 10.5\ \text{A}$$

$$P = \sqrt{3}U_L I_L \cos\varphi_P = \sqrt{3} \times 220 \times 10.5 \times \frac{29}{\sqrt{29^2 + 21.8^2}} = 3\,200\ \text{W} = 3.2\ \text{kW}$$

例 8-7　已知三相电路的对称负载为△形连接，每相的阻抗值为 50 Ω，每相负载的功率因数为 0.8，线电压 $U_L = 380$ V，求三相电路总的 P、Q、S。

解：对于△形连接的对称负载，其线电压和相电压相等，所以每相的电流值为

$$I_P = \frac{U_P}{|Z|} = \frac{380}{50} = 7.6\ \text{A}$$

线电流值是相电流值的 $\sqrt{3}$ 倍，即 $I_L = \sqrt{3}I_P = \sqrt{3} \times 7.6 = 13.16$ A

所以

$$P = \sqrt{3}U_L I_L \cos\varphi_P = \sqrt{3} \times 380 \times 13.16 \times 0.8 = 6\,930\ \text{W}$$

$$Q = \sqrt{3}U_L I_L \sin\varphi_P = \sqrt{3} \times 380 \times 13.16 \times 0.6 = 5\,198\ \text{var}$$

$$S = \sqrt{3}U_L I_L = \sqrt{3} \times 380 \times 13.16 = 8\,662\ \text{V} \cdot \text{A}$$

8.5.2　三相电路功率的测量

1. 一表法

在负载对称的三相四线制电路中，可采用一表法测量三相电路总有功功率，测量电路如图 8-14 所示。若设功率表的读数为 P_1，则三相电路总的有功功率为

$$P = 3P_1$$

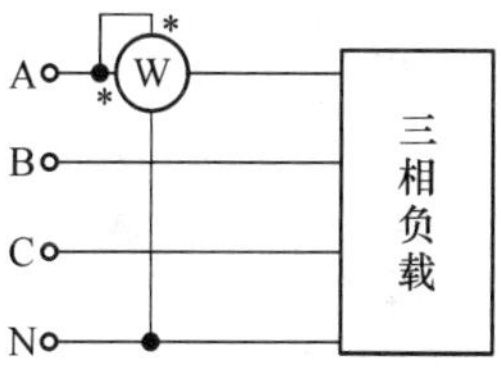

图 8-14　一表法

2. 二表法

在三相三线制电路中，不论负载对称与否，也不论负载是Y形连接还是△形连接，均用二表法测量三相电路总的有功功率，测量电路如图 8-15 所示。测量线路的接法是将两个功率表的电流线圈串到任意两相中，电压线圈的同名端接到其电流线圈所串的线上，电压线圈的非同名端接到另一相没有串功率表的线上。测量电路共有三种接线方式，图 8-15 所示只是其中一种接法，另两种接法请读者自行画出。

若设 W_1 的读数为 P_1，W_2 的读数为 P_2，则三相电路的总功率为两个功率表读数的代数和，即

$$P = P_1 + P_2$$

证明:设负载是Y形连接,三相电路总的瞬时功率为

$$p = u_{AN}i_A + u_{BN}i_B + u_{CN}i_C$$

由于三相三线制满足 $i_A + i_B + i_C = 0$,则 $i_C = -(i_A + i_B)$ 代入上式,有

$$p = (u_{AN} - u_{CN})i_A + (u_{BN} - u_{CN})i_B = u_{AC}i_A + u_{BC}i_B$$

根据瞬时功率与有功功率的关系,可得三相电路总的有功功率为

$$P = U_{AC}I_A\cos\varphi_1 + U_{BC}I_B\cos\varphi_2 = P_1 + P_2 \tag{8-14}$$

式(8-14)中,φ_1 是 $\dot{U}_{AC}$ 与 $\dot{I}_A$ 的相位差,φ_2 是 $\dot{U}_{BC}$ 与 $\dot{I}_B$ 的相位差。由于△形连接的负载可以变为Y形,所以负载在△形连接时上述结论仍成立。特别是当负载对称时有

$$\begin{aligned} P_1 &= U_L I_L\cos(\varphi_P - 30°) \\ P_2 &= U_L I_L\cos(\varphi_P + 30°) \end{aligned} \tag{8-15}$$

需要说明的是,在一定条件下(例如 $|\varphi| > 60°$),两个功率表之一的读数可能为负,求代数和时该读数应取负值。一般来讲,单独一个功率表的读数是没有意义的。

3. 三表法

在负载不对称的三相四线制电路中,可采用三表法测量三相电路总有功功率,测量电路如图 8-16 所示。三相电路总的有功功率为

$$P = P_A + P_B + P_C$$

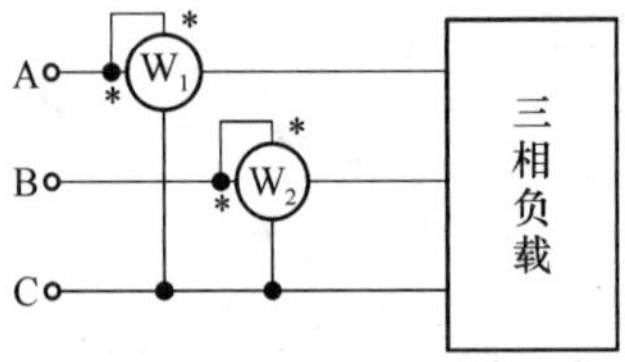

图 8-15　二表法

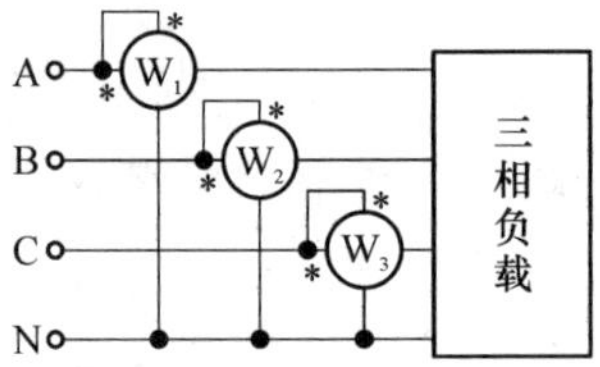

图 8-16　三表法

例 8-8　三相三线制电路中,对称负载吸收的功率为 5 kW,功率因数 $\lambda = 0.866$(感性),线电压为 380 V,用两表法测三相负载的功率。求两表读数。

解:三相负载的线电流为

$$I_L = \frac{P}{\sqrt{3}U_L\cos\varphi_P} = 8.77\ \text{A}$$

$$\varphi_P = \arccos 0.866 = 30°\ (\text{感性})$$

根据式(8-15)可得两个功率表的读数为

$$P_1 = U_L I_L\cos(\varphi_P - 30°) = 3\,333.36\ \text{W} \approx 3.33\ \text{kW}$$

$$P_2 = U_L I_L\cos(\varphi_P + 30°) = 1\,666.68\ \text{W} \approx 1.67\ \text{kW}$$

若求得 P_1 的值后,P_2 也可这样求出,即

$$P_2 = P - P_1 = 5 - 3.33 = 1.67\ \text{kW}$$

本章小结

三相电路是由三相电源、三相负载和三相传输线组成。对称三相电源是由三相交流发电

机产生的三个频率相同、振幅相同、相位彼此相差120°的正弦交流电源，若以A相为参考相，则各相电压源相量形式可表示成$\dot{U}_A = U\angle 0°$，$\dot{U}_B = U\angle -120°$，$\dot{U}_C = U\angle 120°$。

对称三相负载是指三相负载阻抗相等，即$Z_A = Z_B = Z_C = Z$。

三相电源和三相负载均可以连接成Y形和△形，根据电源与负载接法的不同，可以组成Y_0—Y_0、Y—Y、Y形—△、△—Y、△—△五种连接方式，没有中线的三相输电系统称为三相三线制系统；有中线的三相输电系统称为三相四线制系统。只有Y_0—Y_0连接方式属于三相四线制系统。在我国，低压配电系统大都采用三相四线制。

Y形连接时，线电压与相电压的关系为$\dot{U}_{AB} = \sqrt{3}\,\dot{U}_{AN}\angle 30°$，线电压之间对称(大小相等，相位互差120°)；线电流与相电流相等。

△形连接时，线电压与相电压相等；线电流与相电流的关系为$\dot{I}_A = \sqrt{3}\,\dot{I}_{AB}\angle -30°$，线电流之间对称。

对称三相电路的计算采用三相归结为一相的计算方法，根据一相的计算结果，由对称性可得到其余两相结果。

不对称三相电路的计算不能采用三相归结为一相的计算方法，而是采用复杂交流电路分析方法。负载不对称时，各相电压、电流不存在对称关系。

三相电路的功率有：

平均功率：$P = P_A + P_B + P_C$，对称电路$P = 3U_P I_P \cos\varphi_P = \sqrt{3}U_L I_L \cos\varphi_P$

无功功率：$Q = Q_A + Q_B + Q_C$，对称电路$Q = 3U_P I_P \sin\varphi_P = \sqrt{3}U_L I_L \sin\varphi_P$

视在功率：$S = \sqrt{P^2 + Q^2} = 3U_P I_P = \sqrt{3}U_L I_L$

本章内容延展与工程应用实例

1. 三相输配电系统简介

电能是一种方便、清洁、容易转换与控制、效率高、又便于输送和分配的能量。它是把一次能源(如热能、位能、核能等)在发电厂经过加工转换后形成的，因此成为二次能源。

根据所用能源的不同，发电厂又分火力发电厂、水力发电站和核电站等。目前还有利用风力、沼气、地热、潮汐、太阳能等作为一次能源的发电厂(站)。发电厂一般都建在一次能源丰富的地方。而电能的用户却遍及各地，因此大中型发电厂发出的电能都要经过变压器升压，高压输电线送到用户端，再经降压变压后接入用户。电能的产生、输送与消耗是同时进行的，发电厂总是希望负载能够保持恒定不变，负载量(又称负荷)过轻时，发电设备自耗增加，这对发电设备的安全极为不利。但是负荷实际上是不停变化的。为解决这种电能的供需矛盾，除了合理调整负载外，还必须合理分配电能，这就是所谓的配电。配电所(站)就是将来自于不同发电厂的电能统一调配，根据负荷的变化合理输电。在发电厂，来自于各个不同发电机组的电能由变电所(站)汇集、升压后经三相输电线路输送出去，到达用户区域时再经过若干级降压变电所变换为不同等级的电压以实现区域内部的供电。中间可以设置有配电站，由配电站根据用户的具体情况对电能进行统一分配。一般远距离输电均采用三相三线制，同时，末级变电所(或变压器)将三相三线制供电变换为三相四线制供电，以满足不同用户的需要。因此，长距离高压以及超高压输电是没有中线的。三相三线制向三相四线制的转化由三相变压器完成，有关三相变压器的知识请读者自行参阅相关书籍。

2. 三相电气设备的接地与接零

专用的三相电气设备,由于工作电压超过安全电压,当金属机壳带电时(比如,供电导线与机壳之间的绝缘破损),人体接触到机壳,有可能发生触电事故。所以必须采取必要的保护措施。

对于三相三线或中性点不接地的三相四线制供电系统,可以采取机壳接地的方式,将机壳与大地相连,称为保护接地,如图 8-17(a)所示。按规范的接地方式接地时,接地电阻的阻值小于 4 Ω。这样,即使机壳带电,由于接地电阻远远小于人体电阻,当人体触碰机壳时,人体与接地电阻成为并联关系,流经人体的电流几乎为零,不会有危险。

出于运行安全的需要,常将电力系统的中性线接地,称为工作接地。其目的是考虑当因事故而使一相相线接地时,若人体不慎触碰另一相相线,人体一般只承受相电压。如果没有工作接地,则人体将承受线电压。

对于有工作接地的三相四线制供电系统,必须采取机壳接零线的方法来实现安全防护,称为保护接零,如图 8-17(b)所示。这样,一旦机壳与相线之间的绝缘破损或老化,保护零线就将相线与零线短路,使熔断器等过电流保护装置动作,切断电气设备的供电。这样的系统采取接地保护是错误的。因为,当机壳与相线之间的绝缘破损时,从相线经机壳接地电阻流回零点的电流可能不足以使过电流保护装置动作,机壳将长期带电,机壳对地电压最大时可达相电压的一半。

3. 三相五线制供电系统

为了保证保护零线永远保持零电位,我国规定低压供电系统要把工作零线 N 和保护零线 PEN 分开,形成三相五线制供电。保护零线要始终保持与地等电位。正常工作时,工作零线中有电流,但保护零线中电流始终为零。

三相五线制供电还可以避免三相负载不均衡时,中线电流过大,而使用户端零点电位偏移造成的"零线电位不为零"的现象。无论单相负载还是三相负载,金属机壳电气设备的机壳都应当与保护零线连接,以防止机壳带电而造成的人体触电。机壳不接零,或者错误地接到工作零线都是不安全的。

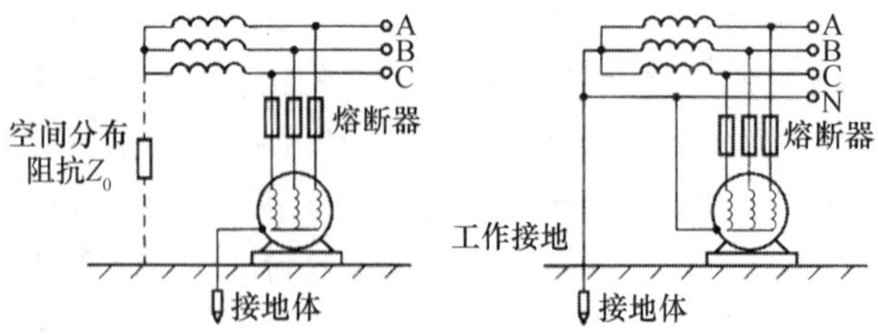

图 8-17　三相电气设备的接地与接零保护

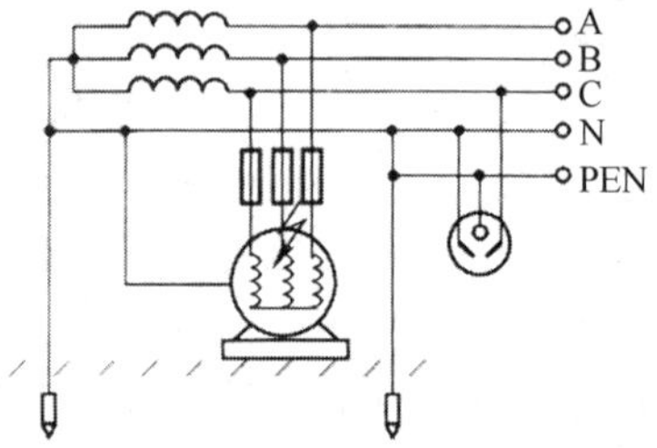

图 8-18　三相五线制

习　题　8

8-1　对称三相电源的线电压 $u_{AB} = 380\sqrt{2}\cos \omega t$ V,接一组Y形连接的对称三相负载,每相负载的电阻 $R = 4\ \Omega$,感抗 $X_L = 3\ \Omega$。试求各相负载的电流。

8-2　有一电源为Y形连接，而负载为三角形连接的对称三相电路，已知电源相电压 $U_P=220$ V，每相负载的阻抗模 $|Z|=10\ \Omega$。试求：(1)负载的相电流和线电流有效值；(2)电源的相电流和线电流的有效值。

8-3　对称三相电源的线电压为 380 V，负载△形连接，负载阻抗 $Z=(48+\mathrm{j}36)\ \Omega$，端线阻抗 $Z_1=(1+\mathrm{j}2)\ \Omega$。试求线电流和各相负载的电流。

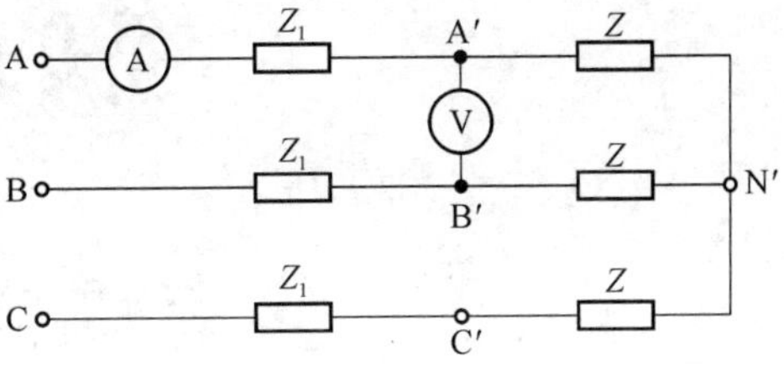

题 8 4 图

8-4　电路如题 8-4 图所示，电路为Y—Y接的对称三相电路，图中电压表的读数为 1 143.16 V，负载阻抗 $Z=(15+\mathrm{j}15\sqrt{3})\ \Omega$，端线阻抗 $Z_1=(1+\mathrm{j}2)\ \Omega$。求：(1)负载端相电压 $U_{\mathrm{A'N'}}$；(2)图示电流表的读数；(3)电源端线电压 U_{AB}；(4)三相负载吸收的有功功率。

8-5　某三层楼房准备安装 60 盏 220 V、40 W 的白炽灯，采用线电压为 380 V 的三相四线制电源供电。试：(1)画出合理的接线图；(2)求白炽灯全部接通时各相电流相量和中线电流。

8-6　三相四线制对称三相电路，负载为Y形连接，电路在正常运行时，测得相电压为220 V。求下列情况下，各负载的相电压：(1)中线断开，A 断线；(2)中线断开，A 相负载短路。

8-7　在一三相四线制电路中，已知电源电压对称，且相电压 $U_P=220$ V，负载为星形连接，各相负载分别为 $R_{\mathrm{A}}=5\ \Omega$，$R_{\mathrm{B}}=22\ \Omega$，$R_{\mathrm{C}}=10\ \Omega$，电源线电压为 380 V。求负载的相电压、相电流及中线电流。

8-8　对称三相负载的阻抗为 $Z=10\angle 53.1^\circ\ \Omega$，电源线电压为 380 V，分别计算Y形连接和△形连接时的电流和有功功率。

8-9　某对称三相负载，△形连接，负载阻抗的模 $|Z|=10\ \Omega$，电路的功率因数 $\cos\varphi=0.6$，电源线电压 $U_L=380$ V。计算三相电路总的有功功率、无功功率和视在功率。

8-10　题 8-10 图所示的三相电路中，电源对称。当开关 S 闭合时，电流表的读数均为 5 A。求开关 S 打开后各电流表的读数。

8-11　题 8-11 图所示电路是相序测定仪电路，对称三相电源Y形连接，Y形负载中 $R=\dfrac{1}{\omega C}$ (R 为白炽灯的电阻)。试求各电阻上的电压。

8-12　电路如题 8-12 图所示，已知线电压 $U_L=380$ V，负载阻抗 $Z_1=(30+\mathrm{j}40)\ \Omega$，电动机功率 $P=1\ 700$ W，功率因数 $\cos\varphi=0.8$（感性）。求：(1)相电流 $\dot{I}_{\mathrm{A1}}$、$\dot{I}_{\mathrm{A2}}$ 和线电流 $\dot{I}_{\mathrm{A}}$；(2)电源发出的总功率；(3)若采用两表法测三相负载的功率，画出接线图并求两表读数。

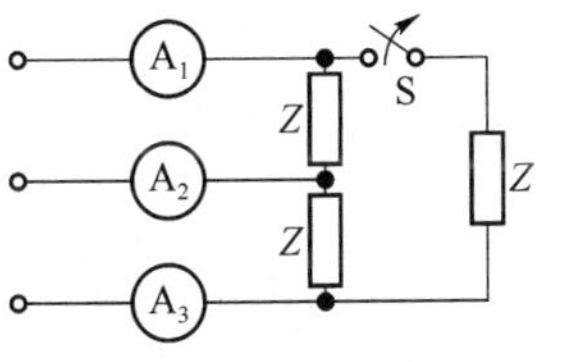

题 8-10 图

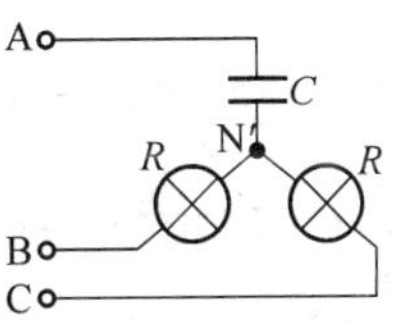

题 8-11 图

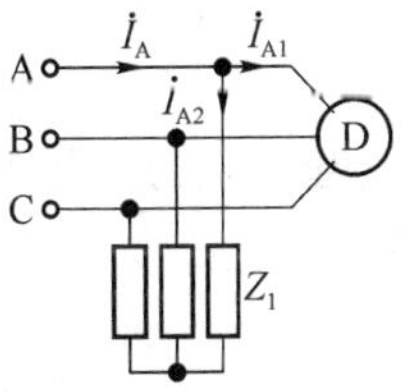

题 8-12 图

第 9 章

含有耦合电感的电路

教学提示：在生产和生活中有很多电气设备，如变压器、电动机和电工测量仪表等，都是利用磁耦合原理进行工作的。有磁耦合关系的线圈称为耦合电感元件，耦合电感元件也是电路的基本元件。

本章主要讲述耦合电感元件的有关概念以及电压、电流关系，并介绍含耦合电感电路、空心变压器电路和理想变压器电路的分析方法。

9.1 耦合电感元件

9.1.1 自感和自感电压

当一个线圈通入电流后，产生的磁场随时间变化时，在线圈中就会产生感应电动势，这种现象称为自感现象，相应的感应电动势称为自感电动势。

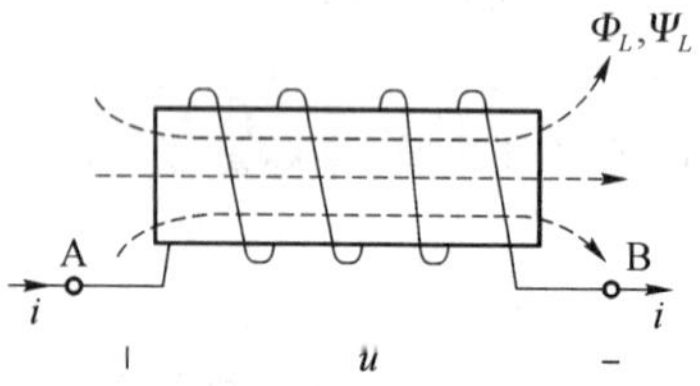

图 9-1　自感和自感电压

图 9-1 所示线圈中，施感电流 i 产生的磁通 Φ_L 与 N 匝线圈交链，则磁通链为

$$\Psi_L = N\Phi_L$$

由于磁通 Φ_L 和磁通链 Ψ_L 都是由线圈本身的电流 i 产生的，所以称为自感磁通和自感磁通链。Φ_L 和 Ψ_L 的方向与施感电流 i 的参考方向满足右手螺旋关系，如图 9-1 所示。

当磁通链 Ψ_L 随时间变化时，根据楞次定律，在线圈的端子间产生自感电动势

$$e = -\frac{\mathrm{d}\Psi_L}{\mathrm{d}t} = -L\frac{\mathrm{d}i}{\mathrm{d}t}$$

如果自感电压 u 与施感电流 i 采用关联参考方向时，自感电压为

$$u = \frac{\mathrm{d}\Psi_L}{\mathrm{d}t} = L\frac{\mathrm{d}i}{\mathrm{d}t} \tag{9-1}$$

式(9-1)中，L 称为自感系数或电感，单位为亨利(H)。

9.1.2　互感

载流线圈之间通过彼此磁场相互联系的物理现象称为磁耦合。有磁耦合关系的线圈称为耦合电感元件,简称耦合电感或称为互感元件,简称互感。在实际电路中,如收音机、电视机中使用的中低频变压器(中周)、振荡线圈;电源设备中使用的变压器都是通过磁耦合工作的耦合电感元件。与电感元件一样,耦合电感元件也是电路中的一种基本电路元件。若耦合电感元件的磁场介质不是由铁磁物质构成的,则为线性耦合电感元件;否则为非线性耦合电感元件。本书只讨论线性耦合电感元件。耦合电感元件也是动态元件、记忆元件和储能元件。

图 9-2 所示的是由两个相邻线圈构成的耦合电感线圈,线圈匝数分别为 N_1 和 N_2。线圈 1 中,按右手螺旋定则,施感电流 i_1 产生的自感磁通为 Φ_{11},Φ_{11} 与自身线圈交链,形成自感磁链 Ψ_{11},即

$$\Psi_{11} = N_1\Phi_{11}$$

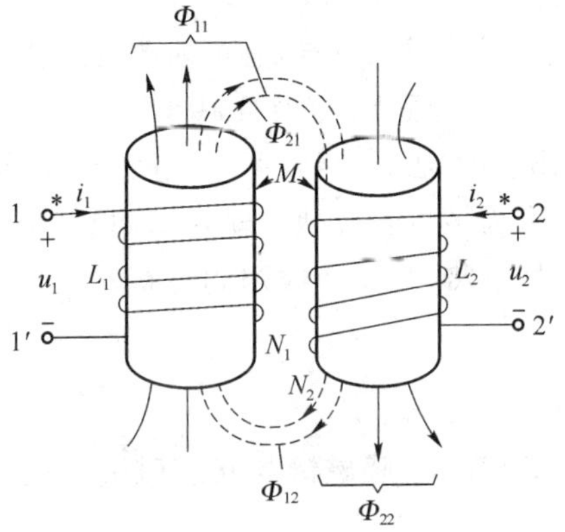

(a)磁通相助的耦合电感

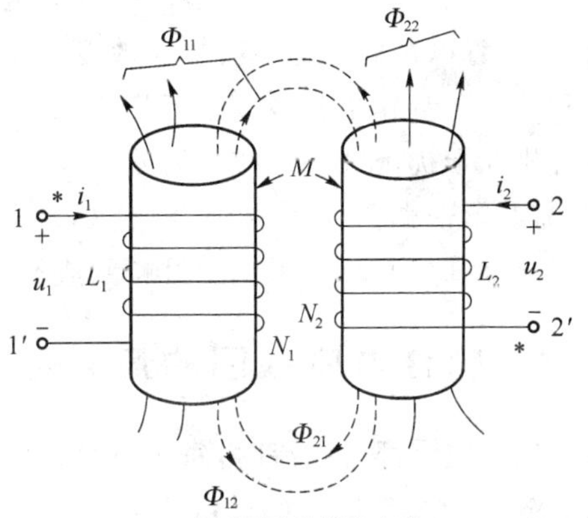

(b)磁通相消的耦合电感

图 9-2　耦合电感线圈

Φ_{11} 部分或全部与相邻线圈 2 交链产生的磁通为 Φ_{21},$\Phi_{21} \leqslant \Phi_{11}$。一个线圈因电流变化而在相邻线圈产生电磁感应的现象称为互感现象。凡由另一线圈电流产生而交链本线圈的磁通称为互感磁通。Φ_{21} 是线圈 1 对线圈 2 的互感磁通,它与线圈 2 的每一匝交链形成互感磁链 Ψ_{21},即

$$\Psi_{21} = N_2\Phi_{21}$$

同理,线圈 2 的施感电流 i_2 也产生交链自身线圈的自感磁通 Φ_{22} 和交链线圈 1 的互感磁通 Φ_{12},从而形成自感磁链 Ψ_{22} 和互感磁链 Ψ_{12},即

$$\Psi_{22} = N_2\Phi_{22}$$

$$\Psi_{12} = N_1\Phi_{12}$$

在线性电感元件中,磁链与产生它的施感电流成正比。所以耦合电感线圈的自感磁链与自身线圈的施感电流成正比,即

$$\begin{aligned}\Psi_{11} &= L_1 i_1 \\ \Psi_{22} &= L_2 i_2\end{aligned} \tag{9-2}$$

式(9-2)中,L_1、L_2 分别为线圈 1、线圈 2 的自感系数,也称电感。耦合电感线圈的互感磁链与对应线圈的施感电流成正比,即

$$\begin{aligned}\Psi_{12} &= M_{12}i_2 \\ \Psi_{21} &= M_{21}i_1\end{aligned} \tag{9-3}$$

式(9-3)中，M_{12} 和 M_{21} 称为互感系数，简称互感，用 M 表示，单位为亨利(H)。互感是耦合电感元件的一个参数，反映了一个线圈的电流在另一个线圈中产生磁链的能力，M 越大，能力越强。互感不能单独存在，不能看作是一个电路元件。互感 M 的值是一个常量，与线圈的形状、几何位置、空间介质有关，与线圈中的电流无关。可以证明，线性耦合电感元件中满足 $M_{12} = M_{21} = M$。

由以上分析不难看出，耦合电感元件需要用 L_1、L_2 和 M 三个参数来表征。这三个参数之间的关系能够反映耦合线圈间耦合的紧密程度，工程上用耦合系数 k 来定量描述，即

$$k = \frac{M}{\sqrt{L_1 L_2}}$$

当 $k = 0$ 时，表示耦合线圈无耦合，线圈间互不影响；当 $k = 1$ 时为全耦合，表示一个线圈中电流产生的磁通全部与另一个线圈交链；一般情况下，$0 < k \leqslant 1$。k 的大小与两个耦合线圈的结构、相互位置以及周围介质有关。改变和调整它们的相互位置，有可能改变耦合系数的大小，当 L_1 和 L_2 一定时，也就改变了互感 M 的大小。在工程上，有时要减小互感，以避免线圈之间信号的相互干扰，希望 $k \to 0$，为此，可以采用屏蔽方法，或者将两个线圈的轴线相互垂直布置；有时需要紧密耦合，希望 $k \to 1$，例如，变压器，为了更有效地传输功率和信号，总是采用极紧密的耦合，为此，通常采用铁磁材料制成铁心，并且将原、副边线圈同心布置。

9.1.3 耦合电感线圈的同名端

当两个耦合线圈都有电流时，每一耦合线圈的磁链为自感磁链与互感磁链的代数和。设线圈 1 的磁链为 Ψ_1，线圈 2 的磁链为 Ψ_2，则

$$\begin{aligned}\Psi_1 &= \Psi_{11} \pm \Psi_{12} = L_1 i_1 \pm M i_2 \\ \Psi_2 &= \pm \Psi_{21} + \Psi_{22} = \pm M i_1 + L_2 i_2\end{aligned} \tag{9-4}$$

式(9-4)中，互感 M 前面的“±”号表示在耦合电感中，互感可以起两种作用。“+”号表示互感磁通与自感磁通方向一致，互感起“增助”作用；“−”号表示互感磁通与自感磁通方向相反，互感起“削弱”作用。图 9-2(a)所示中的互感磁通与自感磁通方向相同，M 取“+”，所以线圈 1 和线圈 2 的磁链可表示为

$$\begin{aligned}\Psi_1 &= \Psi_{11} + \Psi_{12} = L_1 i_1 + M i_2 \\ \Psi_2 &= \Psi_{21} + \Psi_{22} = M i_1 + L_2 i_2\end{aligned}$$

图 9-2(b)所示中的互感磁通与自感磁通方向相反，M 取“—”，所以线圈 1 和线圈 2 的磁链可表示为

$$\begin{aligned}\Psi_1 &= \Psi_{11} - \Psi_{12} = L_1 i_1 - M i_2 \\ \Psi_2 &= -\Psi_{21} + \Psi_{22} = -M i_1 + L_2 i_2\end{aligned}$$

在工程上，互感的“增助”或“削弱”作用采用同名端标记。耦合电感的同名端是这样规定的：当两个施感电流分别从两个线圈的对应端子流入，其所产生的磁场相互加强时，则这两个对应端子称为同名端，用“·”“*”或“△”标记；否则称为异名端。例如，图 9-2(a)所示中端子 1 和端子 2 为同名端；端子 1 和端子 2′为异名端。图 9-2(b)所示中端子 1 和端子 2′为同名端；

端子 1 和端子 2 为异名端。两个耦合线圈的同名端可以根据它们的绕向和相对位置判断，也可以通过实验方法测定。当有两个以上电感彼此之间存在耦合时，同名端应当一对一对地加以标记，每一对宜用不同符号。

例 9-1　图 9-3 所示的是采用直流法确定耦合线圈同名端的实验电路，当开关闭合时，试根据毫伏表指针的偏转方向确定同名端。

解：由于电路中的电源是直流电源，所以只有在开关闭合或打开瞬间磁场才有变化。当开关 S 闭合瞬间，1—1′端输入电流 i 增加，使线圈 1 的磁通量增大，磁通方向为顺时针。磁场在线圈 2 闭合回路中会产生感应电流，感应电流所产生的磁场将阻碍线圈 1 磁场的增加（楞次定律），即感应磁场方向为逆时针。根据右手螺旋定则可以判断线圈 2 的感应电流由 2 端流出，亦即 2 端为输出电压的高电位端。此时，毫伏表指针瞬间正偏。

由图 9-3 所示可以判断出 1、2 端为同名端，所以在开关 S 闭合瞬间，毫伏表指针瞬间正偏时，毫伏表的高电位端与电流的输入端为同名端。

9.1.4　耦合电感元件的伏安关系及电路模型

引入同名端概念后，就可以将两个耦合电感线圈用带有同名端标记的电感 L_1、L_2 和互感 M 的电路模型表示。图 9-2(a)、图 9-2(b) 所示耦合线圈对应的电路模型分别，如图 9-4(a) 和图 9-4(b) 所示。可见耦合电感元件是一个四端元件，有两对电压、电流组合。

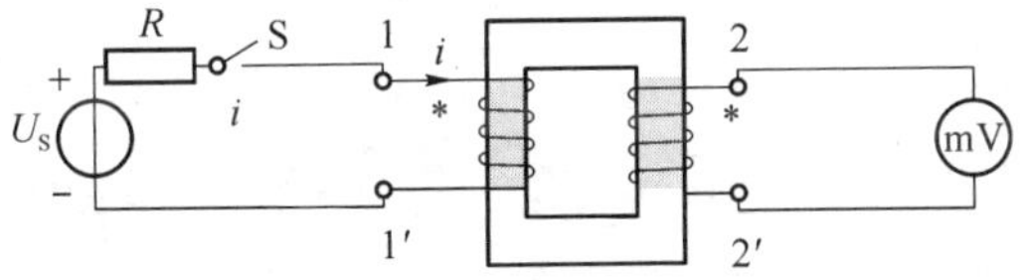

图 9-3　例 9-1 图

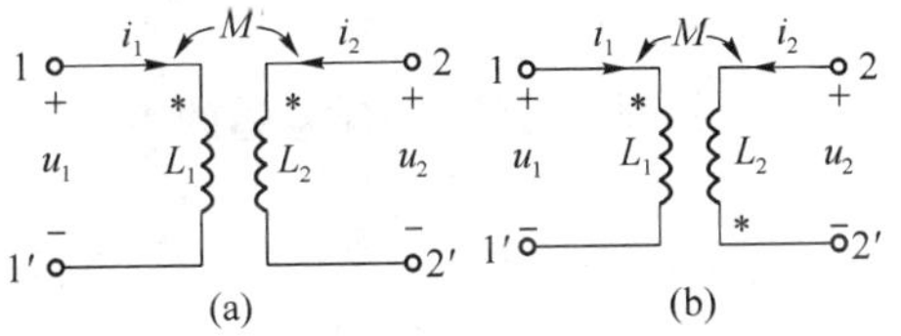

图 9-4　耦合电感的电路模型

作为电路的一种基本元件，同其他电路元件一样，耦合电感元件也有其电压电流关系（VCR），只是由于有两对电压、电流组合，因此，其 VCR 需要由两个方程来描述。

设耦合电感 L_1 和 L_2 的电压、电流分别为 u_1、i_1 和 u_2、i_2，且都取关联参考方向，互感为 M，由式(9-4)得两耦合电感的 VCR 为

$$\begin{aligned} u_1 &= \frac{\mathrm{d}\Psi_1}{\mathrm{d}t} = L_1\frac{\mathrm{d}i_1}{\mathrm{d}t} \pm M\frac{\mathrm{d}i_2}{\mathrm{d}t} \\ u_2 &= \frac{\mathrm{d}\Psi_2}{\mathrm{d}t} = \pm M\frac{\mathrm{d}i_1}{\mathrm{d}t} + L_2\frac{\mathrm{d}i_2}{\mathrm{d}t} \end{aligned} \tag{9-5}$$

式(9-5)中，若令自感电压 $u_{11} = L_1\frac{\mathrm{d}i_1}{\mathrm{d}t}$，$u_{22} = L_2\frac{\mathrm{d}i_2}{\mathrm{d}t}$；互感电压 $u_{12} = M\frac{\mathrm{d}i_2}{\mathrm{d}t}$，$u_{21} = M\frac{\mathrm{d}i_1}{\mathrm{d}t}$，$u_{12}$ 是指施感电流 i_2 在 L_1 中产生的互感电压，u_{21} 是指施感电流 i_1 在 L_2 中产生的互感电压，则耦合电感的电压是自感电压和互感电压的叠加，即

$$u_1 = u_{11} \pm u_{12}$$

$$u_2 = \pm u_{21} + u_{22}$$

式(9-5)中各项感应电压前面的正、负号按如下规则确定。

(1) 当耦合电感同一端口的 u、i 关联参考方向，则自感电压前面为“＋”，否则为“－”；

(2) 互感电压前面的正、负号，需要由两方面来决定。首先要确定互感电压的参考方向，然后看该参考电压的方向与端口电压的参考方向是否一致。两者方向一致者取“＋”，不一致者取“－”。互感电压的参考方向规定为：当电流从本线圈标有“ * ”的同名端流入时，在另一线圈中产生的互感电压参考方向的正极为标有“ * ”的同名端。

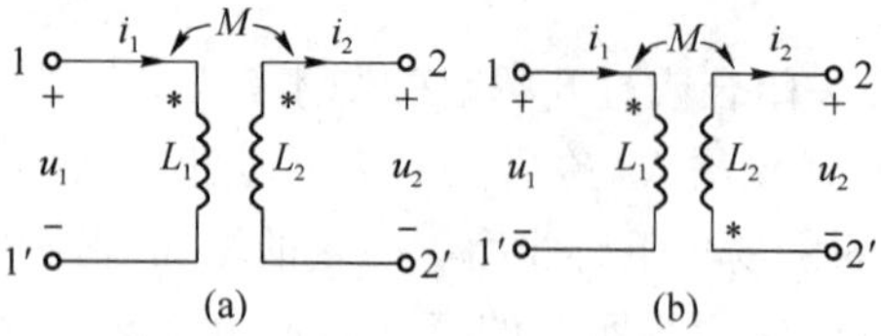

图 9-5　例 9-2 图

例 9-2　耦合线圈如图 9-5 所示，分别写出图(a)、图(b)耦合电感元件的 VCR。

解： 图(a)耦合电感 L_1 端的 u_1、i_1 关联参考方向，所以自感电压 u_{11} 前面的符号为“＋”；i_2 从异名端流入，在 L_1 中产生的互感电压 u_{12} 的正极性为未标“ * ”端，与端口电压 u_1 参考方向相反，所以取“－”。

耦合电感 L_2 端的 u_2、i_2 非关联参考方向，所以自感电压 u_{22} 前面的符号为“－”；i_1 从同名端流入，在 L_2 中产生的互感电压 u_{21} 的正极性为标“ * ”端，与端口电压 u_2 参考方向相同，所以取“＋”。

于是可得图 9-5(a)耦合电感的 VCR 为

$$u_1 = L_1\frac{\mathrm{d}i_1}{\mathrm{d}t} - M\frac{\mathrm{d}i_2}{\mathrm{d}t}$$

$$u_2 = M\frac{\mathrm{d}i_1}{\mathrm{d}t} - L_2\frac{\mathrm{d}i_2}{\mathrm{d}t}$$

同理可得图 9-5(b)耦合电感的 VCR 为

$$u_1 = L_1\frac{\mathrm{d}i_1}{\mathrm{d}t} + M\frac{\mathrm{d}i_2}{\mathrm{d}t}$$

$$u_2 = -M\frac{\mathrm{d}i_1}{\mathrm{d}t} - L_2\frac{\mathrm{d}i_2}{\mathrm{d}t}$$

当耦合电感元件中的电流为同频正弦量时，在稳态情况下，耦合电感元件中的 VCR 可用相量表示，即

$$\begin{cases}\dot{U}_1 = \mathrm{j}\omega L_1\dot{I}_1 \pm \mathrm{j}\omega M\dot{I}_2 \\ \dot{U}_2 = \mathrm{j}\omega L_2\dot{I}_2 \pm \mathrm{j}\omega M\dot{I}_1\end{cases} \tag{9-6}$$

式(9-6)中，$\mathrm{j}\omega M$ 称为互阻抗，单位为欧姆(Ω)。

9.2　含有耦合电感电路的分析

对含有耦合电感的正弦稳态电路(简称互感电路)分析可以采用相量分析法。基尔霍夫电压定律和电流定律的相量形式仍然是分析的基本依据，由于耦合电感元件中互感的存在，使得不同的耦合电感元件 VCR 也不同，这就给列写 KVL 方程带来困难。为方便含耦合电感电路的分析和计算，常采用去耦等效电路来化简含耦合电感电路。在去耦等效电路中不再出现同名端，互感的“增助”和“削弱”作用等效到各电感中，各元件间的关系由于不再考虑互感的影响而变得简单。

9.2.1　互感线圈的连接

1. 耦合电感的串联

与一般电感的串联不同，耦合电感的串联有顺接串联和反接串联两种。

(1) 顺接串联。图 9-6(a)所示为两个耦合电感的顺接串联。在串联电路中，电流依次从 L_1、L_2 的同名端流入(流出)，称为顺接串联。

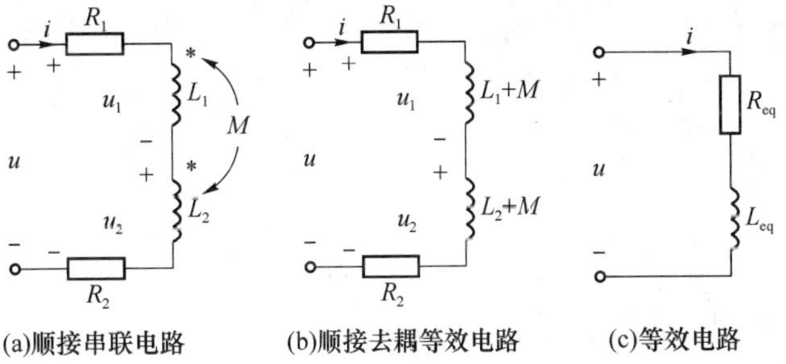

图 9-6　顺接串联

顺接串联时两个耦合线圈的电压、电流关系为

$$u_1 = R_1 i + L_1 \frac{di}{dt} + M \frac{di}{dt}$$

$$u_2 = R_2 i + L_2 \frac{di}{dt} + M \frac{di}{dt}$$

由 KVL 得电路的电压方程为

$$u = u_1 + u_2 = (R_1 + R_2)i + (L_1 + L_2 + 2M) \frac{di}{dt} \tag{9-7}$$

根据式(9-7)，可以得到去耦等效电路，如图 9-6(b)所示。将图 9-6(b)进一步化简，得到图 9-6(c)等效电路。在等效电路中，等效电阻和等效电感为

$$R_{eq} = R_1 + R_2 \quad L_{eq} = L_1 + L_2 + 2M$$

可见，顺接串联时的耦合电感可以用一个等效电感代替，且等效电感大于两自感之和，这是因为顺接时，电流自两电感的同名端流入，互感起“增助”作用，使整个耦合电感元件的总磁链增多。

对正弦稳态电路，式(9-7)也可以写成相量形式，即

$$\dot{U} = \dot{U}_1 + \dot{U}_2 = [(R_1 + R_2) + j\omega(L_1 + L_2 + 2M)]\dot{I}$$

其中每一条耦合电感支路的阻抗为

$$Z_1 = R_1 + j\omega(L_1 + M) \quad Z_2 = R_2 + j\omega(L_2 + M)$$

电路输入阻抗为

$$Z = Z_1 + Z_2 = (R_1 + R_2) + j\omega(L_1 + L_2 + 2M)$$

(2) 反接串联。图 9-7(a)所示为两个耦合电感的反接串联。在串联电路中，电流从一个电感线圈的同名端流入，从另一个电感线圈的同名端流出，称为反接串联。

反接串联时两个耦合线圈的电压、电流关系为

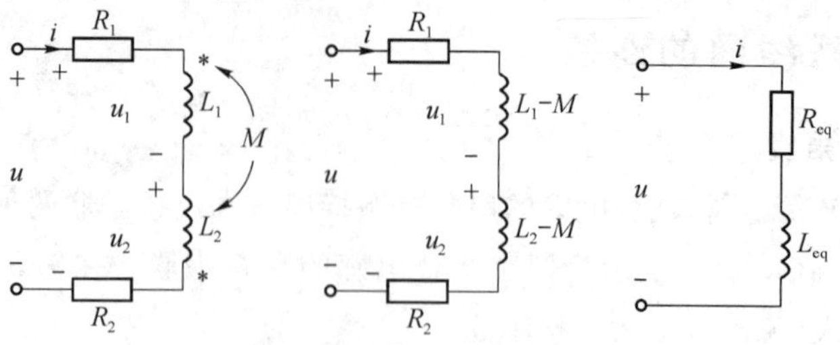

(a)反接串联电路　(b)反接去耦等效电路　(c)等效电路

图 9-7　反接串联

$$u_1 = R_1 i + L_1 \frac{\mathrm{d}i}{\mathrm{d}t} - M\frac{\mathrm{d}i}{\mathrm{d}t}$$

$$u_2 = R_2 i + L_2 \frac{\mathrm{d}i}{\mathrm{d}t} - M\frac{\mathrm{d}i}{\mathrm{d}t}$$

由 KVL 得电路的电压方程为

$$u = u_1 + u_2 = (R_1 + R_2)i + (L_1 + L_2 - 2M)\frac{\mathrm{d}i}{\mathrm{d}t} \tag{9-8}$$

根据式(9-8)可以得到去耦等效电路，如图 9-7(b)所示。将图 9-7(b)进一步化简，得到图 9-7(c)等效电路。在等效电路中，等效电阻和等效电感为

$$R_{eq} = R_1 + R_2 \quad L_{eq} = L_1 + L_2 - 2M$$

可见，反接串联时的等效电感小于两自感之和，这是因为反接时，电流自两电感的异名端流入，互感起“削弱”作用，使整个耦合电感元件的总磁链减小。

对正弦稳态电路，式(9-8)也可以写成相量形式，即

$$\dot{U} = \dot{U}_1 + \dot{U}_2 = [(R_1 + R_2) + \mathrm{j}\omega(L_1 + L_2 - 2M)]\dot{I}$$

其中每一条耦合电感支路的阻抗为

$$Z_1 = R_1 + \mathrm{j}\omega(L_1 - M)] \quad Z_2 = R_2 + \mathrm{j}\omega(L_2 - M)]$$

电路的输入阻抗为

$$Z = Z_1 + Z_2 = (R_1 + R_2) + \mathrm{j}\omega(L_1 + L_2 - 2M)$$

例 9-3　测得两耦合电感顺接串联时的等效电感为 16 mH，反接串联时的等效电感为 4 mH。求耦合电感的互感。

解：顺接串联时的等效电感为 $L_{eq顺} = L_1 + L_2 + 2M$

反接串联时的等效电感为 $L_{eq反} = L_1 + L_2 - 2M$

则互感为
$$M = \frac{L_{eq顺} - L_{eq反}}{4} = \frac{16-4}{4} = 3\ \mathrm{mH}$$

本题提供了测量互感的实验方法。

2. 耦合电感的并联

耦合电感的并联也有两种形式，即同侧并联和异侧并联。

(1) 同侧并联。图 9-8(a)所示为两个耦合电感的同侧并联。同侧并联是指两个耦合电感的同名端连在一个节点上。

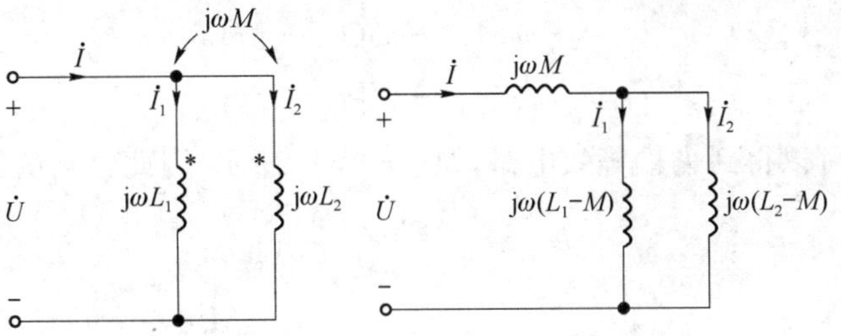

图 9-8　同侧并联

图 9-8(a)所示的同侧并联的两个耦合线圈的电压、电流关系为

$$\dot{U} = j\omega L_1 \dot{I}_1 + j\omega M \dot{I}_2$$

$$\dot{U} = j\omega L_2 \dot{I}_2 + j\omega M \dot{I}_1$$

用 $\dot{I}_2 = \dot{I} - \dot{I}_1$ 消去支路 1 方程中的 $\dot{I}_2$，用 $\dot{I}_1 = \dot{I} - \dot{I}_2$ 消去支路方程 2 中的 $\dot{I}_1$，则

$$\begin{aligned} \dot{U} &= j\omega M \dot{I} + j\omega(L_1 - M)\dot{I}_1 \\ \dot{U} &= j\omega M \dot{I} + j\omega(L_2 - M)\dot{I}_2 \end{aligned} \tag{9-9}$$

根据式(9-9)可以得到去耦等效电路，如图 9-8(b)所示，因此电路的等效电感为

$$L_{eq} = \frac{L_1 L_2 - M^2}{L_1 + L_2 - 2M}$$

电路的等效阻抗为 $Z_{eq} = j\omega L_{eq} = j\omega \dfrac{L_1 L_2 - M^2}{L_1 + L_2 - 2M}$

(2) 异侧并联。图 9-9(a)所示为两个耦合电感的异侧并联。异侧并联是指两个耦合电感的异名端连在一个节点上。

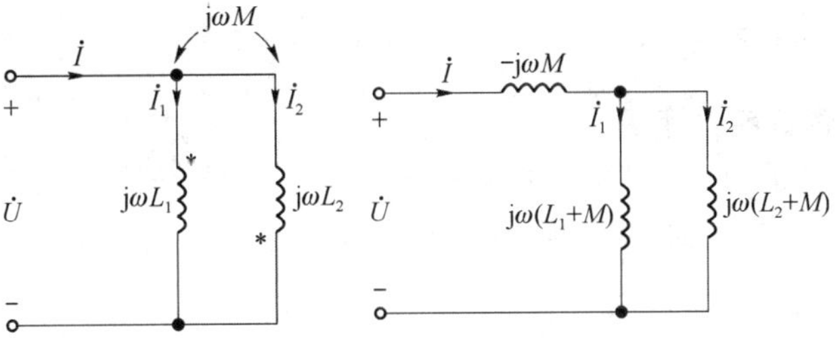

图 9-9　异侧并联

图 9-9(a)所示异侧并联的两个耦合线圈的电压、电流关系为

$$\dot{U} = j\omega L_1 \dot{I}_1 - j\omega M \dot{I}_2$$

$$\dot{U} = j\omega L_2 \dot{I}_2 - j\omega M \dot{I}_1$$

用 $\dot{I}_2 = \dot{I} - \dot{I}_1$ 消去支路 1 方程中的 $\dot{I}_2$，用 $\dot{I}_1 = \dot{I} - \dot{I}_2$ 消去支路方程 2 中的 $\dot{I}_1$，则

$$\dot{U} = -\mathrm{j}\omega M\dot{I} + \mathrm{j}\omega(L_1 + M)\dot{I}_1$$
$$\dot{U} = -\mathrm{j}\omega M\dot{I} + \mathrm{j}\omega(L_2 + M)\dot{I}_2 \qquad (9\text{-}10)$$

根据式(9-10)可以得到去耦等效电路,如图 9-9(b)所示,因此电路的等效电感为

$$L_{\mathrm{eq}} = \frac{L_1L_2 - M^2}{L_1 + L_2 + 2M}$$

电路的等效阻抗为 $$Z_{\mathrm{eq}} = \mathrm{j}\omega L_{\mathrm{eq}} = \mathrm{j}\omega\frac{L_1L_2 - M^2}{L_1 + L_2 + 2M}$$

需要说明的是在图 9-9(b)所示的去耦等效电路中,出现了等效电感 $-M$,这只是计算上的需要,并无实际意义。

例 9-4 电路如图 9-10(a)所示,已知 $L_1 = 2\ \mathrm{H}$, $L_2 = 4\ \mathrm{H}$, $M = 2\ \mathrm{H}$, $C = 200\ \mu\mathrm{F}$, $R = 10\ \Omega$, $\omega = 100\ \mathrm{rad/s}$ 。求电路的等效电感和等效阻抗。

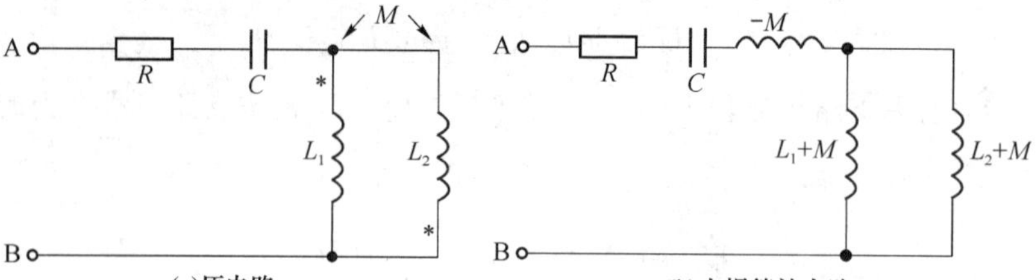

图 9-10 例 9-4 图

解:图 9-10(a)中两耦合电感为异侧并联,其去耦等效电路如图 9-10(b)所示。根据图 9-10(b)所示可得等效电感为

$$L_{\mathrm{eq}} = \frac{L_1L_2 - M^2}{L_1 + L_2 + 2M} = \frac{2\times4 - 2^2}{2 + 4 + 2\times2} = 0.4\ \mathrm{H}$$

电路的等效阻抗为

$$Z_{\mathrm{eq}} = R + \mathrm{j}\omega L_{\mathrm{eq}} + \frac{1}{\mathrm{j}\omega C} = 10 + \mathrm{j}40 - \mathrm{j}50 = (10 - \mathrm{j}10)\ \Omega$$

3. 有公共端的耦合电感连接

一对耦合电感除了可以串联和并联以外,还有一种连接方式是与公共端相连,如图 9-11(a)所示为同名端与公共端相连,图 9-12(a)所示为异名端与公共端相连。

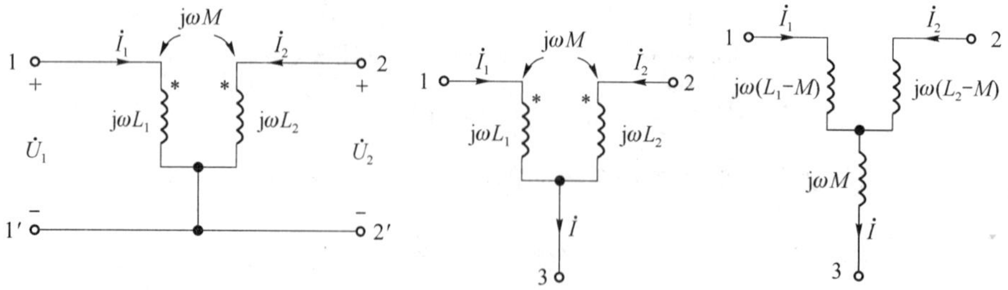

图 9-11 同名端与公共端相连

将图 9-11(a)所示电路画成图 9-11(b)所示的 3 端相连电路,则有电压、电流关系为

$$\begin{cases}\dot{U}_1 = \dot{U}_{13} = \mathrm{j}\omega L_1 \dot{I}_1 + \mathrm{j}\omega M \dot{I}_2 \\ \dot{U}_2 = \dot{U}_{23} = \mathrm{j}\omega L_2 \dot{I}_2 + \mathrm{j}\omega M \dot{I}_1 \\ \dot{I} = \dot{I}_1 + \dot{I}_2\end{cases}$$

用 $\dot{I}_2 = \dot{I} - \dot{I}_1$ 消去支路 1 方程中的 $\dot{I}_2$，用 $\dot{I}_1 = \dot{I} - \dot{I}_2$ 消去支路方程 2 中的 $\dot{I}_1$，则

$$\begin{aligned}\dot{U}_1 &= \dot{U}_{13} = \mathrm{j}\omega M \dot{I} + \mathrm{j}\omega (L_1 - M)\dot{I}_1 \\ \dot{U}_2 &= \dot{U}_{23} = \mathrm{j}\omega M \dot{I} + \mathrm{j}\omega (L_2 - M)\dot{I}_2\end{aligned} \tag{9-11}$$

根据式(9-11)可以得到去耦等效电路，如图 9-11(c)所示。式(9-11)和式(9-9)相同，所得等效电路图也一样。可见耦合电感的并联可以看作有公共端的耦合电感连接。同侧并联看作是同名端与公共端相连，异侧并联看作是异名端与公共端相连。则图 9-12(a)所示的去耦等效电路图如图 9-12(c)所示。

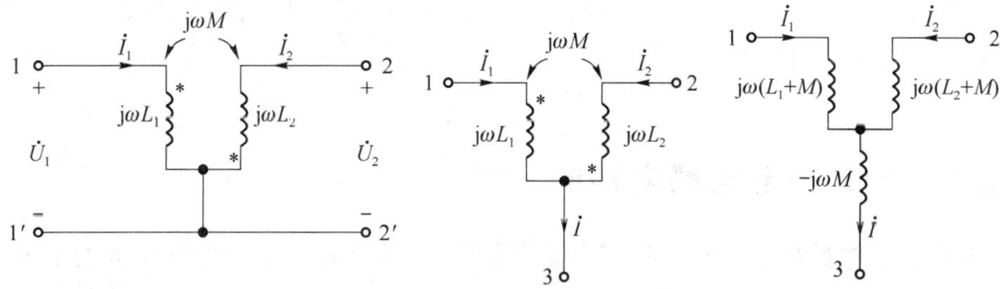

(a)异名端与公共端相连电路　　(b)3端相连电路　　(c)去耦等效电路

图 9-12　异名端与公共端相连

耦合电感与第 3 端相连去耦方法归纳如下。

如果耦合电感的 2 条支路各有一端与第 3 条支路形成仅含有 3 条支路的节点，如图 9-13(a)所示，可用图 9-13(b)所示的 3 条无耦合的电感支路等效替代，3 条支路的等效电感分别为：

支路 3　$L_3 = \pm M$（同侧取“+”，异侧取“−”）

支路 1　$L_1' = L_1 \mp M$
支路 2　$L_2' = L_2 \mp M$　　M 前所取符号与 L_3 中的相反

等效电感与电流、电压参考方向无关。

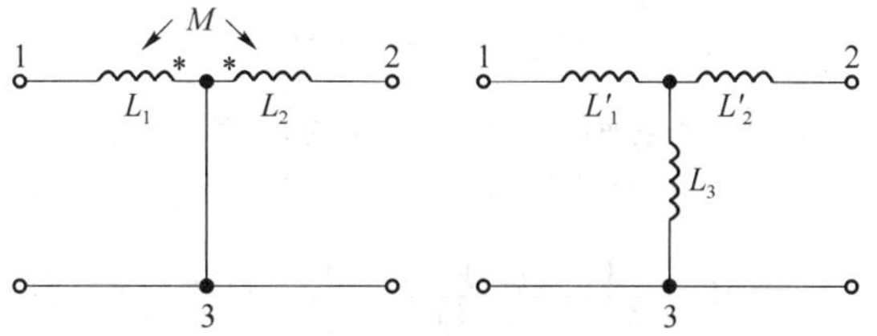

(a)耦合电感与第3端相连电路　　(b)去耦等效电路

图 9-13　耦合电感与第 3 端相连

例 9-5　电路如图 9-14(a)所示，求耦合系数 $k=0.5$ 时电路的等效阻抗。

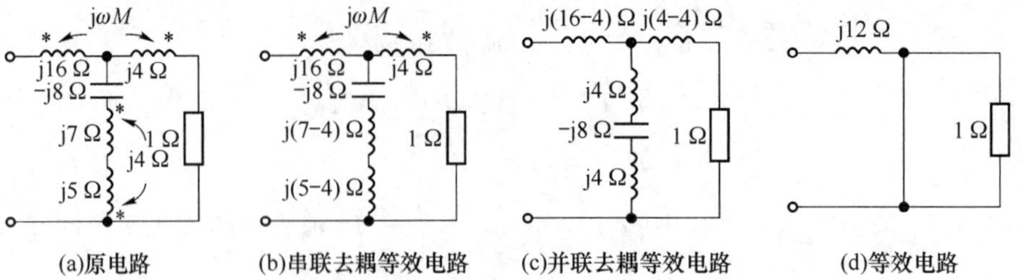

图 9-14　例 9-5 图

解:由耦合系数 $k=\dfrac{M}{\sqrt{L_1L_2}}$ 得

$$\omega M = k\sqrt{(\omega L_1)(\omega L_2)}$$

当耦合系数 $k=0.5$ 时，$\omega M = 0.5\sqrt{16\times 4} = 4\ \Omega$。

先将图 9-14(a)的反接串联耦合电感去耦，等效电路如图 9-14(b)所示，再将共端为同名端的耦合电感去耦，等效电路如图 9-14(c)所示；将图(c)进一步化简得图 9-14(d)所示。由图 9-14(d)所示得电路的等效阻抗为

$$Z_{eq} = \mathrm{j}12\ \Omega$$

9.2.2　含有耦合电感电路的分析

在对含有耦合电感电路的正弦稳态电路分析时，首先将耦合电感电路化成去耦等效电路，再运用相量法对去耦等效电路进行分析。

例 9-6　如图 9-15(a)所示正弦稳态电路中含有耦合电感，已知 $u_S = 2\sqrt{2}\cos(2t+45°)$ V，$M=0.5$ H，负载电阻 $R_L = 1\ \Omega$。求 R_L 上吸收的平均功率 P_L。

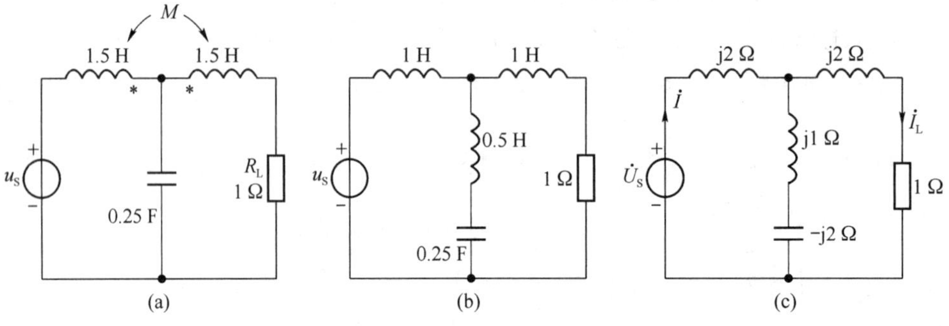

图 9-15　例 9-6 图

解:图 9-15(a)所示中的耦合电感属于同名端为共端的连接方式，其去耦等效电路如图 9-15(b)所示，转化成相量模型的电路如图 9-15(c)所示。在图(c)中，电路的等效阻抗为

$$Z_{eq} = \mathrm{j}2 + \frac{(\mathrm{j}-\mathrm{j}2)(1+\mathrm{j}2)}{(\mathrm{j}-\mathrm{j}2)+(1+\mathrm{j}2)} = \frac{\sqrt{2}}{2}\angle 45°\ \Omega$$

所以电流 $\dot{I}$ 为

$$\dot{I} = \frac{\dot{U}_S}{Z_{eq}} = \frac{2\angle 45°}{\dfrac{\sqrt{2}}{2}\angle 45°} = 2\sqrt{2}\angle 0°\ \mathrm{A}$$

分流得

$$\dot{I}_L = \frac{j - j2}{1 + j2 + j - j2}\dot{I} = \frac{-j}{1 + j} \times 2\sqrt{2}\angle 0° = 2\angle -135°\ A$$

则负载 R_L 吸收的平均功率为

$$P_L = I_L^2 R_L = 2^2 \times 1 = 4\ W$$

例 9-7　如图 9-16(a)所示正弦稳态电路中含有耦合电感，已知 $\omega L_1 = \omega L_2 = 10\ \Omega$，$\omega M = 5\ \Omega$，$R_1 = R_2 = 6\ \Omega$，$U_S = 6\ V$。求其戴维宁等效电路。

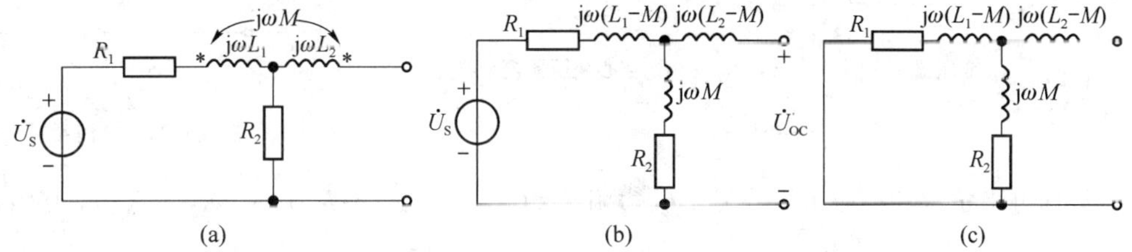

图 9-16　例 9-7 图

解：图 9-16(a)中的耦合电感属于同名端为共端的连接方式，其去耦等效电路如图 9-16(b)所示。图 9-16(b)所示中，令 $\dot{U}_S = 6\angle 0°\ V$，则开路电压 $\dot{U}_{OC}$ 为

$$\dot{U}_{OC} = \frac{R_2 + j\omega M}{R_1 + j\omega(L_1 - M) + R_2 + j\omega M} \cdot \dot{U}_S = \frac{6 + j5}{12 + j10} \cdot 6\angle 0° = 3\angle 0°\ V$$

将电压源短路，如图 9-16(c)所示，求戴维宁等效阻抗为

$$Z_{eq} = j\omega(L_2 - M) + \frac{[R_1 + j\omega(L_1 - M)](R_2 + j\omega M)}{R_1 + j\omega(L_1 - M) + R_2 + j\omega M}$$

$$= j5 + \frac{(6 + j5)(6 + j5)}{(6 + j5) + (6 + j5)} = 3 + j7.5 = 8.08\angle 68.2°\ \Omega$$

9.3　变　压　器

变压器是电路、电子技术中常见的电气设备，是典型的耦合电感应用实例。图 9-17 所示为变压器示意图，它是由两个耦合线圈绕在共同的芯子上制成，其中一个线圈接向电源，作为输入回路，称为原边(或初级)回路；另一线圈接向负载，作为输出回路，称为副边(或次级)回路。两回路之间没有电的耦合，利用互感来实现从一个电路向另一个电路传输能量或信号。变压器既具有电压变换的特性，也具有电流变换和阻抗变换的特性。

9.3.1　空心变压器

当变压器线圈的芯子为非铁磁材料时，称空心变压器，其电路符号如图 9-17(b)所示。

在正弦稳态下，空心变压器的相量模型如图 9-18 所示，其中 R_1、L_1 分别表示原边线圈的等效电阻和等效电感，R_2、L_2 分别表示副边线圈的等效电阻和等效电感。M 为两线圈的互感，负载阻抗为 $Z_L = R_L + jX_L$。根据图示电流、电压的参考方向和同名端，可列出原、副边回路的方程为

$$(R_1+j\omega L_1)\dot{I}_1+j\omega M\dot{I}_2=\dot{U}_1$$

$$j\omega M\dot{I}_1+(R_2+j\omega L_2+Z_L)\dot{I}_2=0$$

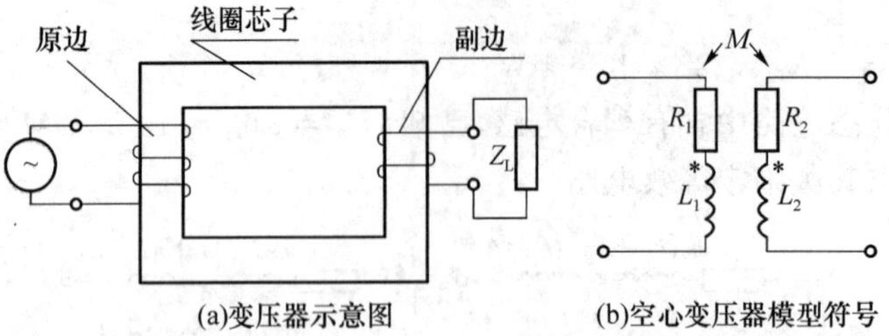

图 9-17　变压器

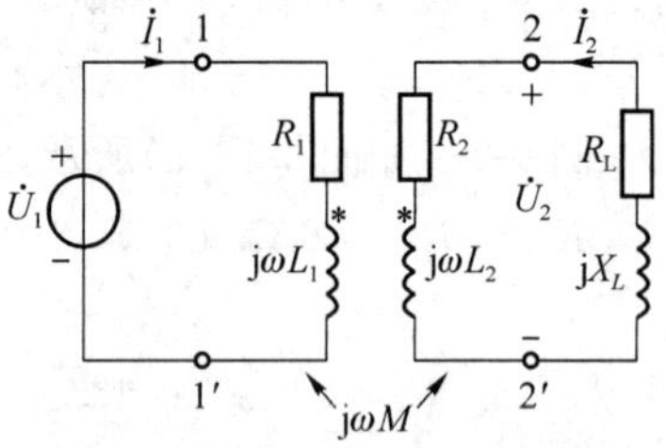

图 9-18　空心变压器相量模型

若令原边阻抗为 $Z_{11}=R_1+jX_1$，副边阻抗为 $Z_{22}=(R_2+R_L)+j(X_2+X_L)$，互阻抗为 $Z_M=j\omega M$，则上述回路方程可写成

$$Z_{11}\dot{I}_1+Z_M\dot{I}_2=\dot{U}_1$$

$$Z_M\dot{I}_1+Z_{22}\dot{I}_2=0$$

解得原、副边电流为

$$\dot{I}_1=\frac{\dot{U}_1}{Z_{11}+\dfrac{(\omega M)^2}{Z_{22}}} \tag{9-12}$$

$$\dot{I}_2=\frac{-Z_M\dot{U}_1}{Z_{11}Z_{22}-Z_M^2}=\frac{-j\omega M\dot{U}_1}{Z_{11}Z_{22}+(\omega M)^2}=\frac{-j\omega M\dot{I}_1}{Z_{22}} \tag{9-13}$$

空心变压器从电源端看进去的输入阻抗为

$$Z_{in}=\frac{\dot{U}_1}{\dot{I}_1}=Z_{11}+\frac{(\omega M)^2}{Z_{22}} \tag{9-14}$$

式(9-14)中，$\dfrac{(\omega M)^2}{Z_{22}}$ 称为引入阻抗，或反映阻抗，它是副边阻抗通过互感反映到原边的等效阻抗。显然，引入阻抗的性质与 Z_{22} 相反，即感性(容性)变为容性(感性)。

式(9-12)可以用图 9-19(a)所示的等效电路来表示，称为原边等效电路。运用同样的方法分析式(9-13)，也可以得到图 9-19(b)所示的副边等效电路。

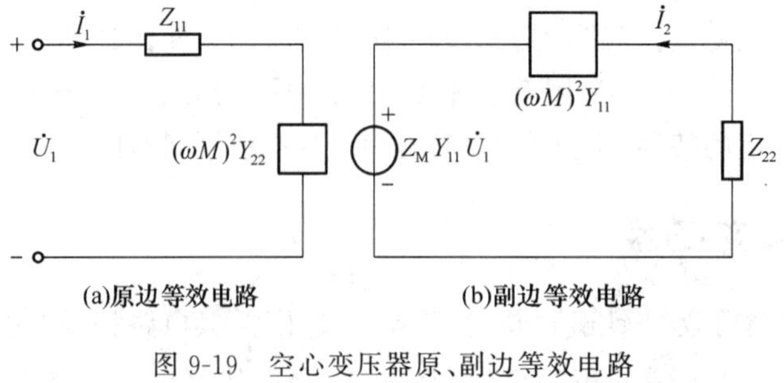

图 9-19　空心变压器原、副边等效电路

例 9-8　图 9-20 所示变压器，电源电压 $U_S=20$ V，若使原边的引入阻抗为(10－j10) Ω。求 Z_X 和电流 $\dot{I}_2$。

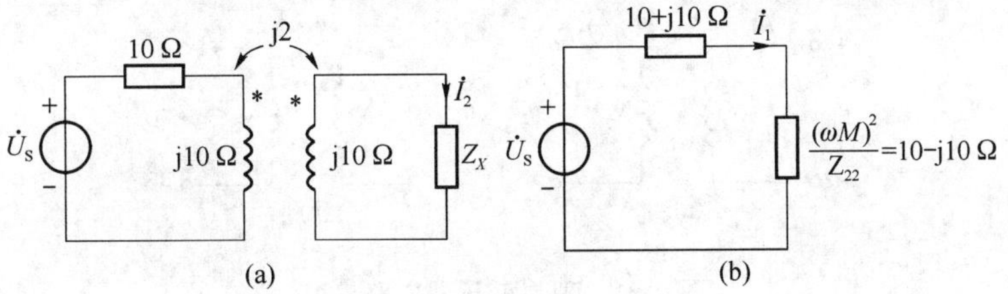

图 9-20　例 9-8 图

解:由图(a)知,原边阻抗 $Z_{11}=(10+j10)\ \Omega$,副边阻抗 $Z_{22}=(Z_X+j10)\ \Omega$,互阻抗 $Z_M=j2\ \Omega$,$\dot{U}_1=\dot{U}_S$。反映阻抗为

$$\frac{(\omega M)^2}{Z_{22}}=\frac{2^2}{Z_X+j10}=10-j10$$

解得

$$Z_X=\frac{4}{10-j10}-j10=\frac{4\times(10+j10)}{200}-j10$$
$$=0.2+j0.2-j10=(0.2-j9.8)\ \Omega$$

原边等效电路如图 9-20(b)所示,令 $\dot{U}_S=20\angle 0^\circ$ V,则原边电流为

$$\dot{I}_1=\frac{\dot{U}_1}{Z_{11}+\frac{(\omega M)^2}{Z_{22}}}=\frac{20\angle 0^\circ}{10+j10+10-j10}=1\ \text{A}$$

副边电流为

$$\dot{I}_2=\frac{-j\omega M\ \dot{I}_1}{Z_{22}}=-\frac{j2\times 1}{0.2+j0.2}=5\sqrt{2}\angle -135^\circ\ \text{A}$$

9.3.2　理想变压器

理想变压器是一种特殊的无损耗全耦合变压器,是实际变压器满足理想极限条件下的模型。

1. 理想变压器的理想极限条件

(1) 变压器本身无损耗,即空心变压器中的 $R_1=R_2=0$;

(2) 耦合系数 $k=1$,即无漏磁,全耦合,$M=\sqrt{L_1L_2}$;

(3) L_1、L_2、M 均为无穷大,但 $\sqrt{\frac{L_1}{L_2}}$ 为一常量,且有 $\sqrt{\frac{L_1}{L_2}}=\frac{u_1}{u_2}$。

以上三个理想极限条件在工程实际中不可能满足,但在一些实际工程概算中,在误差允许的范围内,把实际变压器当理想变压器对待,可使计算过程简化。

2. 理想变压器的电路模型及伏安关系

理想变压器的电路模型如图 9-21 所示,N_1、N_2 分别是原边和副边的匝数。

在图 9-21(a)所示电压、电流关联参考方向下,原、副边电压 u_1、u_2 的"+"极性端都设在同名端,则其伏安特性为

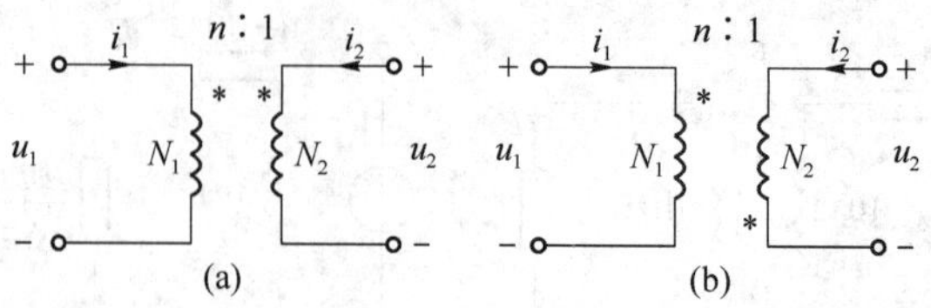

图 9-21　理想变压器电路模型

$$\left.\begin{aligned} u_1 &= nu_2 \\ i_1 &= -\frac{1}{n}i_2 \end{aligned}\right\} \tag{9-15}$$

在图 9-21(b)所示电压、电流关联参考方向下，原、副边电压 u_1、u_2 的“+”极性端设在彼此的异名端，则其伏安特性为

$$\left.\begin{aligned} u_1 &= -nu_2 \\ i_1 &= \frac{1}{n}i_2 \end{aligned}\right\} \tag{9-16}$$

式(9-15)、式(9-16)中 n 称为匝数比，也称为变压器的变比。它是一个仅由变压器本身决定的常数，恒大于零，是理想变压器的唯一参数（L_1、L_2、M 已不再适用）。若 $N_1 > N_2$，则 $u_1 > u_2$ 为降压变压器；若 $N_1 < N_2$，则 $u_1 < u_2$ 为升压变压器。

在任意时刻，都有原副边电压值的比与变比成正比，电流值的比与变比成反比，即

$$\left|\frac{u_1}{u_2}\right| = n;\quad \left|\frac{i_1}{i_2}\right| = \frac{1}{n}$$

在进行变压计算时，选用式(9-15)还是式(9-16)，取决于两电压参考方向与同名端的位置关系，与两线圈中电流参考方向无关。进行变流计算时，选用哪一公式取决于两电流的参考方向与同名端的位置关系，与两线圈上电压参考方向无关。

例 9-9　电路如图 9-22 所示，试求电压 $\dot{U}_2$。

解：列回路方程

原边回路　　$1\times \dot{I}_1 + \dot{U}_1 = 10\angle 0°$　　①

副边回路　　$50\dot{I}_2 + \dot{U}_2 = 0$　　②

根据理想变压器的 VCR 有　　$\dot{U}_1 = \frac{1}{10}\dot{U}_2$　　③

$\dot{I}_1 = -10\dot{I}_2$　　④

解上述方程组得　　$\dot{U}_2 = 33.3\angle 0°\ \text{V}$

3. 阻抗变换

在正弦稳态下，理想变压器对电压、电流的变换作用也可反映在阻抗变换上。图 9-23(a)所示电路，理想变压器输入阻抗为

$$Z_{in} = \frac{\dot{U}_1}{\dot{I}_1} = n^2 Z_L \tag{9-17}$$

式(9-17)中，$n^2 Z_L$ 为副边折合到原边的等效阻抗。若副边分别接入 R、L、C 时，折合到原边将为 $n^2 R$、$n^2 j\omega L$、$n^2 \dfrac{1}{j\omega C}$。理想变压器的阻抗变换只改变阻抗的大小，不改变阻抗的性质。

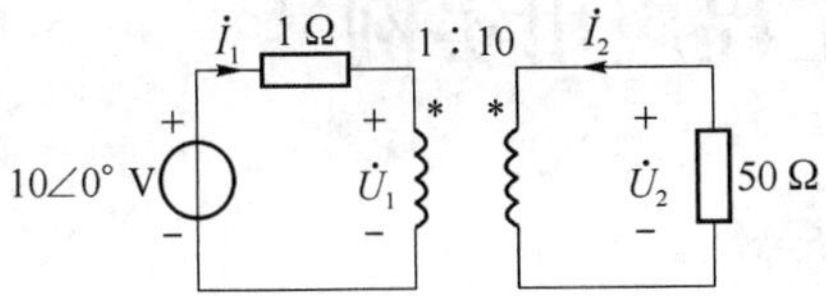

图 9-22　例 9-9 图

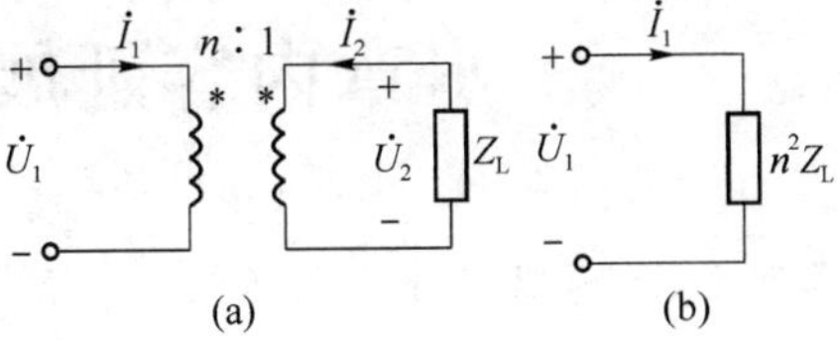

图 9-23　理想变压器阻抗变换作用

利用式(9-17)可得理想变压器从原边看进去的等效电路，如图 9-23(b)所示。理想变压器的一个重要作用就是将它插在电源和负载之间，以实现电源和负载的共轭匹配。

例 9-10　电路如图 9-24(a)所示，已知电源内阻 $R_S = 1\ \text{k}\Omega$，负载电阻 $R_L = 10\ \Omega$。为使 R_L 上获得最大功率，求理想变压器的变比 n。

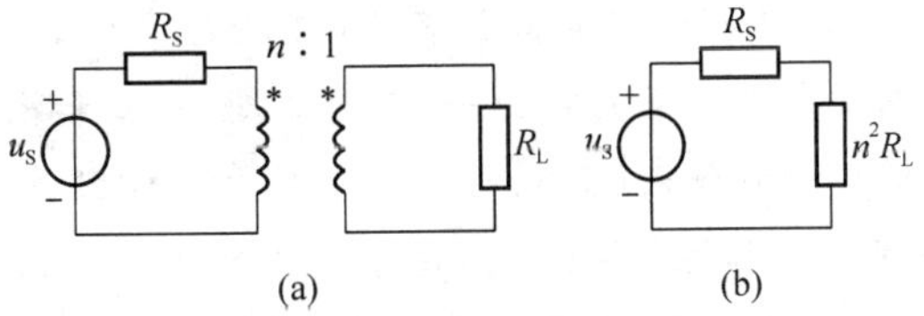

图 9-24　例 9-10 图

解：应用变阻抗性质，将图 9-24(a)变换为等效电路如图 9-24(b)所示，根据最大功率传输定理，当 $n^2 R_L = R_S$，即 $10n^2 = 1\,000$ 时，R_L 上获得最大功率，所以 $n=10$。

◆ 本 章 小 结 ◆

耦合电感是线性电路中一种重要的多端元件，是由有磁耦合关系的两个线圈构成，用 L_1、L_2 和 M 三个参数来表征，耦合的紧密程度用耦合系数 $k = \dfrac{M}{\sqrt{L_1 L_2}}$ 定量描述。耦合电感元件也是动态元件、记忆元件和储能元件。

互感的“增助”或“削弱”作用采用同名端标记。耦合电感的同名端是这样规定的：当两个施感电流分别从两个线圈的对应端子流入，其所产生的磁场相互加强时，则这两个对应端子称为同名端，用“·”“*”或“△”标记。耦合电感电压由自感电压和互感电压两部分组成，其伏安特性根据电压、电流的参考方向以及同名端的不同，呈现出多种不同的形式。

耦合电感的串联分顺向串联和反向串联，其等效电感为 $L_{eq} = L_1 + L_2 \pm 2M$。

耦合电感的并联也可看作有公共端的耦合电感连接，分为同名端共端和异名端共端，其等效电感为 $L_{eq} = \dfrac{L_1 L_2 - M^2}{L_1 + L_2 \pm 2M}$。

在对含有耦合电感电路的正弦稳态电路分析时，首先将耦合电感电路化成去耦等效电路，再运用相量法对去耦等效电路进行分析。

变压器由原边线圈和副边线圈组成，通过磁耦合将电源能量传递给负载。理想变压器是实际变压器的理想化模型，其主要作用体现为变压、变流和阻抗变换。

◆ 本章内容延展与工程应用实例 ◆

从类型上，互感器可分为电压互感器和电流互感器。

1. 电压互感器

电压互感器是发电、输配电和供电系统中不可缺少的电器，也是低压供电系统中用来测量电压、扩大量程的一种仪器。根据发电、输电、用电情况不同，线路电压大小不一，电网电压高达几万、几十万、甚至上百万伏，而一般的低压是 220 V、380 V、440 V，如果要制作高压仪表，直接在高压线路上测量高电压，那是不可能的，也是绝对不允许的；如果在高压线路中接入电压互感器来转变电压，就可把线路上的高电压按相应的比例，统一变换成一种或几种低电压，只需用一种或几种电压规格的仪表和继电保护装置（现在标准化的电压为 100 V），就可以测量、监视线路上的电压。电磁式电压互感器由一、二次线圈、铁心和绝缘组成，一次侧并接在电网（或待测线路）中，二次侧接测量仪表（交流电压表）、继电保护装置。从电压变换的角度讲，电压互感器属于降压变压型，变比大于等于 10，由于测量电压用的仪表属于高阻抗电器，因而电压互感器二次回路属于高阻抗回路，正常工作状态近似于开路。电压互感器二次侧不允许短路，否则，电压互感器极易被烧坏，为防止这一现象的发生，需要装设二次熔断器加以保护。电压互感器在电力系统中不但有测量、监察一次电压的功能，而且还起继电保护的作用。

2. 电流互感器

电力供电系统线路中的电流高达几百、几千、甚至几万安培，电流互感器的作用是把一次侧大电流通过一定的变比转换成二次侧较小的电流，供给测量仪表和继电保护装置，并将仪表和保护装置与高压侧隔开，使测量、计量仪表和继电保护装置标准化、小型化，电流互感器起到了变流和电气隔离的作用。从电压变换的角度讲，电流互感器属于升压变压型。一次线圈串联接入待测电路中，二次绕组的匝数较多，且二次电流通常为 5 A。待测电流越大，穿过的匝数越少；待测电流越小，穿过的匝数越多。正常工作状态的电流互感器的二次侧绝不允许开路，因为一旦二次侧开路，在二次绕组会产生极高的电压，直接危及二次侧人身、设备的安全。故电流互感器二次侧不允许装设熔断器，以免熔断器熔断，二次侧成开路。

电流互感器一般可分为测量用电流互感器和保护用电流互感器。测量用电流互感器常与交流电流表配套使用，目的是起到用小的交流电流表测量大的交流电流。保护用电流互感器是根据待测电流的大小，判断是否超限，然后控制保护装置启动保护功能。常用的有零序电流互感器。零序电流保护的原理是，根据三相供电系统中零线电流的量值判断供电线路是否发生故障接地、漏电或触电故障，如发生故障，继电保护装置动作，切断电路，达到保护的目的。关于三相供电的知识将在第 8 章介绍。

图 9-25 所示为某型舰艇信号灯系统供电线路的零线电流监测及控制电路原理图，经封装的电流互感器已看不到线圈，P_1、P_2 为电流互感器的初级接线端，S_1、S_2 为互感器次级接线端，将互感器初级线圈串接到零线，如果零线有电流，互感器次级侧也会有感生电流产生，且感生

电流与零线电流成比例，该电流流过采样电阻 R_4，在 R_4 上产生电压（这样将电流信号转换为电压信号），C_4 是一个滤波电容，其容量较小，用以滤除强电侧窜入的高频干扰。微处理器（即微型计算机）对此电压进行采样读取数值，经过计算可以求得零线电流，根据零线电流的大小可以判断三相负载的不均衡程度，以及是否发生了漏电等故障，如果发生故障，就给出控制信号，驱动晶体管。晶体管作为无触点开关，在驱动信号作用下导通（自然状态为截止状态），将微处理器给出的弱驱动信号转换为集电极较大的驱动电流，驱动继电器控制回路，使继电器的机械执行机构动作，切断三相供电，从而实现了安全保护。

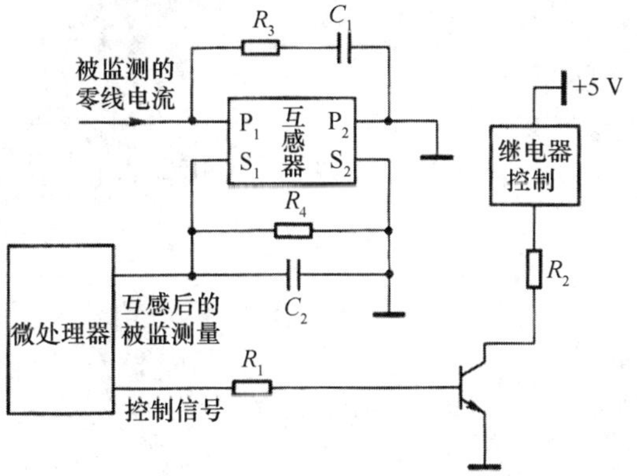

图 9-25　电流监测及断电保护控制电路

习　题　9

9-1　试标出题 9-1 图所示耦合线圈的同名端。

9-2　试写出题 9-2 图所示耦合电感的 VCR。

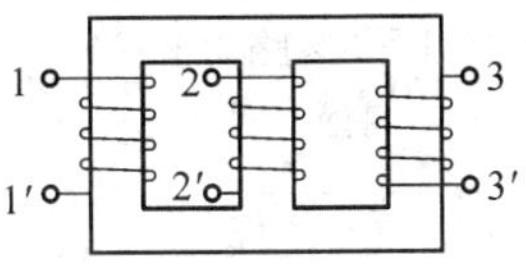

题 9-1 图

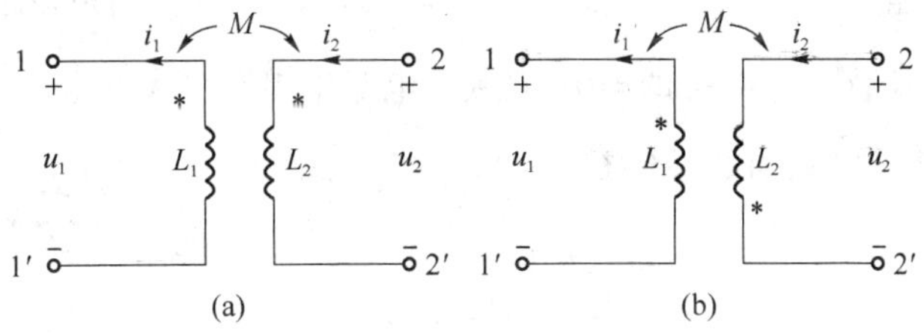

题 9-2 图

9-3　有两个耦合电感线圈，已知电感 $L_1 = 0.4\ \text{H}$，耦合系数 $k = 0.5$，互感 $M = 0.1\ \text{H}$。试求电感 L_2 为多少？若两线圈处于全耦合状态，电感 L_2 又为多少？

9-4　电路如题 9-4 图所示，试画出去耦等效电路图，并求等效阻抗。

9-5　将两个耦合线圈串接到 50 Hz、220 V 的正弦交流电源上，顺向连接时测得电流为 2.7 A，吸收的功率为 218.7 W；反向连接时测得电流为 7 A。求互感 M。

9-6　电路如题 9-6 图所示，求电压 $\dot{U}_1$ 和 $\dot{U}_2$。

9-7　电路如题 9-7 图所示，求电流 $\dot{I}_1$ 和 $\dot{I}_2$。

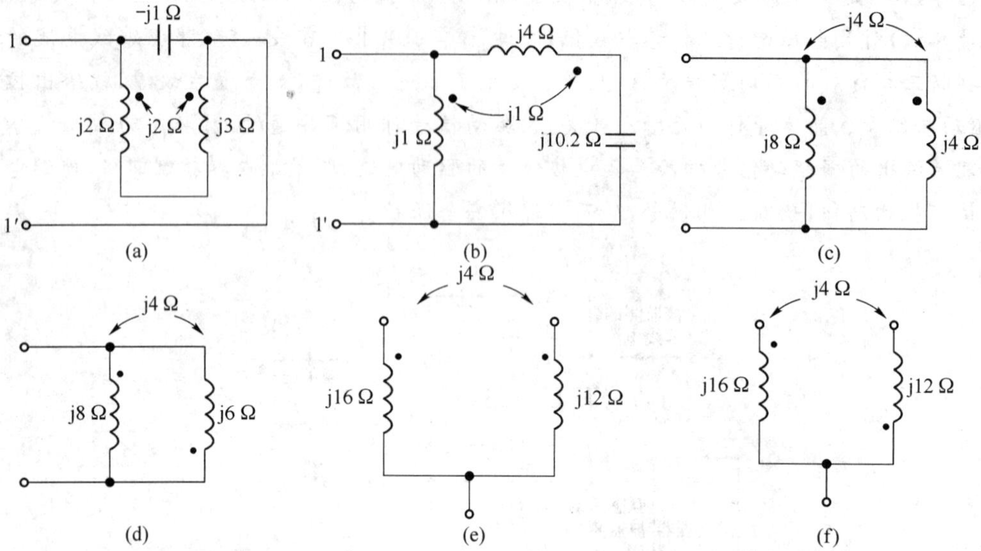

题 9-4 图

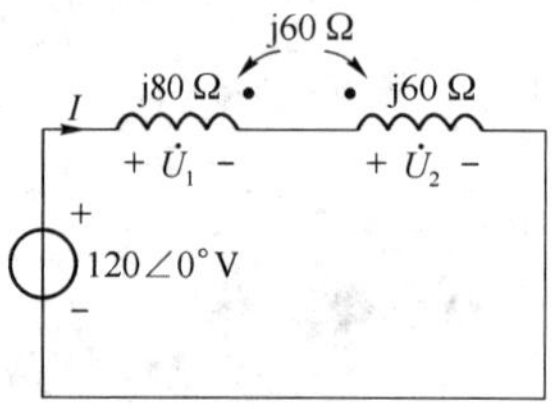

题 9-6 图

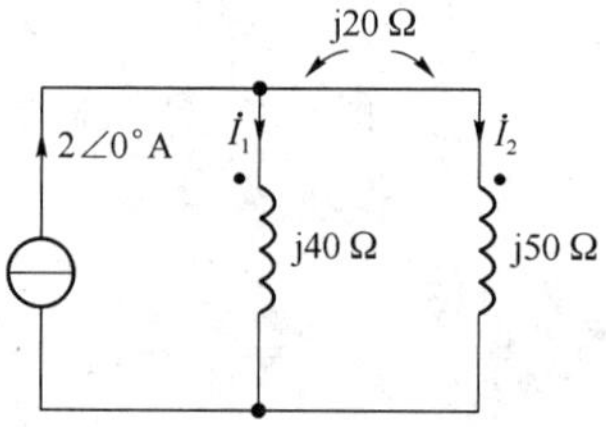

题 9-7 图

9-8　电路如题 9-8 图所示，已知 $R_1 = R_2 = 100\ \Omega$，$L_1 = 3\ \text{H}$，$L_2 = 10\ \text{H}$，$M = 5\ \text{H}$，正弦电源电压 $U = 220\ \text{V}$，$\omega = 100\ \text{rad/s}$。试求：(1)画出该电路的去耦等效电路图；(2)电路的等效阻抗；(3)电路中的电流 $\dot{I}$；(4)电路中串联多大的电容可使 $\dot{U}$、$\dot{I}$ 同相？

9-9　电路如题 9-9 图所示，求：(1)电流 $\dot{I}$、$\dot{I}_1$ 和 $\dot{I}_2$；(2)支路 1 和支路 2 的平均功率。

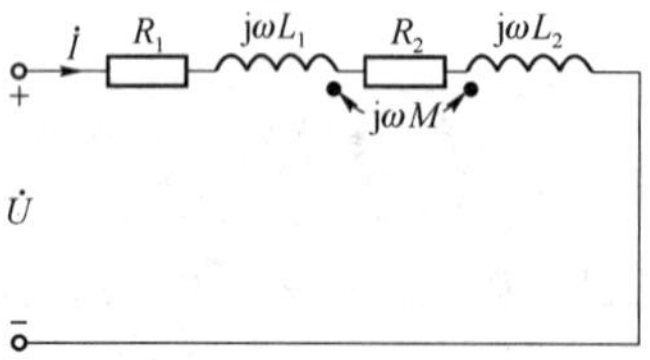

题 9-8 图

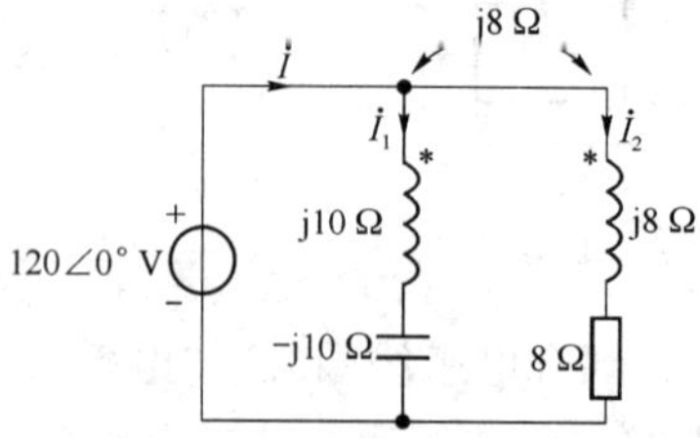

题 9-9 图

9-10　题 9-10 图为一正弦稳态电路，已知 $L_1 = 7\ \text{H}$，$L_2 = 4\ \text{H}$，$M = 2\ \text{H}$，$R = 6\ \Omega$，$u_S = 20\cos t\ \text{V}$。求电流 i_2。

9-11　电路及参数如题 9-11 图所示，试用戴维宁定理求流经 5 Ω 电阻的电流。

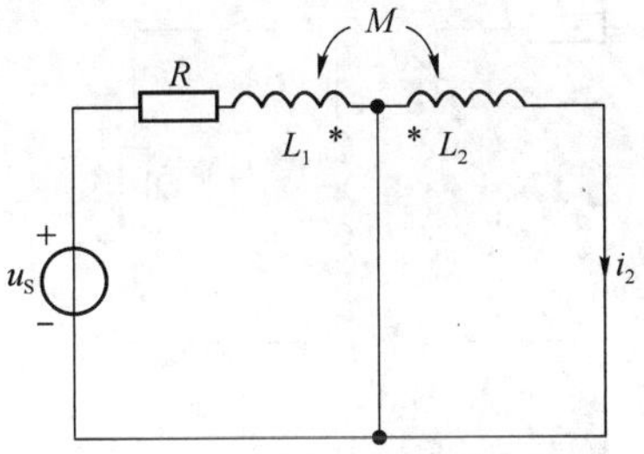

题 9-10 图

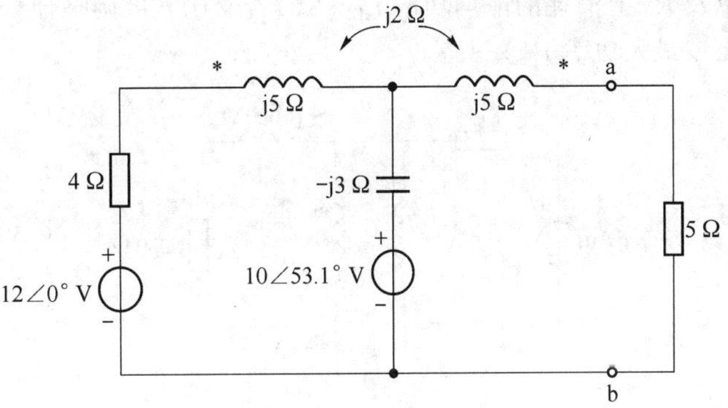

题 9-11 图

9-12　求题 9-12 图所示耦合电路的电压 $\dot{U}_1$，电路中其他参数已知。

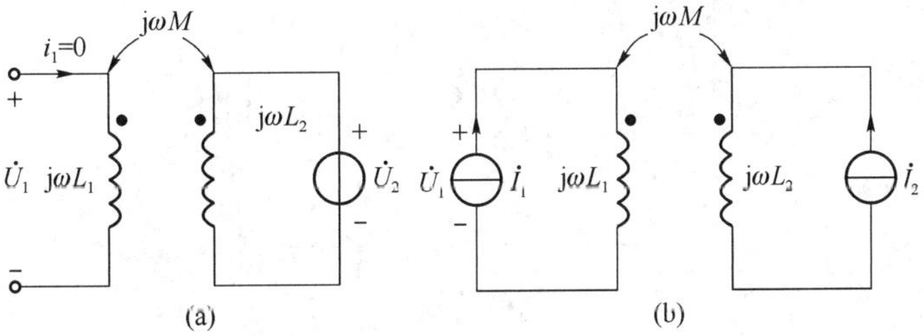

题 9-12 图

9-13　变压器电路如题 9-13 图所示，图中 L_1、L_2 分别为原边线圈、副边线圈的电感，M 为互感。若将副边 2—2′短路，试证明在正弦稳态下，电路原边 1—1′间的等效阻抗为 $Z_{11'} = j\omega(1-k^2)L_1$，其中 $k = \dfrac{M}{\sqrt{L_1 L_2}}$。

9-14　变压器电路如题 9-14 图所示，已知 $R_1 = 7.5\ \Omega$，$\omega L_1 = 30\ \Omega$，$\dfrac{1}{\omega C_1} = 22.5\ \Omega$，$R_2 = 60\ \Omega$，$\omega L_2 = 60\ \Omega$，$\omega M = 30\ \Omega$，$\dot{U}_S = 15\angle 0°\ V$。求电流 $\dot{I}_1$、$\dot{I}_2$ 和 R_2 上消耗的功率 P_2。

9-15　题 9-15 图所示电路中，已知 $\dot{U}_S = 10\angle 0°\ V$，$\omega = 10^6\ rad/s$，$L_1 = L_2 = 1\ mH$，$C_1 = C_2 = 1\ 000\ pF$，$R_1 = 10\ \Omega$，$M = 20\ \mu H$。负载电阻 R_L 可任意改变，问 R_L 等于多大时其上可获得最大功率，并求出此时的最大功率 P_{Lmax} 及电容 C_2 上的电压有效值 U_{C2}。

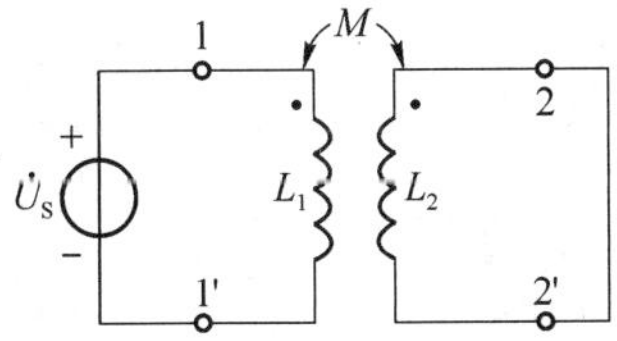

题 9-13 图

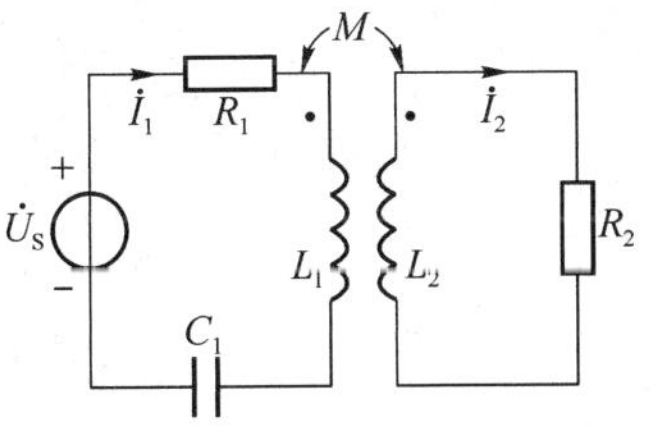

题 9-14 图

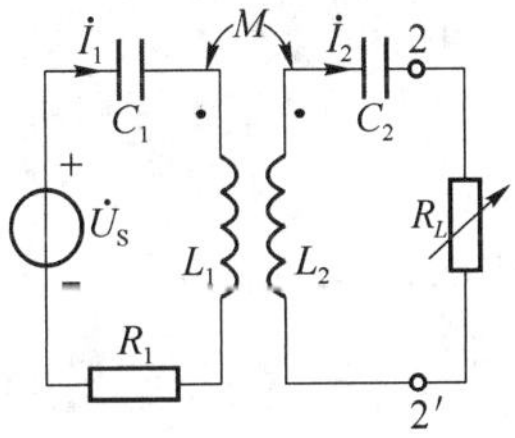

题 9-15 图

9-16　理想变压器电路如题 9-16 图所示，求：题 9-16(a)图中的电流 $\dot{I}$；题 9-16(b)图中的 $\dot{U}_2$。

9-17　正弦稳态电路如题 9-17 图所示，已知 $u_S(t) = 8\sqrt{2}\cos$ V。(1)若变比 $n=2$，求电流 i_1

以及 R_L 上消耗的平均功率 P_L；(2)若变比 n 可调整，问 n=？时可使 R_L 上获得最大功率，并求出该最大功率 P_{Lmax}。

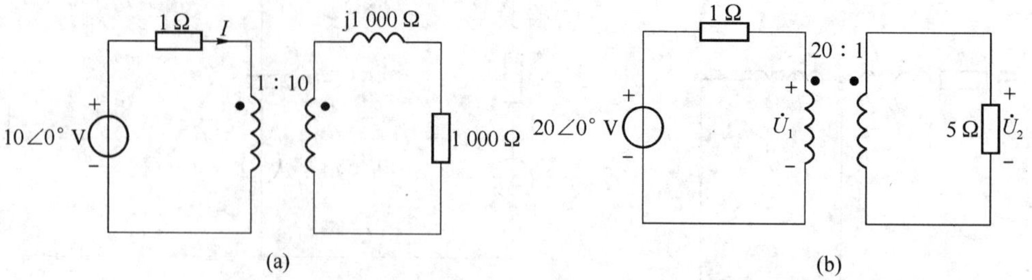

题 9-16 图

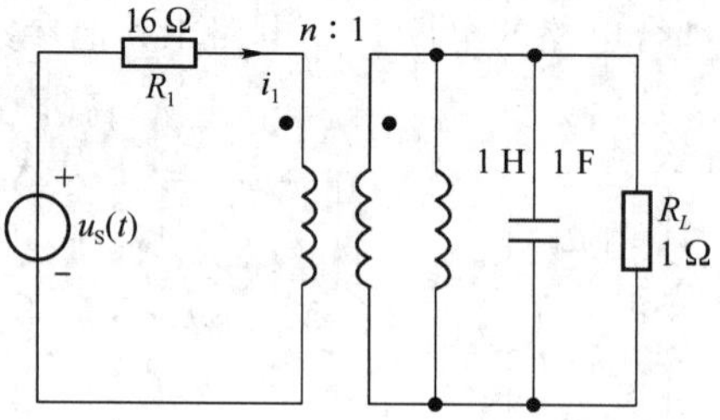

题 9-17 图

第 10 章

不同频率正弦信号电路的分析

教学提示：多个不同频率的正弦信号同时作用于线性电路时，由于在各不同频率正弦信号下产生的响应分量是不同频率正弦量，将各响应分量进行叠加所产生的电路响应则不再按正弦规律变化。所以对这样的电路不能采用正弦稳态电路的相量分析方法进行分析。那么对多个不同频率正弦信号作用下的稳态电路如何分析将是本章要讨论的内容。

在电工和电子电路中，除了正弦信号外，还存在许多非正弦周期信号，这些信号作用于线性电路时，产生的响应将按非正弦周期规律变化。对非正弦周期信号作用下稳态电路所采用的谐波分析法也是本章要讨论的内容。此外，本章还将讲述非正弦周期信号的有效值、平均值以及平均功率的计算。

10.1 不同频率正弦信号作用的电路

当同一电路中有多个不同频率的正弦信号同时作用时，需要用线性电路的叠加定理对电路进行分析。具体步骤是：

(1) 将电路分解成不同频率正弦信号单独作用的单电源电路；

(2) 做出与单电源同频率的电路相量模型；

(3) 根据电路的相量模型，运用相量法求解出电源单独作用时的响应分量相量；

(4) 将响应分量相量转换成对应的瞬时表达式；

(5) 根据叠加定理，将不同频率各响应分量的瞬时表达式叠加，从而得出总响应。

注意：不同频率的正弦量叠加所得到的结果，不再是正弦量。也就是说，在不同频率正弦信号作用下，所产生的响应分量也是不同频率的正弦量，叠加后的电路的响应不再按正弦规律变化。因此，不能像多个同频正弦信号作用于电路那样，采用同一相量模型求解。

例 10-1 电路如图 10-1(a)所示，已知 $u_S = 10\sqrt{2}\cos 5t$ V，$i_S = 2\sqrt{2}\cos 4t$ A，$R = 1\ \Omega$，$L = 0.2$ H，$C = 1$ F。求电流 i_L。

解：(1) 当 u_S 单独作用时，电路的相量模型如图 10-1(b)所示，图中

$$\dot{U}_S = 10\angle 0^\circ \text{ V} \quad j\omega_1 L = j\ \Omega$$

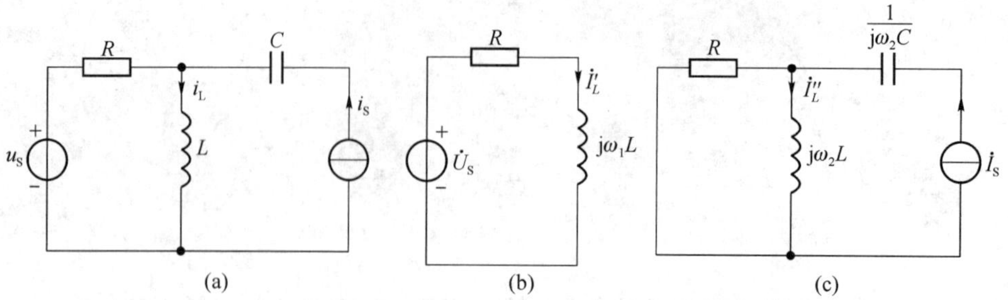

图 10-1　例 10-1 图

则电流
$$\dot{I}'_L=\frac{\dot{U}_S}{R+j\omega_1 L}=\frac{10\angle 0^\circ}{1+j}=5\sqrt{2}\angle -45^\circ\ \text{A}$$

转换成对应的瞬时表达式为 $i'_L=10\cos(5t-45^\circ)$ A。

(2) 当 i_S 单独作用时，电路的相量模型如图 10-1(c)所示，图中

$$\dot{I}_S=2\angle 0^\circ\ \text{A}\quad j\omega_2 L=j0.8\ \Omega\quad \frac{1}{j\omega_2 C}=-j0.25\ \Omega$$

则电流　$\dot{I}''_L=\frac{\dot{I}_S\cdot R}{R+j\omega_2 L}=\frac{2\angle 0^\circ}{1+j0.8}=1.56\sqrt{2}\angle -38.66^\circ$ A

转换成对应的瞬时表达式为 $i''_L=1.56\sqrt{2}\cos(4t-38.66^\circ)$ A

(3) 应用叠加定理得总响应为

$$i=i'_L+i''_L=[10\cos(5t-45^\circ)+1.56\sqrt{2}\cos(4t-38.66^\circ)]\ \text{A}$$

注意，不能用 $\dot{I}_L=\dot{I}'_L+\dot{I}''_L$ 求总响应，因为将不同频率的正弦量所对应的相量相加是没有意义的，相量相加是针对同频率正弦量而言的。

10.2　非正弦周期信号

除了正弦电压、电流外，在实际应用中还会遇到大量的非正弦周期电压、电流，统称为非正弦周期信号。例如图 10-2 所示中的各种非正弦周期信号。

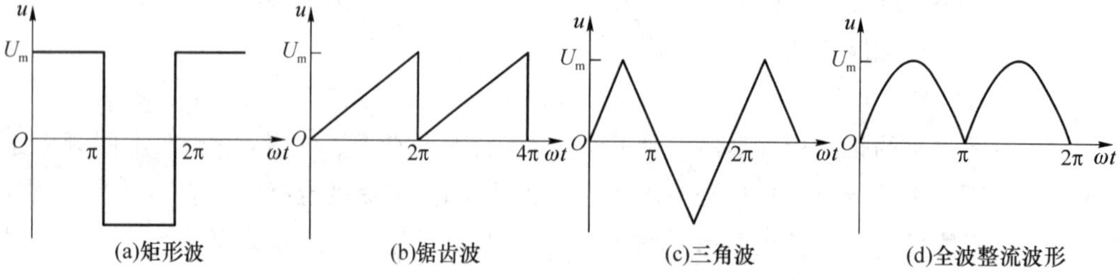

图 10-2　非正弦周期量

非正弦周期交流信号的特点是：不是正弦波但按周期规律变化，即

$$f(t)=f(t+nT)$$

式中，T 为周期函数 $f(t)$ 的周期，n 为自然数 0,1,2,…

10.2.1　非正弦周期函数分解为傅里叶级数

一个非正弦周期函数，只要满足狄里赫利条件：(1)周期函数的极值点数目为有限个；(2)间断点数目为有限个；(3)在一个周期内绝对可积，都可以展开成一个收敛的傅里叶三角级数。在工程中遇到的周期函数都能满足狄里赫利条件。

设周期函数 $f(t)$ 的角频率为 ω，展开的傅里叶级数为

$$\begin{aligned} f(t) &= A_0 + A_{1m}\cos(\omega t + \varphi_1) + A_{2m}\cos(2\omega t + \varphi_2) + \cdots \\ &= A_0 + \sum_{k=1}^{\infty} A_{km}\cos(k\omega t + \varphi_k) \end{aligned} \tag{10-1}$$

式中，$k = 1,2,3,\cdots$ A_0 为常数，称为直流分量，是一个周期内的平均值；$A_{1m}\cos(\omega t + \varphi_1)$ 的频率与非正弦周期函数的频率相同，称为基波或一次谐波；其余各项的频率为周期函数 $f(t)$ 频率的正整数倍，统称为高次谐波，例如，$k = 2,3,\cdots$ 的各项可分别称为二次谐波、三次谐波等。

由于 $A_{km}\cos(k\omega t + \varphi_k) = a_k\cos(k\omega t) + b_k\sin(k\omega t)$，则 $f(t)$ 可表示为

$$f(t) = a_0 + \sum_{k=1}^{\infty}\left[a_k\cos(k\omega t) + b_k\sin(k\omega t)\right] \tag{10-2}$$

比较式(10-1)和式(10-2)不难得出系数之间的关系，即

$$\begin{aligned} A_0 &= a_0 \\ A_{km} &= \sqrt{a_k^2 + b_k^2} \\ a_k &= A_{km}\cos\varphi_k \\ b_k &= -A_{km}\sin\varphi_k \\ \varphi_k &= \arctan\left(\frac{-b_k}{a_k}\right) \end{aligned}$$

式(10-2)中的系数为

$$\begin{aligned} A_0 &= a_0 = \frac{1}{T}\int_0^T f(t)\mathrm{d}t \\ a_k &= \frac{1}{\pi}\int_0^{2\pi} f(t)\cos(k\omega t)\mathrm{d}(\omega t) \\ b_k &= \frac{1}{\pi}\int_0^{2\pi} f(t)\sin(k\omega t)\mathrm{d}(\omega t) \end{aligned} \tag{10-3}$$

例 10-2　求图 10-3(a)所示周期性矩形电压信号 u 的傅里叶级数展开式。

解：由图 10-3(a)所示可知，u 在第一个周期内的表达式为

$$u = \begin{cases} U_m & \left(0 \leqslant t \leqslant \frac{T}{2}\right) \\ -U_m & \left(\frac{T}{2} \leqslant t \leqslant T\right) \end{cases}$$

根据式(10-3)可求得傅里叶展开式的系数为

$$U_O = \frac{1}{T}\int_0^T u\mathrm{d}t = \frac{1}{T}\left(\int_0^{T/2} U_m\mathrm{d}t - \int_{T/2}^T U_m\mathrm{d}t\right) = 0$$

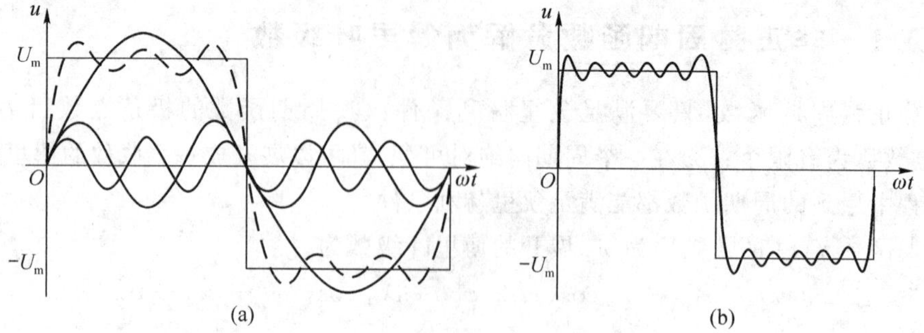

图 10-3 例 10-2 图

$$a_k=\frac{1}{\pi}\int_0^{2\pi}u\cos(k\omega t)\mathrm{d}(\omega t)=\frac{1}{\pi}\left[\int_0^{\pi}U_m\cos(k\omega t)\mathrm{d}(\omega t)-\int_{\pi}^{2\pi}U_m\cos(k\omega t)\mathrm{d}(\omega t)\right]$$

$$=\frac{2U_m}{\pi}\cdot\frac{1}{k}\sin(k\omega t)\bigg|_0^{\pi}=0$$

$$b_k=\frac{1}{\pi}\int_0^{2\pi}u\sin(k\omega t)\mathrm{d}(\omega t)=\frac{1}{\pi}\left[\int_0^{\pi}U_m\sin(k\omega t)\mathrm{d}(\omega t)-\int_{\pi}^{2\pi}U_m\sin(k\omega t)\mathrm{d}(\omega t)\right]$$

$$=\frac{2U_m}{\pi}\int_0^{\pi}\sin(k\omega t)\mathrm{d}(\omega t)=\frac{2U_m}{\pi}\left[-\frac{1}{k}\cos(k\omega t)\right]\bigg|_0^{\pi}$$

$$=\frac{2U_m}{k\pi}[1-\cos(k\pi)]$$

当 k 为偶数时，$\cos(k\pi)=1$，$b_k=0$。

当 k 为奇数时，$\cos(k\pi)=-1$，$b_k=\frac{4U_m}{k\pi}$。

所以 u 的展开式为

$$u=\frac{4U_m}{\pi}\left[\sin(\omega t)+\frac{1}{3}\sin(3\omega t)+\frac{1}{5}\sin(5\omega t)+\cdots\right]$$

取展开式中的前三项，即取到 5 次谐波时的合成曲线如图 10-3(a)曲线中的虚线所示。若取到 11 次谐波时，其合成曲线如图 10-3(b)所示。可见，谐波项数取得越多，合成曲线越接近于矩形波。

同样，也可以得到图 10-2 所示中其他波形的傅里叶级数展开式，即

锯齿波电压

$$u=U_m\left(\frac{1}{2}-\frac{1}{\pi}\sin\omega t-\frac{1}{2\pi}\sin 2\omega t-\frac{1}{3\pi}\sin 3\omega t-\cdots\right)$$

三角波电压

$$u=\frac{8U_m}{\pi^2}\left(\sin\omega t-\frac{1}{9}\sin 3\omega t+\frac{1}{25}\sin 5\omega t-\cdots\right)$$

全波整流波形电压

$$u=\frac{2U_m}{\pi}\left(1-\frac{2}{3}\cos 2\omega t-\frac{2}{15}\cos 4\omega t-\cdots\right)$$

从上述四例可以看出，各次谐波的幅值是不等的，频率越高，则幅值越小，傅里叶级数具有收敛性。直流分量(若存在)、基波分量及接近基波的高次谐波分量是非正弦周期函数的主要组成部分。

10.2.2　有效值、平均值和平均功率

1. 非正弦周期信号的有效值

第 7 章中引入的有效值定义，不仅适用于正弦量，也适用于非正弦周期信号。若非正弦周期电流的傅里叶级数展开式为

$$i = I_0 + \sum_{k=1}^{\infty} I_{km}\cos(k\omega t + \varphi_{ik})$$

根据有效值定义

$$I = \sqrt{\frac{1}{T}\int_0^T i^2 \mathrm{d}t}$$

则非正弦周期电流的有效值为

$$I = \sqrt{\frac{1}{T}\int_0^T \left[I_0 + \sum_{k=1}^{\infty} I_{km}\cos(k\omega t + \varphi_{ik})\right]^2 \mathrm{d}t} \tag{10-4a}$$

$$= \sqrt{I_0^2 + I_1^2 + I_2^2 + \cdots} = \sqrt{I_0^2 + \sum_{k=1}^{\infty} I_k^2}$$

式(10-4a)中，$I_1 = \frac{I_{1m}}{\sqrt{2}}, I_2 = \frac{I_{2m}}{\sqrt{2}}, \cdots, I_k = \frac{I_{km}}{\sqrt{2}}$。式(10-4a)表明，正弦周期电流的有效值等于直流分量平方与各次谐波分量有效值的平方之和的平方根。

同理，可得非正弦周期电压的有效值为

$$U = \sqrt{U_0^2 + U_1^2 + U_2^2 + \cdots} = \sqrt{U_0^2 + \sum_{k=1}^{\infty} U_k^2} \tag{10-4b}$$

需要指出的是非正弦周期信号的有效值和最大值之间不再存在 $\frac{1}{\sqrt{2}}$ 的关系。

2. 非正弦周期信号的平均功率

若无源二端网络端口处的电压 u 和电流 i 为同谐波频率的非正弦周期性函数，则其相应的傅里叶级数的展开式为

$$u = U_0 + \sum_{n=1}^{\infty} U_{km}\cos(k\omega t + \varphi_{uk})$$

$$i = I_0 + \sum_{n=1}^{\infty} I_{km}\cos(k\omega t + \varphi_{ik})$$

在 u、i 关联参考方向下，该无源一端口端网络的平均功率为

$$P = \frac{1}{T}\int_0^T ui\,\mathrm{d}t = \frac{1}{T}\int_0^T \left[U_0 + \sum_{k=1}^{\infty} U_{km}\cos(k\omega t + \varphi_{uk})\right] \times \left[I_0 + \sum_{k=1}^{\infty} I_{km}\cos(k\omega t + \varphi_{ik})\right]\mathrm{d}t$$

经过积分得

$$P = U_0 I_0 + U_1 I_1 \cos\varphi_1 + U_2 I_2 \cos\varphi_2 + \cdots$$

$$= U_0 I_0 + \sum_{k=1}^{\infty} U_k I_k \cos\varphi_k \tag{10-5}$$

$$= P_0 + P_1 + P_2 + \cdots$$

式(10-5)表明，非正弦周期信号作用下电路的平均功率等于直流分量的功率和各次谐波分别

产生的平均功率的代数和。显然,只有同次谐波的电压、电流才产生平均功率;而不同次谐波的电压、电流虽然形成瞬时功率,但不能产生平均功率。

例 10-3 一无源一端口的端口电压、端口电流分别为

$$u=[100+100\cos(100\pi t)+50\cos(200\pi t)+30\cos(300\pi t)]\ \mathrm{V}$$

$$i=[10\cos(100\pi t+60^\circ)+2\cos(300\pi t-135^\circ)]\ \mathrm{A}$$

试求:(1)电压和电流的有效值;(2)此一端口吸收的平均功率。

解:(1) 有效值。

根据式(10-4a)和式(10-4b)可计算电压和电流的有效值分别为

$$U=\sqrt{U_0^2+U_1^2+U_2^2+U_3^2}=\sqrt{100^2+\left(\frac{100}{\sqrt{2}}\right)^2+\left(\frac{50}{\sqrt{2}}\right)^2+\left(\frac{30}{\sqrt{2}}\right)^2}=129.23\ \mathrm{V}$$

$$I=\sqrt{I_1^2+I_3^2}=\sqrt{\left(\frac{10}{\sqrt{2}}\right)^2+\left(\frac{2}{\sqrt{2}}\right)^2}=7.21\ \mathrm{A}$$

(2) 平均功率。

直流分量的平均功率为零(因为电流的直流分量为零);基波平均功率为

$$P_1=U_1I_1\cos\varphi_1=\frac{100}{\sqrt{2}}\times\frac{10}{\sqrt{2}}\times\cos(0^\circ-60^\circ)=250\ \mathrm{W}$$

二次谐波的平均功率为零(电流的二次谐波分量为零);三次谐波分量的平均功率为

$$P_3=U_3I_3\cos\varphi_3=\frac{30}{\sqrt{2}}\times\frac{2}{\sqrt{2}}\times\cos[0^\circ-(-135^\circ)]=-21.2\ \mathrm{W}$$

所以,一端口吸收的平均功率为

$$P=P_0+P_1+P_2+P_3=250-21.2=228.8\ \mathrm{W}$$

10.3 非正弦周期信号电路的计算

当非正弦周期信号分解为傅里叶级数后,可视为含有直流激励和一系列频率成正整数倍的正弦激励作用于电路。因此,其分析方法同多个不同频率共同作用于电路的分析方法一样,采用叠加定理求解。具体步骤如下。

(1) 应用傅里叶级数展开法,将给定非正弦周期信号分解为直流分量和各次谐波分量之和。视计算精度要求,取谐波的项数。

(2) 分别做出当直流分量和各次谐波分量单独作用时的电路模型。

注意:在直流电路中电感视为短路,电容视为开路;在各次谐波电路中,电感和电容的阻抗随频率变化而变化,即

$$Z_L=\mathrm{j}k\omega L\qquad Z_C=\frac{1}{\mathrm{j}k\omega C}\qquad k=1,2,3,\cdots$$

(3) 对直流分量作用的电路模型,采用直流电阻电路的方法求解,所得的响应为直流量;对各次谐波单独作用的电路模型采用相量法求解,所得的响应为相量。

(4) 将各次谐波分量作用下得到的响应的相量形式转换成对应的瞬时表达式,应用叠加定理将直流响应和各次谐波响应的瞬时表达式叠加,从而得到电路的响应。

上述方法也称为谐波分析法。这种方法实质上是把非正弦周期信号电路的计算转化成一系列不同频率正弦交流电路的计算。

例 10-4　电路如图 10-4(a)所示，已知 $R=20\ \Omega$，$L=1\ \text{mH}$，$C=1\,000\ \text{pF}$，$i_S=[78.5+100\cos(10^6t)+\frac{100}{3}\cos(3\times10^6t)+\cdots]\ \mu\text{A}$。求电压 u 和电路的平均功率。

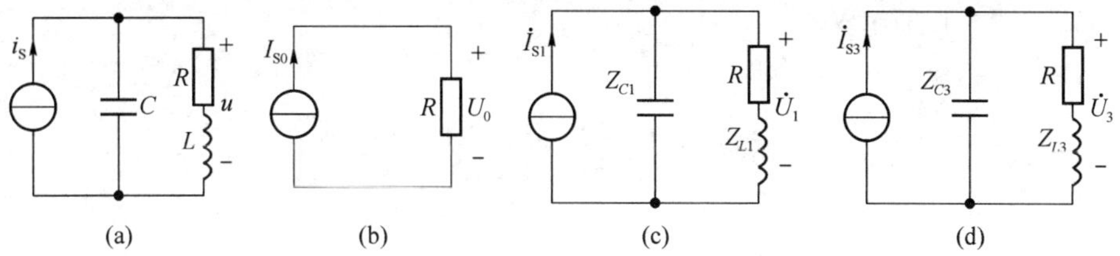

图 10-4　例 10-4 图

解：(1) 直流分量单独作用时的计算。

直流分量 $I_{S0}=78.5\ \mu\text{A}$ 单独作用时的电路模型如图 10-4(b)所示，则电压 U_0 为

$$U_0=RI_{S0}=20\times78.5\times10^{-6}=1.57\ \text{mV}$$

功率为

$$P_0=\frac{U_0^2}{R}=\frac{(1.57\times10^{-3})^2}{20}=0.123\times10^{-6}\ \text{W}$$

(2) 基波单独作用时的计算。

基波单独作用时的电路模型如图 10-4(c)所示。其中

$$I_{S1m}=100\angle0^\circ\ \mu\text{A};\ Z_{L1}=\text{j}\omega L=\text{j}10^3\ \Omega;\ Z_{C1}=\frac{1}{\text{j}\omega C}=-\text{j}10^3\ \Omega$$

则电压 $\dot{U}_{1m}$ 为

$$\dot{U}_{1m}=\frac{Z_{C1}}{R+Z_{L1}+Z_{C1}}\cdot\dot{I}_{S1m}\cdot(R+Z_{L1})=\frac{(20+\text{j}10^3)(-\text{j}10^3)}{20}\times100\times10^{-6}\angle0^\circ$$
$$\approx5\,000\ \text{mV}$$

电压的瞬时表达式为 $u_1=5\,000\cos(10^6t)\ \text{mV}$

平均功率为　　$P_1=U_1I_1\cos\varphi_1=\frac{5\,000\times10^{-3}}{2}\times\frac{100\times10^{-6}}{2}=1.25\times10^{-6}\ \text{W}$

(3) 3 次谐波单独作用时的计算。

3 次谐波单独作用时的电路模型如图 10-4(d)所示。其中

$$\dot{I}_{S3m}=\frac{100}{3}\angle0^\circ\ \mu\text{A},\ Z_{L3}=\text{j}3\omega L=(\text{j}3\times10^3)\ \Omega;\ Z_{C3}=\frac{1}{\text{j}3\omega C}=(-\text{j}0.33\times10^3)\ \Omega$$

则电压 $\dot{U}_{3m}$ 为

$$\dot{U}_{3m}=\frac{Z_{C3}}{R+Z_{L3}+Z_{C3}}\cdot\dot{I}_{S3m}\cdot(R+Z_{L3})=\frac{(-\text{j}0.33\times10^3)\times(20+\text{j}3\times10^3)}{20+\text{j}3\times10^3-\text{j}0.33\times10^3}\cdot\frac{100}{3}\times10^{-6}\angle0^\circ$$
$$=12.47\angle-89.2^\circ\ \text{mV}$$

电压的瞬时表达式为

$$u_3=12.47\cos(3\times10^6t-89.2^\circ)\ \text{mV}$$

平均功率为

$$P_3=U_3I_3\cos\varphi_3=\frac{12.47\times10^{-3}}{2}\times\frac{50\times10^{-6}}{3}\cos(-89.2^\circ)=1.45\times10^{-9}\ \text{W}$$

(4) 根据叠加定理,求得电压 u 为

$$u = U_0 + u_1 + u_3$$
$$\approx 1.57 + 5\,000\cos(10^6 t) + 12.47\cos(3 \times 10^6 t - 89.2°)\ \text{mV}$$

根据式(10-6)得电路的平均功率为

$$P = P_0 + P_1 + P_3 = 0.123 \times 10^{-6} + 1.25 \times 10^{-6} + 1.45 \times 10^{-9}$$
$$\approx 1.37\ \mu\text{W}$$

本章小结

当一个线性电路中有多个不同频率的正弦信号作用时,需要运用线性电路的叠加定理对电路进行分析,而不能像多个同频正弦信号作用于电路那样,采用同一相量模型求解。

非正弦周期信号作用下的稳态电路分析,需要先将非正弦周期信号利用傅里叶级数展开成直流分量和一系列频率成正整数倍的正弦交流信号之和,然后再运用叠加定理分析,这种分析方法也称为谐波分析法。

注意:无论是不同频率的正弦信号作用于电路,还是非正弦周期信号作用于电路,运用叠加定理进行电路分析时,所叠加的量一定是瞬时值表达式而不是相量。因为相量相加是针对同频率正弦量而言的,对于不同频率的相量相加是没有意义的。

非正弦周期信号的有效值定义与正弦信号有效值的定义相同,其有效值等于直流分量平方与各次谐波分量有效值平方之和的平方根。非正弦周期信号作用下电路的平均功率,等于直流分量的功率和各次谐波分别产生的平均功率的代数和。

本章内容延展与工程应用实例

滤波器(Filter)是电力与电子电路中应用非常广泛的一种功能电路。最早出现在多种频率混合信号的选择与处理电路中,这类滤波器又称为频域滤波器,简称滤波器。所谓"滤波"是指将信号中特定的频率成分通过,而极大地衰减或抑制其他频率成分,相当于频率"筛子"。由于滤波电路的应用十分广泛,现在有很多不同种类的、专门设计制造的成型器件或装置。在信号处理领域,除频域滤波器外,还有非频域滤波器,如图像滤波器、信道滤波器、空间滤波器等。

频域滤波器的作用主要有:(1)将有用的信号与噪声分离,提高系统的抗干扰性;(2)滤掉不感兴趣的频率成分,提高分析精度;(3)从复杂频率成分中分离出单一的频率分量。

滤波器的种类很多,按被处理的信号形态,可分为模拟滤波器和数字滤波器。模拟信号(Analog signal)是指振幅和相位都连续的电信号。例如,温度、流量、转速等实际物理量经过传感器转变为与实际变化情况一致的电信号,这种信号就是典型的模拟信号。本书所涉及的电压、电流都可以视为模拟量。至于数字信号(Digital signal)在以后的学习中才会接触到,目前暂不做介绍。频域滤波器就属于模拟滤波器。

按照构成滤波器的器件类型,频域滤波器可分为有源滤波器和无源滤波器。本章 7.4 节介绍的滤波器是典型的无源 LC 梯形滤波电路。所谓有源滤波器是指使用有源器件(即相当

于电路内部含有受控源)，滤波电路自身可以有能量输出，在滤波的同时还可以实现对弱信号的功率补偿，在电子电路中被广泛使用。而无源滤波器由无源 RLC 器件构成，电路本身是能量损耗性的，即使是被选择的有用信号经过无源滤波器能量也会有所衰减，不适于弱信号的处理，但因其结构简单易于实现、价格低廉便于维护且可承受的电压电流定额高等优点，在电力电路及有一定功率的信号电路中被广泛使用。

根据通带的频率范围，频域滤波器可分为低通滤波器、高通滤波器、带通滤波器、带阻滤波器等。除此之外，还有一些特殊滤波器，如满足一定频响特性、相移特性的特殊滤波器，如线性相移滤波器、时延滤波器、音响中的计权网络滤波器、电视机中的中放声表面波滤波器等。

习　题　10

10-1　电路如题 10-1 图所示，已知 $u_S = 4\sqrt{2}\cos 2t$ V，$i_S = 4\sqrt{2}\cos 4t$ A。求电容电流 i_C。

10-2　电路如题 10-2 图所示，已知 $u_S = 10\cos 5t$ V，$i_S = 2\cos 4t$ A。求电流 i。

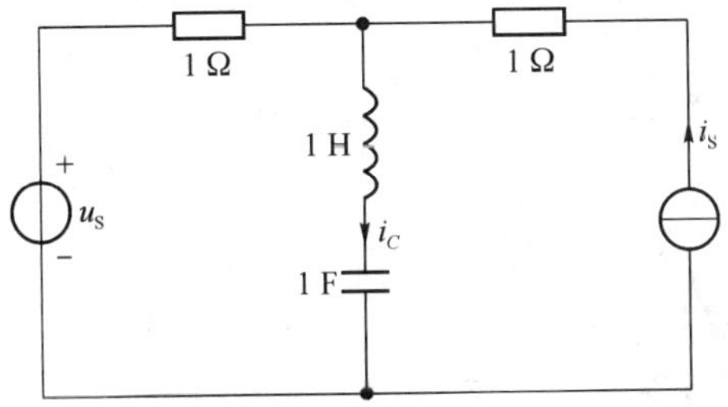

题 10-1 图

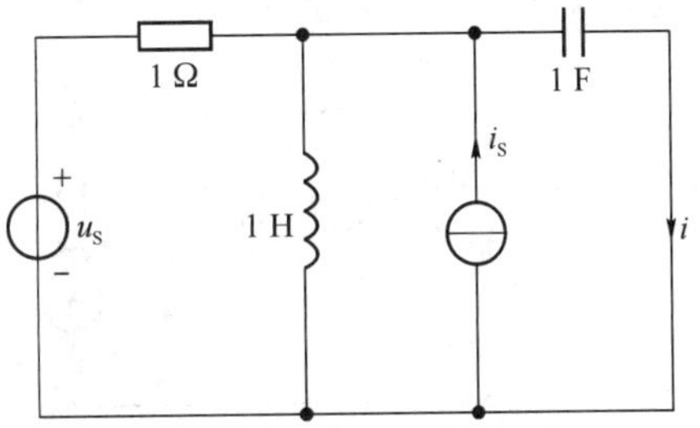

题 10-2 图

10-3　已知 非正弦周期电路的端电压和电路电流分别为

$$u = 141\sin\left(\omega t - \frac{\pi}{4}\right) + 88.6\sin 2\omega t + 56.4\sin\left(3\omega t + \frac{\pi}{4}\right)\text{ V},$$

$$i = 10 + 56.4\sin\left(\omega t + \frac{\pi}{4}\right) + 30.5\sin\left(3\omega t + \frac{\pi}{4}\right)\text{ A}$$

试求：(1) 电压和电流的有效值；(2) 此电路吸收的平均功率。

10-4　RC 串联电路如题 10-4 图所示，已知 $R = 10\ \Omega$，$\frac{1}{\omega C} = 15\ \Omega$，$u = [10 + 141.4\cos\omega t + 70.7\cos(3\omega t + 30°)]$ V。求：(1)电路在基波和 3 次谐波时的等效阻抗；(2)电路中的电流 i；(3)电流有效值 I 和电路的平均功率 P。

10-5　一 RLC 串联电路，已知 $R = 10\ \Omega$，$\omega L = 10\ \Omega$，$\frac{1}{\omega C} = 20\ \Omega$，电源电压为 $u_S = [10 + 10\sqrt{2}\cos(3\omega t) + 5\sqrt{2}\cos(3\omega t + 30°)]$ V。求电路中的电流 i。

10-6　电路如题 10-6 图所示，已知 $u = (10 + 5\sqrt{2}\cos 3\omega t)$ V，$R = \omega L = 5\ \Omega$，$\frac{1}{\omega C} = 45\ \Omega$，电压表和电流表均测有效值。求电压表和电流表的读数。

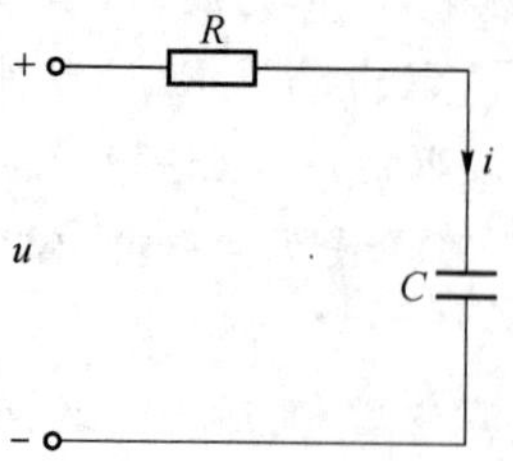

题 10-4 图

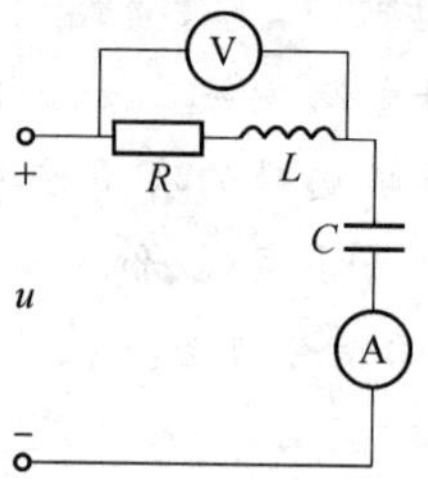

题 10-6 图

10-7 电路如题 10-7 图所示，外加电压 $u=(50+100\cos 10^3t+15\cos 2\times10^3t)$ V，$R=30\ \Omega$，$L=40$ mH，$C=25\ \mu$F。求两只电流表的读数(有效值)。

10-8 已知 RLC 串联电路的端口电压和电流分别为

$$u=[(100\cos(314t)+50\cos(942t-30^\circ)]\text{V}$$

$$i=[(10\cos(314t)+1.755\cos(942t+\varphi)]\text{A}$$

求：(1) R、L、C 的值；(2) φ 的值；(3)电路消耗的功率。

10-9 题 10-9 图所示滤波电路中，$\omega=1\,000$ rad/s，$C=1\ \mu$F，要求 4 次谐波分量全部传送至负载 R_L，而基波全被滤掉，求 L_1 和 L_2。

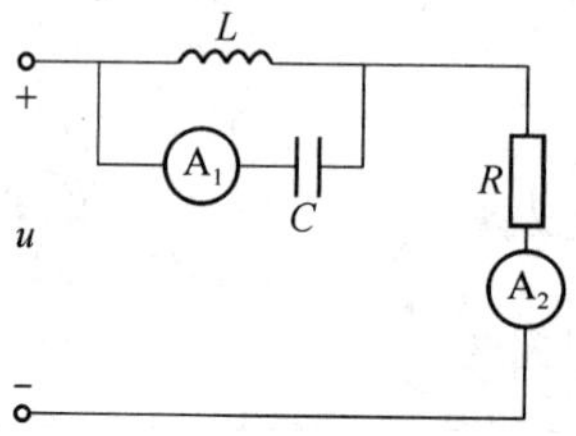

题 10-7 图

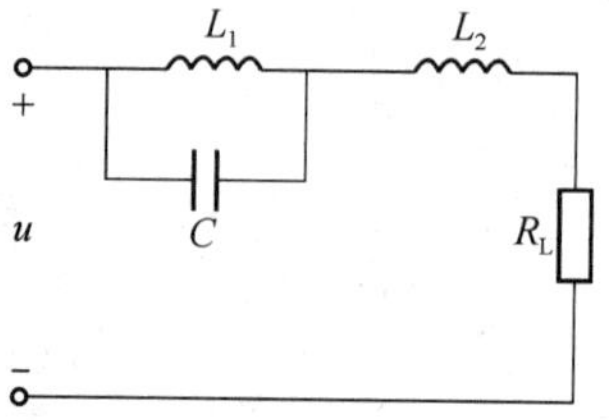

题 10-9 图

第 11 章

二端口网络

教学提示：前面学过的电路中通常有两种电路，一种是在已知电路的具体结构和元件参数的条件下，去求解所要求的响应。另一种是电路内部结构和元件参数未知，只通过引出端子和外部电路相连，这种电路也称为“端口电路”。对这样的电路，我们往往只想知道它的端子外部特性，而不关心其内部电路情况，由此也给实际问题的分析和研究带来了极大的方便。例如前面讨论过的，一个复杂线性含源电路，若只有两个端子对外连接，且仅想求外接电路中的电压和电流，则该复杂电路可以视为一个一端口，并用戴维宁等效电路或诺顿等效电路替代，然后计算所求电压和电流。

在实际工程应用中，很多电路都是通过端口和外部电路相联的。例如耦合电路、滤波电路、放大电路及变压器等。尤其是近年来集成技术的发展，各类功能不同的集成电路被研制出来，这些集成电路作为功能元件在制造好后即被封装起来，通过多个端子与外电路连接，形成各种端口电路。因此，对端口电路的分析显得日益重要。

本章主要介绍二端口网络的描述方程和参数、二端口网络的等效电路和连接。

11.1 二端口网络的概念

在电路中，具有 n 个端子对外连接的网络称为 n 端网络。当 n 端网络与外电路连接时，一对端子若能满足端口条件，即由一个端子流进的电流等于从另一个端子流出的电流，则这对端子称为一个“端口”。例如，在图 11-1 中，若 $i_1=i_2\neq i_5$，$i_3=i_4$，则 1、2 端子构成一个端口，3、4 端子构成另一个端口，而 1、5 端子则不能构成一个端口。在 n 端网络中，2 端网络和 4 端网络比较常见。

当一个网络通过两个端子与外部电路连接，如图 11-2 所示，并且这两个端子满足端口条件时，称此网络为一端口网络，简称一端口，如果这两个端子不满足端口条件，则该网络称为二端网络。一端口网络在前面的章节中见得很多。

当一个网络与外部电路通过四个端子连接，如图 11-3 所示，其中 1—1′端子和 2-2′端子分别满足端口条件时，称此网络为二端口网络或称双口网络，简称二端口；如果 1—1′端子和 2-2′端子不满足端口条件时，则该网络称为四端网络。图 11-4 所示的变压器、滤波器、放大器和传输线是实际电路中常见的二端口网络。本章仅讨论二端口网络。

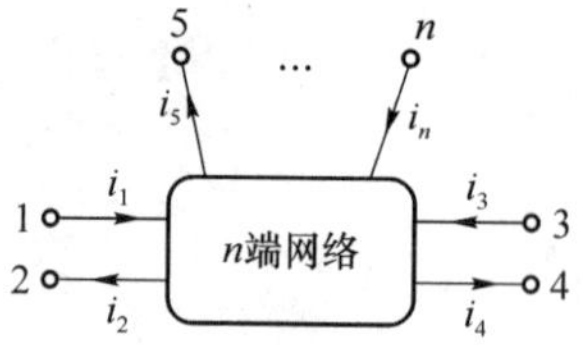

图 11-1　n 端网络

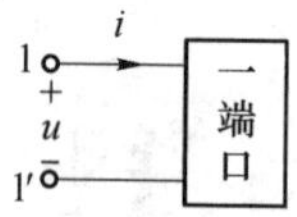

图 11-2　一端口网络

图 11-3　二端口网络

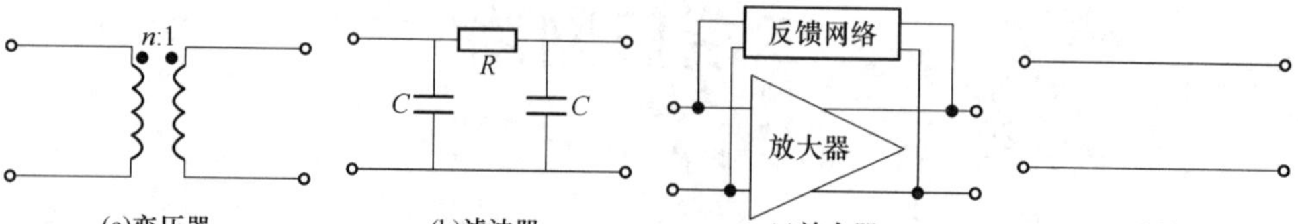

(a)变压器　(b)滤波器　(c)放大器　(d)传输线

图 11-4　常见二端口网络

对端口电路的研究，是将其作为整体来研究它对外部电路的作用或呈现的特性。由于二端口网络是通过它的两个端口与外部电路相连，所以，它的端口特性就是由这两个端口的电压、电流，即 u_1、u_2、i_1 和 i_2 4 个变量的约束关系来描述。

本章研究的二端口网络内部不含有独立源，可由线性 R、$L(M)$、C 和线性受控源等元件构成。仅含有线性 R、$L(M)$和 C 元件的二端口网络也称为无源线性二端口网络。如果要考虑二端口的动态过程，则假定网络内部所有储能元件的初始储能为零，这样二端口网络中的任何响应都是该网络的零状态响应。由于二端口网络常工作在正弦稳态情况下，所以本书对二端口的分析主要采用相量法。当然，也可以用运算法讨论。

11.2　二端口网络的参数和方程

在正弦稳态下，二端口的 4 个端口变量 $\dot{U}_1$、$\dot{I}_1$、$\dot{U}_2$、$\dot{I}_2$ 及参考方向如图 11-5 所示。常将二端口的 1—1′端口称为二端口的输入端口，2-2′端口称为输出端口。在外电路限定的情况下，如果取其中的两个端口变量作为自变量(已知量)，则另外两个端口变量就是因变量(未知量)，自变量和因变量共有六种不同的组合方式。因此，有六组描述二端口端口特性的独立方程。在每一组特性方程中均有两个由自变量表示因变量的独立方程式，当自变量不同时，描述网络特性的网络参数也不同。本章仅介绍常用的 4 种网络参数，即 Y 参数、Z 参数、T 参数和 H 参数。

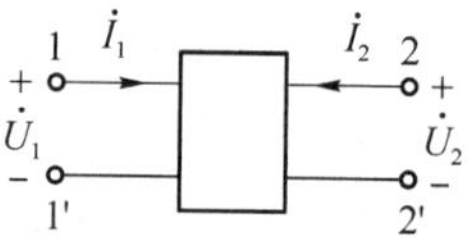

图 11-5　二端口电压、电流关系

11.2.1　*Y* 参数(短路参数)和 *Y* 参数方程

1. *Y* 参数和 *Y* 参数方程

取 $\dot{U}_1$、$\dot{U}_2$ 为自变量，$\dot{I}_1$、$\dot{I}_2$ 为函数，列出描述二端口的二元一次方程组称为二端口的 Y 参数方程。即

$$\left.\begin{aligned}\dot{I}_1 &= Y_{11}\dot{U}_1 + Y_{12}\dot{U}_2 \\ \dot{I}_2 &= Y_{21}\dot{U}_1 + Y_{22}\dot{U}_2\end{aligned}\right\} \tag{11-1}$$

式(11-1)表明，如果在二端口网络的两个端口各施加一电压源 $\dot{U}_1$、$\dot{U}_2$，如图 11-6 所示，根据叠加定理，则在两个端口上分别产生的电流 $\dot{I}_1$ 和 $\dot{I}_2$ 等于这两个电压源单独作用时产生的电流的和。

式(11-1)也可写成矩阵形式。即

$$\begin{pmatrix}\dot{I}_1 \\ \dot{I}_2\end{pmatrix} = \begin{pmatrix}Y_{11} & Y_{12} \\ Y_{21} & Y_{22}\end{pmatrix}\begin{pmatrix}\dot{U}_1 \\ \dot{U}_2\end{pmatrix}$$

式中，$\boldsymbol{Y} = \begin{pmatrix}Y_{11} & Y_{12} \\ Y_{21} & Y_{22}\end{pmatrix}$ 称为二端口的 Y 参数矩阵，而 Y_{11}、Y_{12}、Y_{21}、Y_{22} 称为二端口的 Y 参数，具有导纳的性质，单位为西门子(S)。

2. *Y* 参数的物理意义

在式(11-1)中，若令 $\dot{U}_2 = 0$，对应的电路如图 11-7(a)所示，便有

$$Y_{11} = \left.\frac{\dot{I}_1}{\dot{U}_1}\right|_{\dot{U}_2=0} \qquad Y_{21} = \left.\frac{\dot{I}_2}{\dot{U}_1}\right|_{\dot{U}_2=0}$$

式中，Y_{11} 是当二端口的输出端口短路时，输入端口处电流与电压的比值，称为输出端口短路时的输入导纳或驱动点导纳；Y_{21} 是当二端口输出端口短路时，输出端口的电流与输入端口电压的比值，称为输出端口短路时的转移导纳。

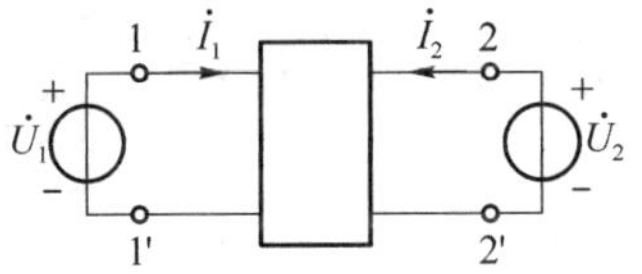

图 11-6　二端口的 Y 参数方程

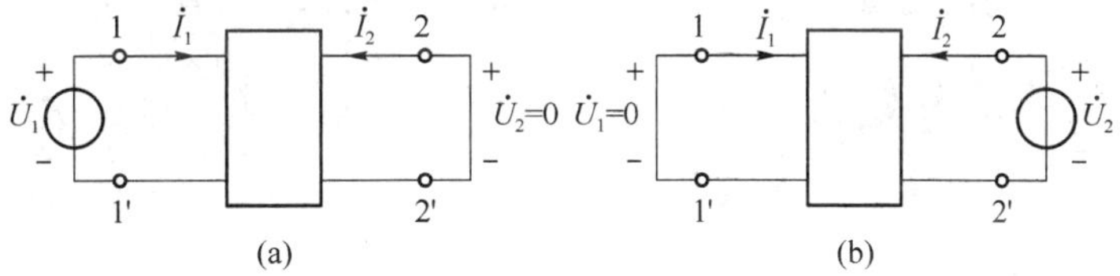

图 11-7　二端口的 Y 参数测定

同理，若令 $\dot{U}_1 = 0$，对应的电路如图 11-7(b)所示，便有

$$Y_{22} = \left.\frac{\dot{I}_2}{\dot{U}_2}\right|_{\dot{U}_1=0}, \quad Y_{12} = \left.\frac{\dot{I}_1}{\dot{U}_2}\right|_{\dot{U}_1=0}$$

式中，Y_{22} 是当二端口输入端口短路时，输出端口的电流与电压的比值，称为输入端口短路时的输出导纳；Y_{12} 是当输入端口短路时，输入端口的电流与输出端口电压的比值，称为输入端口短路时的转移导纳。

由于 Y 参数是在二端口网络入口和出口分别短路情况下得到的，所以 Y 参数也称为短路参数，Y 参数方程也称为短路参数方程。

3. *Y* 参数的计算和测定

Y 参数仅取决于二端口内部结构和参数，与外施激励无关。Y 参数可以通过计算或试验测量得到。

(1) 根据 Y 参数的物理意义由试验方法测得。适用于网络结构和参数未知或网络结构复杂的二端口。

(2) 采用解析法。即根据 Y 参数的物理意义计算求得，或者根据二端口网络的实际结构和参数列出端口方程，并化成标准形式，从而得到 Y 参数。这种方法适用于网络结构和参数已知，且网络结构不复杂的二端口。

例 11-1 求图 11-8(a)所示二端口的 Y 参数。

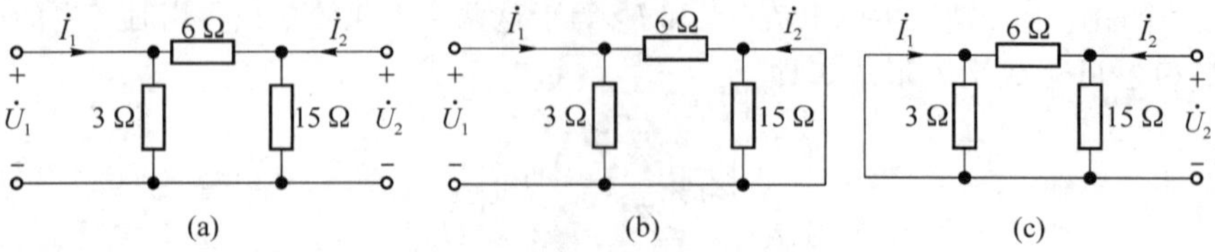

图 11-8 例 11-1 题图

解：解法 1： 根据 Y 参数的物理意义计算得出。

将输出端口短路如图 11-8(b)所示，得

$$Y_{11}=\frac{\dot I_1}{\dot U_1}\bigg|_{\dot U_2=0}=\frac{1}{3}+\frac{1}{6}=\frac{1}{2}\mathrm{S},\ Y_{21}=\frac{\dot I_2}{\dot U_1}\bigg|_{\dot U_2=0}=\frac{\dot I_2}{-6\dot I_2}=-\frac{1}{6}\mathrm{S}$$

将输入端口短路如图 11-8(c)所示，得

$$Y_{12}=\frac{\dot I_1}{\dot U_2}\bigg|_{\dot U_1=0}=\frac{\dot I_1}{-6\dot I_1}=-\frac{1}{6}\mathrm{S},\ Y_{22}=\frac{\dot I_2}{\dot U_2}\bigg|_{\dot U_1=0}=\frac{1}{6}+\frac{1}{15}=\frac{7}{30}\mathrm{S}$$

解法 2： 根据 Y 参数方程得出。

列出端口参数方程并化成标准型。根据电路有

$$\dot I_1=\frac{\dot U_1}{3}+\frac{\dot U_1-\dot U_2}{6}=\left(\frac{1}{3}+\frac{1}{6}\right)\dot U_1-\frac{1}{6}\dot U_2$$

$$\dot I_2=\frac{\dot U_2}{15}+\frac{\dot U_2-\dot U_1}{6}=-\frac{1}{6}\dot U_1+\left(\frac{1}{15}+\frac{1}{6}\right)\dot U_2$$

由端口参数方程得

$$Y_{11}=\frac{1}{2}\mathrm{S},\ Y_{12}=-\frac{1}{6}\mathrm{S},\ Y_{21}=-\frac{1}{6}\mathrm{S},\ Y_{22}=\frac{7}{30}\mathrm{S}$$

4. *Y* 参数的特点

从例 11-1 结果可以看出参数 $Y_{12}=Y_{21}$，这一结果虽然从一道例题得出，却具有一般性。即由线性 R、$L(M)$、C 元件构成的任何无源二端口，$Y_{12}=Y_{21}$ 总是成立的。由此可见，任何一个无源线性二端口，只要 Y_{11}、$Y_{12}=Y_{21}$、Y_{22} 3 个独立参数就足以表征它的性能，而满足 $Y_{12}=Y_{21}$ 条件的二端口也称为互易二端口。

如果一个二端口的 Y 参数，除了 $Y_{12}=Y_{21}$ 外，还有 $Y_{11}=Y_{22}$，则此二端口称为对称二端口。对称二端口的输入端口和输出端口互换位置后与外电路连接，其外部特性将不会有任何变化，因此对称二端口的两个端口在电气特性上对称。对称二端口网络结构和参数均对称。

例 11-2 求图 11-9 所示二端口网络的 Y 参数。

解： $Y_{11}=\dfrac{\dot I_1}{\dot U_1}\bigg|_{\dot U_2=0}=\dfrac{1}{3//6+3}=0.2\ \mathrm{S}$

$$Y_{21}=\frac{\dot{I}_2}{\dot{U}_1}\bigg|_{\dot{U}_2=0}=-0.0667\ \text{S}$$

$Y_{22}=\frac{\dot{I}_2}{\dot{U}_2}\bigg|_{\dot{U}_1=0}=0.2\ \text{S}$，根据互易性有 $Y_{12}=Y_{21}$ 。

可见，结构不对称的二端口，其电气特性也可能是对称的，这样的二端口也是对称二端口。显然，对称二端口的 Y 参数只有 $Y_{11}=Y_{22}$ 和 $Y_{12}=Y_{21}$ 2 个独立参数。

11.2.2　Z 参数(开路参数)和 Z 参数方程

1. Z 参数和 Z 参数方程

取 $\dot{I}_1$、$\dot{I}_2$ 为自变量，$\dot{U}_1$、$\dot{U}_2$ 为函数，列出描述二端口的二元一次方程组称为二端口的 Z 参数方程。即

$$\left.\begin{aligned}\dot{U}_1&=Z_{11}\dot{I}_1+Z_{12}\dot{I}_2\\ \dot{U}_2&=Z_{21}\dot{I}_1+Z_{22}\dot{I}_2\end{aligned}\right\}\tag{11-2}$$

式(11-2)表明，如果在二端口网络的两个端口各施加一电流源 $\dot{I}_1$、$\dot{I}_2$，如图 11-10 所示，根据叠加定理，则在两个端口上分别产生的电压 $\dot{U}_1$ 和 $\dot{U}_2$ 等于这两个电流源单独作用时产生的电压的和。

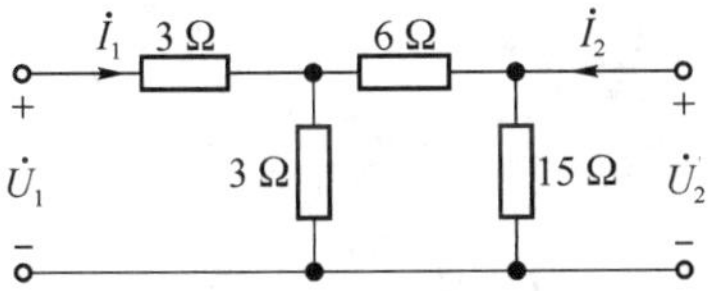

图 11-9　例 11-2 题图

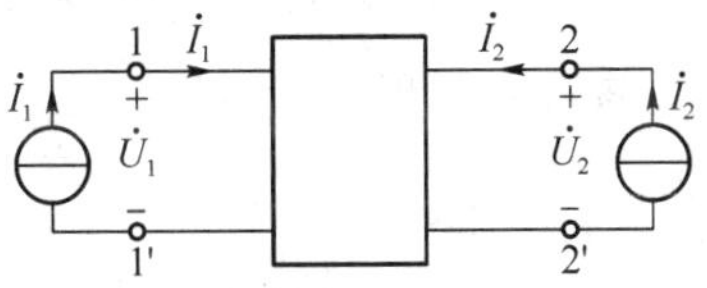

图 11-10　二端口的 Z 参数方程

式(11-2)也可写成矩阵形式。即

$$\begin{pmatrix}\dot{U}_1\\ \dot{U}_2\end{pmatrix}=\begin{pmatrix}Z_{11} & Z_{12}\\ Z_{21} & Z_{22}\end{pmatrix}\begin{pmatrix}\dot{I}_1\\ \dot{I}_2\end{pmatrix}$$

式中，$\boldsymbol{Z}=\begin{pmatrix}Z_{11} & Z_{12}\\ Z_{21} & Z_{22}\end{pmatrix}$ 称为二端口的 Z 参数矩阵，而 Z_{11}、Z_{12}、Z_{21}、Z_{22} 称为二端口的 Z 参数，具有阻抗的性质，单位为欧姆（Ω）。

2. Z 参数的物理意义

在式(11-2)中，若令 $\dot{I}_2=0$，对应的电路如图 11-11(a)所示，便有

$$Z_{11}=\frac{\dot{U}_1}{\dot{I}_1}\bigg|_{\dot{I}_2=0}\qquad Z_{21}=\frac{\dot{U}_2}{\dot{I}_1}\bigg|_{\dot{I}_2=0}$$

式中，Z_{11} 是当二端口的输出端口开路时，输入端口处电压与电流的比值，称为输出端口开路时的输入阻抗或驱动点阻抗；Z_{21} 是当二端口输出端口开路时，输出端口的电压与输入端口电流的比值，称为输出端口开路时的转移阻抗。

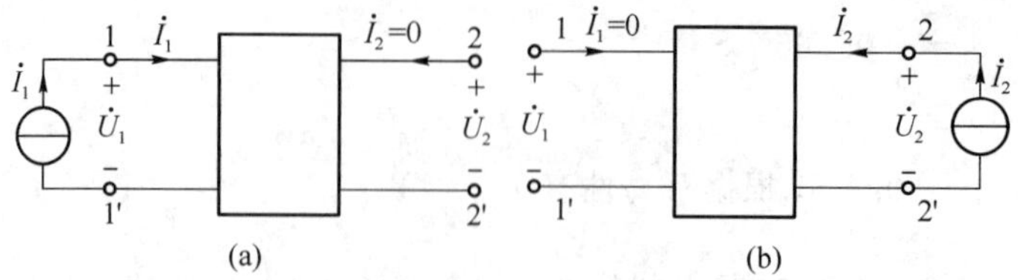

图 11-11　二端口的 Z 参数测定

同理,若令 $\dot I_1=0$,对应的电路如图 11-11(b)所示,便有

$$Z_{22}=\left.\frac{\dot U_2}{\dot I_2}\right|_{\dot I_1=0}\qquad Z_{12}=\left.\frac{\dot U_1}{\dot I_2}\right|_{\dot I_1=0}$$

式中,Z_{22}是当二端口输入端口开路时,输出端口的电压与电流的比值,称为输入端口开路时的输出阻抗;Z_{12}是当输入端口开路时,输入端口的电压与输出端口电流的比值,称为输入端口开路时的转移阻抗。

由于 Z 参数是在二端口网络的入口和出口分别开路情况下得到的,所以 Z 参数称为开路参数,Z 参数方程也称为开路参数方程。

3. Z 参数的计算和测定

同样 Z 参数仅取决于二端口网络内部的结构和参数,与外施激励无关。Z 参数也可以通过计算或试验测量得到,方法与求解 Y 参数的方法相同。

例 11-3　求图 11-12 所示二端口网络的 Z 参数。

解:根据 Z 参数的物理意义计算得出。

将输出端开路有

$$Z_{11}=\left.\frac{\dot U_1}{\dot I_1}\right|_{\dot I_2=0}=Z_a+Z_b\qquad Z_{21}=\left.\frac{\dot U_2}{\dot I_1}\right|_{\dot I_2=0}=Z_b$$

将输入端开路有

$$Z_{12}=\left.\frac{\dot U_1}{\dot I_2}\right|_{\dot I_1=0}=Z_b\qquad Z_{22}=\left.\frac{\dot U_2}{\dot I_2}\right|_{\dot I_1=0}=Z_b+Z_c$$

4. Z 参数的特点

对于互易二端口有 Z_{11}、Z_{12}、Z_{22} 3 个独立的 Z 参数,且有 $Z_{12}=Z_{21}$。对于对称二端口有 2 个独立参数,除了 $Z_{12}=Z_{21}$ 外,还有 $Z_{11}=Z_{22}$。

例 11-4　求图 11-13 所示二端口网络的 Z 参数。

解:列出端口方程

$$\dot U_1=Z_a\dot I_1+Z_b(\dot I_1+\dot I_2)=(Z_a+Z_b)\dot I_1+Z_b\dot I_2$$

$$\dot U_2=Z_c\dot I_2+Z_b(\dot I_1+\dot I_2)+Z'\dot I_1=(Z_b+Z')\dot I_1+(Z_b+Z_c)\dot I_2$$

由此得到 Z 参数矩阵为

$$\boldsymbol{Z}=\begin{pmatrix}Z_a+Z_b & Z_b\\ Z_b+Z' & Z_b+Z_c\end{pmatrix}$$

由例 11-4 可以看出,含有受控源的无源线性二端口,4 个 Z 参数均是独立的。

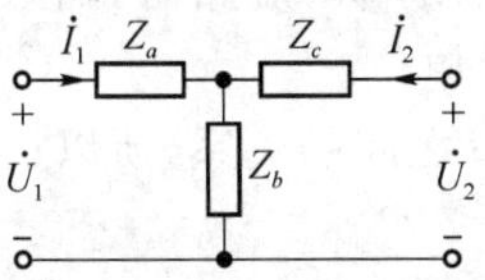

图 11-12　例 11-3 题图

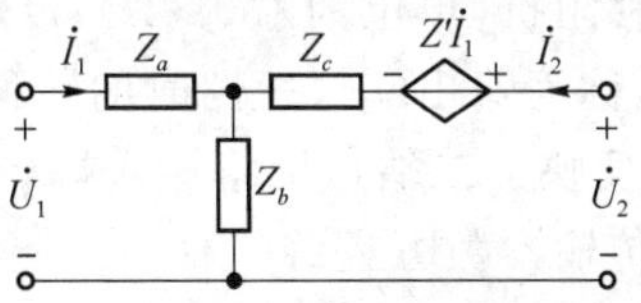

图 11-13　例 11-4 题图

11.2.3　*T* 参数(传输参数)和 *T* 参数方程

在电力传输和通信传输等工程实际问题中，往往希望找到输入端口的电压、电流与输出端口的电压、电流之间的直接关系。例如，放大器或滤波器的负载端电压、电流变化，对电源端电压、电流的影响；能量从变压器的原边传向副边的变化情况等。T 参数方程能够满足放大器、滤波器和变压器等具有传输特性的二端口对端口特性的要求。

1. *T* 参数和 *T* 参数方程

根据工程实际，通常将输出端口视为负载端，而对负载的电压、电流常常采用关联参考方向标示。因此，结合二端口规定的电压、电流方向，取输出端口的电压、电流 $\dot{U}_2$、$(-\dot{I}_2)$ 为自变量，输入端口的电压、电流 $\dot{U}_1$、$\dot{I}_1$ 为函数，列出描述二端口的二元一次方程组称为二端口的 T 参数方程。即

$$\left.\begin{aligned}\dot{U}_1 &= A\dot{U}_2 + B(-\dot{I}_2)\\ \dot{I}_1 &= C\dot{U}_2 + D(-\dot{I}_2)\end{aligned}\right\} \tag{11-3}$$

式(11-3)也可写成矩阵形式。即

$$\begin{pmatrix}\dot{U}_1\\ \dot{I}_1\end{pmatrix} = \begin{pmatrix}A & B\\ C & D\end{pmatrix}\begin{pmatrix}\dot{U}_2\\ -\dot{I}_2\end{pmatrix}$$

式中，$\boldsymbol{T} = \begin{pmatrix}A & B\\ C & D\end{pmatrix}$ 称为二端口的 T 参数矩阵，而 A、B、C、D 称为二端口的 T 参数或 A 参数。

2. *T* 参数的物理意义

在式(11-3)中，若令 $\dot{I}_2 = 0$，即输出端口开路，则有开路参数为

$$A = \frac{\dot{U}_1}{\dot{U}_2}\bigg|_{\dot{I}_2=0} \qquad C = \frac{\dot{I}_1}{\dot{U}_2}\bigg|_{\dot{I}_2=0}$$

式中，A 参数是当二端口的输出端口开路时，输入端口与输出端口的电压比值，是一个无单位的值，称为输出端口开路时的转移电压比；C 参数是当二端口输出端口开路时，输入端口的电流与输出端口电压的比值，称为输出端口开路时的转移导纳，单位为西门子(S)。

同理，若令 $\dot{U}_2 = 0$，即输出端口短路，则有短路参数为

$$B = \frac{\dot{U}_1}{-\dot{I}_2}\bigg|_{\dot{U}_2=0} \qquad D = \frac{\dot{I}_1}{-\dot{I}_2}\bigg|_{\dot{U}_2=0}$$

式中，B 参数是当二端口输出端口短路时，输入端口的电压与输出端口电流的比值，称为输出

端口短路时的转移阻抗，单位为欧姆(Ω)；D 参数是当输出端口短路时，输入端口电流与输出端口电流的比值，称为输出端口短路时的转移电流比，无单位。

由于 T 参数反映了二端口网络输入端口和输出端口之间的关系，所以也称为传输参数，T 参数方程也称为传输参数方程。

3. *T* 参数的计算和测定

同样 T 参数仅取决于二端口内部的结构和参数，与外施激励无关。T 参数仍然可以通过计算或试验测量得到，方法与求解 Y 参数的方法相同。

例 11-5 求图 11-14 所示变压器的 T 参数矩阵。

解：图 11-14 所示变压器的电压、电流方程为

$$\left.\begin{aligned}\dot{U}_1 &= \mathrm{j}\omega L_1\dot{I}_1+\mathrm{j}\omega M\dot{I}_2\\ \dot{U}_2 &= \mathrm{j}\omega M\dot{I}_1+\mathrm{j}\omega L_2\dot{I}_2\end{aligned}\right\}$$

整理得

$$\left.\begin{aligned}\dot{U}_1 &= \frac{L_1}{M}\dot{U}_2+\mathrm{j}\omega\frac{L_1L_2-M^2}{M}(-\dot{I}_2)\\ \dot{I}_1 &= \frac{1}{\mathrm{j}\omega M}\dot{U}_2+\frac{L_2}{M}(-\dot{I}_2)\end{aligned}\right\}$$

所以，T 参数矩阵为

$$\boldsymbol{T}=\begin{pmatrix}\dfrac{L_1}{M} & \mathrm{j}\omega\dfrac{L_1L_2-M^2}{M}\\ \dfrac{1}{\mathrm{j}\omega M} & \dfrac{L_2}{M}\end{pmatrix}$$

例 11-6 求图 11-15 所示二端口网络的 T 参数矩阵。

解：列出图 11-15 所示二端口网络的电路方程为

$$\dot{I}_1=-\dot{I}_2=\frac{\dot{U}_1-\dot{U}_2}{Z}$$

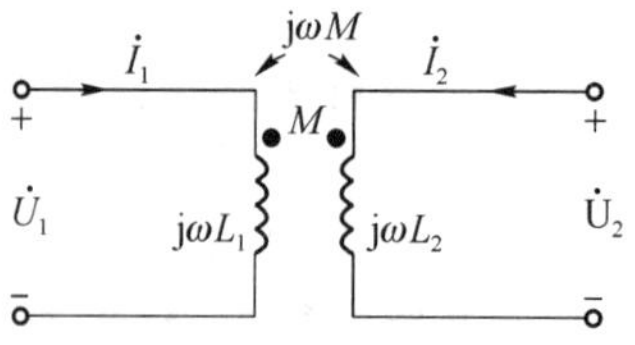

图 11-14 例 11-5 题图

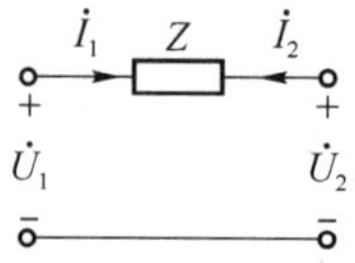

图 11-15 例 11-6 题图

整理得出标准的 T 参数方程为

$$\dot{U}_1=\dot{U}_2+Z(-\dot{I}_2)$$

$$\dot{I}_1=-\dot{I}_2$$

所以，T 参数矩阵为 $\boldsymbol{T}=\begin{pmatrix}1 & Z\\ 0 & 1\end{pmatrix}$

4. *T* 参数的特点

对于互易二端口有 3 个独立的 T 参数，且有 $AD-BC=1$ 。对于对称二端口有 2 个独立的 T 参数，除了满足 $AD-BC=1$ 外，还有 $A=D$ 。

11.2.4　H 参数(混合参数)和 H 参数方程

1. H 参数和 H 参数方程

如果以二端口的输入电流 $\dot{I}_1$ 和输出电压 $\dot{U}_2$ 为自变量,输入电压 $\dot{U}_1$ 和输出电流 $\dot{I}_2$ 为函数,列出描述二端口的二元一次方程组称为二端口的 H 参数方程。即

$$\left.\begin{aligned}\dot{U}_1 &= H_{11}\dot{I}_1 + H_{12}\dot{U}_2\\ \dot{I}_2 &= H_{21}\dot{I}_1 + H_{22}\dot{U}_2\end{aligned}\right\} \tag{11-4}$$

式(11-4)表明,如果在二端口网络的输入端口施加一电流源 $\dot{I}_1$,输出端口施加一电压源 $\dot{U}_2$,如图 11-16 所示。根据叠加定理,则在输入端口产生的电压 $\dot{U}_1$ 和在输出端口产生的电流 $\dot{I}_2$ 等于这两个电源单独作用时产生的响应叠加。

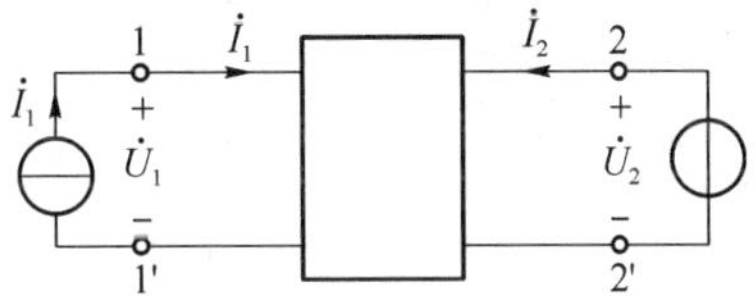

图 11-16　二端口的 H 参数方程

式(11-4)也可写成矩阵形式。即

$$\begin{pmatrix}\dot{U}_1\\ \dot{I}_2\end{pmatrix}=\begin{pmatrix}H_{11} & H_{12}\\ H_{21} & H_{22}\end{pmatrix}\begin{pmatrix}\dot{I}_1\\ \dot{U}_2\end{pmatrix}=\boldsymbol{H}\begin{pmatrix}\dot{I}_1\\ \dot{U}_2\end{pmatrix}$$

式中,$\boldsymbol{H}=\begin{pmatrix}H_{11} & H_{12}\\ H_{21} & H_{22}\end{pmatrix}$ 称为二端口的 H 参数矩阵,而 H_{11}、H_{12}、H_{21}、H_{22} 称为二端口的 H 参数。

2. H 参数的物理意义

在式(11-4)中,若令 $\dot{U}_2=0$,即输出端口短路,则有 H 参数的短路参数为

$$H_{11}=\left.\frac{\dot{U}_1}{\dot{I}_1}\right|_{\dot{U}_2=0},\ H_{21}=\left.\frac{\dot{I}_2}{\dot{I}_1}\right|_{\dot{U}_2=0}$$

式中,H_{11} 参数是当二端口的输出端口短路时,输入端口的入端阻抗,单位为欧姆(Ω);H_{21} 参数是当二端口输出端口短路时,输出端口的电流与输入端口电流的比值,称为输出端口短路时的转移电流比,或称为电流放大倍数,无单位。

同理,若令 $\dot{I}_1=0$,即输入端口开路,则有 H 参数的开路参数为

$$H_{12}=\left.\frac{\dot{U}_1}{\dot{U}_2}\right|_{\dot{I}_1=0},\ H_{22}=\left.\frac{\dot{I}_2}{\dot{U}_2}\right|_{\dot{I}_1=0}$$

式中,H_{12} 是当二端口输入端口开路时,输入端口的电压与输出端口电压的比值,称为输入端口开路时的转移电压比,或者称为电压放大倍数的倒数,无单位;H_{22} 是当输入端口开路时,输出端口的入端导纳,单位为西门子(S)。

由于 H 参数方程的自变量既不来自于同一个端口,又不是同一变量;H 参数中既有阻抗,又有导纳,既有电流比,又有电压比,既有驱动点函数又有转移函数;参数测定时既有短路处理,又有开路处理等,所以 H 参数称为混合参数,H 参数方程也称为混合参数方程。

3. *H* 参数的计算和测定

同样 H 参数仅取决于二端口内部的结构和参数，与外施激励无关。H 参数仍然可以通过计算或试验测量得到，方法与求解 Y 参数的方法相同。

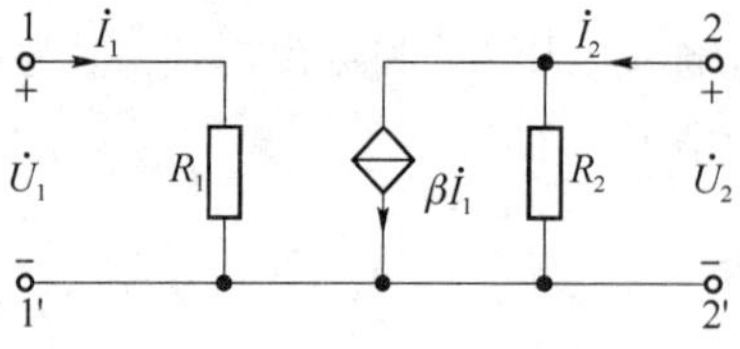

图 11-17　例 11-7 题图

例 11-7　图 11-17 为晶体管在小信号工作条件下的等效电路，它是一个二端口，求此二端口的 H 参数。

解：图 11-17 是含有受控源的二端口，根据电路可得输入端口和输出端口的电路方程为

$$\left.\begin{aligned}\dot{U}_1 &= R_1\dot{I}_1\\ \dot{U}_2 &= R_2(\dot{I}_2-\beta\dot{I}_1)\end{aligned}\right\}$$

整理得

$$\left.\begin{aligned}\dot{U}_1 &= R_1\dot{I}_1\\ \dot{I}_2 &= \beta\dot{I}_1+\frac{\dot{U}_2}{R_2}\end{aligned}\right\}$$

所以

$$\boldsymbol{H}=\begin{pmatrix}R_1 & 0\\ \beta & \dfrac{1}{R_2}\end{pmatrix}$$

由此可见，晶体管在小信号工作条件下的输入电阻为 R_1，输出电导为 $\dfrac{1}{R_2}$，电流放大倍数为 β，电压放大倍数的倒数为 0。

4. *H* 参数的特点

对于互易二端口，H 参数有 $H_{12}=-H_{21}$。对于对称二端口，H 参数将满足 $H_{11}H_{22}-H_{12}H_{21}=1$。

11.2.5　二端口网络各参数间的关系

线性二端口网络可以用本节介绍的各种参数来描述其端口特性，同一个二端口网络，其 Y 参数、Z 参数、T 参数和 H 参数之间是可以相互转换的。参数间的换算关系如表 11-1 所示。

表 11-1　二端口各参数间的关系

	Y 参数	Z 参数	T 参数	H 参数	互易性
Y 参数	$\begin{pmatrix}Y_{11} & Y_{12}\\ Y_{21} & Y_{22}\end{pmatrix}$	$\begin{matrix}\frac{Z_{22}}{\Delta_Z} & -\frac{Z_{12}}{\Delta_Z}\\ -\frac{Z_{21}}{\Delta_Z} & \frac{Z_{11}}{\Delta_Z}\end{matrix}$	$\begin{matrix}\frac{D}{B} & -\frac{\Delta_T}{B}\\ -\frac{1}{B} & \frac{A}{B}\end{matrix}$	$\begin{matrix}\frac{1}{H_{11}} & -\frac{H_{12}}{H_{11}}\\ \frac{H_{21}}{H_{11}} & \frac{\Delta_H}{H_{11}}\end{matrix}$	$Y_{12}=Y_{21}$
Z 参数	$\begin{matrix}\frac{Y_{22}}{\Delta_Y} & -\frac{Y_{12}}{\Delta_Y}\\ -\frac{Y_{21}}{\Delta_Y} & \frac{Y_{11}}{\Delta_Y}\end{matrix}$	$\begin{matrix}Z_{11} & Z_{12}\\ Z_{21} & Z_{22}\end{matrix}$	$\begin{matrix}\frac{A}{C} & \frac{\Delta_T}{C}\\ \frac{1}{C} & \frac{D}{C}\end{matrix}$	$\begin{matrix}\frac{\Delta_H}{H_{22}} & \frac{H_{12}}{H_{22}}\\ -\frac{H_{21}}{H_{22}} & \frac{1}{H_{22}}\end{matrix}$	$Z_{12}=Z_{21}$

续表

	Y 参数	Z 参数	T 参数	H 参数	互易性
T 参数	$-\frac{Y_{22}}{Y_{21}}$　$-\frac{1}{Y_{21}}$ $-\frac{\Delta_Y}{Y_{21}}$　$-\frac{Y_{11}}{Y_{21}}$	$\frac{Z_{11}}{Z_{21}}$　$\frac{\Delta_Z}{Z_{21}}$ $\frac{1}{Z_{21}}$　$\frac{Z_{22}}{Z_{21}}$	A　B C　D	$-\frac{\Delta_H}{H_{21}}$　$-\frac{H_{11}}{H_{21}}$ $-\frac{H_{22}}{H_{21}}$　$-\frac{1}{H_{21}}$	$AD-BC=1$
H 参数	$\frac{1}{Y_{11}}$　$-\frac{Y_{12}}{Y_{11}}$ $\frac{Y_{21}}{Y_{11}}$　$\frac{\Delta_Y}{Y_{11}}$	$\frac{\Delta_Z}{Z_{22}}$　$\frac{Z_{12}}{Z_{22}}$ $-\frac{Z_{21}}{Z_{22}}$　$\frac{1}{Z_{22}}$	$\frac{B}{D}$　$\frac{\Delta_T}{D}$ $-\frac{1}{D}$　$\frac{C}{D}$	H_{11}　H_{12} H_{21}　H_{22}	$H_{12}=-H_{21}$

表 11-1 中，$\Delta_Z=\begin{vmatrix} Z_{11} & Z_{12} \\ Z_{21} & Z_{22} \end{vmatrix}$，$\Delta_Y=\begin{vmatrix} Y_{11} & Y_{12} \\ Y_{21} & Y_{22} \end{vmatrix}$，$\Delta_T=\begin{vmatrix} A & B \\ C & D \end{vmatrix}$，$\Delta_H=\begin{vmatrix} H_{11} & H_{12} \\ H_{21} & H_{22} \end{vmatrix}$

在分析二端口网络时，视不同情况采用合适的参数可以简化分析。在一般的电路分析中，通常采用 Y 参数和 Z 参数；在电力系统或通信传输以及二端口连接电路中，常采用 T 参数；而在对晶体管电路进行分析时，常采用 H 参数。

从前面的分析也可以看出，并非任何一个二端口都具有上述介绍的各种参数。有些二端口可能只具有其中的几种。例如，图 11-18 所示的几个二端口，其中图 11-18(a)电路的 Z 参数不存在；图 11-18(b)电路的 Y 参数不存在；图 11-18(c)电路的 Z、Y 参数都不存在。

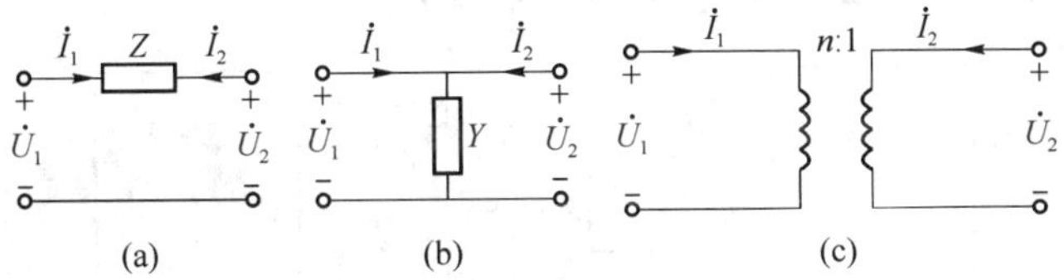

图 11-18　几种特殊的二端口

例 11-8　求如图 11-18(a)所示二端口网络的 Z 参数和 Y 参数。

解：由图 11-18(a)可得电路方程为　$\dot{I}_1=-\dot{I}_2=\frac{\dot{U}_1-\dot{U}_2}{Z}$

化成标准型有

$$\left.\begin{aligned}\dot{I}_1&=\frac{1}{Z}\dot{U}_1+\frac{-1}{Z}\dot{U}_2\\ \dot{I}_2&=\frac{-1}{Z}\dot{U}_1+\frac{1}{Z}\dot{U}_2\end{aligned}\right\}$$

所以

$$\boldsymbol{Y}=\begin{pmatrix}\frac{1}{Z} & -\frac{1}{Z}\\ -\frac{1}{Z} & \frac{1}{Z}\end{pmatrix}$$

由于 $Y_{11}Y_{22}=Y_{12}Y_{21}$，所以矩阵 $\boldsymbol{Z}$ 不存在。

例 11-9　求如图 11-18(b)所示二端口的 Y、Z、T、H 参数。

解：这是一个对称电路，因此有

$$Z_{11}=Z_{22}=\left.\frac{\dot{U}_1}{\dot{I}_1}\right|_{\dot{I}_2=0}=\frac{1}{Y},\ Z_{21}=Z_{12}=\left.\frac{\dot{U}_2}{\dot{I}_1}\right|_{\dot{I}_2=0}=\frac{1}{Y}$$

所以
$$Z=\begin{pmatrix}\frac{1}{Y} & \frac{1}{Y}\\ \frac{1}{Y} & \frac{1}{Y}\end{pmatrix}$$

由于 $\Delta_Z=0$，所以，Y 参数不存在。

由表 11-1 可得出 $$\boldsymbol{T}=\begin{pmatrix}1 & 0\\ Y & 1\end{pmatrix},\ \boldsymbol{H}=\begin{pmatrix}0 & 1\\ -1 & Y\end{pmatrix}$$

11.2.6 具有端接的二端口网络分析

如图 11-19 所示电路是具有端接的二端口网络，该二端口内部结构不详，但端口参数已知，若要给出端接电路的结构和相应参数，就可以对电路进行分析。具体步骤如下。

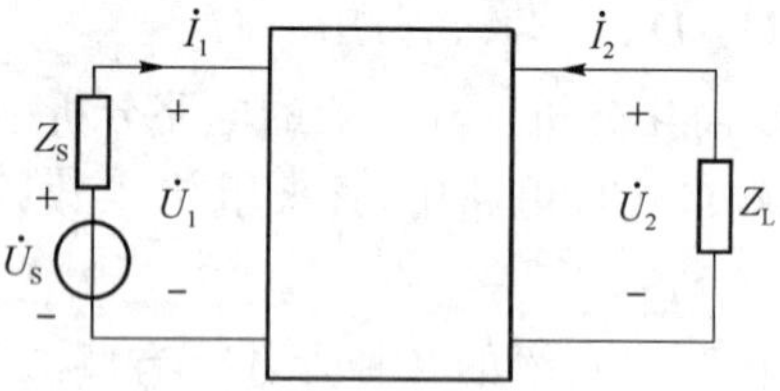

图 11-19 具有端接的二端口网络

(1) 利用已知的二端口参数，写出端口方程；

(2) 写出端接支路方程；

(3) 求解电路。

例 11-10 如图 11-20(a)所示电路，已知 $U_S=8$ V，$R_S=1\ \Omega$，$R_L=0.5\ \Omega$，二端口的 Z 参数为：$\boldsymbol{Z}=\begin{pmatrix}1 & -2\\ 1 & 1\end{pmatrix}$。求(1)端口电压 U_1、U_2 和端口电流 I_1、I_2；(2)当 R_L 为何值时，R_L 上获得最大功率，并求最大功率。

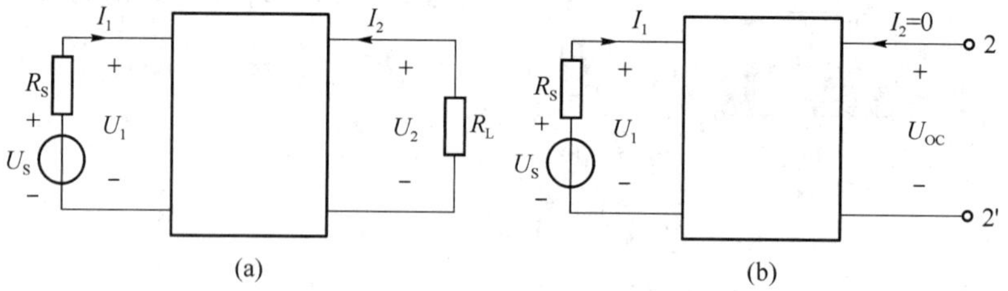

图 11-20 例 11-10 题图

解：由 Z 参数得二端口的端口方程为

$$\left.\begin{aligned}U_1&=I_1-2I_2\\ U_2&=I_1+I_2\end{aligned}\right\}\qquad ①$$

根据图 11-20(a)写出端接支路方程为

$$\left.\begin{aligned}U_1&=U_S-R_SI_1=8-I_1\\ U_2&=-R_LI_2=-0.5I_2\end{aligned}\right\}\qquad ②$$

(1) 将①和②方程组联立，解得

$$\left.\begin{aligned}U_1&=5.6\\ U_2&=0.8\end{aligned}\right\}\qquad \left.\begin{aligned}I_1&=2.4\\ I_2&=-1.6\end{aligned}\right\}$$

(2) 将输出端口与外电路断开如图 11-20(b)所示，求从 2-2′端看进去的戴维宁等效电路参数。

令 $I_2=0$，则端接支路方程组为

$$\left.\begin{aligned} U_1 &= U_S - R_S I_1 = 8 - I_1 \\ I_2 &= 0 \end{aligned}\right\} \quad ③$$

将①和③方程组联立，解得　　$U_2 = U_{OC} = 4\ \text{V}$

令 $U_2 = 0$，则端接支路方程组为

$$\left.\begin{aligned} U_1 &= U_S - R_S I_1 = 8 - I_1 \\ U_2 &= 0 \end{aligned}\right\} \quad ④$$

将①和④方程组联立，解得　　$I_2 = I_{SC} = -2\ \text{A}$

因此，戴维宁等效电阻为　　$R_{eq} = \dfrac{U_{OC}}{I_{SC}} = 2\ \Omega$

所以，当 $R_L = 2\ \Omega$ 时，R_L 上可以获得最大功率，最大功率为

$$P_{Lmax} = \frac{U_{OC}^2}{4R_{eq}} = 2\ \text{W}$$

11.3　二端口的等效电路

任何复杂的无源线性一端口可以用一个等效阻抗表征它的外部特性。同理一个内部电路较复杂的二端口也可以用一个简化的二端口来表征它的两个端口特性，只要简化的二端口的端口特性与原二端口的端口特性相同，则这个简化的二端口称为原二端口的等效电路或者称为等效二端口。

11.3.1　互易二端口的等效电路

描述互易二端口的每一组参数中只有 3 个参数是独立的，因此，由这 3 个参数构成的最简单的二端口只有两种形式，即如图 11-21(a)所示的 T 形等效电路和如图 11-21(b)所示的 Π 形等效电路。

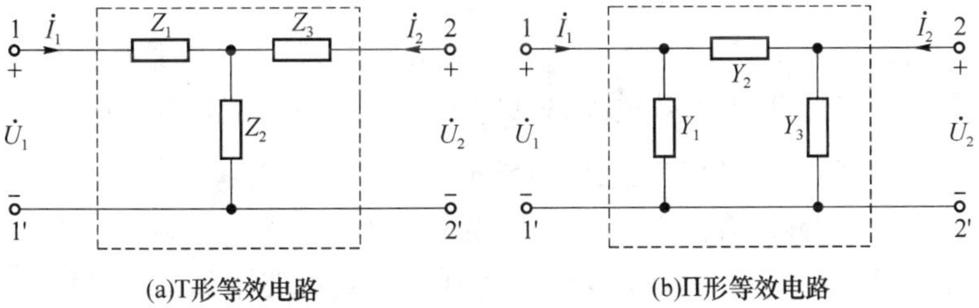

图 11-21　互易二端口的等效电路

对于给定的二端口，要确定 T 形等效电路或 Π 形等效电路的参数，只需将等效二端口的参数等于给定的二端口对应的参数，就可确定等效二端口网络中各阻抗(或导纳)的数值。

1. T 形等效电路的确定

如果给定二端口的 Z 参数，宜选用 T 形等效电路[图 11-21(a)]作为该二端口的等效电路。等效电路中的阻抗 Z_1、Z_2 和 Z_3，可以按照下列方法求得。

T 形等效电路的 Z 参数为

$$Z'_{11}=\frac{\dot{U}_1}{\dot{I}_1}\bigg|_{\dot{I}_2=0}=Z_1+Z_2,\ Z'_{12}=Z'_{21}=\frac{\dot{U}_2}{\dot{I}_1}\bigg|_{\dot{I}_2=0}=Z_2,\ Z'_{22}=\frac{\dot{U}_2}{\dot{I}_2}\bigg|_{\dot{I}_1=0}=Z_2+Z_3$$

T 形等效电路的 Z 参数与给定二端口的 Z 参数相等，因此有

$$Z'_{11}=Z_1+Z_2=Z_{11}\quad Z'_{12}=Z_2=Z_{12}\quad Z'_{22}=Z_2+Z_3=Z_{22}$$

由此求得 T 形等效电路的三个阻抗为

$$Z_1=Z_{11}-Z_{12}\quad Z_2=Z_{12}\quad Z_3=Z_{22}-Z_{12}\tag{11-5}$$

例 11-11 已知二端口网络的 Z 参数为 $\boldsymbol{Z}=\begin{pmatrix}5 & 2\\2 & 6\end{pmatrix}$，求其等效电路。

解：由于 $Z_{12}=Z_{21}$，可以确定是互易二端口，如图 11-21(a)所示的 T 形等效电路的参数为

$$Z_1=Z_{11}-Z_{12}=3\,\Omega\quad Z_2=Z_{12}=2\,\Omega\quad Z_3=Z_{22}-Z_{12}=4\,\Omega$$

2. Ⅱ形等效电路的确定

如果给定二端口的 Y 参数，宜选用Ⅱ形等效电路[图 11-21(b)]作为该二端口的等效电路。等效电路中的导纳 Y_1、Y_2 和 Y_3，可以按照与 T 形等效电路相似的方法求得。即

$$Y_1=Y_{11}+Y_{12}\quad Y_2=-Y_{12}=-Y_{21}\quad Y_3=Y_{22}+Y_{12}\tag{11-6}$$

例 11-12 已知给定二端口的 Y 参数为 $\boldsymbol{Y}=\begin{pmatrix}5 & -2\\-2 & 3\end{pmatrix}$，绘出该二端口等效电路。

解：由矩阵可知 $Y_{12}=Y_{21}$，说明二端口是互易的，可用Ⅱ形等效电路作为其等效电路，电路如图 11-21(b)所示。其中

$$Y_1=Y_{11}+Y_{12}=3\text{S}\quad Y_2=-Y_{12}=2\text{S}\quad Y_3=Y_{22}+Y_{12}=1\text{S}$$

如果给定二端口的其他参数，可根据表 11-1，将其他参数变换成 Z 参数或 Y 参数，然后由式(11-5)或式(11-6)求得 T 形等效电路或Ⅱ形等效电路的参数值。

对于对称二端口，由于 $Z_{11}=Z_{22}$，$Y_{11}=Y_{22}$，所以它的 T 形等效电路或Ⅱ形等效电路也一定是对称的，这时应有 $Z_1=Z_3$，$Y_1=Y_3$。

11.3.2 含有受控源二端口的等效电路

如果二端口内部含有受控源，则不满足互易性，二端口的 4 个参数都是相互独立的。其等效电路是在互易二端口的 T 形等效电路图 11-21(a)基础上，在输出端口再串联一个电压为 $(Z_{21}-Z_{12})\dot{I}_1$ 的受控电压源，如图 11-22(a)所示。

同理，可得含有受控源的Ⅱ形等效电路，如图 11-22(b)所示。可见，含有受控源二端口的等效电路可以在互易二端口的 T 形等效电路或Ⅱ形等效电路中添加一个受控源就可以计及这种情况。

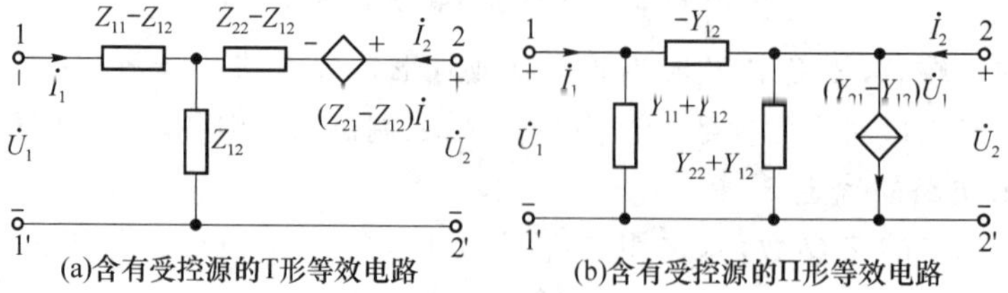

图 11-22 含有受控源二端口的等效电路

例 11-13　已知二端口的 Z 参数为 $\boldsymbol{Z}=\begin{pmatrix}3 & 1\\ 3 & 5\end{pmatrix}$，求其等效电路。

解：由矩阵可知，$Z_{12}\neq Z_{21}$，可以断定该二端口含有受控源。因此，若采用图 11-22(a)的等效电路，带入相应数据，可得等效参数和等效电路如图 11-23 所示。

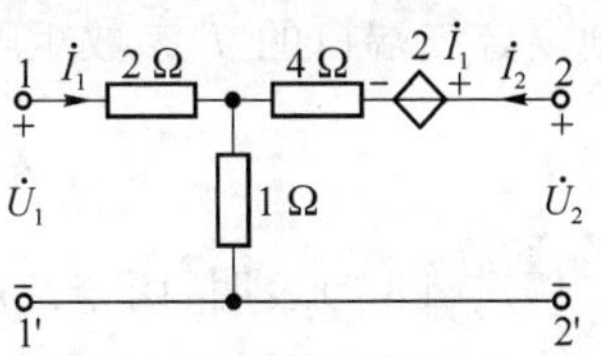

图 11-23　例 11-13 图

11.4　二端口的连接

在分析和设计电路时，常将若干个二端口连接起来，构成一个复杂网络来实现某种特性，或者将一个复杂的网络视为由若干个简单二端口按某种方式连接而成，使电路分析得到简化。所以，研究二端口的连接问题具有重要意义。

二端口的连接方式有：串联、并联、串-并联、并-串联和级联。这里主要介绍串联、并联和级联三种连接方式，如图 11-24 所示。由两个或两个以上的二端口通过一定连接方式连接后形成的二端口称为复合二端口。研究二端口连接问题，主要是研究复合二端口参数与原来各二端口参数之间的关系，这种参数关系也可以推广到多个二端口的连接中去。

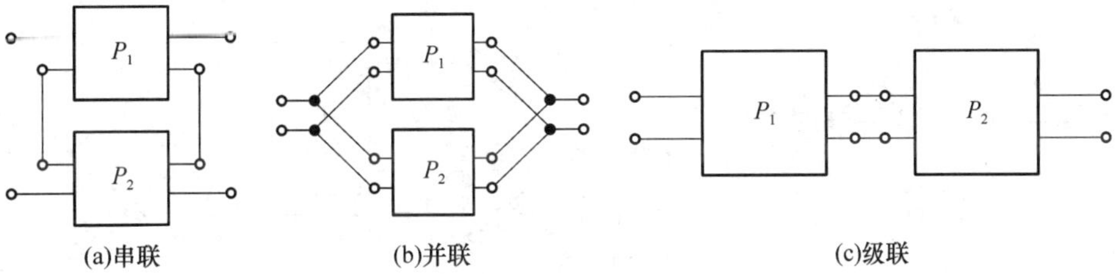

图 11-24　二端口的连接

11.4.1　二端口的级联

将一个二端口的输出端口与另一个二端口的输入端口连接在一起，形成一个复合二端口，这种连接方式称为二端口的级联，也称为链联，如图 11-25 所示。

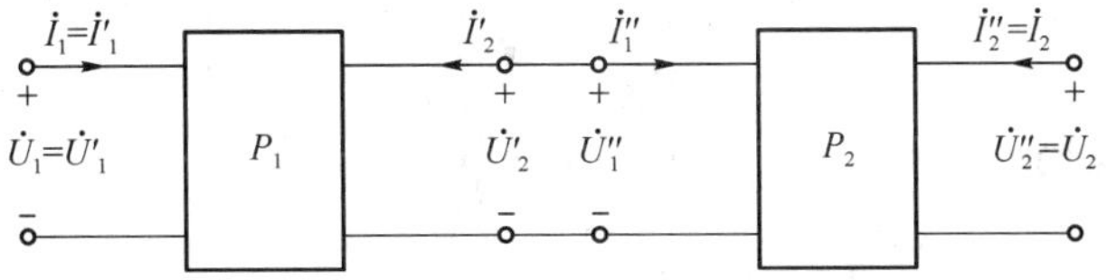

图 11-25　二端口的级联

分析级联二端口网络采用传输参数比较方便。在图 11-25 中，设给定级联的二端口 P_1 和 P_2 的 T 参数矩阵分别为

$$\boldsymbol{T}'=\begin{pmatrix}A' & B'\\ C' & D'\end{pmatrix}\quad \boldsymbol{T}''=\begin{pmatrix}A'' & B''\\ C'' & D''\end{pmatrix}$$

则复合二端口的 T 参数矩阵 $\boldsymbol{T}$ 为 $\boldsymbol{T}=\boldsymbol{T}'\boldsymbol{T}''$ (11-7)

即
$$\boldsymbol{T}=\begin{pmatrix}A'A''+B'C'' & A'B''+B'D''\\ C'A''+D'C'' & C'B''+D'D''\end{pmatrix}$$

式(11-7)表明,两个二端口级联后形成的复合二端口的传输参数矩阵等于该两个二端口传输参数矩阵的矩阵乘积。级联时各二端口的端口条件不会被破坏,所以式(11-7)总成立。

例 11-14 求图 11-26 所示二端口的 T 参数矩阵。

解:图 11-26 所示二端口可看成是 3 个二端口(T_1,T_2,T_3)的级联。每个二端口的 T 参数矩阵分别为

$$\boldsymbol{T}_1=\begin{pmatrix}1 & 2\,\Omega\\ 0 & 1\end{pmatrix}\quad \boldsymbol{T}_2=\begin{pmatrix}1 & 0\\ 1\text{S} & 1\end{pmatrix}\quad \boldsymbol{T}_3=\begin{pmatrix}1 & 2\,\Omega\\ 0 & 1\end{pmatrix}$$

由此可求得图 11-26 电路的 T 参数矩阵为

$$\boldsymbol{T}=\boldsymbol{T}_1\boldsymbol{T}_2\boldsymbol{T}_3=\begin{pmatrix}1 & 2\\ 0 & 1\end{pmatrix}\begin{pmatrix}1 & 0\\ 1 & 1\end{pmatrix}\begin{pmatrix}1 & 2\\ 0 & 1\end{pmatrix}=\begin{pmatrix}3 & 2\\ 1 & 1\end{pmatrix}\begin{pmatrix}1 & 2\\ 0 & 1\end{pmatrix}=\begin{pmatrix}3 & 8\,\Omega\\ 1\text{S} & 3\end{pmatrix}$$

11.4.2 二端口的并联

将两个二端口的输入端口和输出端口分别并联,形成一个复合二端口,这种连接方式称为二端口的并联,并联电路如图 11-27 所示。

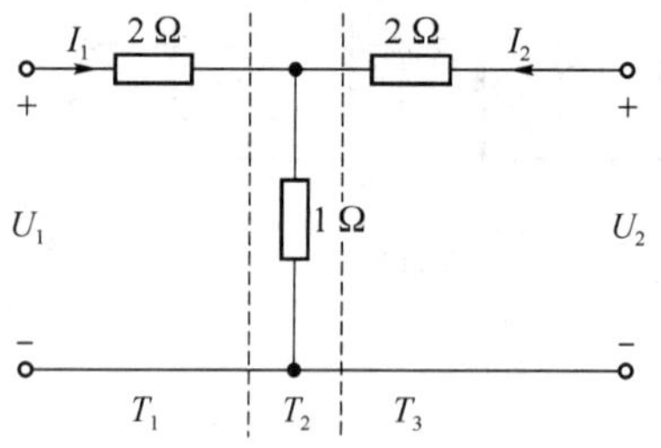

图 11-26 例 11-14 题图

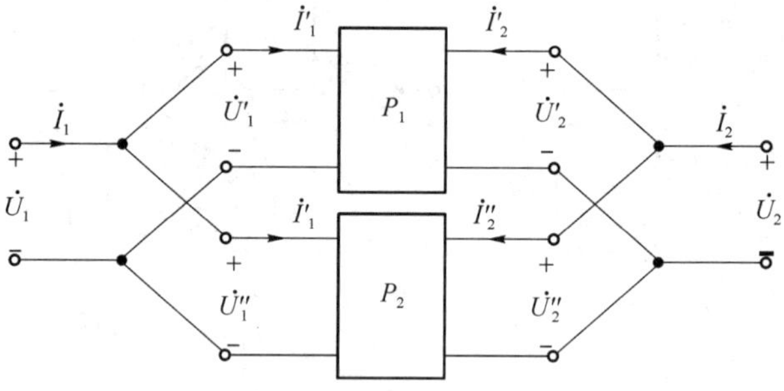

图 11-27 二端口的并联

分析并联二端口网络采用 Y 参数比较方便。两个二端口并联的复合二端口网络如图 11-27 所示,设给定并联的二端口 P_1 和 P_2 的 Y 参数矩阵分别为

$$\boldsymbol{Y}'=\begin{pmatrix}Y'_{11} & Y'_{12}\\ Y'_{21} & Y'_{22}\end{pmatrix}\quad \boldsymbol{Y}''=\begin{pmatrix}Y''_{11} & Y''_{12}\\ Y''_{21} & Y''_{22}\end{pmatrix}$$

则复合二端口的 Y 参数矩阵 $\boldsymbol{Y}$ 为 $\boldsymbol{Y}=\boldsymbol{Y}'+\boldsymbol{Y}''$ (11-8)

即
$$\boldsymbol{Y}=\begin{pmatrix}Y'_{11}+Y''_{11} & Y'_{12}+Y''_{12}\\ Y_{21}{}'+Y''_{21} & Y'_{22}+Y''_{22}\end{pmatrix}$$

式(11-8)表明,两个二端口并联后形成的复合二端口的 Y 参数矩阵等于并联的两个二端口 Y 参数矩阵的和。

值得注意的是,式(11-8)成立是有条件的,即两个二端口进行连接后,每个二端口的端口条件不能被破坏。例如,将图 11-28(a)和图 11-28(b)两个二端口并联形成图 11-28(c)所示的复合二端口。当在复合二端口的两端分别加上电压为 2 V 和 1 V 的电压源时,各支路产生的

电流如图 11-28(c)所示。可见，并联后二端口 P_1 的 1 端子上流入的电流为 1 A，1′端子上流出的电流为 0，端口条件不再满足；并联后二端口 P_2 也不满足端口条件。P_1 和 P_2 的端口条件均被破坏。并联后的复合二端口 Y 参数矩阵 $\boldsymbol{Y}$、二端口 P_1 的 Y 参数矩阵 $\boldsymbol{Y}'$ 和二端口 P_2 的 Y 参数矩阵 $\boldsymbol{Y}''$ 如下。

$$\boldsymbol{Y}=\begin{pmatrix}2 & -2\\ -2 & 2\end{pmatrix}\quad \boldsymbol{Y}'=\begin{pmatrix}\frac{1}{2} & -\frac{1}{2}\\ -\frac{1}{2} & \frac{1}{2}\end{pmatrix}\quad \boldsymbol{Y}''=\begin{pmatrix}1 & -1\\ -1 & 1\end{pmatrix}$$

可见，$\boldsymbol{Y}\neq\boldsymbol{Y}'+\boldsymbol{Y}''$。

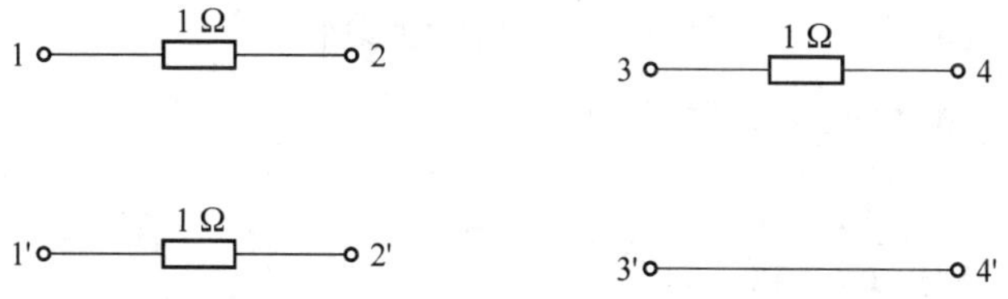

(a)二端口P_1　　(b)二端口P_2

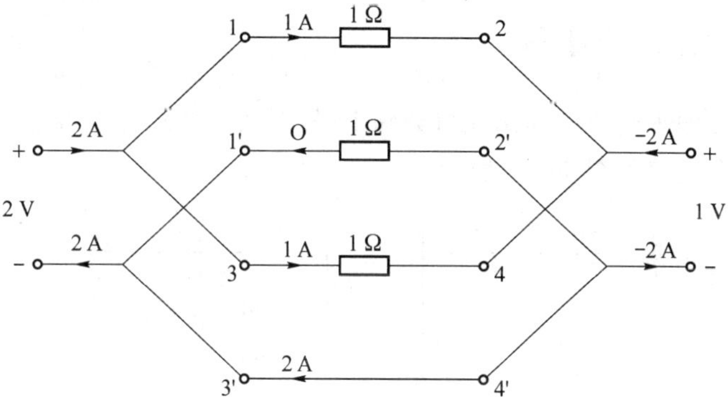

(c)并联复合二端口

图 11-28　二端口的并联

但是，对于输入端口与输出端口具有公共端的两个二端口(三端网络形成的二端口)，将公共端并联在一起将不会破坏端口条件，如图 11-29 所示，式(11-8)成立。

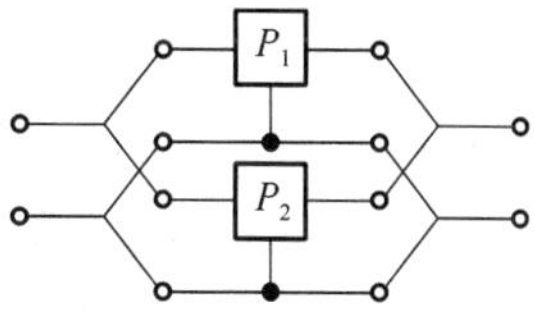

图 11-29　三端网络形成的二端口

例 11-15　求图 11-30(a)所示二端口的 Y 参数。

解：图 11-30(a)所示电路，可以看成是图 11-30(b)中 P_1 和 P_2 两个二端口的并联复合二端口，而且二端口 P_1 和二端口 P_2 具有公共端。因此，这种并联是有效并联，满足式(11-8)。容易求出

$$\boldsymbol{Y}'=\begin{pmatrix}\frac{R_2+R_3}{\Delta} & -\frac{R_2}{\Delta}\\ -\frac{R_2}{\Delta} & \frac{R_1+R_2}{\Delta}\end{pmatrix}\quad \boldsymbol{Y}''=\begin{pmatrix}\frac{1}{R_4} & -\frac{1}{R_4}\\ -\frac{1}{R_4} & \frac{1}{R_4}\end{pmatrix}$$

式中，$\Delta=R_1R_2+R_2R_3+R_3R_1$

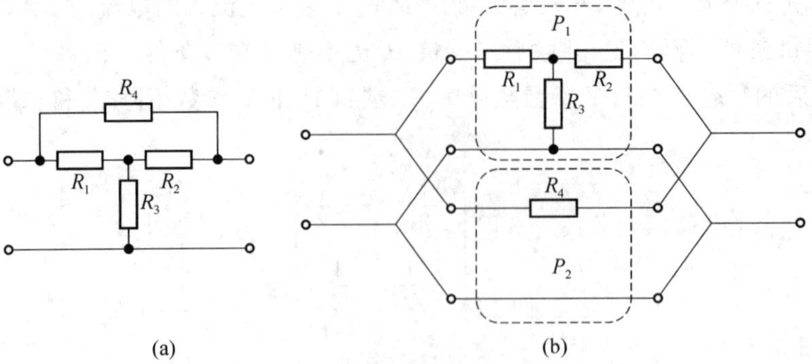

图 11-30　例 11-15 题图

因此，图 11-30(a)所示电路的 Y 参数矩阵为

$$\boldsymbol{Y}=\boldsymbol{Y}'+\boldsymbol{Y}''=\begin{pmatrix}\frac{1}{R_4}+\frac{R_2+R_3}{\Delta} & -\frac{1}{R_4}-\frac{R_2}{\Delta}\\ -\frac{1}{R_4}-\frac{R_2}{\Delta} & \frac{1}{R_4}+\frac{R_1+R_2}{\Delta}\end{pmatrix}$$

11.4.3　二端口的串联

将两个二端口的输入端口和输出端口分别串联，形成一个复合二端口，这种连接方式称为二端口的串联。串联电路如图 11-31 所示。

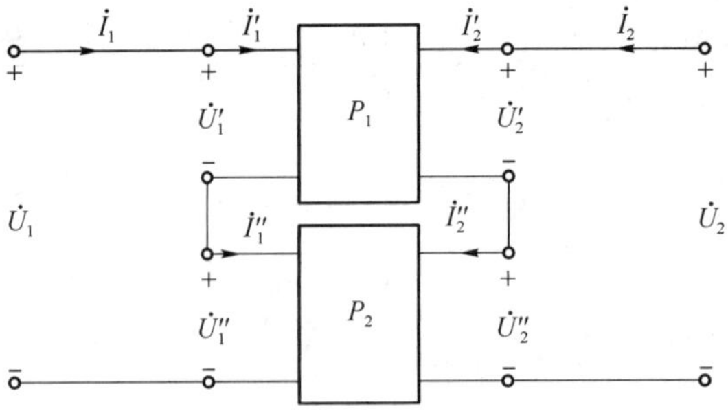

图 11-31　二端口的串联

分析串联二端口网络采用 Z 参数比较方便。两个二端口串联的复合二端口网络如图 11-31所示，设给定并联的二端口 P_1 和 P_2 的 Z 参数矩阵分别为

$$\boldsymbol{Z}'=\begin{pmatrix}Z'_{11} & Z'_{12}\\ Z'_{21} & Z'_{22}\end{pmatrix}\quad \boldsymbol{Z}'=\begin{pmatrix}Z''_{11} & Z''_{12}\\ Z''_{21} & Z''_{22}\end{pmatrix}$$

则复合二端口的 Z 参数矩阵 $\boldsymbol{Z}$ 为　　$\boldsymbol{Z}=\boldsymbol{Z}'+\boldsymbol{Z}''$　　(11-9)

即

$$\boldsymbol{Z}=\begin{pmatrix}Z'_{11}+Z''_{11} & Z'_{12}+Z''_{12}\\ Z'_{21}+Y''_{21} & Z'_{22}+Z''_{22}\end{pmatrix}$$

式(11-9)表明，两个二端口串联后形成的复合二端口的 Z 参数矩阵等于串联的两个二端口 Z 参数矩阵的和。同样，式(11-9)成立的条件是：两个二端口进行连接后，每个二端口的端口条件不被破坏。

本章小结

二端口网络的伏安关系可以用端口电压和端口电流来表征，不涉及网络内部电路的工作状况。表征二端口网络的方程和参数常用的有 4 种，即 Z、Y、T、H 方程和参数。这 4 种参数和方程有各自的物理意义和特点，它们之间也可以相互转换，具体见表 11-1。

二端口网络的等效电路有 T 形和Π形两种。如果二端口有 3 个独立的参数，则此二端口不含受控源，否则含有受控源。T 形等效电路常用 Z 参数表示。Π形等效电路常用 Y 参数表示。

二端口的常用连接方式有串联、并联和级联。串联时，复合二端口的 Z 参数矩阵等于串联的两个二端口 Z 参数矩阵的和；并联时，复合二端口的 Y 参数矩阵等于并联的两个二端口 Y 参数矩阵的和；级联时，复合二端口的传输参数矩阵等于该两个二端口传输参数矩阵的矩阵乘积。级联时端口条件不易破坏，而串联和并联时要注意端口条件是否被破坏。

本章内容延展与工程应用实例

工程应用示例

1. LC 阶梯网络综合

阶梯网络在实际电路中经常出现，二端口网络参数即可用于阶梯网络的综合(或设计)，特别是在无源低通滤波器的设计中更为实用。滤波的阶数是指描述该滤波器的特征方程的阶数，并且由不能合并的电抗元件的数目决定(即不能通过串联、并联合并的元件)。图 11-32(a)给出了一个包含奇数个元件的 LC 阶梯网络(即奇次滤波器)，而图 11-32(b)给出的则是一个包含偶数个元件的 LC 阶梯网络(即偶次滤波器)。

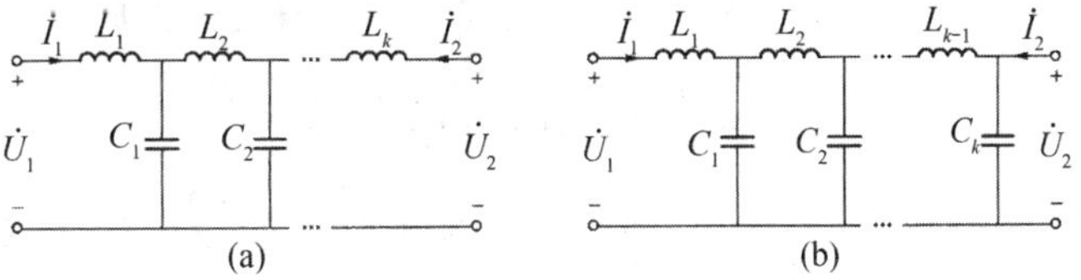

图 11-32　LC 阶梯网络

无论哪种网络，如果其终端负载阻抗为 Z_L，源阻抗为 $Z_S=0$，即可得到如图 11-33 所示的电路结构。

为了设计 LC 阶梯网络，目的是综合出 LC 阶梯网络的传递函数。首先利用导纳参数描述阶梯网络，即

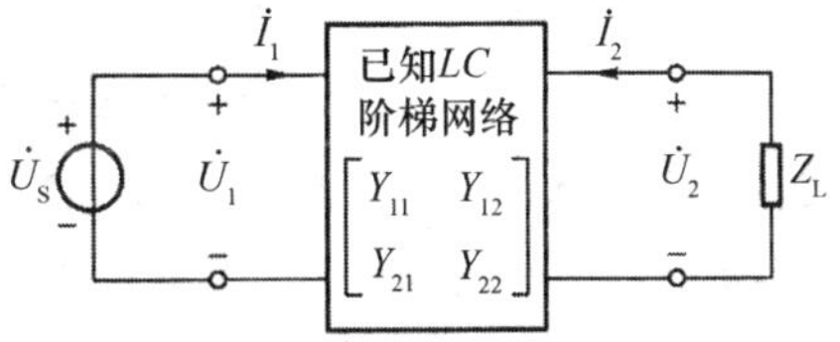

图 11-33　LC 阶梯网络与电源、负载连接

$$\dot{I}_1=Y_{11}\dot{U}_1+Y_{12}\dot{U}_2 \tag{11-10a}$$

$$\dot{I}_2=Y_{21}\dot{U}_1+Y_{22}\dot{U}_2 \tag{11-10b}$$

(当然,也可以利用阻抗参数取代导纳参数)。在输入端口处,$\dot{U}_1=\dot{U}_s$;在输出端口处,$\dot{U}_2=\dot{U}_0$。

并且,$\dot{I}_2$,$=-\dot{U}_2/Z_L=-\dot{U}_0Y_L$,于是,式(11-10b)变为

$$-\dot{U}_0Y_L=Y_{21}\dot{U}_S+Y_{22}\dot{U}_0 \tag{11-11}$$

即得

$$H(j\omega)=\frac{\dot{U}_0}{\dot{U}_s}=\frac{-Y_{21}}{Y_L+Y_{22}} \tag{11-12}$$

也可将其整理成

$$H(j\omega)=\frac{Y_{21}/Y_L}{1+Y_{22}/Y_L}=\frac{Y_{21}\cdot Z_L}{1+Y_{22}\cdot Z_L} \tag{11-13}$$

由于滤波器通常利用传递函数的模值表示,所以式11-12中的负号可以忽略不计。滤波器设计的主要任务是选定电容器与电感器,从而综合出参数Y_{21}与Y_{22},由此实现所期望的传递函数。

2. 负阻抗变换器

二端口网络具有阻抗变换的本领,利用理想运放构成的负阻抗变换器是一种不但能改变阻抗大小且能改变阻抗符号的二端口元件,其电路原理如图11-34(a)所示,电路符号如图11-34(b)所示。

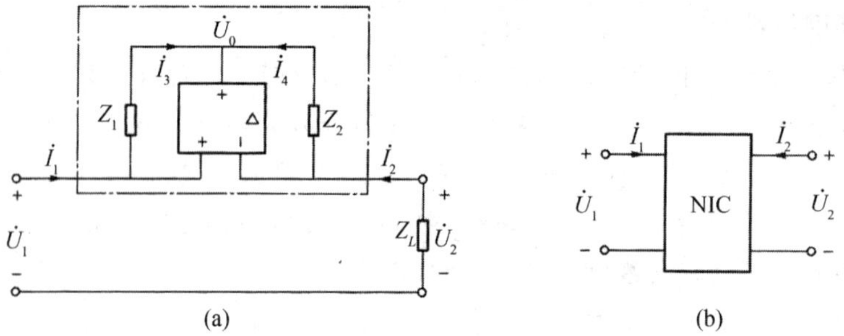

图11-34 负阻抗变换器

设$Z_1=Z_2/k$,根据理想运放虚短$\dot{U}_1=\dot{U}_2$和虚断$\dot{I}_1=\dot{I}_3$、$\dot{I}_2=\dot{I}_4$的特性,推得输入端口阻抗

$$Z_1=\frac{\dot{U}_1}{\dot{I}_1}=\frac{\dot{U}_1}{\dot{I}_1}=\frac{\dot{U}_1}{(\dot{U}_1-\dot{U}_0)/Z_1}=\frac{\dot{U}_2}{(\dot{U}_2-\dot{U}_0)(Z_2/k)}=\frac{\dot{U}_2}{k\dot{I}_4}=\frac{\dot{U}_2}{k\dot{I}_2}=-\frac{1}{k}Z_L \tag{11-14}$$

由式11-14可见,当输出端口接一无源阻抗元件时,在输入端口可等效为一个负阻抗元件,这在电路设计中,为实现负R、L、C提供了可能性。同时结合图11-34所示,输入电压经过NIC后大小和方向均未改变,而电流大小和方向均发生了改变,所以这种NIC称为电流反向型负阻抗变换器INIC。其二端口特性方程由传输参数描述为

$$\begin{bmatrix}\dot{U}_1\\ \dot{I}_1\end{bmatrix}=\begin{bmatrix}1 & 0\\ 0 & -k\end{bmatrix}\begin{bmatrix}\dot{U}_2\\ -\dot{I}_2\end{bmatrix} \tag{11-15}$$

当 $Z_1=Z_2$ 即 $k=1$ 时，$Z_1=-Z_L$。电压反向型负阻抗变换器 VNIC 二端口特性方程为

$$\begin{bmatrix}\dot{U}_1\\ \dot{I}_1\end{bmatrix}=\begin{bmatrix}-k & 0\\ 0 & 1\end{bmatrix}\begin{bmatrix}\dot{U}_2\\ -\dot{I}_2\end{bmatrix} \tag{11-16}$$

读者可以自行设计电路。NIC 广泛应用在电路补偿中，利用负电阻实现 LC 等幅振荡电路如图 11-35 所示。

RLC 二阶振荡电路中，当电路参数满足一定条件时可实现过阻尼、临界状态及欠阻尼等状态，在欠阻尼状态中，当电阻 $R=0$ 时，电路会出现不衰减的等幅振荡，称为自由振荡或无阻尼自由振荡，该过程中电容与电感不断进行电场和磁场能量的转换，由于回路中无电阻，在转换过程中总能量不会减少。可受电感线圈自身电阻的影响，用 LC 电路并不能真正观看到等幅振荡，因此采用负电阻的方法将电感 L 的自身电阻平衡掉。通过调节电阻 R_1，观看电流、电感电压和电容电压，当电感电压和电容电压相量相反并与电流相量相差 90°时，电路便处于等幅振荡状态，通过示波器可观看相应波形。NIC 还可在集成电路中用易于集成的电容模拟难以集成的电感元件，电路如图 11-36 所示。

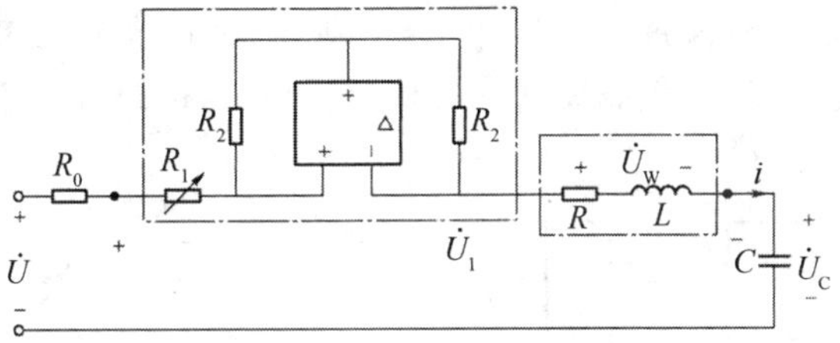

图 11-35　LC 等幅振荡电路

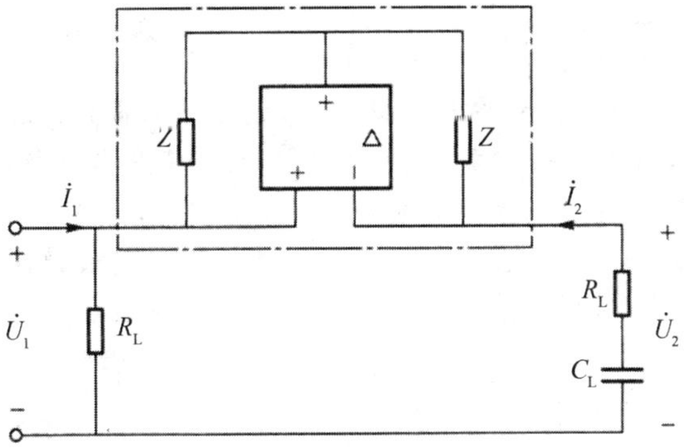

图 11-36　模拟电感电路

输入端等效阻抗为

$$Z_i=\frac{\dot{U}_1}{\dot{I}_1}=R_L//(-Z_L)=\frac{R_L(-Z_L)}{R_L+(-Z_L)} \tag{11-17}$$

将电容负载阻抗 $Z_L=R_L+\frac{1}{j\omega C_L}$ 代入式(11-17),整理得

$$Z_i=R_L+j\omega C_L R_L^2 \tag{11-18}$$

可见当负阻抗变换器连接负载为一电阻串联电容时,其输入端口等效阻抗为一电阻与电感的串联,等效电感值为 $L_i=C_L R_L^2$。

3. 阻抗匹配网络

信号或者电能在传输的过程中,为了实现信号的无反射传输或最大功率传输,要求电路连接实现阻抗匹配,以使系统的性能达到约定准则下的最优,如图 11-37 所示。尤其是在现代高速电路的设计中,传输电路的阻抗匹配也是一项非常重要的工程技术指标。匹配的方式有两种,一种是共轭匹配,即负载阻抗等于信号源内阻抗的共轭值,此时,负载上能够获得最大传输功率,也称为最大输出功率匹配。典型应用是在最佳接收机设计时(如通信设备和雷达的接收机),此处的信号源代表天线接收到的信号,负载获得最大功率意味着能有效地利用接收到的能量。当然,在最佳发射机中实现发射机的输出阻抗与天线阻抗共轭匹配,意味着发射机中能量能够有效地传输到天线上发射到空中。另一种是传输匹配,即负载阻抗与信号源内阻抗相等,此时信号传输到负载上,完全被负载吸收无反射波,又称为无反射匹配。主要应用在信号的完整性传输过程中,要求信号不失真地进行传输,不能出现驻波、过冲、振荡等现象。如果阻抗为纯电阻,则上述两种匹配条件是一样的。集中电路实现阻抗匹配的办法是利用变压器或电抗元件不消耗有功功率进行阻抗变换,对于高、低频电路一般采用阻抗变换网络。对于信号源和负载相当于纯电阻网络的低频电路如图 11-38 所示,可以直接应用变压器变换电阻 $R_L'=n^2R_L$,选择合适变比的变压器,使得等效到一次侧的电阻 R_L' 达到与信号源匹配。

图 11-37 阻抗匹配连接

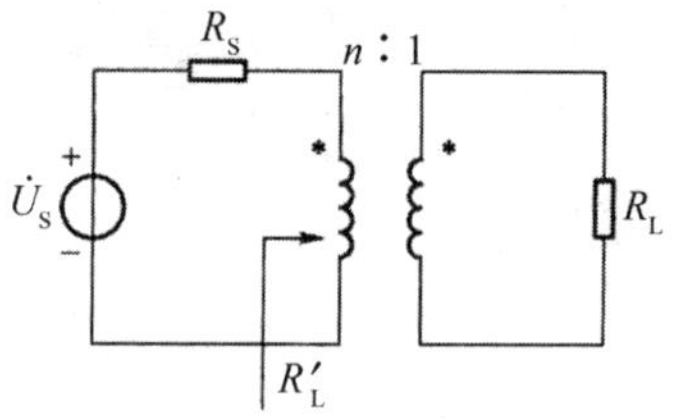

图 11-38 纯电阻负载匹配网络

对于终端 $Z_L=R_L+jX_L$,不是纯电阻负载,可以先连接电容和电感两个异性元件构成的Γ型或Γ型选频匹配网络,消去或综合掉一部分电抗再利用变压器进行网络匹配,如图 11-39 所示,网络 1 用于阻抗变换,网络 2 用于综合负载电抗。图 11-39(a)是当电源内阻 $R_s>R_L$(负载内阻)时采用的匹配网络;图 11-39(b)是当电源内阻 $R_s<R_L$(负载内阻)时采用的匹配网络。

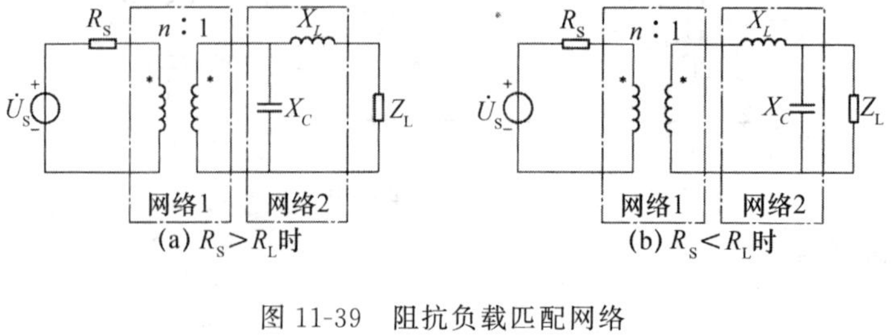

(a) $R_S>R_L$时 (b) $R_S<R_L$时

图 11-39 阻抗负载匹配网络

当然Γ型和Γ型按不同方式级联构成的 T 型和Π型二端口网络如图 11-40 所示,其中两

个电抗同性质，另一个异性质。从理论上只要网络中相应可调阻抗能够无限调节，它就可以实现任意负载阻抗的匹配。

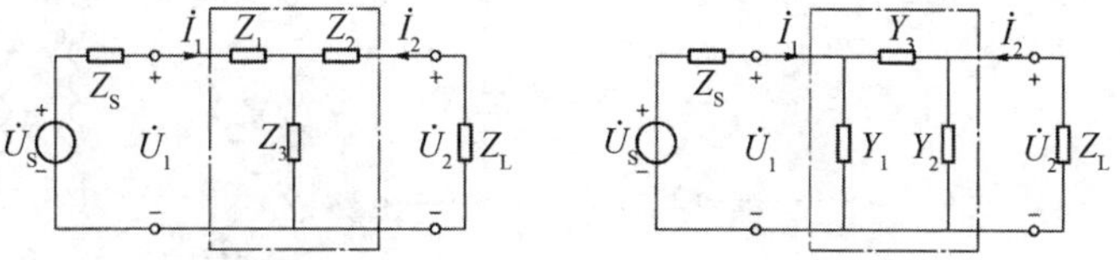

(a) T型匹配网络　　(b) Π型匹配网络

图 11-40　二端口匹配网络

习　题　11

11-1　选择一种适合的参数求解下列问题。

(1) 当 $I_1=3$ A、$I_2=0$ A 时，测得 $U_1=5$ V、$U_2=2$ V；当 $I_1=0$ A、$I_2=2$ A 时，测得 $U_1=6$ V、$U_2=3$ V，求当 $I_1=5$ A、$I_2=6$ A 时，$U_1=$?、$U_2=$?

(2) 当 $U_1=2$ V、$U_2=0$ V 时，测得 $I_1=-3$ A、$I_2=1$ A；当 $U_1=0$ V、$U_2=-1$ V 时，测得 $I_1=6$ A、$I_2=7$ A。求当 $U_1=1$ V、$U_2=1$ V 时，测得 I_1、I_2 各为多大？

(3) 当 $U_2=0$ V、$I_2=3$ A 时，测得 $U_1=0$ V、$I_1=5$ A；当 $U_2=-3$ V、$I_2=0$ A 时，测得 $U_1=6$ V、$I_1=9$ A。求当 $U_2=3$ V、$I_2=7$ A 时，测得 U_1、I_1 各为多大？

(4) 当 $U_2=1$ V、$I_1=0$ A 时，测得 $U_1=6$ V、$I_2=5$ A；当 $U_2=0$ V、$I_1=10$ A 时，测得 $U_1=5$ V、$I_2=3$ A。求当 $U_2=1$ V、$I_1=-1$ A 时，U_1、I_2 各为多大？

11-2　求题 11-2 图所示二端口网络的 Y、Z 和 T 参数矩阵。

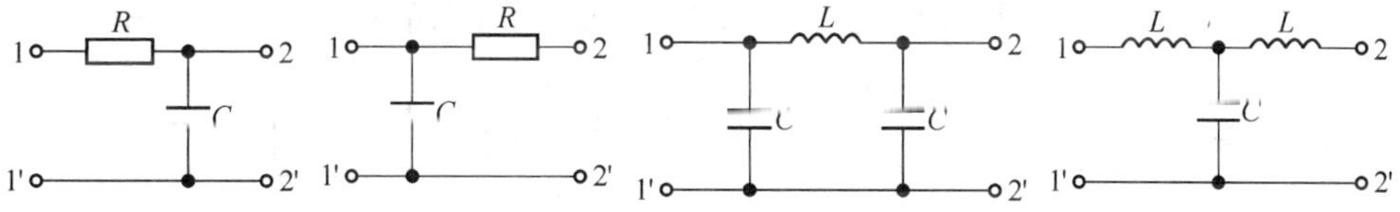

题 11-2 图

11-3　求题 11-3 图所示二端口网络的 Y、Z 和 T 参数矩阵。

11-4　求(1)题 11-4 图(a)所示二端口网络的 Z 参数矩阵；(2)题 11-4 图(b)所示二端口网络的 Y 参数矩阵。

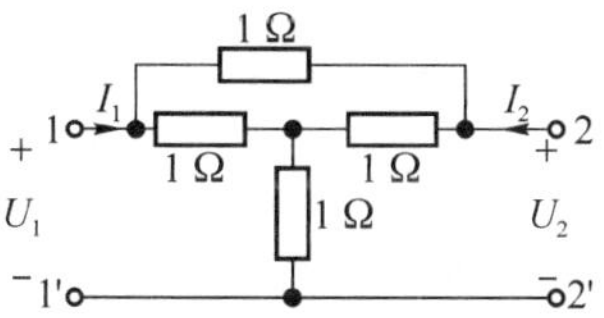

题 11-3 图

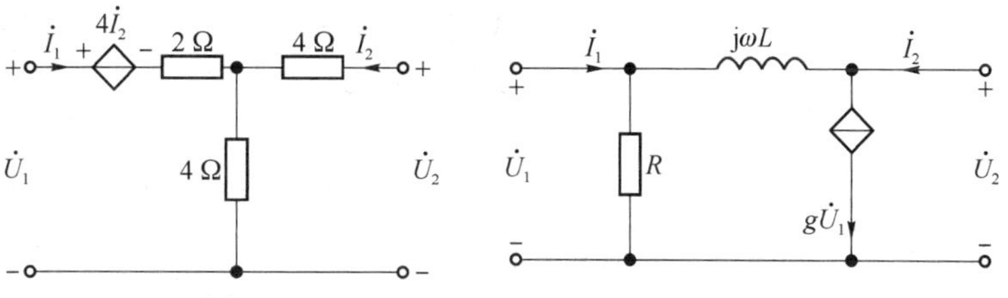

题 11-4 图

11-5　求题 11-5 图所示二端口网络的 Y、Z 和 T 参数矩阵。

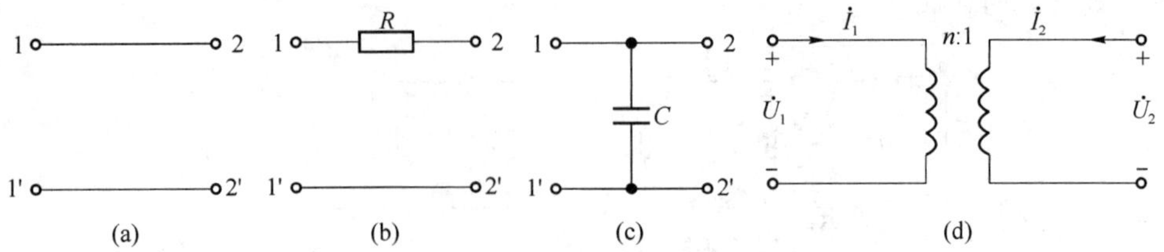

题 11-5 图

11-6　求题 11-6 图所示二端口网络的 H 参数矩阵。

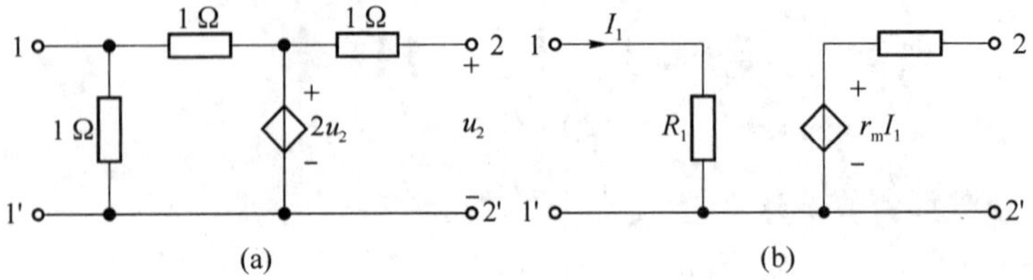

题 11-6 图

11-7　电路如题 11-7 图所示，已知二端口网络的 Y 参数矩阵为 $\boldsymbol{Y} = \begin{pmatrix} 1 & -0.25 \\ -0.25 & 0.5 \end{pmatrix}$S。求：(1) R 为何值时可获得最大功率；(2)此时 R 的最大功率；(3)此时电源发出的功率。

11-8　题 11-8 图所示二端口网络的 Z 参数为 $Z_{11} = 10\ \Omega$、$Z_{12} = 15\ \Omega$、$Z_{21} = 5\ \Omega$，$Z_{22} = 20\ \Omega$。试求 U_2/U_S。

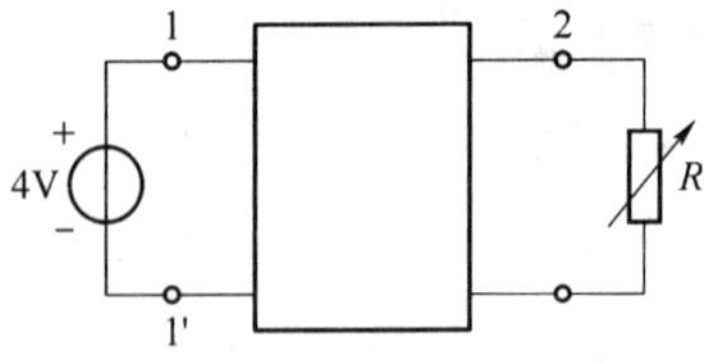

题 11-7 图

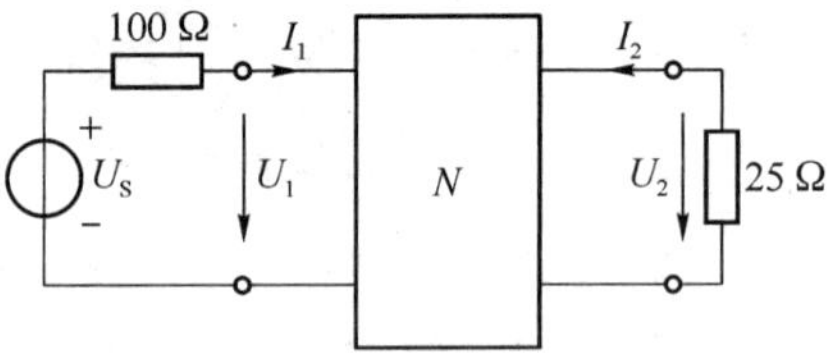

题 11-8 图

11-9　已知题 11-9 图所示二端口 N_S 的 Z 参数为 $Z_{11} = 100\ \Omega$，$Z_{12} = -500\ \Omega$，$Z_{21} = 10^3\ \Omega$，$Z_{22} = 10\ \Omega$，问：Z_L 等于多少时其吸收功率最大

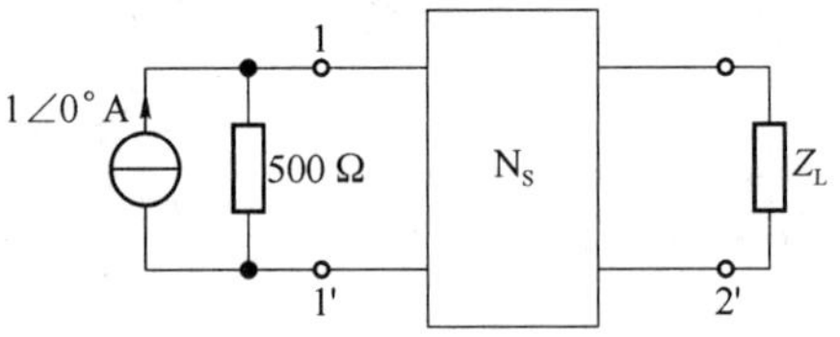

题 11-9 图

11-10　已知二端口的 Y 参数矩阵为

(1) $\boldsymbol{Y} = \begin{pmatrix} 5 & -2 \\ -2 & 3 \end{pmatrix}$S

(2) $\boldsymbol{Y}=\begin{pmatrix}5 & -2\\0 & 3\end{pmatrix}\text{S}$

(3) $\boldsymbol{Y}=\begin{pmatrix}1 & -2\\-2 & 3\end{pmatrix}\text{S}$

试问:(1)二端口是否含有受控源;(2)求二端口的Π形等效电路参数,并画出Π形等效电路图。

11-11　已知二端口的 Z 参数矩阵为

(1) $\boldsymbol{Z}=\begin{pmatrix}60 & 40\\40 & 100\end{pmatrix}\Omega$　　(2) $\boldsymbol{Z}=\begin{pmatrix}60 & 40\\20 & 100\end{pmatrix}\Omega$　　(3) $\boldsymbol{Z}=\begin{pmatrix}5 & -2\\-2 & 3\end{pmatrix}\Omega$

试问:(1)二端口是否含有受控源;(2)求二端口的 T 形等效电路参数,并画出 T 形等效电路图。

11-12　已知题 11-12 图所示二端口的 Z 参数矩阵为 $\boldsymbol{Z}=\begin{pmatrix}10 & 8\\5 & 10\end{pmatrix}\Omega$,求图中的 R_1、R_2、R_3 和 r 的值。

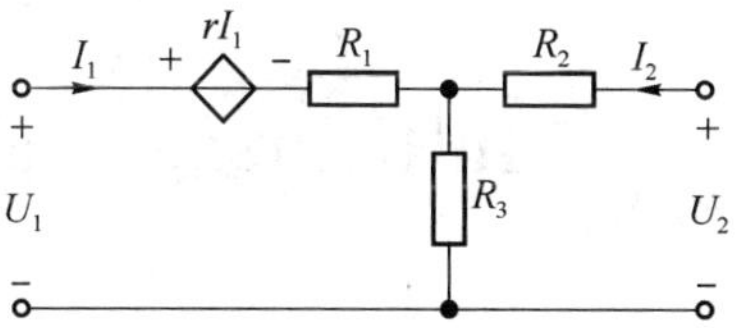

题 11-12 图

第 12 章

Multisim仿真软件使用简介

Multisim 是一种 EDA 仿真工具，它为用户提供极其丰富的元器件库和功能齐全的各类虚拟仪器。

12.1 Multisim 软件简介

Multisim 是世界领先的电路设计和仿真软件。其特点是采用直观的图形界面，在计算机屏幕上模仿真实实验室的工作台，用屏幕抓取的方式选用元器件，创建电路，连接测量仪器；软件仪器的控制面板外形和操作方式都与实物相似，可以实时显示测量结果，并可以交互控制电路的运行与测量过程。

Multisim 软件具有丰富的电路元件库，提供多种电路分析方法。作为设计工具，它可以同其他流行的电路分析、设计和制板软件交换数据。Multisim 还是一个优秀的电子技术训练工具，利用它提供的虚拟仪器，可以用比实验室中更灵活的方式进行电路实验，仿真电路的实际运行情况，熟悉常用电子仪器测量方法。

Multisim 软件可以对各种有源和无源电路、模拟和数字电路，进行有效的分析与仿真。下面简单介绍此软件的基本操作方法，并对一些简单电路进行仿真分析。

12.2 Multisim 基本使用方法

12.2.1 Multisim 安装

(1) 开始安装前退出所有的 Windows 应用程序；

(2) 将光盘放入光驱，运行其中的“Setup”执行文件；

(3) 出现安装向导后，单击“Next”按钮继续；

(4) 阅读授权协议，接受单击“Yes”按钮，如果不接受单击“NO”按钮，退出安装程序；

(5) 输入用户名、公司名以及 25 位的安装系列号，单击“Next”按钮继续；

(6) 选择 Multisim 的安装路径，选择默认或者单击“Browse”按钮选择到自己认为的位置，输入文件夹名，单击“Next”按钮继续；

(7) 安装程序将按照你输入的名称建立程序文件夹，单击“Next”按钮继续，Multisim 将自动完成安装。若不想安装，单击“Cancel”按钮终止。

12.2.2 Multisim 界面

启动 Multisim 可以看到其电路仿真的主窗口，这里假定已经装入了一个电路。它由菜单、常用工具按钮、元件选取按钮、原理图编辑窗口、电路描述窗口和状态框组成，如图 12-1 所示。

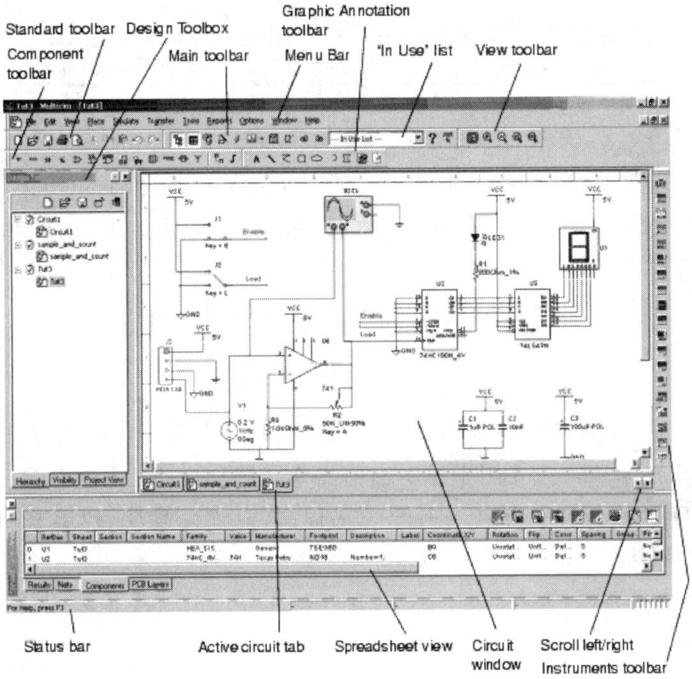

图 12-1 Multisim 界面

12.2.3 菜单栏

(1) 菜单栏(Menus) 如图 12-2 所示，菜单栏在主窗口的最上方，它提供了本软件几乎所有的功能命令。主窗口菜单从左到右由文件(File)、编辑(Edit)、窗口显示(View)、放置(Place)、仿真(Simulate)、文件输出(Transfer)、工具(Tools)、报告(Reports)、选项(Options)、帮助(Help)等菜单组成。

图 12-2 菜单栏

(2) 标准工具栏(Standard Toolbar)如图 12-3 所示，包括新建文件、打开文件、保存文件、打印电路、打印预览以及剪切、复制和粘贴等 8 个选项。

图 12-3　标准工具栏

(3) 虚拟仪器工具栏(Instruments Toolbar) 如图 12-4 所示，Multisim 提供了大量的虚拟仪器，如万用表、信号发生器、瓦特计、示波器、四通道示波器、波特仪、频率计数器、字产生器、逻辑分析仪、逻辑转换器、IV 分析仪、失真分析仪、频谱分析仪、网络分析仪等 18 种虚拟仪器，读者可以如同在实验室使用真实仪器那样，对电路的电压、电流等物理量进行测量和观察。

图 12-4　虚拟仪器工具栏

(4) 元器件工具栏(Component)如图 12-5 所示，包含电源、基本元件、二极管、三极管、相似元件、TTL 逻辑电路、CMOS 管、杂项数字元件、混合元件、指示器、杂项元件、机电元件、层级模块和电路总线等。

图 12-5　元器件工具栏

(5) 电路窗口(Circuit Windows) 或称为工作窗口，主要用于电路的设计。

(6) 状态栏(Status Bar)主要用于显示当前操作和鼠标指向的有关信息。

(7) 设计栏(Design Bar)引导进入不同的工程文件(如原理图、PCB 图和报告)，观察、显示或隐藏原理图的层级。

(8) 电子数据表观察(Spreadsheet view)允许对元器件的特性参数进行快速浏览和编辑，如封装、特性等。

(9) 使用列表(In Use List)显示电路窗口已放置元器件的相关信息。

12.2.4　Multisim 界面定制

定制 Multisim 界面，包括工具栏、电路颜色、图纸尺寸、符号系统(ANSI 和 DIN)和打印设置等。定制设置和电路文件一起保存，可将电路定制成不同的颜色。也可重载不同的个例或整个电路。

在进行电路建立之前，可以根据电路的复杂程度、审美标准、图纸可能大小，设置原理图图纸大小、方向及相关参数。从菜单的选项(Options)开始，单击 Sheet Properties 时，可对电路(Circuit)中的元器件、网络名、总线入口、背景颜色(图 12-6)，工作空间(Workspace)中的显示方式、纸型、尺寸、方向、单位(图 12-7)，布线的线型(Wiring)，字体(Font)，印制电路板(PCB)及图纸的可视性(Visibility)进行设定。同时可对选项全局参数选择(Global Preferences)部件项中的元件放置模式、符号标准、数字仿真设置和定制用户界面(Customize User Interface)进行重置。

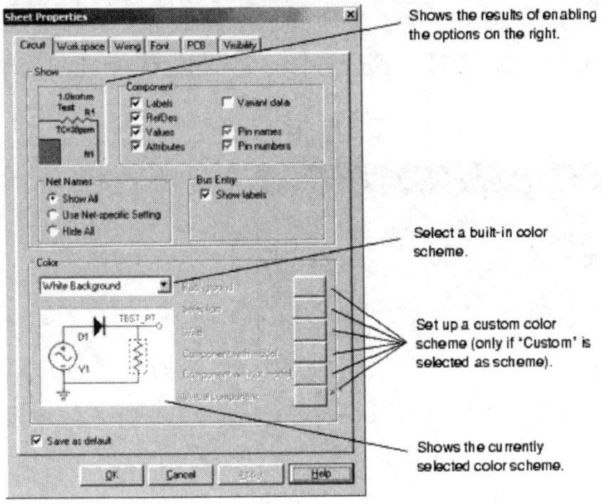

图 12-6　电路设置

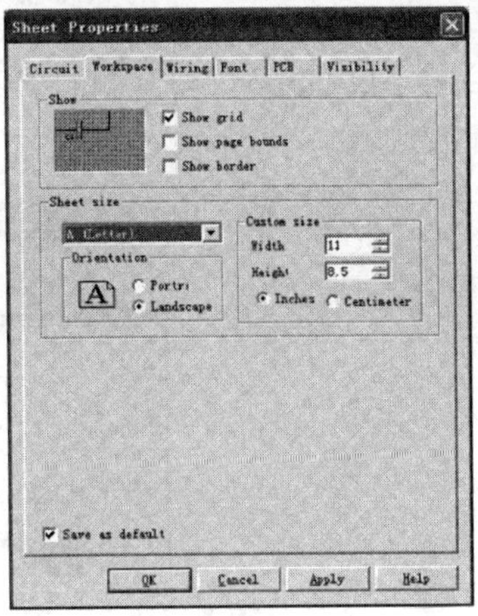

图 12-7　工作空间设置

12.3　Multisim 电路建立

电路建立主要涉及元器件的放置和连接。建立仿真电路的基本要求就是选择元器件并放置在电路窗口的适当位置，选择合适的方向，连接元器件，并进行其他设计准备。具体为：

(1) 运行 Multisim 时自动打开一个空白文件，电路的颜色、尺寸、符号标准等按界面定制方法进行设置。

(2) 向电路窗口放置元器件。按照 Multisim User Guide 介绍的方法进行元器件放置。

如要设计图 12-8 所示的原理图，可按下列步骤进行。

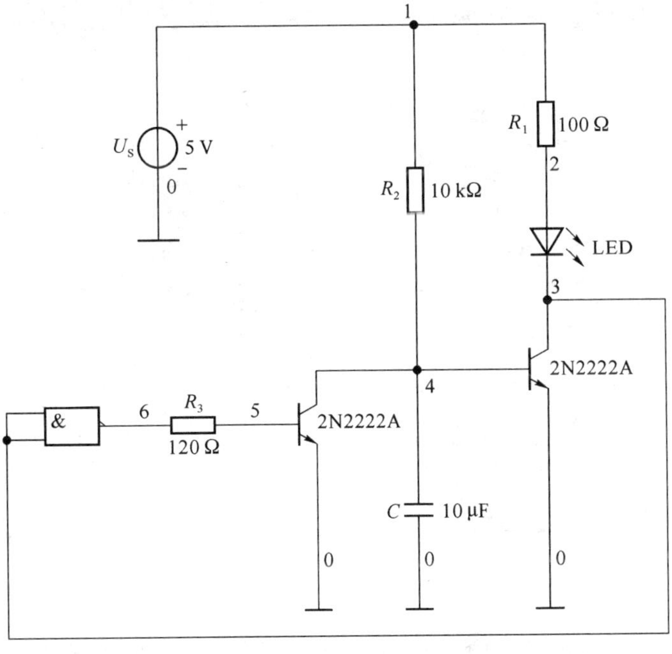

图 12-8　原理图

① 按要求设置好电路图纸。

② 将菜单 Options 栏 Global Preferences 选项部件(Part)中的符号默认标准 ANSI 改为 DIN 标准,如图 12-9 所示。

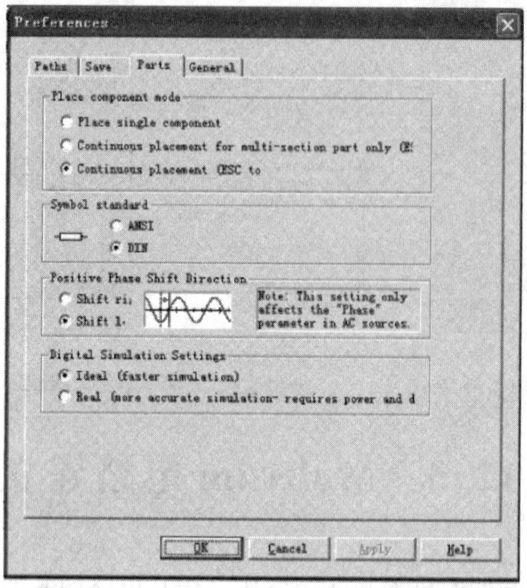

图 12-9　符号标准设定

③ 将鼠标指向电源工具栏按钮,并单击“直流电压源”按钮,使鼠标置于电路窗口的适当位置,左击鼠标,电源即出现在电路窗口,如图 12-10 所示;双击“电源”,将电压标签值 12 V 改为 5 V,然后单击“确定”按钮,如图 12-11 所示。

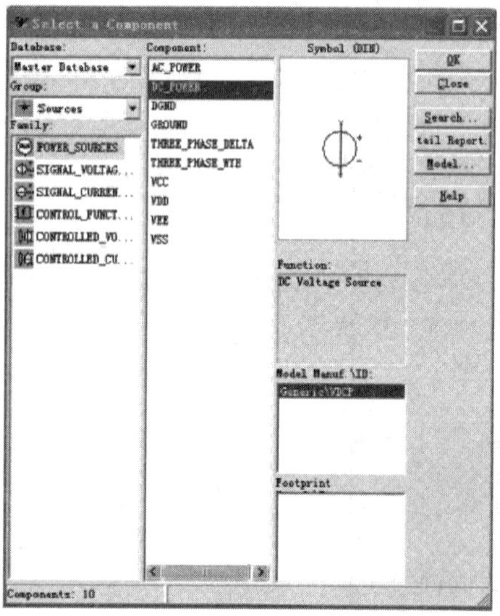

图 12-10　电压源放置

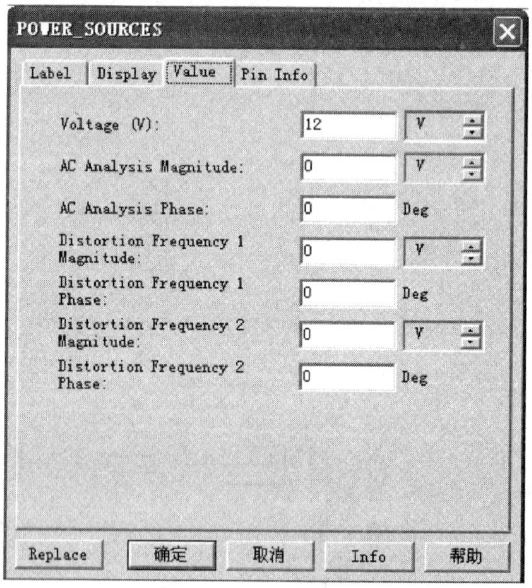

图 12-11　电压值的改变

④ 将鼠标指向基本元件工具栏,单击“电阻”按钮,滚动元器件列表找到 100 Ω,单击“OK”按钮后使鼠标在电路窗口的合适位置放置好电阻,如图 12-12 所示;右击“电阻元件”

在出现的菜单中单击“90 Clock wise”(90 C outer CW)旋转按钮，直到得到所喜欢的方式为止，如图 12-13 所示。

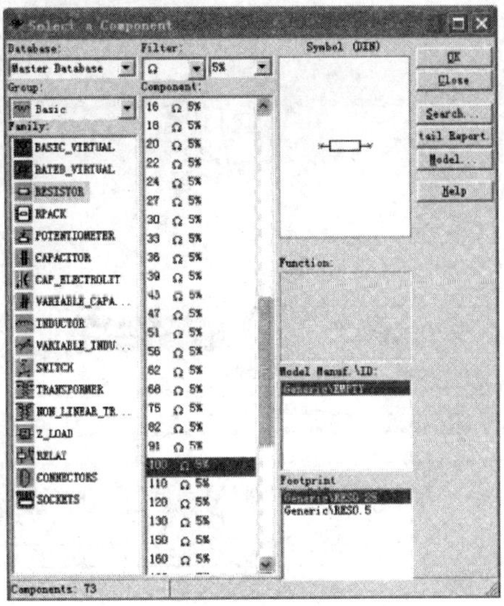

图 12-12　添加电阻

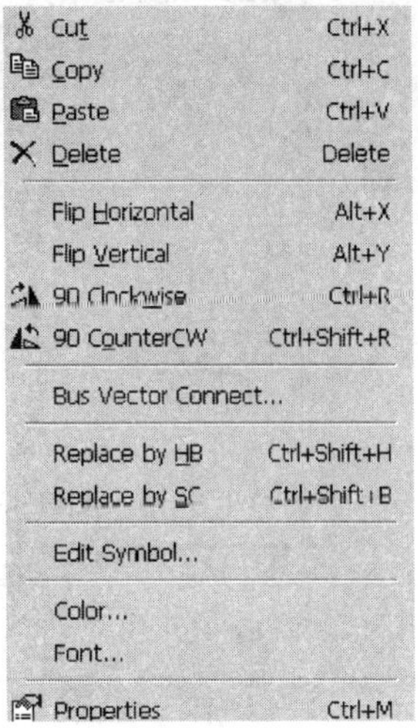

图 12-13　旋转电阻

⑤ 用同样的方法在电路窗口放置其他元器件，得到如图 12-14 所示元器件。

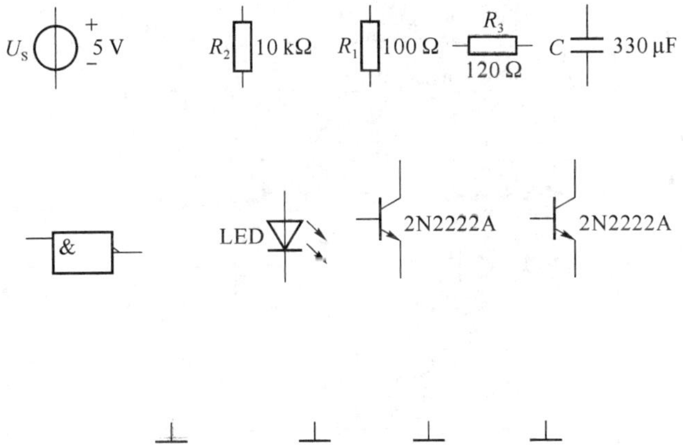

图 12-14　电路窗口元器件

⑥ 双击“元器件”，调整元器件标号；右击“元器件”，根据需要改变元器件颜色。

⑦ 对已放置好的元器件进行自动或人工布线。先自动布线，再进行人工调整。

⑧ 给电路增加标题块、文本和注释。单击放置(Place)中的注释(Comment)，在电路窗口的恰当位置放置，并添加注释框，如图 12-8 所示；在电路窗口右击鼠标，单击 Place Graphic 中的“Text”，并填好文本框左击鼠标放于要说明的地方；或单击放置(Place)中的“Title Block”，将此放于电路窗口的右下角，双击添好相关项，如图 12-15 所示。

⑨ 对已经放置好的元件进行编辑。双击要编辑的元件，对元件的标签、元件显示、元件值和引脚信息进行修改，如图 12-16 所示。

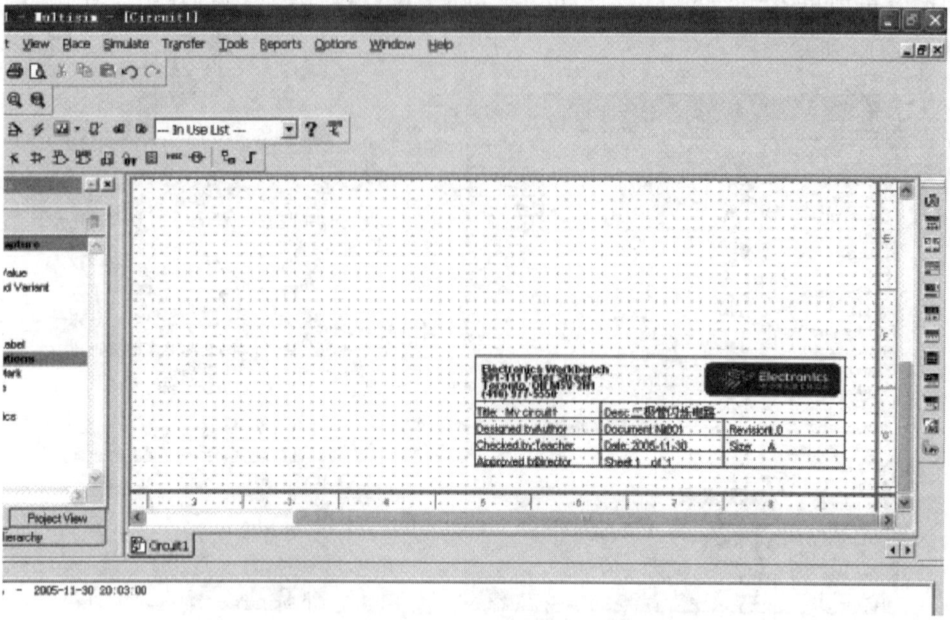

图 12-15　标题块

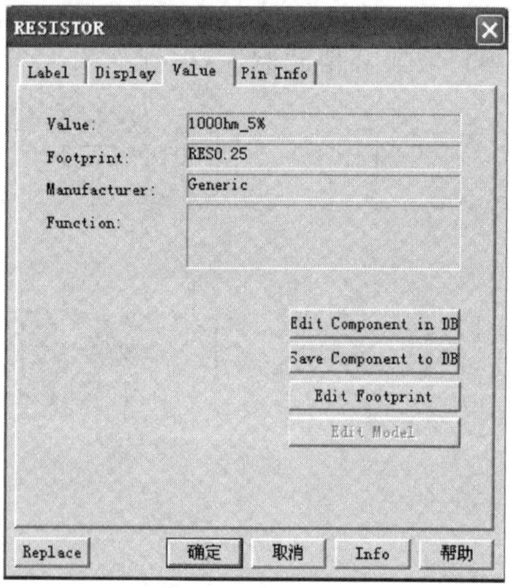

图 12-16　元件编辑

12.4　Multisim 电路仿真

12.4.1　给电路增加仪表

对电路进行仿真分析，除了完成原理图的设计以外，还必须往电路中添加仪表来测试电路的行为。这些仪表的使用、读数、感觉与实验室中的真实仪表一模一样，但使用更简单、便捷和安全。

(1) 从电路窗口的右侧仪表栏中点击所需的仪器或将 Simulate 菜单中的仪器库(Instruments)点亮后点击所需的仪器,如图 12-17 所示。

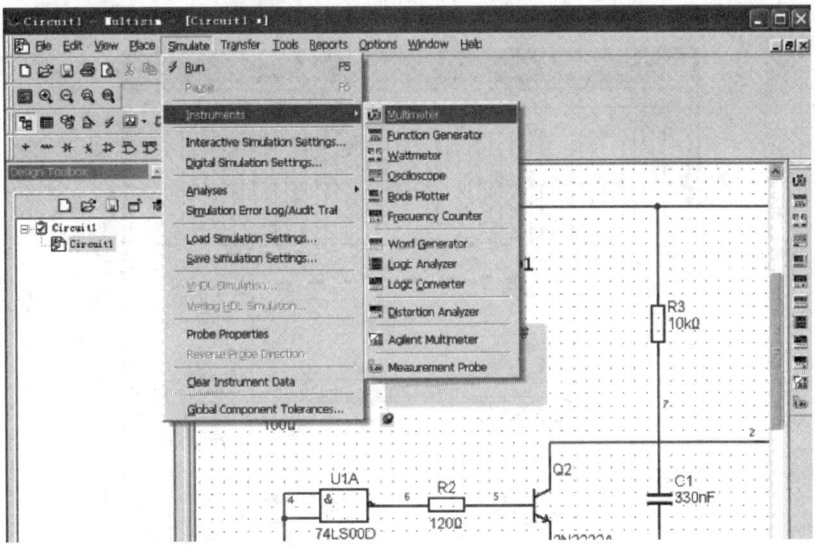

图 12-17 仿真仪表

(2) 单击"示波器"按钮,移动鼠标至电路窗口电路中要测试点附近位置单击鼠标,示波器图标就出现在电路窗口。

(3) 将示波器的 A、B 通道分别与电路中的节点 6 和节点 2 连接起来,如图 12-18 所示。

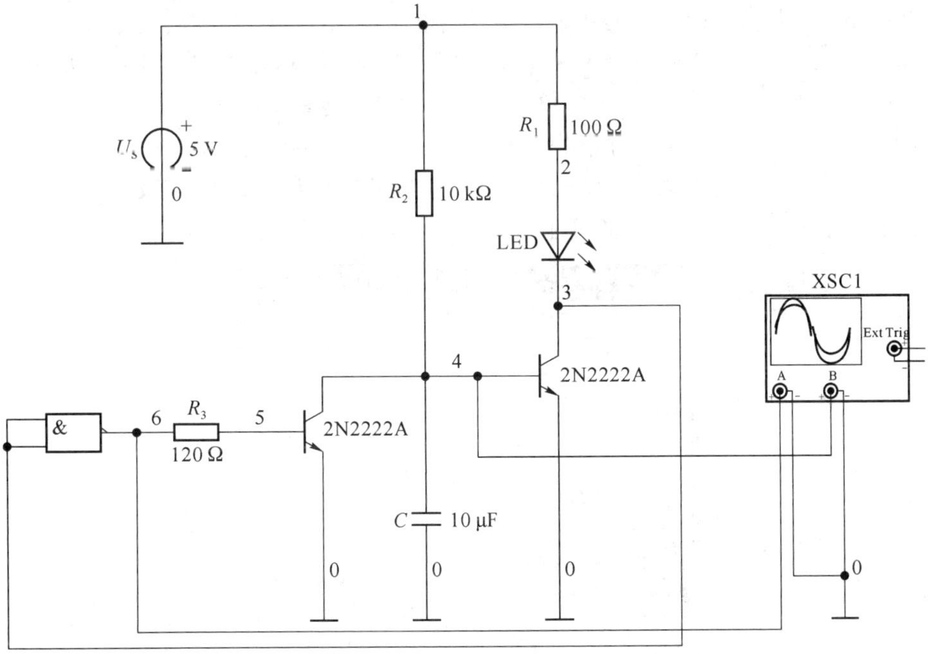

图 12-18 添加仪表

(4) 双击示波器图标,并对示波器进行设置。在本仿真实验中,使用 A 通道对节点 6 电压进行仿真测试时，将时基幅度选择为 500 μs/Div，幅度刻度设置为 2 V/Div，单击“DC”，如图 12-19所示；使用 B 通道对节点 2 的电压进行仿真测试时，时基幅度选为 50 μs/Div，幅度刻度设置为 500 mV/Div，并单击“DC”，如图 12-20 所示。

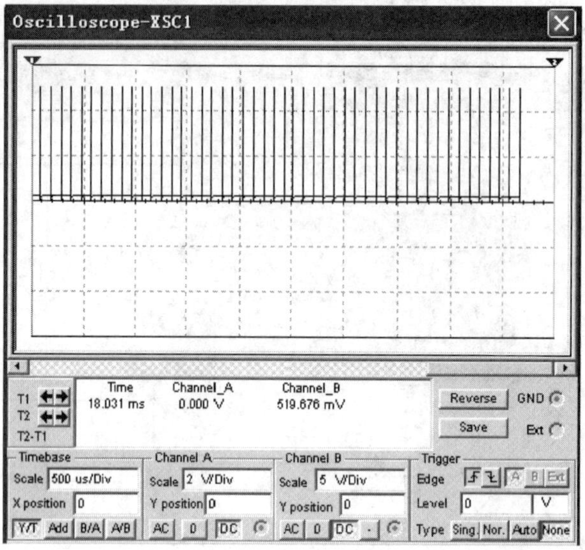

图 12-19 示波器设置及节点 6 仿真

12.4.2 电路仿真

前面已经为电路仿真做好了准备。下面开始电路仿真，并观察仿真结果。

(1) 电路仿真。单击 Simulation 中的“Run”按钮进行仿真，再次按下“Run”按钮时仿真停止；或单击“Pause”按钮停止仿真，再次单击“Pause”按钮，仿真又重新进行。

(2) 仿真结果的观察。利用两通道的示波器(图 12-18)进行观察得：节点 6 的电压波形如图 12-19 所示，节点 2 的电压波形如图 12-20 所示；利用万用表电压挡进行数据实测得：节点 6 的电压为 1.333 mV 左右，节点 2 的电压为 600 mV 左右，如图 12-21 所示。

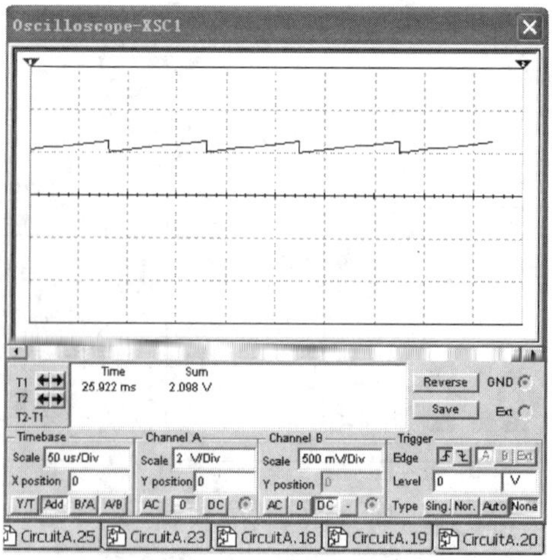

图 12-20 示波器设置及节点 2 仿真

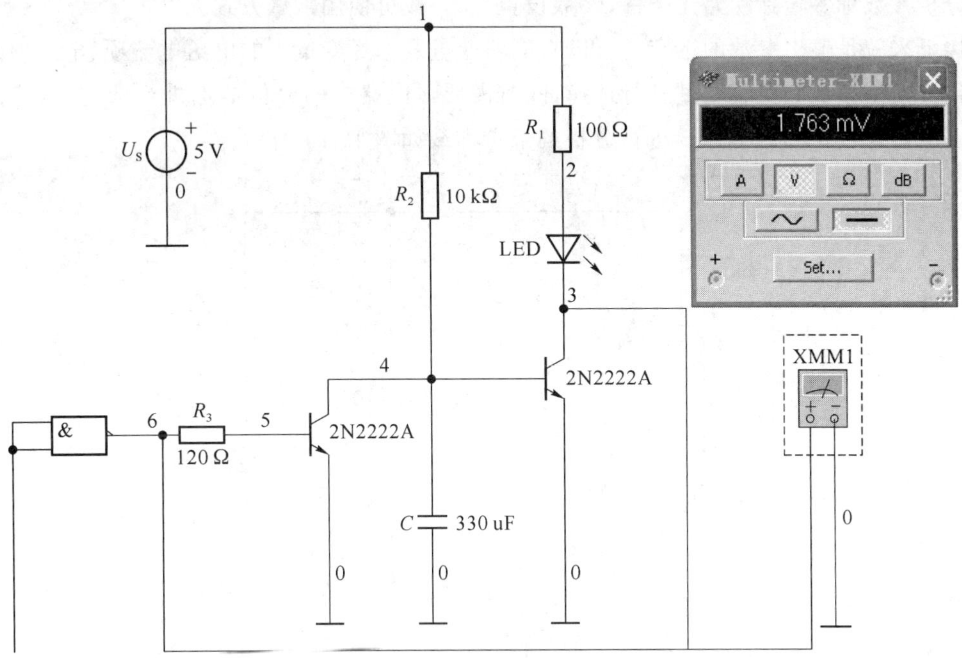

图 12-21　万用表设置及节点电压测试

12.5　Multisim 电路分析

12.5.1　电路分析相关设置

单击"Simulation"按钮，从弹出式菜单中选择 Transient Analysis，出现分析参数、输出、分析选择和概要对话框，如图 12-22 所示。

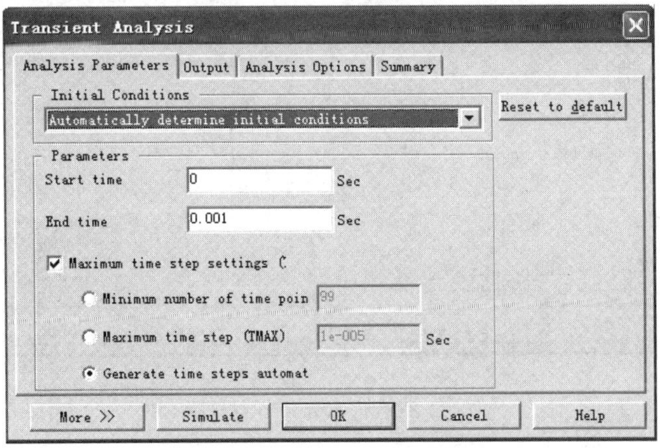

图 12-22　暂态分析对话框

分析参数标签包括初始化条件、参数设置等，一般可使用默认方式。

接下来就是输出参数的选定。可以对电路变量及选择变量中的电压电流项、电压项、电流项、器件/模型参数和所有变量进行选择，同时需要对电路中的分析节点进行选定。如对电路图 12-23 所示的节点 2、节点 3 进行分析的节点加载如图 12-24 所示。

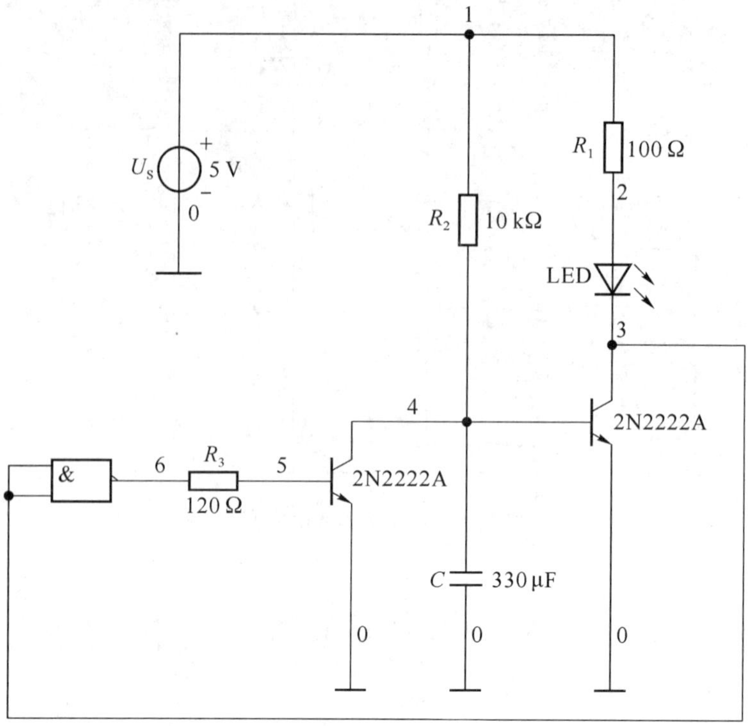

图 12-23　电路暂态分析电路

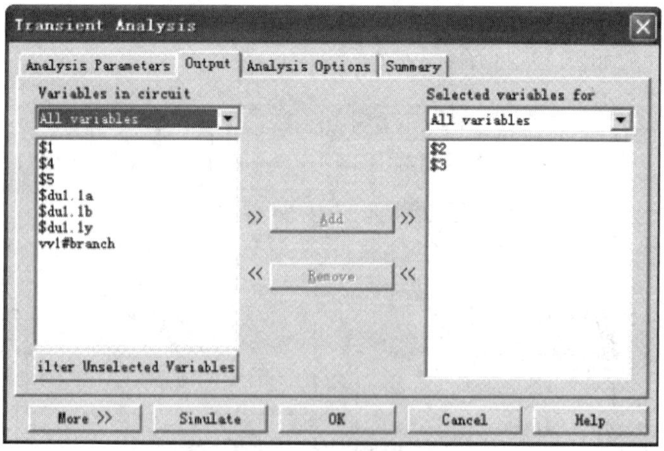

图 12-24　暂态分析节点选择

分析选择中的 SPICE 和 Other 选用 Multisim 默认方式，当然也可根据用户需要进行设置。概要即为所有设置的快速浏览，可用来观察设置的总体信息。

12.5.2 电路分析结果观察

单击“Simulation”按钮，会看到节点 2、3 的电压分析波形图如图 12-25 所示，波形图中△标示线表示电容器充电过程，没有△标示线表示晶体管 Q_1 集电极电压变化。

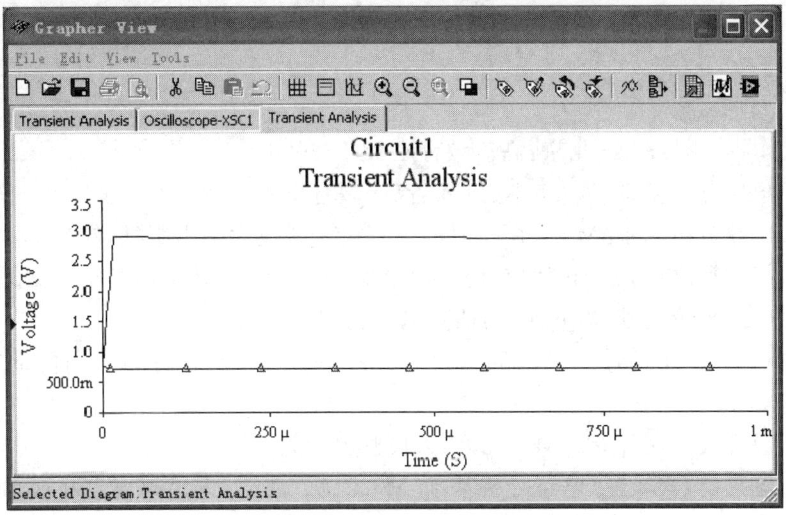

图 12-25 电压分析波形

参考文献

[1] 邱关源. 电路[M]. 5 版. 北京:高等教育出版社,2006.

[2] 李瀚荪. 电路分析基础[M]. 5 版. 北京:高等教育出版社,2002.

[3] 张永瑞. 电路分析基础[M]. 3 版. 西安:西安电子科技大学出版社,2006.

[4] 付恩赐,杨四秧. 电路分析简明教程[M]. 2 版. 北京:高等教育出版社,2009.

[5] 卢元元. 电路理论基础[M]. 西安:西安电子科技大学出版社,2004.

[6] [美]Fawwaz T. Ulaby & Michel M. Maharbiz. 电路[M]. 于歆杰,译. 北京:高等教育出版社,2013.

[7] 刘长学,成开友. 电路基础[M]. 北京:人民邮电出版社,2014.

[8] 史健芳,陈惠英,李凤莲. 电路分析基础[M]. 2 版. 北京:人民邮电出版社,2012.

[9] 王金海. 电路分析基础. 北京:高等教育出版社,2009.

[10] 王松林,吴大正,等. 电路基础[M]. 3 版. 西安:西安电子科技大学出版社,2008.

[11] 刘崇新,罗先觉. 电路学习指导与习题分析[M]. 北京:高等教育出版社,2006.

[12] 赵录怀. 电路基础[M]. 北京:高等教育出版社,2012.